"十二五"江苏省高等学校重点教材（2014-1-166）

高等教育"十三五"规划教材

中国矿业大学卓越工程师教材

# 混凝土结构设计原理

### 第三版

主　编　贾福萍　李富民
副主编　耿　欧　苗生龙　郭育霞　方忠年

中国矿业大学出版社

## 内 容 提 要

《混凝土结构设计原理》主要阐述混凝土结构设计的基本理论和方法,为专业基础教材。根据我国《混凝土结构设计规范》(GB 50010—2010)(2015 年版)、《建筑结构荷载规范》(GB 50009—2012)、《建筑结构可靠度设计统一标准》(GB 50086—2001)、混凝土结构耐久性设计规范(GB/T 50476—2008)等国家标准和作者多年教学经验编写而成。

本书对混凝土结构构件的性能及分析有充分的论述,概念清晰;有明确的计算方法和详细的设计步骤,以及相当数量的计算例题,有利于理解结构构件的受力性能和具体的工程设计计算方法。每章有本章提要、思考题和练习题等内容;同时书中附有二维码,涉及专业术语、专业内容细则说明、专业知识拓展、思考题参考答案等文本、视频等数字教学资源。

全书共 11 章,分别为:绪论,混凝土结构用材料基本性能,混凝土结构基本设计原则,钢筋混凝土受弯构件正截面、钢筋混凝土受弯构件斜截面、钢筋混凝土受扭构件、钢筋混凝土轴心受力构件正截面、钢筋混凝土偏心受力构件承载力性能分析与设计,钢筋混凝土构件的使用性能,预应力混凝土构件性能分析与设计,混凝土耐久性能。

本书适合高等学校土木工程、工程管理等专业师生使用,也可供相关工程技术人员参考。

**图书在版编目(CIP)数据**

混凝土结构设计原理 / 贾福萍,李富民主编. —3 版. —徐州:
中国矿业大学出版社,2018.9
ISBN 978 - 7 - 5646 - 4152 - 8

Ⅰ.①混… Ⅱ.①贾… ②李… Ⅲ.① 混凝土结构—结构设计
—教材 Ⅳ.①TU370.4

中国版本图书馆 CIP 数据核字(2018)第224776号


| 书　　名 | 混凝土结构设计原理 |
| --- | --- |
| 主　　编 | 贾福萍　李富民 |
| 责任编辑 | 杨　洋 |
| 出版发行 | 中国矿业大学出版社有限责任公司 |
| | (江苏省徐州市解放南路　邮编221008) |
| 营销热线 | (0516)83885307　83884995 |
| 出版服务 | (0516)83885767　83884920 |
| 网　　址 | http://www.cumtp.com　E-mail:cumtpvip@cumtp.com |
| 印　　刷 | 江苏凤凰数码印务有限公司 |
| 开　　本 | 787×1092　1/16　**印张** 22.5　**字数** 560 千字 |
| 版次印次 | 2018 年 9 月第 3 版　2018 年 9 月第 1 次印刷 |
| 定　　价 | 38.00 元 |

(图书出现印装质量问题,本社负责调换)

# 第三版前言

《混凝土结构设计原理》教材在《结构设计原理》(2009 年版)教材基础上，先后于 2013 年首次出版，2014 年对其局部修改后作为高等教育"十二五"规划教材第二版出版。自出版以来已连续五年在中国矿业大学土木工程专业本科生课堂教学中使用，取得良好的效果。该书 2016 年获中国煤炭行业教学优秀教材二等奖，同年荣获"十二五"江苏省高等学校重点教材、高等教育"十三五"规划教材，2018 年荣获中国矿业大学卓越采矿工程师教材立项资助出版第三版。

混凝土结构领域新成果不断在工程中得以应用，基于信息技术和工程教育教学深度融合的教学理念和教学方法不断得到广大师生的认可。为适应学科发展和满足课程教育教学需要，对《混凝土结构设计原理》进行了认真的修改和完善。

总体上，本次修改除对第二版纸质教材内容进行修改和完善外，基于贾福萍负责建设完成的《混凝土结构设计原理》MOOCs 慕课相关教学资源，采用二维码扫码技术，实现专业术语、专业内容细则说明、专业知识拓展、思考题参考答案等文本、视频等数字教学资源，实现教材的数字化、实时性和互动性。在细节上，尽量反映混凝土结构的最新研究成果，与最新国家标准协调一致。主要修改内容如下：

(1) 第 2 章内容全部重新进行编撰；

(2) 第 4 章修改了有关构造方面的表述；

(3) 对第 7 章前三节的内容重新进行了组织；

(4) 遵循讲清基本概念和理解计算方法的原则，对第 8 章的内容重新进行了梳理与组织，将原偏心距增大系数改为考虑 $P—\Delta$ 效应的弯矩增大系数；

(5) 增加了混凝土结构耐久性能内容；

(6) 重新组织课后习题，并关联慕课平台教学资源；

(7) 每章均附有二维码，实现教材的数字化、实时性和互动性；

(8) 为适应双语教学的需要，书中给出了部分专业术语的英文表达；

(9) 基于国家规范的修订，重新梳理修订教材相关章节内容。

全书共 11 章。参加编写工作的人员包括贾福萍、李富民、耿欧、郭育霞、苗生龙、方忠年、胡应诚和徐维林。

为保证教材的系统性和章节之间的连贯性，所有修改工作由贾福萍负责完成。耿欧完成了第 11 章的写作,苗生龙协助完成了第 7 章的修改,李富民协助完成了第 9 章、第 10 章的修改,方忠年、胡应诚和徐维林协助完成第 2 章、第 4 章和第 8 章的部分写作与修改。中国矿业大学力学与土木工程学院所有《结构设计原理(1)》课程的授课教师和部分本科生根据教学过程中的实际情况,提出了修改意见,对教材的再版工作起到积极作用。在此,向他们表示衷心的感谢! 感谢本教材第一版的所有作者! 感谢中国矿业大学出版社的大力支持和帮助!

限于编者的学识,书中定有不当或错误之处,请扫描微信公众号反映,以便日后更正。

作 者

2018 年 6 月

# 第二版前言

国家标准《混凝土结构设计规范》于 2010 年修订,为适应国家标准,本书在《结构设计原理》教材基础上,对混凝土结构设计原理部分进行修订,形成此书主干内容。

本书以阐述混凝土结构的基本设计原理为重点,结合新版《混凝土结构设计规范》(GB 50010—2010)、《建筑结构荷载规范》(GB 50009—2012)的修订内容和《混凝土结构耐久性设计规范》(GB/T 50476—2008),着重阐述了混凝土材料物理力学性能、钢筋混凝土受弯构件、受扭构件、轴心受力构件、偏心受力构件和预应力构件的基本设计原理。在编写第 4 章、第 5 章例题时,尽可能还原工程实际背景,在此方面做了一些尝试。

参加本书编写的人员有:中国矿业大学贾福萍(第 1、3、4、6 章,附录)、李富民(第 8、9、10 章)、尹世平(第 2 章)、苗生龙(第 7 章),太原理工大学郭育霞(第 5 章)。全书由贾福萍统稿。

本书编写过程中得到了中国矿业大学出版社的大力支持和帮助,对此表示衷心感谢。

作  者
2012 年 10 月

# 目　　录

# 1　绪　论

**本章提要**：本章主要介绍一般混凝土结构的组成和分类。通过本章内容的学习，应掌握混凝土结构的一般概念和特点，了解混凝土结构在国内外的应用和发展概况，掌握本课程的特点和学习方法。

慕课平台

本章介绍

## 1.1　工程结构的组成和分类

### 1.1.1　工程结构的组成

　　工程结构的基本构件有板、梁、柱、墙、杆、拱、索和基础等。板为房屋、桥梁等建筑物提供直接承受活荷载和永久荷载的平面，并将这些荷载传递到梁或墙等支承构件上，其主要内力是弯矩和剪力，是受弯构件；梁是板的支承构件，承受板传来的荷载并将其传递到柱、墙或主梁上，它的主要内力是弯矩和剪力，有时也承受扭矩，属受弯构件；柱和墙的作用是支撑楼面体系（梁、板），其主要内力是轴向压力、弯矩和剪力等，是受压构件；杆的用途很多，如组成屋架或其他空间构件的弦杆、结构的支撑杆等，其内力主要是轴向拉力或压力，是轴向受力构件；拱是工程结构特别是地下结构中的一种主要受力构件，是受压构件，可以通过调整拱的形体来改变构件的内力；索是悬挂构件或结构体系的主要传力单元，一端固定在被悬挂的构件上，另一端固定于其他结构体系上，主要承受拉力，是受拉构件；基础是将柱及墙等传来的上部结构荷载传递至地基的下部结构。

微信公众号

### 1.1.2　工程结构的分类

　　结构有多种分类方法，一般可以按照结构所用的材料或结构受力体系、使用功能、外形特点以及施工方法等进行分类。各种结构有其一定的适用范围，应根据结构功能、材料性能、不同结构型式的特点和使用要求以及施工和环境条件等合理选用。

课程介绍

　　按照所采用的材料分类，工程结构的类型主要有混凝土结构、钢结构、砌体结构和木结构等。混凝土结构包括素混凝土结构、钢筋混凝土结构、预应力混凝土结构、纤维筋混凝土结构和其他各种形式的加筋混凝土结构。砌体结构包括砖石砌体结构、砌块砌体结构。这些结构材料可以在同一结构体系中混合使用，形成混合结构，如屋盖和楼盖采用混凝土结构，墙体采用砌体，基础采用砖石砌体或钢筋混凝土，就形成了砖混结构。这些结构材料也可以在同一构件中混合

工程结构
类别

使用,形成组合构件,如屋架上弦采用钢筋混凝土,下弦采用钢拉杆,就形成了钢—混凝土组合柱。

按照结构的受力体系分类,工程结构的类型主要有框架结构、剪力墙结构、筒体结构、塔式结构、桅式结构、悬索结构、悬吊结构、壳体结构、网架结构、板柱结构、墙板结构、折板结构、充气结构、膜结构等。框架结构的竖向受力体系主要由梁和柱组成;剪力墙结构的竖向受力体系主要由钢筋混凝土墙组成;筒体结构是在高层建筑中利用电梯井、楼梯间或管道井等四周封闭的墙形成内筒,也可以利用外墙或密排的柱作为外筒,或两者共同形成筒中筒结构,框架、剪力墙和筒体也可以组合形成框架剪力墙结构、框架筒体结构等结构体系;塔式结构是下端固定、上端自由的高耸构筑物;桅式结构是由一根下端为铰接或刚接的竖立细长桅杆和若干层纤绳所组成的构筑物;悬索结构的承重部分由柔性拉索及其边缘构件组成,索可以采用钢丝束、钢丝绳、钢绞线、圆钢、纤维复合材料以及其他受拉性能良好线材;楼面荷载通过吊索或吊杆传递到固定在筒体或柱子上的水平悬吊梁或桁架上,并通过筒体或柱子传递到基础的结构体系称为悬吊结构;壳体结构是由曲面形板与边缘构件(梁、拱或桁架等)组成的空间结构;网架结构是由多根杆件按照一定的网格形式,通过节点连接而形成的空间结构;仅由楼板和柱组成承重体系的结构称为板柱结构;仅由楼板和墙组成承重体系的结构则称为墙板结构;由多块条形平板组合而成的空间结构统称为折板结构;充气结构是用薄膜材料制成的构件充入气体后而形成的结构;用柔性拉索和薄膜材料及边缘构件组成的结构称为膜结构。

按照建筑物、构筑物或结构的使用功能分类,工程结构可以分为:建筑结构,如住宅、公共建筑、工业建筑等;特种结构,如水池、水塔、筒仓、储藏罐、挡土墙等;桥梁结构,如公路铁路桥、立交桥、人行天桥等;地下结构,如隧道、涵洞、人防工事、地下建筑等。

按照建筑物的外形特点不同,工程结构可以分为单层结构、多层结构、高层结构、大跨结构和高耸结构(如电视塔等)。

按照结构的施工方法不同,工程结构可以分成现浇结构、预制装配结构和预制与现浇相结合的装配整体式结构。另外,按照结构使用前是否预先施加应力,还可分为预应力结构和非预应力结构等。

## 1.2 混凝土结构

### 1.2.1 混凝土结构的类型

混凝土结构是以混凝土为主要材料的结构,包括素混凝土结构、钢筋混凝土结构、预应力混凝土结构、钢管混凝土结构、型钢混凝土结构等。

素混凝土是指不配任何钢材的混凝土结构,一般常用于路面和非承重结构;钢筋混凝土结构由钢筋和混凝土组成,按照结构构件的型式和受力特点,主要在受拉部位和受压部位配置一定型式和数量的钢筋;预应力混凝土是在结构或构件中配置预应力钢筋并施加预应力的混凝土结构;钢管混凝土是指在钢管内浇筑混凝土而形成的结构;型钢混凝土又称为钢骨混凝土,把型钢或用钢板焊接成钢骨架作为配筋的混凝土结构。

## 1.2.2 钢筋混凝土结构的特点

钢筋混凝土结构由一系列受力类型不同的构件组成。钢筋混凝土构件有受弯构件、受拉构件、受扭构件、受压构件和上述复合受力状态下的构件。

钢筋与混凝土材料有不同的物理性能和力学性能。钢筋抗拉性能和抗压性能均好,混凝土的抗压性能强但抗拉性能较弱。将这两种性能不同的材料结合在一起共同工作,使其发挥各自抗拉强度、抗压强度的特长,将会使构件具有较高的承载力和较好的经济效益。两种不同性能的材料能够结合在一起共同工作的基础为以下两点:

① 钢筋和混凝土两种材料的线膨胀系数相近。钢材为 $1.2 \times 10^{-5}$,混凝土为 $1.0 \times 10^{-5} \sim 1.5 \times 10^{-5}$。当温度变化时,两种材料不会因产生较大的相对变形而使两种材料之间的黏结应力受到破坏。

② 钢筋混凝土结构中钢筋和混凝土之间存在黏结力,由于黏结力的存在使两者结为整体,在荷载的作用下能共同工作、协调变形。

钢筋混凝土结构除了比素混凝土结构具有更高的承载力和更好的受力性能以外,与其他结构相比具有如下较明显的优点:

① 合理用材。钢筋混凝土结构合理利用钢筋和混凝土两种不同材料的受力性能,使混凝土和钢筋的强度得到了充分发挥,特别是现代预应力钢筋混凝土的应用,在更大的范围内取代了钢结构,降低了工程造价。

② 耐久性和耐火性。与钢结构相比钢筋混凝土结构有较好的耐久性,它不需要经常的保养和维护。在钢筋混凝土结构中,钢筋被混凝土包裹而不致锈蚀,另外混凝土的强度还会随时间增长而略有提高,故钢筋混凝土有较好的耐久性。对于在有侵蚀介质环境中的钢筋混凝土结构,根据侵蚀的性质合理选用不同品种的水泥,可达到提高耐久性的目的。例如:火山灰水泥和矿渣水泥抗硫酸盐侵蚀的能力很强,可在有硫酸盐腐蚀的环境中使用;矿渣水泥抗碱腐蚀的能力也很强,也可用于碱腐蚀的环境中,由于钢筋包裹在混凝土里面而受到保护,火灾时钢筋不至于很快达到流塑状态而使结构整体破坏。

③ 整体性好。现浇混凝土结构的整体性好,刚度大。通过合适的配筋,可获得较好的延性,适用于抗震、抗爆结构,同时防震性和防辐射性能较好,适用于防护结构。

④ 可模性好。混凝土可根据实际需要浇筑成各种形状和尺寸的结构,适用于各种形状复杂的结构,如空间薄壳、箱形结构等。

钢筋混凝土结构也有下列缺点:

① 结构自重大。钢筋混凝土结构自重一般为 $25 \text{ kN/m}^3$,大于砌体和木材的自重。尽管比钢材的自重小,但由于钢筋混凝土结构截面尺寸较大,所以自重远远大于相同跨度或高度的钢结构。对于大跨度结构、高层抗震结构,采用钢筋混凝土均存在需减小自重的问题。

② 抗裂性能差。混凝土抗拉强度很低,一般构件都有拉应力存在,配置钢

筋以后虽然可以提高构件的承载力,但抗裂能力提高很少,因此在使用阶段构件一般是带裂缝工作,影响结构的耐久性。当裂缝只能开较宽时,还将给使用者造成不安全感。

③ 费时费模。现浇的钢筋混凝土结构施工工期相对较长,且施工受季节气候条件的影响和限制;同时,混凝土工程模板耗费量大。

### 1.2.3 混凝土结构的发展历程与应用

（1）混凝土结构的发展

混凝土结构的发展,大体可分为三个阶段。

① 第一阶段——从钢筋混凝土的发明至 20 世纪初。这一阶段采用的钢筋和混凝土的强度比较低,主要用于建造中小型楼板、梁、柱、拱和基础等构件。结构内力和构件截面计算均套用弹性理论,采用容许应力设计方法。

② 第二阶段——从 20 世纪 20 年代到第二次世界大战前。随着混凝土和钢筋强度的不断提高,1928 年法国杰出的土木工程师 E. Freyssinet（弗雷西奈）发明了预应力混凝土,使得混凝土结构可以用来建造大跨度结构。在计算理论上,苏联著名的混凝土结构专家格沃兹捷夫开始考虑混凝土塑性性能的破损阶段设计法,在 20 世纪 50 年代又提出更为合理的极限状态设计法,奠定了现代钢筋混凝土结构的基本计算理论。

③ 第三阶段——二战以后到现在。随着建设速度的加快,对材料性能和施工技术提出更高的要求,出现了装配式钢筋混凝土结构、泵送商品混凝土等工业化生产的混凝土结构。高强混凝土和高强钢筋的发展、计算机技术的采用和先进施工机械设备的发明,建造了一大批超高层建筑、大跨度桥梁、特长跨海隧道、高耸结构等大型结构工程,成为现代土木工程的标志。在设计计算理论方面,已发展到以概率理论为基础的极限状态设计方法,钢筋混凝土结构的基础理论问题也大多数得到解决。而新型混凝土材料及其复合结构型式的出现又不断提出新的课题,并不断促进混凝土结构的发展。

我国在 20 世纪 50 年代初期,钢筋混凝土的计算理论由按弹性方法的允许应力的计算法过渡到考虑材料塑性的按破损阶段设计的方法。随着科学研究的深入和经验的积累,我国于 1966 年颁布了按多系数极限状态设计法,并于 1974 年正式颁布了《钢筋混凝土结构设计规范》(TJ 10—74);1989 年我国颁布了全面修订的《混凝土结构设计规范》(GBJ 10—89),采用了以概率论为基础的极限状态设计法;2002 年颁布了全面修订的《混凝土结构设计规范》(GB 50010—2002);2010 年颁布了全面修订的《混凝土结构设计规范》(GB 50010—2010);2015 年颁布了《混凝土结构设计规范》(GB 50010—2010)(2015 年版)。

混凝土材料主要朝着高强、轻质、耐久、提高抗裂性和易于成型的方向发展。工程上已大量使用强度等级 C80~C100 的混凝土,实验室研制出强度高于 300 MPa 的混凝土。在地震区采用轻质混凝土结构,如加气混凝土,陶粒混凝土等可有效减小地震损伤、节约材料、降低成本。为改善和提高混凝土耐久性,对聚合物混凝土、树脂混凝土、浸渍混凝土等材料进行的一系列研究表明,经改性的混凝土不仅抗压性能、抗拉性能好,而且耐磨、抗渗、抗冲击和耐冻。

钢筋主要向强度高、延性好和黏结性能好的方向发展。用于普通混凝土结构的钢筋强度达到 435 MPa,在中等跨度的预应力构件采用 800～1 370 MPa 的高强钢丝和钢绞线,均具有高强度、延性好、锚固性能好的特点。为提高钢筋的耐腐蚀性能,带有环氧树脂涂层的热轧钢筋在有特殊防腐要求的工程中得到应用。近期国内学者在使用 FRP 钢筋部分或全部替代传统钢筋的研究取得了一定的进展。

(2) 混凝土结构的应用

随着人们对混凝土的深入研究,钢筋混凝土结构在土木工程领域中取得了更广泛的应用。普通钢筋混凝土、预应力混凝土、钢和混凝土组合结构的应用进一步拓展了混凝土的使用范围。根据美国混凝土学会预言,在混凝土的性能将获得显著提高,把混凝土的拉、压强度比从目前的 1/10 提高到 1/2,并且具有早强、收缩徐变小的特性;未来将会建造高度达 600～900 m 的钢筋混凝土建筑,跨度达 500～600 m 的钢筋混凝土桥梁,以及钢筋混凝土海上浮动城市、海底城市、地下城市等。

## 1.3 本课程的特点和学习方法

在本课程的学习中,应注意以下特点:

① 学习本门课程前应修完工程力学、结构力学、土木工程材料等课程。这些课程与本课程有必然的联系但又有很大的不同。

② 由于混凝土受力的复杂性,目前还没有建立起比较完整的混凝土强度理论。钢筋混凝土构件或者结构是由两种材料组合而成,其受力性能受材料内部组成和外部因素(荷载、环境等)影响,因此钢筋混凝土构件的计算理论和计算公式有很多是根据实验研究得出的半理论半经验公式,初学者往往不易接受,不像数学、工程力学、结构力学等的计算原理和计算公式是根据较系统而严密的逻辑运算推导而得的,因此学习时要特别注意。由于钢筋混凝土构件的计算公式是建立在实验的基础上,故应注意它们的适用范围和条件。

③ 钢筋混凝土构件是由混凝土和钢筋两种力学性质相差很大的材料所组成,因此存在选定两种材料的不同强度等级和两种材料所用数量多少的配比问题,而这种配比可由设计者自行确定。因此对相同荷载、同一构件,可以设计出多个均能满足使用要求的解答,即问题的解答不是唯一的。这和数学、力学习题的解答不相同。正是由于材料的配比具有选择性,因此当比值超过了一定的范围就会引起构件受力性能的改变。为了防止构件出现非预期的破坏状态,往往对钢筋混凝土构件的计算公式规定其适用条件,有时还规定某些构造措施来保证。故在学习时不能忽视这些规定。

④ 注重实践锻炼。混凝土原理是一门综合性的应用学科,需要满足安全、适用、经济以及施工方便等方面的要求。这些要求一方面可通过分析技术来满足,另一方面还应通过各种构造要求来保证。这些构造措施或是计算模型误差的修正,或是实验研究的成果,或是长期工程实践经验的总结,它们和分析计算

同为本课程重要的组成部分。学习时对构造要求应加深理解,通过反复应用来掌握。同时本课程是实践性很强的一门课,学习时除阅读教材外,还应了解有关规范,完成有关习题和课程设计。通过实践熟悉设计方法和构造措施。

⑤ 课程学习与相关规范学习相结合。规范是国际颁布的有关计算、构造要求的技术规定和标准。规范中的强制性条文是设计必须遵守的带法律性的技术文件,同时也是保证设计方法的统一化和标准化的依据,从而保证工程质量。注意在学习时要将有关基本理论的应用落实到规范的具体规定中。

⑥ 注意学以致用。学习本课程不仅是要懂得一些理论,更重要的是实践和应用。本课程的内容是遵照我国有关的国家标准,特别是遵照《混凝土结构设计规范》(GB 50010—2010)(2015 年版)(除特殊说明外,以下简称《规范》)而编写的。《规范》体现了国家的技术经济政策、技术措施和设计方法,反映了我国在混凝土结构学科领域所达到的科学技术水平,并且总结了混凝土结构工程实践的经验,故而《规范》是进行钢筋混凝土结构设计的依据,必须加以遵守。而只有正确理解《规范》条款的意义,不盲目乱套,才能正确地加以应用。但同时应注意,设计工作也不应被规范束缚。一方面,在设计工作中必须按照规范进行;另一方面,只有深刻理解规范的理论依据,才能更好地应用规范,充分发挥设计者的主动性和创造性。

专业术语

# 2 混凝土结构用材料基本性能

**本章提要**:本章主要讲述钢筋和混凝土两种材料的物理力学性能、强度与变形的特点,混凝土与钢筋共同工作的原理,结构设计中混凝土与钢筋材料的选用原则等。重点掌握钢筋的强度和变形性能,混凝土的单轴抗压强度,混凝土在复合受力情况下强度的变化,混凝土在短期加载下的变形性能以及混凝土的徐变和收缩等。了解钢筋和混凝土界面黏结力的组成及其影响因素、保证黏结力的构造措施以及钢筋混凝土的一般构造规定。

慕课平台

本章介绍

微信公众号

## 2.1 钢筋

### 2.1.1 钢筋的种类

我国在混凝土结构(concrete structure)中使用的钢材,按其生产加工工艺和力学性能的不同可以分为热轧钢筋、中高强钢丝、钢绞线、预应力螺纹钢筋以及冷加工钢筋等。

在钢筋混凝土(reinforced concrete structure)结构中主要采用热轧钢筋。

在预应力混凝土结构(prestressed concrete structure)中主要采用热轧钢筋、中高强钢丝、钢绞线、预应力螺纹钢筋。

国家现行钢筋产品标准中,不再限制钢筋材料的化学成分和制作工艺,而按性能确定钢筋的牌号和强度等级。

#### 2.1.1.1 热轧钢筋

热轧钢筋是指钢厂用熔化的钢水直接轧制而成的钢筋。热轧钢筋属于普通低碳钢钢筋和普通低合金钢钢筋。按照《规范》规定,在钢筋混凝土结构中所用的国产普通钢筋主要有以下五种级别:HPB300(Φ),HRB335($\underline{\Phi}$)、HRB400($\underline{\Phi}$),HRBF400($\underline{\Phi}^F$),RRB400($\underline{\Phi}^R$)和 HRB500($\underline{\underline{\Phi}}$)、HRBF500($\underline{\underline{\Phi}}^F$)。钢筋代号前面的字母代表生产工艺和表面形状,后面的数字代表屈服强度标准值,括号内的符号为钢筋强度等级简写符号。HPB 为 Hot rolled Plain Bars,HRB 为 Hot rolled Ribbed Bars,RRB 为 Remained heat treatment Ribbed Bars,HRBF 为 Hot rolled Ribbed steel Bars of Fine grains。

热轧钢筋中 400 MPa 级和 500 MPa 级的钢筋直径为 6~50 mm,HPB300 级和 HRB335 级钢筋的直径为 6~14 mm。

《规范》
条文解读

（1）HPB300 级钢筋

HPB300 级钢筋是由碳素钢经热轧而成的光面圆钢筋。它具有质量稳定、塑性好、易焊接和易加工成型的优点。

（2）HRB335 级钢筋

HRB335 级钢筋是由低合金钢经热轧而成的钢筋。

为增加钢筋与混凝土之间的黏结力，表面轧制成外形为月牙形，其表面一般有钢筋牌号的标志，便于识别。这种钢筋强度比 HPB300 级钢筋强度高，塑性和焊接性能都比较好，易加工成型，是我国钢筋混凝土结构构件钢筋用料最主要的品种之一。

（3）HRB400、HRBF400 级钢筋

HRB400、HRBF400 级钢筋分别是由低合金钢经热轧而成的钢筋和采用温控轧制工艺生产的细晶粒带肋钢筋。

HRB400 级钢筋微合金含量与 HRB335 级钢筋相同外，分别添加钒、铌、钛等元素，而 HRBF400 级钢筋（不加或少加低合金元素）采用温控轧制工艺生产因而强度有所提高，并保持有足够的塑性和良好的焊接性能，是我国今后钢筋混凝土结构构件受力主导钢筋用料最主要的品种之一。

（4）RRB400 级钢筋

RRB400 级钢筋是用 HRB335 级钢筋经热轧后，穿过生产作业线上的高压水湍流管进行快速冷却，再利用钢筋芯部的余热自行回火而成的钢筋。经过淬火和自行回火处理，钢筋强度较高，同时钢筋保持有足够塑性和韧性，但当采用闪光对焊时强度有不同程度的降低。

（5）HRB500、HRBF500 级钢筋

HRB500、HRBF500 级钢筋是用于非预应力混凝土结构的性能优良的高强度钢筋，分为添加钒、钛等低合金元素轧制的 HRB500 级和采用温控技术（不加或少加低合金元素）轧制的细晶粒 HRBF500 级。

HRB500、HRBF500 级钢筋具有很好的延性，焊接性、黏结性能良好，均能达到国家相关技术标准的要求，可在工程实践中应用。

我国带肋钢筋的外形，目前生产的月牙肋形，其横肋高度向肋的两端逐渐降至零，不与纵肋相连，横肋在钢筋横截面的投影为月牙形，这样可以使纵横肋相交处应力集中现象有所缓解，但相对于同质量的等高肋钢筋来说，这种钢筋除横肋以外的基本机体部分金属量有所增加，因此钢筋的屈服强度和疲劳强度有所提高。钢筋的各种形式如图 2-1 所示。

### 2.1.1.2 中高强钢丝

中高强钢丝有中强度预应力钢丝和消除应力钢丝，分别有光面和螺旋肋两种。

（1）中强度预应力钢丝

中强度预应力钢丝经冷加工或冷加工后热处理制成，其屈服强度标准值为 $620 \sim 980$ MPa，公称直径有 5 mm、7 mm 和 9 mm 三个规格。分别用 $\phi^{PM}$ 和 $\phi^{HM}$ 代表光面和螺旋肋两类。

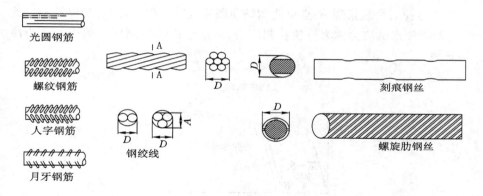

图 2-1 钢筋的各种形式

**(2) 消除应力钢丝**

将钢筋拉拔后,校直,经中温回火消除应力并稳定化处理的钢丝,其强度较高,极限强度值为 1 570～1 860 MPa,公称直径有 5 mm、7 mm 和 9 mm 三个规格。分别用 $\phi^P$ 和 $\phi^H$ 代表光面和螺旋肋两类。

### 2.1.1.3 钢绞线

钢绞线($\phi^s$)是由多根高强钢丝捻制在一起经过低温回火处理清除内应力后而制成,分为 3 股和 7 股两种,极限强度标准值为 1 570～1 960 MPa,公称直径为 8.6～21.6 mm。

### 2.1.1.4 预应力螺纹钢筋

预应力螺纹钢筋($\phi^T$),也称为精轧螺纹钢筋,是在整根钢筋上轧有外螺纹的大直径、较高强度、高尺寸精度的钢筋,其屈服强度标准值为 785～1 080 MPa,公称直径有 18 mm、25 mm、32 mm、40 mm 和 50 mm 五个规格。

### 2.1.1.5 冷加工钢筋

为了节约钢材和扩大钢筋的应用范围,常对热轧钢筋进行冷拉、冷拔、冷轧等加工。钢筋经冷加工后,其性能发生了较大的变化。

**(1) 冷拉**

所谓冷拉,是指在常温下把具有明显流幅的热轧钢筋应力拉到超过其原有屈服点,然后完全放松,若钢筋再次受拉,则能获得较高屈服强度的一种方法。如图 2-2 所示,若将钢筋应力拉到超过原有屈服点 S 的 K 点放松,则钢筋应力在曲线图中将沿着平行于 OA 的直线 KE 回到应力为零的 E 点,钢筋发生了残余变形。此时如果立即再次张拉,则钢筋的应力—应变曲线将沿图 2-2 中的 EKBC 线发展,图形中的转折点 K 高于冷拉前的屈服点 S,从而钢筋在第二次受拉时能够获得比原来更高的屈服强度,这种特性称为钢筋的"冷拉强化"。

如果将钢筋经冷拉放松后放置一段时间再行张拉,则其应力—应变曲线将沿图中的 EK'DF 发展,曲线的转折点提高到 K' 点,此时钢筋获得了新的弹性阶段和屈服强度,其屈服平台也较冷拉前有所缩短,伸长率也有所减小,这种特性称为"时效硬化"。

　　钢筋冷拉时合理选择 $K$ 点可使钢筋屈服强度有所提高,同时又保持一定的塑性,这时 $K$ 点的应力称为冷拉控制应力,对应于冷拉控制应力的应变称为冷拉伸长率。

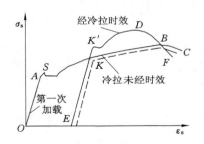

图 2-2　钢筋冷拉后的应力—应变曲线

　　钢筋经过冷拉和时效硬化以后,能提高屈服强度、节约钢材,但冷拉后钢筋的塑性(伸长率)有所降低。为了保证钢筋在强度提高的同时又具有一定的塑性,冷拉时应同时控制应力和应变。

　　(2) 冷拔

　　冷拔钢筋是将钢筋用强力拔过比它本身直径还小的硬质合金拔丝模,这时钢筋同时受到纵向拉力和横向压力的作用,截面变小而长度拔长。经过几次冷拔,钢丝的强度比原来有很大提高,但塑性降低很多。图 2-3 为直径 6 mm 的 HPB300 钢筋经过三次冷拔,拔至直径为 3 mm 的过程中,冷拔低碳钢丝 $\phi^b 3$、$\phi^b 4$、$\phi^b 5$ 的应力—应变曲线的变化。

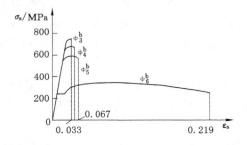

图 2-3　冷拔低碳钢丝的应力—应变曲线

　　冷拉只能提高钢筋的抗拉强度,冷拔则可同时提高抗拉强度及抗压强度。冷加工钢筋应用时可参照相应的行业标准。

## 2.1.2　单调荷载下钢筋的强度和变形

### 2.1.2.1　有明显流幅钢筋应力—应变试验曲线

　　通过钢筋的单向拉伸试验可以确定钢筋的强度和变形等性能。常规的荷载试验常采用单调加载,即在短期内将荷载从零加载至试件破坏,在此过程中没有卸载。

　　根据钢筋单调加载拉伸试验得到的钢筋的应力—应变关系曲线的特点,可以把钢筋分为有明显流幅的钢筋和无明显流幅的钢筋两类。

热轧钢筋属于有明显流幅的钢筋,也称为软钢,对其进行拉伸试验可得到图 2-4 所示的应力—应变曲线。

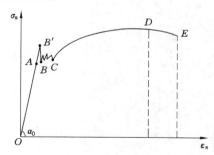

图 2-4 有明显流幅钢筋的应力—应变关系曲线

(1)弹性阶段(OA 段)

在 A 点以前,应力与应变呈直线线性变化,与 A 点对应的应力称为比例极限或弹性极限。OA 为理想弹性阶段,卸载后可完全恢复,无残余变形。

(2)屈服阶段(AC 段)

过 A 点后,应变较应力增长得快,曲线开始弯曲,到达 B′点后钢筋开始塑流,B′点称为屈服上限,它与加载速度、截面形式、试件表面光洁度等因素有关,当应力降至下屈服点 B 点,此时,应力基本不增加,而应变急剧增长,曲线出现一个波动的小平台,这种现象称为屈服。B 点到 C 点的水平距离称为流幅或屈服台阶,上屈服点通常不稳定,下屈服点 B 数值比较稳定,称为屈服点或屈服强度(yield strength),有明显流幅的热轧钢筋的屈服强度是按下屈服点来确定的。

(3)强化阶段(CD 段)

过 C 点以后,应力又继续上升,说明钢筋的抗拉能力又有所提高。随着曲线上升到最高点 D,相应的应力称为钢筋的极限抗拉强度(ultimate tensile strength)。

(4)颈缩阶段(DE 段)

过了 D 点,试件薄弱处的截面将会突然显著缩小,发生局部颈缩,变形迅速增加,应力随之下降,达到 E 点时试件被拉断。

有明显流幅的钢筋的应力到达屈服点后,会产生较大的塑性变形,使钢筋混凝土构件出现很大的变形和过宽的裂缝,以致影响正常使用。为此,现行相关国家标准规定以下屈服点作为屈服强度,以保证混凝土构件在正常使用条件下不产生过大的变形或裂缝。实际应用中对于有明显流幅的钢筋,采用屈服强度作为钢筋强度的限值。

屈服强度

#### 2.1.2.2 无明显流幅钢筋应力—应变试验曲线

热处理钢筋和各类钢丝属于无明显流幅的钢筋,也称为硬钢。这类钢筋拉伸时典型的应力—应变曲线如图 2-5 所示($\sigma_b$ 为无明显流幅钢筋的极限抗拉强度),钢筋应力在达到比例极限(图中 A 点)以前,应力与应变呈直线线性变化,钢筋具有明显的弹性性能。

超过 A 点后,钢筋表现出一定的塑性性能,但应力与应变均持续增长,应

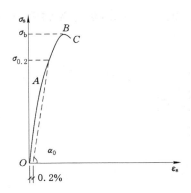

图 2-5 无明显流幅钢筋的应力—应变关系曲线

变—应变关系曲线上没有明显流幅,达到极限强度 $B$ 点后,同样由于钢筋的颈缩现象出现下降段,至 $C$ 点钢筋被拉断。

钢筋标准
强度国家
相关标准

由图 2-5 可知无明显流幅的钢筋应力—应变曲线中只有已有一个强度指标,即 $B$ 点对应的极限抗拉强度。在设计中极限抗拉强度不能作为钢筋强度取值的依据。因此,一般取残余应变为 0.2% 时所对应的应力 $\sigma_{0.2}$ 作为无明显流幅钢筋的强度限值,通常称为条件屈服强度(specified yield strength)。

对无明显流幅的钢筋,实际应用中取条件屈服强度作为钢筋强度的限值,即 $\sigma_{0.2} = 0.85\sigma_b$。

钢筋的强度取值按现行国家标准规定给出,钢筋强度的标准值应具有不小于 95% 的保证率。

钢筋强度
标准值与
设计值关系

《规范》规定,普通钢筋(steel bar)的强度设计值是由钢筋强度标准值除以钢筋材料分项系数 $\gamma_s$ 得到的。延性(ductility)较好的热轧钢筋,$\gamma_s$ 取 1.10;对 500 MPa 的高强钢筋,为了适当提高安全储备,$\gamma_s$ 取为 1.15。对于预应力筋 $\gamma_s$ 一般取不小于 1.20。对于传统的预应力钢丝、钢绞线 $\gamma_s$ 取 1.20,对于中强度预应力钢丝和螺纹钢筋,按上述原则计算并考虑工程经验适当调整。

普通钢筋的屈服强度标准值 $f_{yk}$、极限强度标准值 $f_{stk}$ 见附表 1-1。普通钢筋的抗拉强度设计值 $f_y$、抗压强度设计值 $f'_y$ 见附表 1-2。

预应力钢丝、钢绞线和预应力螺纹钢筋的屈服强度标准值 $f_{pyk}$ 及极限强度标准值 $f_{ptk}$ 见附表 2-1。预应力筋的抗拉强度设计值 $f_{py}$ 和抗压强度设计值 $f'_{py}$ 见附表 2-2。

### 2.1.2.3 弹性模量

拓展

钢筋的弹性模量(modulus of elasticity)是根据拉伸试验中测得的弹性阶段的应力—应变曲线确定的。由图 2-4 和图 2-5 可见,当钢筋的拉应力在比例极限($OA$ 段)范围以内时,其应力与应变的关系,可用下式表示:

$$E_s = \frac{\sigma_s}{\varepsilon_s} \tag{2-1}$$

式中 $E_s$——钢材的弹性模量,N/mm。

由于钢筋在弹性阶段的受压性能和受拉性能类同,所以同一类别钢筋的受压和受拉时的弹性模量相同,各类钢筋的弹性模量见附表3。

### 2.1.2.4　塑性性能

钢筋除了有屈服强度和极限强度两个强度指标外,还有两个塑性指标:伸长率和冷弯性能。这两个指标可以衡量钢筋的塑性性能。

（1）伸长率

钢筋的伸长率是指在钢筋试件一定标距范围内的极限伸长率。钢筋的伸长率越大,表明钢筋的塑性和变形能力越好。钢筋的变形能力一般用延性(ductility)来表示。

钢筋应力—应变曲线上屈服点至极限应变点之间的应变值反映了钢筋延性的大小。

目前衡量钢筋伸长率有两个指标:钢筋的断后伸长率和钢筋最大力下的总伸长率。

① 钢筋的断后伸长率

钢筋的断后伸长率为在钢筋试件上标距范围内极限伸长率,以 $\delta$（%）表示,即:

$$\delta = \frac{l - l_0}{l_0} \times 100\% \tag{2-2}$$

式中　$l_0$——试件拉断前的标距,目前国内采用两种试验标距:短试件取 $l_0 = 5d$,长试件取 $l_0 = 10d$,相应的断后伸长率分别用 $\delta_5$ 及 $\delta_{10}$ 表示;

　　　　$d$——钢筋试件直径;

　　　　$l$——试件拉断后重新合并起来量测得到的长度,量测标距应该包含颈缩区。

钢筋的断后伸长率只能反映残余变形的大小,其中还包括断口颈缩区域的局部变形。试验所得的伸长率,通常 $\delta_5 > \delta_{10}$,这是因为残余变形主要集中在试件的颈缩区段内,标距越短,所得的平均残余应变自然就越大;另外断后伸长率忽略了钢筋的弹性变形,不能反映钢筋受力时的总体变形能力。此外,量测钢筋拉断后的标距长度 $l$ 时需将拉断的两段钢筋对合后再量测,也容易产生人为误差。因此,近年来国际上已采用钢筋达极限强度时的总伸长率(均匀伸长率)$\delta_{gt}$ 来表示钢筋的变形能力。

② 钢筋最大力下的总伸长率(均匀伸长率)

如图 2-6 所示,钢筋达到强度极限时的变形由塑性残余变形 $\varepsilon_r$ 和弹性变形 $\varepsilon_e$ 两部分组成。最大应力下的总伸长率 $\delta_{gt}$ 可用下式表示:

$$\delta_{gt} = \left( \frac{l - l_0}{l_0} + \frac{\sigma_b}{E_s} \right) \tag{2-3}$$

式中　$L_0$——试验前的原始标距(不包含颈缩区);

　　　　$L$——试验后量测标记之间的距离;

　　　　$\sigma_b$——钢筋的最大拉应力(即钢筋的极限抗拉强度);

　　　　$E_s$——钢筋的弹性模量。

式(2-3)括号中的第一项反映了钢筋的塑性残余变形,第二项反映了钢筋在最大拉应力下的弹性变形。

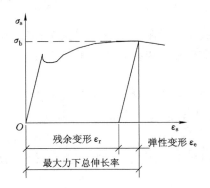

图 2-6 钢筋极限强度下的总伸长率

$\delta_{gt}$ 的测量方法可参照图 2-7 进行。在离颈缩区较远的一侧选择两个标记点 $(Y,V)$，两个标记间的原始标距 $(L_0)$ 在试验前至少应为 100 mm；标距点 $Y$ 或 $V$ 与夹具的距离不应小于 20 mm 或公称直径 $d$ 两者中的较大者；标距点 $Y$ 或 $V$ 与断裂点之间的距离不应小于 50 mm 或 $2d$ 两者中的较大者。钢筋拉断后测量标记点之间的距离为 $L$，并求出钢筋拉断时的最大拉应力 $\sigma_b$，然后按式 (2-3) 计算 $\delta_{gt}$。

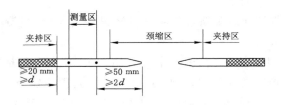

图 2-7 钢筋最大力下总伸长率的量测方法

钢筋最大力下的总伸长率 $\delta_{gt}$ 既能反映钢筋的残余变形，又能反映钢筋的弹性变形，量测结果受原始标距 $L_0$ 的影响较小，也不易产生人为误差。

普通钢筋和预应力筋在最大力下的总伸长率不应小于附表 4 规定的 $\delta_{gt}$ 的限值。

（2）冷弯性能

为使钢筋在使用时不会脆断，加工时不脆断，可对钢筋试件进行冷弯试验，如图 2-8 所示。

冷弯是指在常温下将直径为 $d$ 的钢筋绕直径为 $D$ 的弯芯弯曲到规定的角度 $\alpha$ 后无裂纹、鳞落或断裂现象，则认为钢筋的冷弯性能符合要求。通常弯芯直径 $D$ 越小，弯转角 $\alpha$ 越大，说明钢筋的冷弯性能越好。国家标准规定了各种钢筋冷弯时相应的弯芯直径及弯转角,有关参数可参照相应的国家标准。

总之,伸长率越大,钢筋的塑性性能越好,破坏时有明显的拉断预兆。钢筋的冷弯性能较好,构件破坏时不易发生脆断。因此,对于钢筋品种的选择,应考虑强度和塑性两方面的要求。

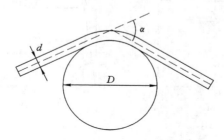

图 2-8　钢筋的冷弯试验

$\alpha$——弯曲角度;$D$——弯心直径

（3）冷轧

以热轧钢筋为原料,在常温下进行轧制而形成的不同形状的钢筋。钢筋经过轧制,材料内部组织变得更加密实,使钢筋的强度和黏结性能有所提高,但是相应的塑性性能有所下降。一般有冷轧带肋钢筋和冷轧扭钢筋两种。

### 2.1.3　钢筋应力—应变关系的理论模型

在对混凝土结构进行理论分析时,很少直接采用由试验得到的钢筋应力—应变关系曲线,一般需对试验曲线进行理想化得到适合分析时采用的理论模型,即常将钢筋实际的应力—应变曲线予以简化。

图 2-9 所示为常用的钢筋应力—变曲线理论模型。

（1）完成弹塑性的双直线模型

图 2-9(a)所示的双直线模型适用于流幅较长的钢筋,通常称为理想弹塑性模型,模型将钢筋的应力—应变曲线简化为两段直线,不计屈服强度的上限和由于应变强化而增加的应力。图中 $OB$ 段为完全弹性阶段,$B$ 点为屈服下限,相应的应力及应变为 $f_y$ 和 $\varepsilon_y$,$OB$ 段的斜率即为弹性模量 $E_s$。$BC$ 为完全塑性阶段,$C$ 点为应力强化的起点,对应的应变为 $\varepsilon_{s,h}$,过 $C$ 点后,即认为钢筋变形过大不能正常使用。双直线模型的数学表达式如下:

当 $\varepsilon_s \leqslant \varepsilon_y$ 时,

$$\sigma_s = E_s \varepsilon_s \quad (E_s = f_y / \varepsilon_y) \tag{2-4}$$

当 $\varepsilon_y \leqslant \varepsilon_s \leqslant \varepsilon_{s,h}$ 时,

$$\sigma_s = f_y \tag{2-5}$$

（2）完全弹塑性加硬化的三折线模型

图 2-9(b)所示的三折线模型适用于流幅较短的钢筋,可以描述屈服后立即发生应变硬化（应力强化）的钢筋,正确地估计高出屈服应力后的应力。图中 $OB$ 及 $BC$ 直线段分别为完全弹性和塑性阶段。$C$ 点为硬化的起点,$CD$ 为硬化阶段。到达 $D$ 点时即认为钢筋破坏,受拉应力达到极限值 $f_{s,u}$,相应的应变为

$\varepsilon_{s,u}$。三折线模型的数学表达形式如下：

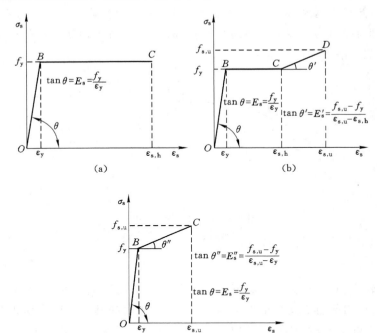

图 2-9　钢筋应力—应变关系曲线的理论模型

(a) 双直线；(b) 三折线；(c) 双斜线

当 $\varepsilon_s \leqslant \varepsilon_y$，或 $\varepsilon_y \leqslant \varepsilon_s \leqslant \varepsilon_{s,h}$ 时，表达式同式(2-4)和式(2-5)。

当 $\varepsilon_{s,h} \leqslant \varepsilon_s \leqslant \varepsilon_{s,u}$ 时，

$$\sigma_s = f_y + (\varepsilon_s - \varepsilon_{s,h})\tan\theta' \tag{2-6}$$

可取：

$$\tan\theta' = E' = 0.001E_s \tag{2-7}$$

(3) 弹塑性双折线模型

图 2-9(c)所示的双折线模型可以描述没有明显流幅的钢筋或钢丝。图中 $B$ 点为条件屈服点，$C$ 点的应力达到极限值 $f_{s,u}$，相应的应变为 $\varepsilon_{s,u}$，双折线模型数学表达式如下：

当 $\varepsilon_s \leqslant \varepsilon_y$ 时，表达式同式(2-4)。

当 $\varepsilon_y \leqslant \varepsilon_s \leqslant \varepsilon_{s,u}$ 时，

$$\sigma_s = f_y + (\varepsilon_s - \varepsilon_y)\tan\theta'' \tag{2-8}$$

式中，

$$\tan\theta'' = E''_s = \frac{f_{s,u} - f_y}{\varepsilon_{s,u} - \varepsilon_y} \tag{2-9}$$

若钢筋不被压曲，则受压钢筋应力—应变关系的理论模型与受拉时的理论模型相同。

## 2.1.4　钢筋的徐变和松弛

钢筋在较高应力持续作用下，其应变随时间增长而继续增加，这种现象称为

徐变。若保持受力钢筋的长度不变,则钢筋应力会随时间的增长而降低,这种现象称为松弛。

徐变和松弛的物理本质是一致的。徐变或松弛随时间增长而增大,与钢筋初始应力大小、钢材品种以及温度等因素有关。通常初始应力大,徐变或应力松弛损失也大;温度增加,则徐变或松弛增大。

在预应力混凝土结构(prestressed concrete structure)中使用的预应力筋的应力计算时需考虑钢筋的应力松弛现象引起的预应力筋中的应力损失。

### 2.1.5 重复和反复荷载下钢筋的强度和变形

#### 2.1.5.1 重复荷载下钢筋应力—应变关系曲线

重复荷载是对试件在一个方向加载、卸载、再加载、再卸载……的过程。

图 2-10 所示为重复荷载下的钢筋应力—应变关系曲线,图中卸载时的应力—应变关系曲线 $BO'$ 为直线,且平行于弹性阶段的应力—应变关系曲线(直线 $OA$);再加载时先沿着与卸载时相同的应力—应变关系曲线(直线 $O'_B$)行进,到达 $B$ 点后,继续沿曲线 $BC$ 行进。重复加载时应力—应变关系曲线的包络线 $OABC$ 曲线与单调荷载下的钢筋应力—应变关系曲线几乎相同。

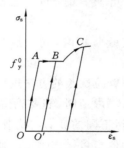

图 2-10 重复荷载下钢筋应力—应变关系曲线

#### 2.1.5.2 反复荷载下钢筋的应力—应变关系曲线

反复荷载是在两个相反的方向交替加载、卸载的过程。

图 2-11 所示为反复荷载下钢筋应力—应变关系曲线,若钢筋超过屈服应变达 $B$ 点时卸载,应力—应变关系曲线沿与 $OA$ 平行的 $BO'$ 直线下行;再反向加载时,到达 $C$ 点后即开始塑性变形,此时的弹性极限较单调荷载下钢筋的弹性极限低,这种现象称为"包辛格效应"。

钢筋在反复荷载下的力学性能对于地震作用下混凝土结构的分析和设计具有重要的意义。

#### 2.1.5.3 钢筋的疲劳

当钢筋承受周期性的重复荷载,应力在最小值 $\sigma_{min}^f$ 和最大值 $\sigma_{max}^f$ 之间经过一定次数的加载、卸载后,即使钢筋的最大应力低于单调加载时钢筋的强度,钢筋也会破坏,这种现象称为疲劳破坏。

钢筋的疲劳强度(fatigue strength)是指在某一规定应力范围内,经受一定次数循环荷载后发生疲劳破坏的最大应力值。

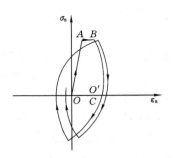

图 2-11    反复荷载下钢筋应力—应变关系曲线

钢筋的疲劳强度与一次循环应力中最大应力和最小应力的差值,即应力幅限值有关。普通钢筋和预应力筋应力幅限值的计算公式为:

$$\Delta f_y^f = \sigma_{s,max}^f - \sigma_{s,min}^f \tag{2-10}$$

$$\Delta f_{py}^f = \sigma_{p,max}^f - \sigma_{p,min}^f \tag{2-11}$$

式中    $\Delta f_y^f$,$\Delta f_{py}^f$ ——普通钢筋、预应力筋的疲劳应力幅限值;

$\sigma_{s,max}^f$,$\sigma_{s,min}^f$ ——构件疲劳验算时,同一层普通钢筋的最大应力和最小应力;

$\sigma_{p,max}^f$,$\sigma_{p,min}^f$ ——构件疲劳验算时,同一层预应力筋的最大应力和最小应力。

我国采用直接对单根钢筋轴拉试验的方法进行疲劳试验。在确定钢筋混凝土构件在使用期间的疲劳应力幅限值时,需要确定循环荷载的次数。我国要求满足循环次数为 200 万次,即对不同的疲劳应力比值用满足循环次数为 200 万次条件下的钢筋的最大应力幅值定量描述钢筋的疲劳强度。

附表 5 和附表 6 为《规范》给出的普通钢筋和与预应力筋在不同的疲劳应力比值时($\rho^f = \sigma_{s,min}^f / \sigma_{s,max}^f$)的疲劳应力幅限值($\Delta f_y^f$)。疲劳应力比值是指同一层钢筋的最小应力与最大应力的比值,即为:

$$\rho_s^f = \frac{\sigma_{s,min}^f}{\sigma_{s,max}^f} \tag{2-12}$$

$$\rho_p^f = \frac{\sigma_{p,min}^f}{\sigma_{p,max}^f} \tag{2-13}$$

钢筋的疲劳强度除与应力变化的幅值有关外,还与钢筋外表面的形状、钢筋的直径、钢筋的强度、钢筋的加工和使用环境以及加载的频率等有关。

### 2.1.6    钢筋的选用

我国《规范》规定,混凝土结构应根据对强度、延性、可焊性、机械连接性能及施工适应性等的要求,选用下列牌号的钢筋:

① 纵向受力普通钢筋可采用 HRB400、HRB500、HRBF400、HRBF500 钢筋,也可以用 HRB335、RRB400、HPB300 钢筋。

② 梁、柱和斜撑构件的纵向受力普通钢筋宜采用 HRB400、HRB500、HRBF400、HRBF500 钢筋。

《规范》
条文解读

③ 箍筋宜采用 HRB400、HRBF400、HRB335、HPB300、HRB500、HRBF500 钢筋,也可采用、HRBF335 钢筋。

④ 预应力筋宜采用预应力钢丝、钢绞线和预应力螺纹钢筋。

拓展

## 2.2 混凝土

### 2.2.1 混凝土的种类

普通混凝土是由水泥、骨料(砂、石)用水拌和和硬化后形成的人工石材,是一种复杂的多相复合材料。根据工程需要,也可加入不同种类的矿物掺和料、外加剂等材料以改善混凝土的相关性能。

混凝土按照强度的高低,可分为普通混凝土、高强混凝土和超高强混凝土,三者之间没有明显的区分界限,一般将强度等级在 C50 以下称为普通混凝土,在 C60~C80 之间的混凝土称为高强混凝土,C100 及以上称为超高强混凝土。

混凝土按照单方质量,混凝土可分为轻质混凝土、普通混凝土和重质混凝土。

按照混凝土工程应用,混凝土可分为普通混凝土、浸渍混凝土、纤维混凝土等。

混凝土按照其内部组成结构的尺度,混凝土可分为三种基本类型:微观结构、亚微观结构和宏观结构。

微观结构,即水泥石结构,是由水泥凝胶、晶体骨架、未水化完的水泥颗粒和凝胶孔组成,其物理力学性能取决于水泥的化学矿物成分、水泥颗粒粉磨细度、水灰比和凝结硬化等条件。

亚微观结构,即混凝土中的水泥砂浆结构,可以看作以水泥石为基相、砂子为分散相的两组份混凝土体系,砂子和水泥石的结合面是薄弱面。其物理力学性能受砂浆的配合比、砂的颗粒级配与矿物组成、颗粒形状、颗粒表面特性以及砂中杂质的含量、成分等因素影响。

混凝土的宏观结构和亚微观结构有其相同点,可以将混凝土中的水泥砂浆作为基相,粗骨料分布在砂浆中,砂浆和粗骨料之间存在连接界面。骨料的分布以及骨料与基相之间的界面结合强度对混凝土物理力学性能有重要影响。

混凝土材料的组成结构与组成材料有关,也与混凝土凝结硬化的环境和条件有关。

浇筑混凝土时泌水现象会引起沉缩,硬化过程中由于水泥浆体水化造成的化学收缩和干缩受到骨料的限制,会在不同层次的界面引起结合破坏,形成随机分布的界面裂缝。因此从微观和亚微观结构的角度来讲,混凝土材料是一种有初始缺陷的材料,孔隙、初始裂缝等先天缺陷是混凝土受力破坏的起因,而且微裂缝的扩展对混凝土的力学性能和耐久性能有着非常重要的影响。

### 2.2.2 混凝土的强度

混凝土强度(strength of concrete)是指混凝土抵抗外力产生的某种应力的

能力,即混凝土材料达到破坏或破裂极限状态时所能承受的应力。混凝土的强度不仅与其材料构成等因素有关,而且还与其受力状态有关。

一般混凝土均处于复合应力状态,研究复合应力作用下混凝土的强度必须以单向应力作用下的强度为基础,单向受力状态下的混凝土的强度指标主要有抗压强度和抗拉强度。

#### 2.2.2.1 混凝土立方体受压

（1）混凝土立方体抗压试验

混凝土强度标准值的确定方法

我国《普通混凝土力学性能试验方法》(GB/T 50081—2016)规定:以边长为150 mm 的立方体在 $20\pm3$ ℃的温度和相对湿度在 90% 以上的潮湿空气中养护28 天,依照标准试验方法测得的抗压强度作为混凝土立方体抗压强度(cube strength of concrete),记为 $f_{cu}^s$(上角标 s 表示试验值,下同),单位为 $N/mm^2$。

试验方法对混凝土立方体抗压强度的数值有较大影响,试件在试验机上受压时,纵向要压缩,横向要膨胀,由于混凝土与压力机垫板弹性模量与横向变形的差异,压力机垫板的横向变形明显小于混凝土的横向变形。当试件承压接触面上不涂润滑剂时,混凝土的横向变形受到摩擦力的约束,形成"箍套"的作用。在"箍套"的作用下,试件与垫板的接触面局部混凝土处于三向受压应力状态,试件破坏时形成两个对顶的角锥形破坏面,如图 2-12(a)所示。如果在试件承压面上涂一些润滑剂,这时试件与压力机垫板间的摩擦力大大减小,试件沿着力的作用方向平行地产生几条裂缝而破坏,所测得的抗压极限强度较低,如图 2-12(b)所示。《规范》规定的标准试验方法是不加润滑剂的。

试件尺寸对混凝土立方体抗压强度也有影响。实验结果证明,立方体尺寸越小则试验测出的抗压强度越高,这个现象称为尺寸效应。对此现象有多种不同的分析原因和理论解释,但还没有得出一致的结论。一种观点认为是材料自身的原因,认为试件内部缺陷(裂纹)的分布,粗、细粒径的大小和分布,材料内摩擦角的不同和分布,试件表面与内部硬化程度有差异等因素有关。另一种观点认为是试验方法的原因,认为试块受压面与试验机之间摩擦力分布(四周较大,中央较小)、试验机垫板刚度有关。过去我国曾长期采用以 200 mm 边长的立方体作为标准试件,在试验研究也采用 100 mm 的立方体试件。用这两种尺寸试件测得的强度与用 150 mm 立方体标准试件测得的强度有一定差距,这归结于尺寸效应的影响。所以非标准试件强度应乘以一个换算系数后,就可变成标准试件强度。根据大量实测数据,《规范》规定,当混凝土立方体抗压强度小于 60 MPa 时,如采用 200 mm 或 100 mm 的立方体试块时,其换算系数分别取 1.05 和 0.95;当混凝土的抗压强度大于 60 MPa 时,换算系数由试验确定。

混凝土的抗压试验时加载速度对立方体抗压强度也有影响,加载速度过快,材料来不及反应,不能充分变形,内部裂缝也难以开展,测得较高的强度。通常规定加载速度:混凝土的强度等级低于 C30 时,取每秒钟 $0.3\sim0.5$ $N/mm^2$;混凝土的强度等级高于或等于 C30 时取每秒钟 $0.5\sim0.8$ $N/mm^2$。

混凝土立方体抗压强度随着混凝土的龄期增长而逐渐增大,开始时强度增长速度较快,然后逐渐减缓,这个强度增长的过程往往要延续几年,在潮湿环境中延续的增长时间更长。

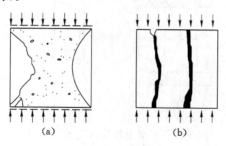

图 2-12 混凝土立方体受压破坏情况
(a) 不涂润滑剂;(b) 涂润滑剂

**(2)混凝土强度等级**

立方体抗压强度是确定混凝土强度等级的依据,同时也是混凝土各种力学指标的代表值。

《规范》规定:混凝土强度等级按照立方体抗压强度标准值(记为 $f_{cu,k}$,单位 $N/mm^2$)确定,即用按相关标准试验方法测得的具有 95% 保证率的立方体抗压强度作为混凝土的立方体抗压强度标准值,用以划分混凝土的强度等级。如:强度等级为 C30 的混凝土,即其强度标准值为 30 $N/mm^2$。

拓展问题

《规范》将混凝土的强度等级划分为 14 个强度等级,即 C15、C20、C25、C30、C35、C40、C45、C50、C55、C60、C65、C70、C75、C80。

### 2.2.2.2 混凝土轴心受压

**(1)混凝土轴心抗压试验**

在混凝土结构的受压构件中,构件的长度一般要比截面尺寸大很多,为棱柱体。混凝土立方体试件在轴心受压时的应力和变形状态,以及破坏过程和破坏形态均表明,用混凝土立方体标准试验方法并未建起混凝土均匀的单轴受压应力状态,因此未得到理想的混凝土单轴抗压强度。因此用棱柱体试件比立方体试件能更好地反映混凝土的实际抗压能力。

试验表明,棱柱体试件承压面不涂润滑剂且高度比立方体试件高,因而受压时端部摩擦力对试件中部的横向变形的约束影响变小,所以棱柱体试件的高宽比越大,轴心抗压强度数值越低。在确定棱柱体试件尺寸时,为使试件不受试验机压板与试件上下承压面之间摩擦力的影响,在试件的中间区段形成单向受压受力状态,棱柱体试件的高宽比应足够大;同时,为了避免试件在破坏前产生较大的附加偏心而降低抗压强度,试件的高宽比不宜过大。根据研究资料,对于高宽比为 2~3 的棱柱体试件,可以认为基本能够消除上述因素的影响。棱柱体试件与立方体试件的制作条件相同,试件上下表面不涂润滑油,棱柱体的抗压试验及试件破坏情况如图 2-13 所示。

拓展问题

我国国家标准《普通混凝土力学性能试验方法》(GB/T 50081—2016)采用 150 mm×150 mm×300 mm 的棱柱体作为标准试件,按立方体抗压试验相同的

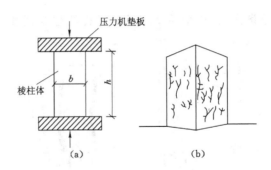

图 2-13　混凝土棱柱体受压破坏情况

规定测得的试件的破坏荷载除以其截面面积,即为棱柱体抗压强度,也称为混凝土轴心抗压强度(uniaxial compressive strength),记为 $f_c^0$,单位为 $N/mm^2$。

（2）混凝土轴心抗压强度

混凝土轴心抗压强度标准值是指按上述标准试验测得的具有 95％保证率的棱柱体抗压强度,记为 $f_{c,k}$,单位为 $N/mm^2$。

《规范》
补充内容

混凝土轴心抗压强度设计值 $f_c$ 是由轴心抗压强度标准值 $f_{c,k}$ 除以混凝土材料分项系数 $\gamma_c = 1.4$ 得到的。混凝土轴心抗压强度标准值、设计值分别见附表 7-1 和附表 7-2。

与立方体抗压强度的尺寸效应相类似,如采用非标准试件测试混凝土的棱柱体抗压强度,则应对强度测试结果进行换算。

根据我国近年来所做的棱柱体与立方体试件的抗压强度对比试验,可以认为一定范围内轴心抗压强度试验值与立方体抗压强度试验值大致呈现直线关系。在试验研究基础上,《规范》偏于安全用式(2-14)表示轴心抗压强度标准值与立方体抗压强度标准值的关系:

$$f_{c,k} = 0.88\alpha_{c1}\alpha_{c2}f_{cu,k} \tag{2-14}$$

式中　　$\alpha_{c1}$——棱柱体与立方体抗压强度的比值,当混凝土的强度不超过 C50 时,$\alpha_1 = 0.76$;当混凝土的强度为 C80 时,$\alpha_1 = 0.82$;当混凝土的强度介于中间值时,线性插入。

　　　　$\alpha_{c2}$——混凝土的脆性系数,当混凝土的强度不超过 C40 时,$\alpha_2 = 1.00$;当混凝土的强度为 C80 时,$\alpha_2 = 0.87$;当混凝土的强度介于中间值时,线性插入。

　　　　0.88——考虑实际结构构件制作、养护和受力情况等差异因素,实际构件与试件混凝土强度之间的差异而取用的修正系数。

有些国家和地区采用混凝土圆柱体试件来确定混凝土轴心抗压强度。由于试件形状和尺寸的差异,圆柱体轴心抗压强度数值与我国棱柱体抗压强度的数值略有不同。

拓展问题

根据国外的研究资料,圆柱体抗压强度标准值 $f'_{c,k}$ 和立方体抗压强度标准值 $f_{cu,k}$ 之间的关系如表 2-1 所示。表 2-1 中,对 C60 及以上的混凝土,$f'_{c,k}$ 与 $f_{cu,k}$ 的比值是随混凝土强度等级的提高而提高的。

**表 2-1**　　　　　　　　　　　　　$f'_{c,k}$ 与 $f_{cu,k}$ 的比值

| 混凝土强度等级 | C60 以下 | C60 | C70 | C80 |
|---|---|---|---|---|
| $f'_{c,k}/f_{cu,k}$ | 0.79 | 0.833 | 0.857 | 0.875 |

#### 2.2.2.3　混凝土受拉

（1）混凝土抗拉试验

轴心抗拉强度是混凝土的基本力学性能，也可间接地衡量混凝土的其他力学性能，如混凝土的抗冲切强度。

混凝土的抗拉强度的测定方法分为两类：一类为直接测试法，即对棱柱体试件两端预埋钢筋，且使钢筋位于试件的轴线上，然后施加拉力，试件破坏截面的平均拉应力即为混凝土的轴心抗拉强度。另一类为间接测试方法，如弯折试验、劈裂试验等。

采用第一类直接测试法在对试件进行轴心受拉时，不能保证试件处于轴心受拉状态，试件的偏心受力会直接影响测试结果的准确性。因此国内外常采用如图 2-14 所示的圆柱体或立方体试件的劈裂试验来间接测试混凝土的抗拉强度。

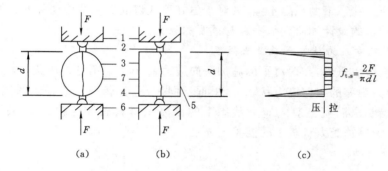

图 2-14　劈裂抗拉试验

（a）圆柱体；（b）立方体；（c）劈裂面应力分布

1——压力机上压板；2——弧形垫条和垫层各一条；3——试件；4——浇模顶面；

5——浇模底面；6——压力机下压板；7——试件破裂线

根据弹性理论，可按劈裂截面的横向拉应力计算劈裂抗拉强度，即：

$$f_{t,s} = \frac{2F}{\pi d_c l} \tag{2-15}$$

式中　$F$——破坏荷载；

　　　$d_c$——圆柱体直径或立方体边长；

　　　$l$——圆柱体长度或立方体边长。

试验结果表明，混凝土劈裂抗拉强度与直接受拉的强度值接近，略高于直接受拉强度。

（2）混凝土轴心抗拉强度

根据普通强度混凝土和高强度混凝土的试验资料，混凝土轴心抗拉强度（uniaxial tensile strength）与立方体抗压强度存在如下关系：

$$f_t = 0.395 f_{cu,k}^{0.55} \tag{2-16}$$

《规范》给出了混凝土轴心抗拉强度标准值与立方体抗压强度标准值的换算关系为：

$$f_{t,k} = 0.88\alpha_{c2} \times 0.395 f_{cu,k}^{0.55} (1 - 1.645\delta)^{0.45} \tag{2-17}$$

式中　0.88——含义和 $\alpha_{c2}$ 的取值与式（2-14）中的相同；

　　　　$(1 - 1.645\delta)^{0.45}$ ——反映试验数据离散程度对标准值保证率的影响；

　　　　$\delta$ ——变异系数。

混凝土轴心抗拉强度设计值 $f_t$ 是由轴心抗拉强度标准值 $f_{t,k}$ 除以混凝土材料分项系数 $\gamma_c = 1.4$ 得到的。混凝土轴心抗拉强度标准值、设计值分别见附表 7-1 和附表 7-2。

混凝土的轴心抗拉强度 $f_{t,k}$ 比立方体抗压强度 $f_{cu,k}$ 低得多，一般只有抗压强度的 1/17～1/8，混凝土强度等级越高，$f_{t,k}$ 与 $f_{cu,k}$ 的比值越小。

### 2.2.2.4　复合应力状态下混凝土强度

实际混凝土结构构件大多数处于复合应力状态，例如框架结构中的框架柱，同时承受轴力、弯矩和剪力作用。框架结构节点区混凝土的受力更为复杂。研究复合应力状态下的混凝土强度，对于更好地认识混凝土结构构件的性能、提高混凝土结构的设计和研究水平具有重要的意义。

（1）双向应力状态下混凝土强度

对混凝土试件，在两对平面施加法向应力 $\sigma_1$ 和 $\sigma_2$，第三对平面（与 $\sigma_1$，$\sigma_2$ 正交）上应力为零的双向应力状态下，根据不同 $\sigma_1/\sigma_2$ 比值下试验得到的混凝土强度可以绘制出混凝土双向应力状态下的混凝土材料破坏的包络图（图 2-15）。图中 $f_c$ 为单轴受力状态下的混凝土强度。

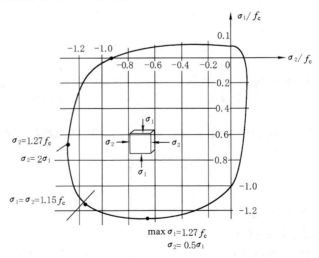

图 2-15　双向应力状态下混凝土的破坏包络图

从图 2-15 可看出，在双向受拉应力状态下（图中第一象限），两个方向的应力 $\sigma_1$、$\sigma_2$ 相互影响不大，不同应力比值 $\sigma_1/\sigma_2$ 下的双向受拉强度均接近于单向受拉强度。在一向受拉、一向受压应力状态下（图中第二、第四象限），两个方向的混凝土强度均低于单向受拉或单向受压的强度，即双向异号应力使强度降低。

在双向受压应力状态下（图中第三象限），一个方向的混凝土强度随另一方向的压应力的增加而提高，与单向受压混凝土强度相比，双向受压混凝土强度最多可提高27%。

（2）法向应力和剪应力组合状态下混凝土强度

图2-16所示为在法向应力σ和与剪应力τ组合状态下的混凝土破坏曲线。由图2-16可知，对混凝土的抗剪强度而言，在压应力数值较低时，混凝土抗剪强度随压应力的增大而提高；但当压应力超过(0.5～0.7)$f_c$后，抗剪强度随压应力的增大而减小。

对于混凝土抗压强度而言，由于剪应力的存在，混凝土的抗压强度要低于单项抗压强度。

混凝土抗剪强度随拉应力的增加而减小。由于剪应力的存在，混凝土的抗拉强度低于单向抗拉强度。

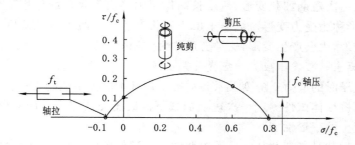

图2-16　法向应力和剪应力共同作用混凝土强度

（3）侧向有约束压力时的混凝土抗压强度

国外试验研究表明，对轴向受压的混凝土圆柱体，如果在其侧向施加均匀的液体压力，混凝土的轴向抗压强度比侧向无约束的情况有较大程度的提高，提高的幅度大体上与侧向施加的压应力的大小成正比（图2-17）。

当$\sigma_2$数值不是很大时，$\sigma_1$方向上的极限抗压强度$f'_{cc}$可表示为：

$$f'_{cc} = f'_c + k\sigma_2 \tag{2-18}$$

式中　　$f'_{cc}$——有侧向压力约束试件的轴心抗压强度；

$f'_c$——无侧向压力约束试件的轴心抗压强度；

$\sigma_2$——侧向约束压应力；

$k$——侧向应力系数，当侧向压应力数值较低时得到的系数数值较高。

侧向压应力的存在可以较好约束混凝土的侧向变形，在一定程度上限制了试件内部与纵轴平行方向裂缝的出现和发展，提高了试件的轴向抗压强度，同时还表现出更好的塑性。

因此在实际工程中可利用上述原理，通过在柱的周边配置间距较密的圆箍筋、螺旋箍筋以及钢管等来约束内部混凝土的侧向变形，形成约束混凝土（confined concrete），从而提高混凝土柱的抗压承载力，改善柱的变形性能，如实际工

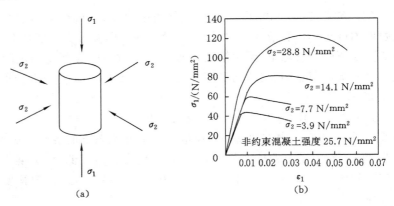

图 2-17 受液压作用的圆柱体试件轴向应力—应变关系曲线

程中的钢管混凝土柱、焊接环式箍筋柱、螺旋箍筋柱。

### 2.2.3 一次短期加载作用下混凝土的变形

混凝土在一次短期加载变形、荷载长期作用和多次重复荷载作用下会产生变形,这类变形称为受力变形。混凝土由于硬化过程中的收缩以及温度和湿度变化引起的变形,也会产生变形,这类变形称为体积变形。

#### 2.2.3.1 混凝土轴心受压应力—应变关系曲线

混凝土受压时的应力—应变关系是混凝土最基本的力学性能之一。

我国采用棱柱体试件测定一次短期加载下混凝土受压应力—应变全曲线,用以分析混凝土的变形性能。

一次短期加载是指荷载从零开始单调增加至试件破坏,也称为单调加载。

图 2-18 为实测的轴心受压混凝土试件(棱柱体)的应力—应变曲线,曲线可分为上升段($OC$)和下降段($CF$)两部分。

混凝土
轴心受压
试验补充

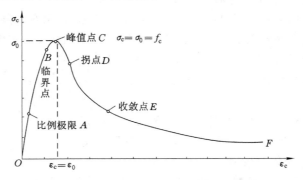

图 2-18 混凝土棱柱体受压应力—应变关系曲线

上升段中,在应力较小的 $OA$ 段($\sigma_c \leqslant 0.3f_c$)应力—应变关系接近直线,混凝土的变形主要是骨料和水泥结晶体产生的弹性变形,而水泥胶体的黏性流动以及初始微裂缝变化的影响一般很小,A 点称为比例极限点。随着应力增大($AB$ 段,对应应力范围为 $0.3f_c < \sigma_c \leqslant 0.8f_c$),曲线上升变缓慢,呈现外凸的曲线,这是由于混凝土中未硬化的凝胶体的黏性流动,以及其内部已产生的微裂缝

开始延伸和扩展所致;临界点 B 相对应的应力可以作为长期抗压强度的依据,一般取为 $0.8f_c$。当应力增加到接近轴心抗压强度($0.8f_c < \sigma_c \leqslant f_c$)时,试件中积蓄的应变能较大,试件中形成的裂缝发展加快,平行于裂缝方向的裂缝相互贯通,试件即将破坏。通常将与峰值应力点 C 点对应的峰值应力 $\sigma_0$ 视为混凝土棱柱体的抗压强度 $f_c$,相应的应变称为峰值应变(strain at the maximum stress)$\varepsilon_0$,其值在 0.002 左右。

下降段 CF 是混凝土到达峰值应力后裂缝继续扩展、贯通,致使混凝土内部结构的破坏越来越严重,逐渐丧失承载能力的结果。在达到峰值应力 C 点后,裂缝迅速发展,内部结构的整体受到越来越严重的破坏,赖以传递荷载的传力路线不断减少,试件的平均应力强度下降,所以应力—应变曲线向下弯曲,直到凹向发生改变,曲线出现"拐点"(D)。超过"拐点"(D),曲线开始凸向应变轴,此时只靠骨料间的咬合力及摩擦力与残余承压面来承受荷载。随着变形的增加,应力—应变曲线逐渐凸向水平轴方向发展,此段曲线中曲率最大的一点 E 称为收敛点。从收敛点 E 开始以后的曲线称为收敛段,这时贯通的主裂缝已很宽,内聚力几乎耗尽,对无侧向约束的混凝土,收敛段 EF 已失去结构意义。

应力—应变曲线中最大应力值 $f_c$ 与其相应的应变值 $\varepsilon_0$,以及破坏时的极限应变值 $\varepsilon_{cu}$ 是曲线的三个特征值。在实际工程中,对于截面上压应力均匀分布的混凝土构件是不存在下降段的,则其极限压应变(ultimate compressive strain)即为 $\varepsilon_0$;而截面上应力分布不均匀的钢筋混凝土构件(如受弯构件),当受压边缘纤维混凝土的应力达到 $f_c$ 时,临近中和轴的纤维还未达到 $f_c$ 值,其变形可继续增加,构件不会立即破坏,从而使边缘纤维经历下降段,应变达到 $\varepsilon_{cu}$ 后,构件才会破坏。混凝土的 $\varepsilon_{cu}$ 值包括弹性应变和塑性应变两部分,塑性应变部分越大,表示变形能力越强,也就是延性越好。

影响混凝土应力—应变曲线的因素很多,如混凝土的强度、组成材料的种类、配合比、龄期、试验方法以及是否有箍筋的约束等。强度等级不同的混凝土,应力—应变关系曲线的形状相似,但也有实质性的差别。从图 2-19 可以看出,随着混凝土强度等级的提高,尽管上升段和峰值应变的变化不很显著,但是下降段的形状有较大的差异,混凝土强度越高,下降段的坡度越陡,即应力下降相同幅度时变形越小,延性越差。因此通常认为混凝土的强度等级越高,其变形能力越差。

此外,加载速度对混凝土轴心抗压强度也有影响。图 2-20 为加载速率不同对混凝土应力—应变曲线形状的影响。随着加载速率的降低,应力峰值 $f_c$ 略有下降,但相应的峰值应变 $\varepsilon_0$ 增大,且下降段曲线较平缓。

### 2.2.3.2 混凝土轴心受压应力—应变关系的数学模型

混凝土的应力—应变关系模型,是对混凝土结构进行非线性分析的重要依据。国内外学者建立了许多描述混凝土轴心受压应力—应变关系曲线的数学模型。

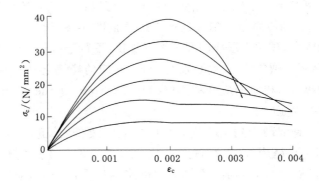

图 2-19　不同强度等级混凝土应力—应变关系曲线

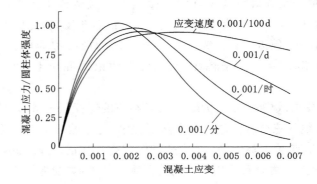

图 2-20　加载速率不同时混凝土受压应力—应变关系曲线

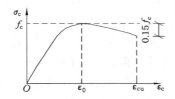

图 2-21　Hognestad 建议的应力—应变关系曲线

（1）美国的 E. Hognestad 建议的模型

E. Hognestad 建议的混凝土轴心受压应力—应变曲线的数学模型，将上升段采用二次抛物线，下降段采用斜直线（图 2-21），用公式表示为：

当 $\varepsilon_c \leqslant \varepsilon_0$ 时：

$$\sigma_c = f_c \left[ 2 \frac{\varepsilon_c}{\varepsilon_0} - \left( \frac{\varepsilon_c}{\varepsilon_0} \right)^2 \right] \tag{2-19}$$

当 $\varepsilon_0 < \varepsilon_c \leqslant \varepsilon_{cu}$ 时：

$$\sigma_c = f_c \left[ 1 - 0.15 \frac{\varepsilon_c - \varepsilon_0}{\varepsilon_{cu} - \varepsilon_0} \right] \tag{2-20}$$

式中  $f_c$——峰值应力(混凝土轴心抗压强度);

$\varepsilon_0$——峰值应变(strain at the maximum stress),取 $\varepsilon_0 = 1.8 \dfrac{f_c}{E_c}$;

$\varepsilon_{cu}$——极限压应变,取 $\varepsilon_{cu} = 0.0038$;

$E_c$——混凝土的弹性模量(modulus of elasticity)。

(2)德国的 Rüsch 建议的模型

Rüsch 建议的混凝土轴心受压应力—应变关系曲线的数学模型,上升段也采用为二次抛物线,下降段采用水平直线(图 2-22),用公式表示为:

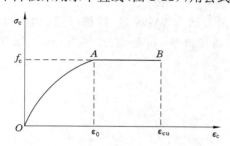

图 2-22  Rüsch 建议的应力—应变关系曲线

当 $\varepsilon_c \leqslant \varepsilon_0$ 时:

$$\sigma_c = f_c \left[ 2\frac{\varepsilon_c}{\varepsilon_0} - \left( \frac{\varepsilon_c}{\varepsilon_0} \right)^2 \right] \tag{2-21}$$

当 $\varepsilon_0 < \varepsilon_c \leqslant \varepsilon_{cu}$ 时:

$$\sigma_c = f_c \tag{2-22}$$

式中  $\varepsilon_0$, $\varepsilon_{cu}$——分别取 0.002 和 0.0035。

(3)我国《规范》采用的模型

《规范》参考德国 Rüsch 的模型,结合近年来对高强混凝土的研究成果,提出混凝土轴心受压应力—应变关系的数学表达式为:

当 $\varepsilon_c \leqslant \varepsilon_0$ 时:

$$\sigma_c = f_c \left[ 1 - \left( 1 - \frac{\varepsilon_c}{\varepsilon_0} \right)^n \right] \tag{2-23}$$

当 $\varepsilon_0 < \varepsilon_c \leqslant \varepsilon_{cu}$ 时:

$$\sigma_c = f_c \tag{2-24}$$

$$n = 2 - \frac{1}{60}(f_{cu,k} - 50) \tag{2-25}$$

$$\varepsilon_0 = 0.002 + 0.5(f_{cu,k} - 50) \times 10^{-5} \tag{2-26}$$

$$\varepsilon_{cu} = 0.0033 - (f_{cu,k} - 50) \times 10^{-5} \tag{2-27}$$

式中  $n$——系数,当计算的 $n$ 数值大于 2.0 时,取为 2.0;

$f_c$——混凝土峰值应力(混凝土轴心抗压强度);

$\varepsilon_0$——混凝土峰值应变,当计算的 $\varepsilon_0$ 数值小于 0.002 时,取 $\varepsilon_0 = 0.002$;

$\varepsilon_{cu}$——混凝土极限压应变,当计算的 $\varepsilon_{cu}$ 数值大于 0.0033 时,取 $\varepsilon_{cu} = 0.0033$;

$f_{cu,k}$——混凝土立方体抗压强度标准值。

当压应力较小时($\sigma_c \leqslant 0.3 f_c$),可近似取:

$$\sigma_c = E_c \varepsilon_c \tag{2-28}$$

式中 $E_c$——混凝土的弹性模量。

### 2.2.3.3 混凝土的变形模量

变形模量是应力与应变之比。由于一般情况下受压混凝土的应力 $\sigma_c$ 与应变 $\varepsilon$ 关系是非线性的,在不同应力阶段变形模量是一个变量,这就产生了"模量"的取值问题。

混凝土的变形模量有原点弹性模量、割线模量、切线模量,它们的数值分别为图 2-23 所示的原点切线斜率 $\tan \alpha_0$,割线斜率 $\tan \alpha_1$ 和切线斜率 $\tan \alpha$。

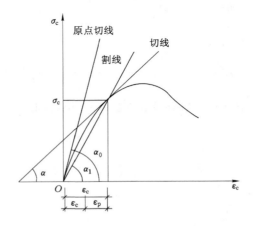

图 2-23 混凝土变形模量

在计算混凝土构件的截面应力、变形、预应力混凝土构件的预压应力,以及由于温度变化、支座沉降产生的内力时,需要利用混凝土的弹性模量。

混凝土的弹性模量(modulus of elasticity)通常是指原点弹性模量,用 $E_c$ 表示,但是它的稳定数值不易从试验中测得。《规范》给出弹性模量 $E_c$ 值可用下列方法确定:采用棱柱体试件,取应力上限为 $0.5 f_c$,先加载至 $\sigma_c = 0.5 f_c$,然后卸载至零,再重复加载、卸载 5~10 次(由于混凝土的塑性性质,每次卸载为零时,存在有残余变形)。但随荷载多次重复,残余变形逐渐减小,重复加荷 5~10 次后,变形趋于稳定,混凝土的 $\sigma$—$\varepsilon$ 曲线接近于直线,见图 2-24,卸载曲线接近直线且其斜率趋于稳定,将该直线的斜率定为混凝土的弹性模量。

为了确定混凝土弹性模量,中国建筑科学研究院曾进行了大量试验,试验结果如图 2-25 所示,经统计分析得到混凝土的弹性模量与立方体抗压强度的关系式:

$$E_c = \frac{10^5}{2.2 + \dfrac{34.7}{f_{cu}}} \tag{2-29}$$

《规范》给出了混凝土的弹性模量,见附表 8。

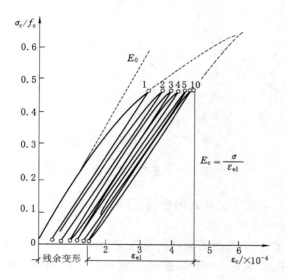

图 2-24　混凝土弹性模量 $E_c$ 的测定方法

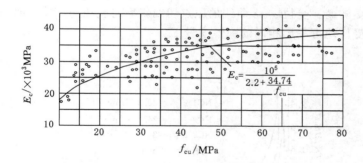

图 2-25　混凝土的弹性模量与立方体强度的关系

在对混凝土结构进行非线性分析时,为了充分描述混凝土受压应力——应变曲线的性质,采用割线模量(secant modulus)或切线模量(tangent modulus)是有工程实际意义的。割线模量 $E_c'$ 与原点切线模量 $E_c$ 之间可表示为:

$$E_c' = \nu' E_c \qquad\qquad (2\text{-}30)$$

式中　$\nu'$——比例系数,当混凝土受压破坏时为 0.4~1.0,受拉破坏时为 1.0。

### 2.2.3.4　混凝土的横向变形

受压混凝土试件在纵向产生压缩应变 $\varepsilon_v$ 的同时,还会引起横向应变 $\varepsilon_h$,横向变形系数(即泊松比)定义为:

$$\nu_c = \varepsilon_h / \varepsilon_v \qquad\qquad (2\text{-}31)$$

根据图 2-26 所示的试验资料可知,当压应力较小时($\sigma_c \leqslant 0.5 f_c$),$\nu_c$ 基本上为常数,其数值约为 1/6,即为处于弹性阶段混凝土的泊松比(Poisson's ratio)所取的数值;当压应力较大时($\sigma_c > 0.5 f_c$),由于试件内部的裂缝发展,$\nu_c$ 数值明显增大,试件接近破坏时,$\nu_c$ 值可达 0.5 以上。

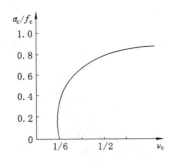

图 2-26  混凝土横向变形

《规范》给出了混凝土泊松比的数值,可取 $\nu_c = 0.2$。

### 2.2.3.5  混凝土的受拉变形

受拉混凝土的 $\sigma$—$\varepsilon$ 曲线的测试比受压时困难更大。图 2-27 为天津大学测出的轴心受拉混凝土的 $\sigma$—$\varepsilon$ 曲线,曲线形状与受压时相似,也有上升段和下降段。当拉应力较小时,应力—应变关系近乎直线,当拉应力较大和接近破坏时,由于塑性的发展,应力—应变关系呈曲线。曲线的下降段的坡度随混凝土强度的提高而更陡峭。受拉 $\sigma$—$\varepsilon$ 曲线的原点切线斜率与受压时基本一致,因此混凝土受拉和受压均可采用相同的弹性模量 $E_c$。

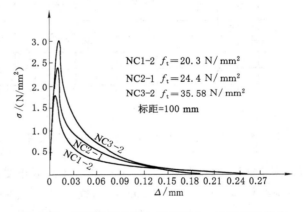

图 2-27  不同强度混凝土拉伸应力—应变关系曲线

## 2.2.4  重复荷载作用下混凝土的变形

混凝土的疲劳变形性能是指混凝土在重复荷载作用下的变形性能。疲劳现象大量存在于工程结构中,钢筋混凝土吊车梁、钢筋混凝土桥以及港口海岸的混凝土结构等都要受到吊车荷载、车辆荷载以及波浪冲击等几百万次的作用。在重复荷载作用下(即重复多次加载卸载的循环作用下),混凝土的变形与单调荷载下的情况有很大的不同。在重复荷载作用下混凝土会产生疲劳破坏。

混凝土的疲劳试件采用棱柱体,将试件承受 200 万次(或更多次数)重复荷载而发生破坏的压应力值称为混凝土的疲劳抗压强度。

图 2-28(a)是混凝土棱柱体试件在一次受压加载卸载下的应力—应变关系

曲线。其中，$OA$ 为加载时的曲线，$AB$ 段为卸载时的曲线。当达到某一应力 $A$ 点后卸载至零（$B$ 点）时，与 $A$ 点相应的应变 $\varepsilon_c$ 有相当一部分应变 $\varepsilon'_e$ 在卸载过程中瞬时恢复了，当停留一段时间之后，应变还能再恢复一部分应变 $\varepsilon''_e$，这种现象称为弹性后效，剩下来的一部分应变 $\varepsilon'_{cr}$ 是不能恢复的变形，称为残余应变。

图 2-28(b) 为混凝土受压棱柱体试件受多次重复荷载作用下的应力—应变关系曲线。

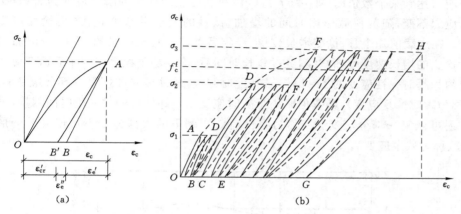

图 2-28 混凝土在重复荷载作用下的应力—应变曲线
(a) 混凝土棱柱体试件在一次受压加载卸载下的应力—应变曲线；
(b) 多次重复荷载作用下的应力—应变曲线

当加载应力小于混凝土疲劳强度 $f^f_c$ 时，如图中的加载应力 $\sigma_1$ 或更大的加载应力 $\sigma_2$，经多次重复加载卸载试验后，应力—应变曲线与图 2-28(a) 的情况相似，只是随着荷载重复次数的增多，加载和卸载过程形成的环状曲线趋于闭合，但即使荷载重复次数达到数百万次混凝土试件也不会发生疲劳破坏。

如果加载应力高于混凝土疲劳强度 $f^f_c$ 时，如图中的 $\sigma_3$，开始混凝土应力—应变曲线凸向应力轴，在重复荷载过程中逐渐变成直线，再经过多次重复加载、卸载后，其应力—应变曲线由凸向应力轴而逐渐凸向应变轴，以致加载、卸载不能形成封闭环，这标志着混凝土内部微裂缝的发展加剧，趋近破坏。随着重复荷载次数的增加，应力—应变曲线斜率不断减小，表明混凝土即将发生疲劳破坏。

混凝土的疲劳现象归因于混凝土微裂缝、孔隙、弱骨料等内部缺陷，在承受重复荷载之后产生应力集中，导致裂缝发展、贯通所致。混凝土疲劳破坏属于脆性破坏，破坏前无明显预兆，裂缝小而变形很大。

混凝土的疲劳强度与重复作用时应力变化的幅度有关。在相同的重复次数下，疲劳强度随着疲劳应力比值的减小而增大。疲劳应力比值按下式计算：

$$\rho^f_c = \frac{\sigma^f_{c,min}}{\sigma^f_{c,max}} \tag{2-32}$$

式中 $\sigma^f_{c,min}$，$\sigma^f_{c,max}$——截面同一纤维处的混凝土最小应力及最大应力。

《规范》规定对混凝土的强度设计值 $f_c$、$f_t$ 乘以相应的疲劳强度修正系数 $\gamma_p$ 来确定混凝土的疲劳强度设计值，见附表 9。混凝土的疲劳变形模量见附表 10。

### 2.2.5 长期荷载作用下的混凝土的变形

#### (1) 混凝土的徐变

在荷载的长期作用下,即荷载维持不变,混凝土的变形随时间而增大的现象称为徐变(creep)。

图 2-29 所示为混凝土棱柱体试件徐变的试验曲线。当对混凝土试件的加载应力达到某个数值时(如 $0.5f_c$),试件受载后立即产生的瞬时应变为 $\varepsilon_e$;若保持应力不变,随着荷载作用时间的增加,试件的变形继续增长,产生徐变应变 $\varepsilon_{cr}$。在加载前几个月,徐变增长较快,半年后可完成总徐变量的 $70\%\sim80\%$;以后徐变的增长速度逐渐减缓,经过较长时间后,徐变趋于稳定。两年后徐变应变值约为瞬时弹性应变的 $1\sim4$ 倍;若在此时卸载,试件可立即恢复一部分应变 $\varepsilon'_e$(称为瞬时恢复应变),其数值略小于瞬时应变 $\varepsilon_e$。卸载后经过一段时间测量,试件还可恢复一部分应变 $\varepsilon''_e$(称为弹性后效),剩下的大部分是不可恢复的变形 $\varepsilon'_{cr}$(称为残余应变)。

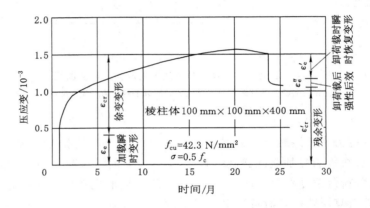

图 2-29　混凝土徐变与时间的关系曲线

#### (2) 影响混凝土徐变的主要因素

影响混凝土徐变的因素主要有应力大小、混凝土材质和环境因素等。

试验表明,混凝土的应力大小是影响混凝土徐变的重要因素。混凝土的应力越大,徐变越大。随着应力的增加,徐变将发生不同的情况。图 2-30 为不同应力水平下的徐变变形增长曲线。由图 2-30(a)可见,当应力 $\sigma\leqslant0.5f_c$ 时,各条徐变曲线间的距离近似相等,说明徐变与应力基本成正比,这种情况称为线性徐变。线性徐变在加载初期增长较快,后期徐变增长逐渐减缓,最终徐变增长基本终止。

当应力较大时,如 $\sigma=(0.5\sim0.8)f_c$,徐变与应力不成正比[图 2-30(b)],徐变比应力增长较快,这种情况称为非线性徐变。当应力达到 $\sigma>0.8f_c$ 时,徐变的发展是非收敛的,最终将导致混凝土的破坏。所以,一般认为在长期荷载下混凝土的抗压强度只能达到其短期强度的 $75\%\sim80\%$。

由图 2-30(b)可看出混凝土不同加载时间的应变增长曲线与徐变极限和强

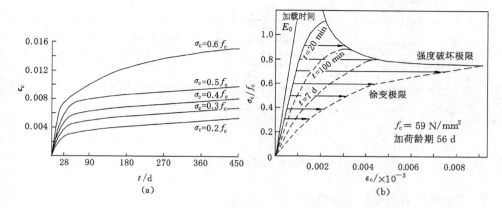

图 2-30  徐变与压应力的关系

度破坏时的应变极限关系。

加载速度对混凝土徐变也有影响。加载速度越慢,其在荷载下的徐变发展得越充分,相应得出的混凝土抗压强度也就越低。

混凝土组成成分对徐变也有很大影响。混凝土水灰比越大,徐变也越大;混凝土中水泥用量越大,徐变越大。此外,采用的骨料越坚硬、弹性模量越高,徐变就越小。增加混凝土中骨料所占的相对体积比,有利于减小徐变。

混凝土的制作方法、养护条件对徐变也有影响。在温度和湿度较高的条件下养护混凝土时,能促进水泥充分水化,减小徐变。如试件在受载期间所处的环境温度较高而湿度较低,则会增加徐变。

混凝土的龄期也对徐变有影响,加载时混凝土的龄期越短则徐变越大。

构件的形状、尺寸也会影响徐变值。由于尺寸较大的构件内水分不易流失,因此徐变较小。结构构件内配置的钢筋也会改变徐变的数值。

## 2.2.6  混凝土收缩、膨胀与温度变形

混凝土在空气中凝结硬化时体积会收缩(shrinkage),在水中或处于饱和湿度情况下凝结硬化时体积膨胀(dilatancy)。收缩与膨胀是混凝土在凝结硬化过程中本身体积的变化,与荷载无关。一般情况下混凝土的收缩值比膨胀值大很多,所以分析研究收缩和膨胀的现象以收缩为主。

我国铁道部科学研究院的收缩试验结果如图 2-31 所示。混凝土的收缩是随时间而增长的变形,结硬初期收缩较快,一个月大约可完成 1/2 的收缩,三个月后增长缓慢,一般两年后趋于稳定,最终收缩应变为 $(2\sim5)\times10^{-4}$,一般取收缩应变值为 $3\times10^{-4}$。

试验结果表明,影响混凝土收缩的因素主要有:

① 水泥的品种——水泥强度等级越高,混凝土收缩越大。

② 水泥的用量——水泥用量越多,收缩越大;水灰比越大,收缩也越大。

③ 骨料的性质——骨料的弹性模量越大,收缩越小。

④ 外部环境——在结硬过程和使用过程中,混凝土周围环境湿度越大,收缩越小;当环境湿度较大时,养护温度越大,收缩越小;在干燥(或湿度小)的环境

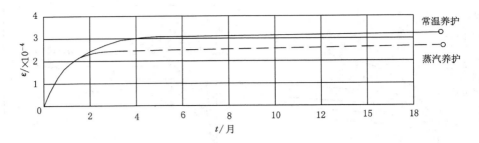

图 2-31　混凝土的收缩

下,养护温度升高收缩反而增大。

⑤ 混凝土制作方法——混凝土越密实,收缩越小。

⑥ 构件的体表比——构件的体积与表面积的比值越大,收缩越小。

如果混凝土构件养护不好或混凝土的自由收缩收到约束时,会在构件表面或内部出现收缩裂缝。裂缝不仅影响外观,对构件的使用性能和耐久性能也可能造成不利影响。

混凝土硬化的膨胀值比收缩值小得多,而且膨胀往往对结构构件受力是有利的,所以一般不考虑膨胀。

混凝土的温度线膨胀系数一般为$(1.0\sim1.5)\times10^{-5}$,与钢的线膨胀系数$1.2\times10^{-5}$(以每℃计)相近。因此,温度变化在钢筋和混凝土之间引起的变形差较小,不至于产生对结构有害的内应力。但是,对于大体积混凝土结构以及水池、烟囱等结构,应考虑由温度变化引起的温度应力对结构性能的影响。

《规范》给出了混凝土在 0~100 ℃范围内的热工参数,见附表 11。

混凝土
变形性能

### 2.2.7　混凝土的选用

按照混凝土强度等级的范围,混凝土可分为普通混凝土(C50 以下)、高强混凝土(C60~C80)和超高强混凝土(C100 及以上)。

《规范》规定,素混凝土结构(plain concrete structure)的混凝土强度等级不应低于 C15;钢筋混凝土结构(reinforced concrete structure)的混凝土强度等级不应低于 C20;采用强度等级 400 MPa 及以上的钢筋时,混凝土强度等级不应低于 C25。

承受重复荷载的钢筋混凝土构件,混凝土强度等级不应低于 C30。

预应力混凝土结构的混凝土强度等级不宜低于 C40,且不应低于 C30。

当采用山砂混凝土及高炉矿渣混凝土时,尚应符合专门标准的规定。

随着我国科学技术的不断进步,以及工程材料质量和施工水平的提高,近20 年来,我国在实际工程中高强、高性能混凝土的配置和推广应用取得了显著的成就。

拓展问题

高强混凝土,由于在配制时使用了高效减水剂,不但使混凝土和易性好,而且使水灰比减小,孔隙率降低,同时又掺入了适量添加剂(如矿粉、粉煤灰和磨细石灰石粉等),使混凝土更加密实,因而强度更高,尤其是抗压强度,对以受压为主的钢筋混凝土结构构件(如框架柱、拱壳等),可大幅度地增加承载能力。在相同荷载作用下,则可以减小构件截面尺寸,降低结构自重。此外,其抗渗和抗冻性能优于普通混凝土,耐久性好,故又属于高性能混凝土。在适宜使用的工程中,应优先采用。

## 2.3　钢筋与混凝土的黏结

钢筋和混凝土之间的黏结是钢筋和混凝土这两种材料在结构中共同工作的基本前提,保证钢筋和混凝土能共同承受外力、共同变形、抵抗相互间的滑移。

黏结力包含了水泥胶体对钢筋的黏着力(也成化学吸附力)、钢筋与混凝土之间的摩擦力、钢筋表面凹凸不平与混凝土的机械咬合作用、钢筋端部在混凝土内的锚固作用等的一个综合概念。

### 2.3.1　黏结应力的概念

当钢筋和混凝土有相对变形(滑移)时,在钢筋和混凝土交界面上产生沿钢筋轴线方向的相互作用,借助这种作用用来传递两种材料间的应力,协调变形,保证共同工作。这种作用实质上是钢筋与混凝土接触面上所产生的沿钢筋纵向的剪应力,称为黏结应力(bond stress),用 $\tau$ 来表示,有时也简称为黏结力。

黏结强度(bond strength)是指黏结失效(钢筋从混凝土拔出或混凝土被劈裂)时的最大黏结应力。

图 2-32(a)为一钢筋混凝土轴心受拉构件,轴力 $N$ 通过钢筋施加在构件端部截面,端部钢筋应力 $\sigma_s = N/A_s$[图 2-32(b)],此时混凝土应力为 $\sigma_c = 0$[图 2-32(d)]。轴力 $N$ 进入构件以后,由于黏结应力 $\tau$ 的存在限制了钢筋的自由拉伸,将钢筋承受的部分拉力传给混凝土,使混凝土受拉[图 2-32(f)]。黏结应力 $\tau$ 的大小取决于钢筋与混凝土的应变差 $\varepsilon_s - \varepsilon_c$。随着距端部的距离增大,钢筋应力 $\sigma_s$ 减小,混凝土的拉应力 $\sigma_c$ 增大,两者的应变差逐渐减小。在距端部 $l_t$ 处的值为零,钢筋和混凝土的相对变形(滑移)消失,黏结应力 $\tau = 0$。至构件端部 $x < l_t$ 处取 $\mathrm{d}x$ 微段的平衡图如图 2-32(f)所示。

钢筋混凝土构件中黏结应力,按其作用性质可分为两类:第一类是锚固黏结应力,如钢筋伸入支座或支座负弯矩钢筋在跨间截断时,必须有足够的锚固长度或延伸长度,使通过这段长度上黏结应力的积累,将钢筋锚固在混凝土中,而不致使钢筋在未充分发挥作用前就被拔出。图 2-33 所示的梁、屋架支座和柱,受拉钢筋在支座必须要有足够的锚固长度,才能通过在锚固长度上黏结应力的积累,使钢筋中建立能发挥钢筋强度的应力。如锚固黏结长度不够,将会造成锚固黏结应力的丧失使构件提前破坏。

第二类是裂缝附近的局部黏结应力。图 2-34 所示的钢筋混凝土梁,荷载作用使混凝土的下部受拉,黏结应力 $\tau$ 将混凝土承受的部分拉力传给钢筋,使钢筋受拉。梁开裂后,混凝土开裂前承受的拉力通过黏结应力 $\tau$ 传递给钢筋,从而使裂缝处钢筋应力增大。这种黏结应力即为局部黏结应力。

黏结问题是钢筋混凝土的一个重要物理力学性能,关系到钢筋的锚固(the

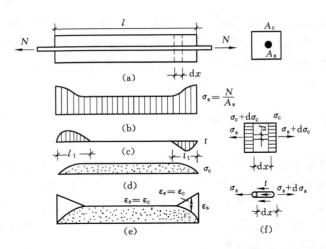

图 2-32 钢筋混凝土轴心受拉构件裂缝出现前的应力分布

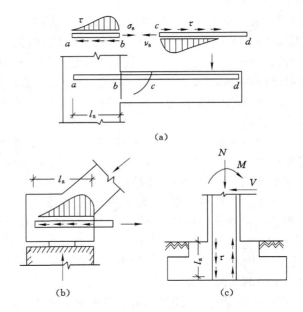

图 2-33 钢筋在支座中的锚固长度
(a) 梁；(b) 屋架；(c) 柱

anchorage of bars)、搭接、细部构造等工程设计问题，对钢筋混凝土结构的非线性分析也有重要的理论意义。

## 2.3.2 黏结破坏机理

### 2.3.2.1 光面钢筋的黏结破坏

一般认为，光面钢筋的黏结应力主要由三部分组成：① 钢筋与混凝土接触面上化学吸附作用力，也称为化学胶着力。② 钢筋与混凝土接触面间的摩擦力，主要是由于混凝土收缩后将钢筋紧紧地握裹住而产生的力。③ 钢筋表面粗糙不平的机械咬合力。

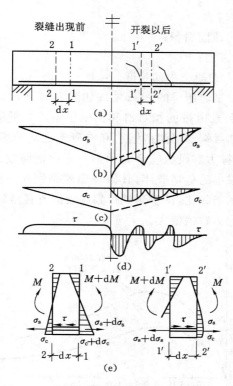

图 2-34 钢筋混凝土中 $\sigma_s$、$\sigma_c$、和 $\tau$ 的分布

光面钢筋与混凝土的黏结强度通常采用图 2-35 所示标准拔出试验来测定。设拔出力为 $F$,钢筋中的总拉力:

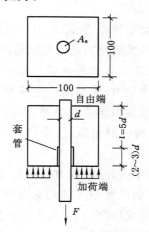

图 2-35 钢筋的拔出试验

$$F = \sigma_s A_s \qquad (2\text{-}33)$$

则钢筋与混凝土界面上的平均黏结应力 $\tau$ 为:

$$\tau = F/(\pi d l) \qquad (2\text{-}34)$$

式中 $F$——拔出力;

$\sigma_s$——钢筋的应力；

$A_s$——钢筋的截面面积；

$d$——钢筋的直径；

$l$——钢筋埋入混凝土中的长度。

由光面钢筋拔出试验所得的 $\tau$—$s$ 曲线如图 2-36 所示，其中 $\tau$ 为平均黏结应力，$s$ 为钢筋加载端和自由端的相对滑移。由于钢筋和混凝土之间的胶着力很小，加载开始时，在加载端即可测得钢筋和混凝土之间的相对滑移，一旦出现滑移，黏结应力即由摩擦力和机械咬合力承担。光面钢筋拔出试验的破坏形态为钢筋从混凝土中被拔出的剪切破坏，其破坏面就是钢筋与混凝土的接触面。与表面无锈蚀的光面钢筋相比，试验测试得到的表面有轻微锈蚀的光面钢筋，其与混凝土之间的黏结应力数值偏大。

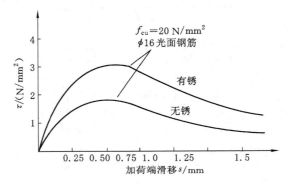

图 2-36　光面钢筋的 $\tau$—$s$ 曲线

#### 2.3.2.2　变形钢筋的黏结性能

变形钢筋的黏结应力由化学胶着力、摩擦力、机械咬合力组成，钢筋表面凹凸不平造成的与混凝土间的机械咬合力是变形钢筋黏结应力的主要来源。

图 2-37 为变形钢筋拔出的 $\tau$—$s$ 试验曲线。加荷初期（$\tau < \tau_A$），钢筋肋对混凝土的斜向挤压力形成了滑动阻力，滑动的产生使肋根部混凝土出现局部挤压变形，黏结刚度较大，$\tau$—$s$ 曲线近似为直线关系。随荷载的增大，斜向挤压力沿钢筋纵向分力产生如图 2-38 的内部斜裂缝；径向分力使混凝土环向受拉，从而产生内部径向裂缝。

裂缝出现后，随着荷载的增大，凸肋前方的混凝土逐渐被压碎，形成新的滑移面，使钢筋与混凝土沿滑移面产生较大的相对滑移。如果钢筋外围混凝土很薄且没有环向箍筋对混凝土形成约束，则径向裂缝将到达构件表面，形成沿钢筋的纵向劈裂裂缝，这种劈裂裂缝发展到一定长度时，将使外围混凝土崩裂，从而丧失黏结能力，此类破坏称为劈裂黏结破坏，相应的应力称为劈裂黏结强度 $\tau_{cr}$ $[\tau_{cr}=(0.8\sim0.85)\tau_u]$，劈裂后的 $\tau$—$s$ 曲线达到 $\tau_{cr}$ 后迅速下降。

如果钢筋外围混凝土较厚，或混凝土不厚但有环向箍筋约束混凝土的横向变形，则径向劈裂裂缝的发展受到一定的限制，使荷载可以继续增加，此时的 $\tau$—$s$ 曲线可进一步上升，直至肋间的混凝土被完全压碎或剪断，混凝土的抗剪

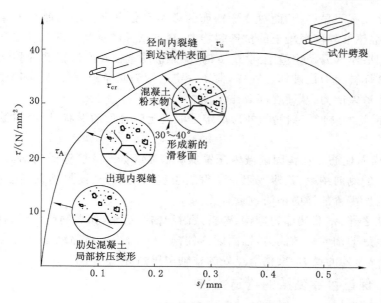

图 2-37 变形钢筋的 $\tau$—$s$ 曲线

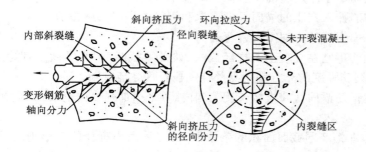

图 2-38 变形钢筋外围混凝土的内裂缝

能力耗尽,钢筋则沿肋外径的圆柱面出现整体滑移,达到 $\tau$—$s$ 曲线的峰值应力 $\tau_u$,$\tau_u$ 也称为极限黏结强度。由于圆柱滑移面上混凝土颗粒间尚存在一定的摩擦力和骨料咬合力,黏结应力并不立即降至为零,而是随滑移量加大而逐渐降低,$\tau$—$s$ 曲线出现较长的下降段,直至滑移量很大时,仍残余一定的抗剪能力,此种破坏一般称为剪切破坏,也称为刮犁式破坏。

综合上述分析可知,变形钢筋的黏结破坏,若钢筋外围混凝土很薄且没有环向箍筋约束作用,则表现为沿钢筋纵向的劈裂破坏;反之,则为沿钢筋肋外径的圆柱滑移面的剪切破坏(也称为刮犁式破坏),剪切破坏的黏结强度高于劈裂破坏时的黏结强度。

### 2.3.3 影响黏结强度的因素

① 混凝土的强度。钢筋的黏结强度随着混凝土强度的提高而提高。实验表明:当其他条件基本相同时,黏结强度 $\tau_u$ 与混凝土的抗拉强度 $f_t$ 成正比。

② 混凝土保护厚度 $c$ 和钢筋间净间距。混凝土保护层厚度对光面钢筋的

黏结思考
与拓展

黏结强度没有明显影响,而对变形钢筋的影响十分显著。增大混凝土保护层厚度,可增强钢筋外围混凝土的抗劈裂能力,提高试件的劈裂强度和黏结强度。当相对保护层厚度 $c/d$ 比值达到 $5\sim6$ 时($d$ 为钢筋直径),变形钢筋的黏结强度将由劈裂破坏转为剪切破坏。同样,保持一定的钢筋间净距,可以提高钢筋外围混凝土的抗劈裂能力,从而提高黏结强度。

③ 钢筋的外形。钢筋的外形决定了混凝土咬合齿的形状,因而对黏结强度影响明显。

④ 横向配筋。在锚固区域内配置螺旋箍筋或普通箍筋等横向钢筋,可以增大混凝土的侧向约束,延缓或阻止了劈裂裂缝的发展,从而提高黏结强度,提高的幅度与所配置的横向钢筋数量有关。

除此之外,钢筋端部的弯钩、弯折及附加锚固措施(如焊钢筋和焊钢板等)可以提供良好的锚固黏结能力,锚固区内侧向压力的约束对黏结强度也有提高作用(如梁支座处的反力、梁柱节点处的柱轴向压力等)。

### 2.3.4 保证可靠黏结的构造措施

为保证钢筋与混凝土之间的黏结强度,须满足:

① 钢筋最小净距和混凝土保护层最小厚度的要求。

② 钢筋伸入支座的锚固长度要求和钢筋的搭接长度要求。

③ 光面钢筋的末端需设置弯钩。

④ 钢筋不宜在混凝土的拉区截断,如必须截断,则必须满足理论上不需要钢筋点和钢筋强度的充分利用点外伸一段长度才能截断。

⑤ 在钢筋锚固区和搭接长度范围内,可采用加强横向钢筋(如箍筋加密等)等措施。

此外,在钢筋同截面面积的条件下,优先采用小直径的变形钢筋,可增加局部黏结作用和减小裂缝宽度;对于浇筑深度较大的混凝土时,可采取分层浇筑或二次浇捣方式保证钢筋与混凝土之间的黏结作用;轻度锈蚀的钢筋其黏结强度比新轧制的无锈蚀钢筋高,比除锈处理后的钢筋更高,所以在实际工程中除重锈钢筋外,钢筋表面的轻微锈蚀不必专门处理。

专业术语

## 思 考 题

1. 请对比分析不同类型钢筋应力—应变曲线的差异性。工程中如何定量描述其强度数值?

2. 钢筋的应力—应变曲线的数学模型在工程设计与分析中的作用。

3. 现行规范中,我国用于钢筋混凝土结构和预应力混凝土结构中的钢筋或钢丝有哪些种类?

4. 混凝土结构应根据哪些指标开展钢筋种类的选用?

5. 描述混凝土强度的技术指标有哪些?如何测试混凝土不同受力状态下的强度?

6. 影响混凝土单向受压状态下的强度的影响因素有哪些?

7. 普通混凝土单调受压时其应力—应变曲线有何特点？混凝土强度提高后，其应力—应变曲线有何变化趋势？

8. 请阐述混凝土变形性能指标的测试方法。

9. 请描述混凝土在双向复合应力状态下的强度变化规律。

10. 什么是混凝土的徐变？请分析徐变对实际工程中长期荷载下的轴心受压短柱受力性能的影响。

11. 混凝土非受力状态下的会发生哪些变形？采取哪些措施可以降低其对工程的影响？

12. 混凝土与钢筋之间的黏结作用主要包含哪些部分？影响黏结强度的主要因素有哪些？实际工程中可采取哪些措施来保障钢筋在混凝土中有可靠的黏结锚固？

慕课平台

本章介绍

微信公众号

《规范》
条文解读

# 3 混凝土结构基本设计原则

**本章提要:** 本章是混凝土结构设计的理论基础,介绍了混凝土结构设计的基本原则和方法。理解结构的功能、极限状态、结构可靠性指标、耐久性等基本概念以及结构可靠性设计的基本原理,了解结构可靠性设计的一般方法;理解荷载和材料强度等分项系数的概念和取值。

## 3.1 概述

自 19 世纪末混凝土结构在建筑工程中应用以来,随着生产实践的经验积累和科学研究的不断深入,混凝土结构的设计理论也在不断地发展。

最早的混凝土结构设计理论是采用弹性理论为基础的容许应力计算法。这种方法要求混凝土结构构件在规定的标准荷载作用下按弹性理论计算的应力不大于规定的容许应力。容许应力是由材料强度除以安全系数求得的,安全系数则根据经验和主观判断来确定。

由于混凝土结构构件并不是一种弹性体,而是有着明显的塑性性能。因此,这种以弹性理论为基础的计算方法不能正确反映混凝土结构构件的实际应力状态,也就不能正确地计算出混凝土结构构件的承载力。

20 世纪 30 年代出现了破坏阶段计算方法,这种方法考虑了材料塑性性能对结构构件承载力的影响,要求按材料平均强度计算的承载力必须大于计算的最大荷载产生的内力。计算的最大荷载是由规定的标准荷载乘以单一的安全系数得出的。安全系数仍是根据经验和主观判断来确定的。

20 世纪 50 年代,在对荷载和材料强度的变异性进行研究的基础上出现了极限状态计算法,它规定了结构的极限状态,并将单一安全系数改为三个分项系数。将不同材料和荷载用不同的系数区别开来,使不同的构件具有比较一致的可靠度,而部分荷载系数和材料系数基本上是根据统计资料用概率的方法确定的。

目前,我国采用以概率理论为基础的极限状态设计方法,以可靠指标度量结构构件的可靠度,采用分项系数的设计表达式进行设计。

## 3.2 结构的功能要求

结构功能
要求专业
术语

### 3.2.1 结构上的作用

结构上的作用是指施加在结构上的集中荷载或分布荷载(永久荷载、可变荷载等)以及引起结构外加变形或约束变形的原因,如基础沉降、温度变化、混凝土收缩、焊接等作用。施加在结构上的集中荷载和分布荷载称为直接作用,引起结构外加变形和约束变形的其他作用称为间接作用。

结构上的作用按下列原则进行分类。

(1) 按随时间的变异分类

① 永久作用——在设计基准期内其值不随时间变化,或其变化与平均值相比可以忽略不计,例如结构自重、土压力、预加应力等。

② 可变作用——在设计基准期内其值随时间变化且其变化与平均值相比不可忽略。例如,楼面活荷载、屋面活荷载和积灰荷载、风荷载、雪荷载、吊车荷载、温度作用等。

③ 偶然作用——在设计基准期内出现或不一定出现。例如爆炸力、撞击力等。

(2) 按随空间位置的变异分类

① 固定作用——在结构空间位置上具有固定的分布。例如工业与民用建筑楼面上的固定设备荷载、结构构件自重等。

② 可动作用——在结构空间位置上的一定范围内可以任意分布。例如,工业与民用建筑楼面上的人员荷载、吊车荷载等。

(3) 按结构的反应分类

① 静态作用——不使结构或结构构件产生加速度或所产生的加速度很小而可以忽略不计。例如,结构自重、住宅与办公楼的楼面活荷载等。

② 动态作用——使结构或结构构件产生不可忽略的加速度。例如,地震、吊车荷载、设备振动、作用在高耸结构上的风荷载等。

这些作用使结构产生的内力和变形(如轴力、弯矩、扭矩、挠度、转角和裂缝等)称为作用效应。若作用为直接作用,则其效应也可称为荷载效应,荷载与荷载效应在线弹性结构中是线性关系,因而荷载效应可用荷载值乘以荷载效应系数来表达。结构上的作用,除永久作用外都是不确定的随机变量,有时还与时间参数甚至与空间参数有关,所以作用效应一般说来也是随机变量或随机过程,需用概率论等方法以描述。

结构或结构构件承受内力和变形的能力(如构件的承载能力、刚度等)称为结构抗力。影响结构构件抗力的主要因素都是不确定的随机变量,原因在于材料性能(如材质、强度、弹性模量等)受工艺与环境等影响,以及所采用的基本假设和计算公式的不够精确导致的计算模式精确性的不确定性等,由这些因素综合而成的结构抗力也是随机变量。

### 3.2.2 结构的功能要求

混凝土结构设计的目的就是使在一定的经济条件下,结构能够满足在预定的设计使用期限内的各种功能。《建筑结构可靠度设计统一标准》(GB 50068—2001)规定,建筑结构必须满足的功能要求主要有以下三个方面:

① 安全性——建筑结构能承受正常施工和使用时可能出现的各种荷载和变形,在偶然事件(如地震、爆炸等)发生时和发生后保持其整体稳定性。

② 适用性——在正常使用过程中应具有良好的工作性能。例如,不产生影响使用的过大变形或振幅,不发生足以让使用者不安的过宽裂缝等。

③ 耐久性——结构在正常维护条件下应有足够的耐久性,完好使用到设计使用年限。例如,混凝土不发生严重风化、腐蚀、脱落、碳化,钢筋不发生锈蚀等。

上述功能概括称为结构的可靠性。

### 3.2.3 结构的可靠性与安全等级

专业术语
解释

结构可靠性定义为结构在规定的时间内(设计时所假定的基准使用期)和规定的条件下(结构正常的设计、施工、使用和维护条件),完成预定功能(如强度、刚度、稳定性、抗裂性、耐久性等)的能力。结构可靠性牵涉到时间概念,因为设计中所考虑的基本变量,特别是可变荷载,大多数是随时间变化的,而材料的很多性能也都与时间有关,且结构完成预定功能的能力又因使用周期的长短而异。《建筑结构可靠度设计统一标准》(GB 50068—2001)统一采用一般结构的设计使用年限 50 年作为规定荷载最大值的时域,称为设计基准期,即荷载的统计参数都是按设计基准期为 50 年确定的。需要注意的是,结构的设计使用年限虽与其使用寿命有联系,但它不等同于使用寿命。超过设计使用年限的结构并不意味着已损坏而不能使用,只是说明其完成预定功能的能力越来越低。

《规范》
条文解读

好的结构设计应充分考虑其可靠性与经济性。将结构的可靠度水平定得过高,会提高结构造价,与经济原则相违背。但若一味强调其经济性,又会不利于可靠性。设计时应根据结构破坏可能产生的各种后果的严重性,对不同的建筑结构采用不同的安全等级:破坏后果很严重的为一级,严重的为二级,不严重的为三级,见表 3-1。对人员比较集中使用频繁的影剧院、体育馆等,安全等级宜按一级设计。对特殊的建筑物,其设计安全等级可视具体情况确定。还有建筑物中梁、柱等各类构件的安全等级一般应与整个建筑物的安全等级相同,对部分特殊的构件可根据其重要程度作适当调整。

表 3-1　　　　　　　　　　建筑结构的安全等级

| 安全等级 | 破坏后果影响程度 | 建筑物的类型 |
|---|---|---|
| 一级 | 很严重 | 重要的 |
| 二级 | 严重 | 一般的 |
| 三级 | 不严重 | 次要的 |

在近似概率理论的极限状态设计法中,结构的安全等级用结构重要性系数

$\gamma_0$ 来体现。

## 3.3　结构极限状态

### 3.3.1　结构上的作用和结构抗力

结构是否满足功能要求,要有明确的判别标准。结构能满足功能要求,则处于可靠、有效的工作状态;如果整个结构或结构的一部分超过某一特定状态就不能满足设计指定的某一功能要求,则结构处于不可靠失效状态。例如,构件即将开裂、倾覆、滑移、压屈、失稳等。结构在即将不能满足某项功能要求时的特定状态称为该功能的极限状态。极限状态是一种界限,是结构工作状态从有效状态变为失效状态的分界,是结构开始失效的标志。

欧洲混凝土委员会(CEB)、国际预应力混凝土协会(FIP)、国际标准化组织(ISO)等国际组织以及我国《建筑结构可靠度设计统一标准》(GB 50068—2001)把结构的极限状态分为两类——承载能力极限状态和正常使用极限状态。

（1）承载能力极限状态

承载能力极限状态是指结构或构件达到最大承载能力、出现疲劳破坏、发生不适于继续承载的变形或因结构局部破坏而引发的连续倒塌。例如,当整个结构或结构的一部分由于倾覆、滑移等作为刚体失去平衡;结构构件或其连接因材料强度被超过而破坏(包括疲劳破坏),或因过度的塑性变形而不适于继续承载;结构或构件因压屈等丧失稳定;结构转变为机动体系等,都被认为结构或构件超过了承载能力极限状态。

工程失效
案例

结构超过了承载能力极限状态就有可能导致人身伤亡或财产重大损失,结构或构件就不能满足安全性的要求。

（2）正常使用极限状态

正常使用极限状态是指结构或构件达到正常使用的某项规定限值或耐久性能的某种规定状态。例如,影响正常使用或外观的变形;影响正常使用或耐久性能的局部损坏;影响正常使用的振动;影响正常使用的其他特定状态等,都被认为结构或构件超过了正常使用极限状态。

工程失效
案例

结构超过了正常使用极限状态就有可能产生过大的变形和裂缝,引起使用者心理上的不安感,混凝土结构过大的裂缝会影响结构的耐久性,严重者可能会导致重大工程事故。

### 3.3.2　极限状态方程

设 $S$ 表示荷载效应(由各种荷载分别产生的荷载效应的组合),设 $R$ 表示结构抗力,荷载效应和结构抗力都是随机变量。当满足 $S \leqslant R$ 时,认为结构是可靠的,否则认为结构是失效的。

结构的极限状态可以用极限状态函数来表达:

$$Z = R - S \tag{3-1}$$

根据概率统计理论,设 $S$、$R$ 都是随机变量。根据 $S$、$R$ 的取值不同,不难知

道 $Z$ 值可能出现三种情况：

① 当 $Z = R - S > 0$ 时，结构处于可靠状态；

② 当 $Z = R - S = 0$ 时，结构处于极限状态；

③ 当 $Z = R - S < 0$ 时，结构处于失效（破坏）状态。

结构超过极限状态就不能满足设计规定的某一功能要求。结构设计要考虑结构的承载能力、变形或开裂等，即结构的安全性、适用性、耐久性的功能要求。

### 3.3.3 承载能力极限状态计算

任何结构构件均应进行承载力设计以确保安全。此外，考虑到结构安全等级或结构的设计使用年限的差异，其目标可靠指标应相应提高或降低，故引入结构重要性系数 $\gamma_0$。

对于承载能力极限状态，应按荷载效应的基本组合或偶然组合计算荷载组合的效应设计值，并采用下列极限状态设计表达式：

$$\gamma_0 S_d \leqslant R_d \tag{3-2}$$

$$R_d = R_d(f_c, f_s, a_k, \cdots)/\gamma_{Rd} \tag{3-3}$$

式中　$\gamma_0$——结构重要性系数。《规范》规定：在持久设计状况和短暂设计状况下，安全等级为一级的结构构件不应小于 1.1，安全等级为二级的结构构件不应小于 1.0；安全等级为三级的结构构件不应小于 0.9；地震设计状况下应取 1.0。

　　$S_d$——承载能力极限状态下作用组合的效应设计值。《规范》规定：对持久设计状况和短暂设计状况应按作用的基本组合计算；对地震设计状况应按作用的地震组合计算。

　　$R_d$——结构构件的抗力设计值。

　　$R_d(\cdot)$——结构构件的抗力函数。

　　$\gamma_{Rd}$——结构构件的抗力模型不定性系数。《规范》规定：静力设计取 1.0；对不确定性较大的结构构件根据具体情况取大于 1.0 的数值；抗震设计应用承载力抗震调整系数 $\gamma_{RE}$ 代替 $\gamma_{Rd}$。

　　$f_c, f_s$——混凝土、钢筋的强度设计值。

　　$a_k$——几何参数的标准值，当几何参数的变异性对结构性能有明显的不利影响时，应增减一个附加值。

（1）荷载基本组合的效应设计值 $S_d$，应从由可变荷载控制的效应设计值和由永久荷载控制的效应设计值中取最不利值确定：

① 对由可变荷载控制的效应设计值 $S_d$ 应按下式进行计算：

$$S_d = \sum_{j=1}^{m} \gamma_{G_j} S_{G_{jk}} + \gamma_{Q_1} \gamma_{L_1} S_{Q_{1k}} + \sum_{i=2}^{n} \gamma_{Q_i} \gamma_{L_i} \psi_{c_i} S_{Q_{ik}} \tag{3-4}$$

② 对由永久荷载控制的效应设计值 $S_d$ 应按下式进行计算：

$$S_d = \sum_{j=1}^{m} \gamma_{G_j} S_{G_{jk}} + \sum_{i=1}^{n} \gamma_{Q_i} \gamma_{L_i} \psi_{c_i} S_{Q_{ik}} \tag{3-5}$$

式中　$\gamma_{G_j}$——第 $j$ 个永久荷载的分项系数。当永久荷载效应对结构不利时，对由可变荷载控制的效应组合应取 1.2；对由永久荷载控制的效应组合应取 1.35；当永久荷载效应对结构有利时，$\gamma_{G_j}$ 不应大于 1.0。

$\gamma_{Q_i}$——第 $i$ 个可变荷载的分项系数，其中 $\gamma_{Q_1}$ 为主导可变荷载 $Q_1$ 的分项系数。对标准值大于 4 kN/m² 的工业房屋楼面结构的活荷载，应取 1.3，其他情况取 1.4。

$S_{G_{jk}}$——第 $j$ 个永久荷载标准值 $G_{jk}$ 计算的荷载效应值，如荷载引起的弯矩、剪力、轴力和变形等。

$S_{Q_{ik}}$——第 $i$ 个可变荷载标准值 $Q_{ik}$ 的计算的荷载效应值，其中 $S_{Q_{1k}}$ 为诸可变荷载效应中起控制作用者。

$\psi_{c_i}$——第 $i$ 个可变荷载 $Q_i$ 的组合值系数。

$\gamma_{L_i}$——第 $i$ 个可变荷载考虑设计使用年限的调整系数，其中 $\gamma_{L_1}$ 为主导可变荷载 $Q_1$ 考虑设计使用年限的调整系数。对于楼面和屋面活荷载考虑设计使用年限的调整系数 $\gamma_L$ 应按照表 3-2 采用；对于雪荷载和风荷载，应取重现期为设计使用年限，按照《建筑结构荷载规范》(GB 5009—2012)第 E.3.3 条的规定确定基本雪压和基本风压，或按有关规范的规定采用。

表 3-2　　楼面和屋面活荷载考虑设计使用年限的调整系数 $\gamma_L$

| 结构设计使用年限(年) | 5 | 50 | 100 |
|---|---|---|---|
| $\gamma_L$ | 0.9 | 1.0 | 1.1 |

基本组合中的效应设计值仅适用于荷载与荷载效应为线性的情况。当对 $S_{Q_{ik}}$ 无法明显判断时，应轮次以各可变荷载效应作为 $S_{Q_{1k}}$，并选取其中最不利的荷载组合的效应设计值。

（2）荷载偶然组合的效应设计值 $S_d$ 应按下列规定计算：

① 用于承载能力极限状态计算的效应设计值 $S_d$ 应按下式进行计算：

$$S_d = \sum_{j=1}^{m} S_{G_{jk}} + S_{A_d} + \psi_{f_1} S_{Q_{1k}} + \sum_{i=2}^{n} \psi_{q_i} S_{Q_{ik}} \tag{3-6}$$

式中　$S_{A_d}$——按偶然荷载标准值 $A_d$ 计算的荷载效应值应按下式进行计算；

$\psi_{f_1}$——第 1 个可变荷载的频遇值系数；

$\psi_{q_i}$——第 $i$ 个可变荷载的准永久值系数。

② 用于偶然事件发生后受损结构整体稳固性验算的效应设计值 $S_d$ 应按下式进行计算：

$$S_d = \sum_{j=1}^{m} S_{G_{jk}} + \psi_{f_1} S_{Q_{1k}} + \sum_{i=2}^{n} \psi_{q_i} S_{Q_{ik}} \tag{3-7}$$

荷载偶然组合中的效应设计值仅适用于荷载与荷载效应为线性的情况。

（3）补充说明

① 对于偶然组合，偶然荷载（如爆炸力、撞击力）的代表值不乘分项系数，与偶然荷载可能同时出现的其他荷载可根据观测资料和工程经验采用适当的代

表值。

② 荷载效应组合时需注意以下问题：

a. 不管何种组合，都应包括永久荷载效应。

b. 对于可变荷载效应，是否参与在一个组合中，要根据其对结构或结构构件的作用情况而定。

### 3.3.4 正常使用极限状态计算

按正常使用极限状态设计时，变形过大或裂缝宽度虽影响正常使用，但危害程度不及承载力引起的结构破坏造成的损失那么大，可以适当降低可靠度的要求。《建筑结构可靠度设计统一标准》（GB 50068—2001）规定计算时取荷载标准值不需乘分项系数，也不考虑结构重要性系数 $\gamma_0$。

对于正常使用极限状态，钢筋混凝土构件、预应力混凝土构件应分别按荷载的准永久组合并考虑长期作用的影响或标准组合并考虑长期作用的影响，采用下列极限状态设计表达式进行验算：

$$S_d \leqslant C \tag{3-8}$$

式中　$S_d$——正常使用极限状态荷载组合的效应设计值；

　　　$C$——结构构件达到正常使用要求所规定的变形、应力、裂缝宽度和振幅、加速度等的限值。

在正常使用状态下，可变荷载作用时间的长短对于变形和裂缝的大小显然是有影响的。可变荷载的最大值并非长期作用于结构之上，所以应按其在设计基准期内作用时间的长短和可变荷载超越总时间或超越次数，对其标准值进行折减。《建筑结构可靠度设计统一标准》（GB 50068—2001）采用一个小于 1 的准永久值系数和频遇值系数来考虑这种折减。荷载的准永久值系数是根据在设计基准期内荷载达到和超过该值的总持续时间与设计基准期内总持续时间的比值而确定的。荷载的准永久值系数乘以可变荷载标准值所得乘积称为荷载的准永久值。可变荷载的频遇值系数是根据在设计基准期间内可变荷载超越的总时间或超越的次数来确定的，荷载的频遇值系数乘以可变荷载标准值所得乘积称为荷载的频遇值。

这样，可变荷载就有四种代表值，即标准值、组合值、准永久值和频遇值。其中标准值称为基本代表值，其他代表值可由基本代表值乘以相应的系数得到。各类可变荷载和相应的组合值系数、准永久值系数、频遇值系数可在荷载规范中查到。

根据实际设计的需要，常需区分荷载的短期作用（标准组合、频遇组合）和荷载的长期作用（准永久组合）下构件的变形大小和进行裂缝宽度计算。所以，《建筑结构可靠度设计统一标准》（GB 50068—2001）规定按不同的设计目的分别选用荷载的标准组合、频遇组合和准永久组合。标准组合主要用于当一个极限状态被超越时将产生严重的永久性损害的情况；频遇组合主要用于当一个极限状态被超越时将产生局部损害、较大变形或短暂振动的情况；准永久组合主要用于当长期效应是决定因素的情况。

（1）按荷载标准组合的效应设计值 $S_d$ 应按下式计算：

$$S_d = \sum_{j=1}^{m} S_{G_{jk}} + S_{Q_{1k}} + \sum_{i=2}^{n} \psi_{ci} S_{Qik} \qquad (3-9)$$

式中，永久荷载及第一个可变荷载采用标准值，其他可变荷载均采用组合值。

（2）按荷载频遇组合的效应设计值 $S_d$ 应按下式计算：

$$S_d = \sum_{j=1}^{m} S_{G_{jk}} + \psi_{f_1} S_{Q_{1k}} + \sum_{i=2}^{n} \psi_{qi} S_{Q_{ik}} \qquad (3-10)$$

（3）按荷载的准永久组合，荷载准永久组合的效应设计值 $S_d$ 应按下式计算：

$$S_d = \sum_{j=1}^{m} S_{G_{jk}} + \sum_{i=2}^{n} \psi_{qi} S_{Q_{ik}} \qquad (3-11)$$

【例 3-1】 某民用办公楼楼面采用预应力混凝土七孔简支板，安全等级定位二级。板长 3.3 m，计算跨度 3.18 m，板宽 0.9 m，板自重 2.04 KN/m²。试分别按承载能力极限状态设计的基本组合和正常使用极限状态设计的标准组合，计算该板跨中截面弯矩。

【解】 永久荷载标准值计算如下：

自重

$$2.04 \ kN/m^2$$

40mm 后浇层

$$25 \times 0.04 = 1 \ kN/m^2$$

20mm 板底抹灰层

$$20 \times 0.02 = 0.4 \ kN/m^2$$

$$\overline{\qquad\qquad\qquad\qquad\qquad 3.44 \ kN/m^2}$$

沿板长永久荷载每延米标准值为：

$$0.9 \times 3.44 = 3.1 \ kN/m$$

沿板长可变荷载每延米标准值为：

$$0.9 \times 2.0 = 1.8 \ kN/m$$

简支板在均布荷载作用下的弯矩为：

$$M = \frac{1}{8} q l_0^2$$

故荷载效应为：

$$S_{Gk} = \frac{1}{8} \times 3.1 \times 3.18^2 = 3.92 \ kN \cdot m$$

$$S_{Q_1 k} = \frac{1}{8} \times 1.8 \times 3.18^2 = 2.28 \ kN \cdot m$$

（1）按承载能力极限状态设计的基本组合计算板跨中弯矩

① 按可变荷载控制的弯矩设计值为：

$$M = \gamma_0 S_d = \gamma_0 \left( \sum_{j=1}^{m} \gamma_{G_j} S_{G_{jk}} + \gamma_{Q_1} \gamma_{L_1} S_{Q_{1k}} + \sum_{i=2}^{n} \gamma_{Q_i} \gamma_{L_i} \psi_{c_i} S_{Q_{ik}} \right)$$

$$= 1.0 \times (1.2 \times 3.92 + 1.4 \times 1.0 \times 2.28) = 7.9 \ kN \cdot m$$

② 按永久荷载控制的弯矩设计值为：

$$M = \gamma_0 S_d = \gamma_0 \left( \sum_{j=1}^{m} \gamma_{G_j} S_{G_{jk}} + \sum_{i=1}^{n} \gamma_{Q_i} \gamma_{L_i} \psi_{c_i} S_{Q_{ik}} \right)$$
$$= 1.0 \times (1.35 \times 3.92 + 1.4 \times 1.0 \times 0.7 \times 2.28)$$
$$= 7.5 \text{ kN} \cdot \text{m}$$

故按照承载能力极限状态计算的跨中截面弯矩设计值 $M$ 为 7.9 kN·m。

(2) 按正常使用极限状态设计的标准组合计算板跨中弯矩

$$M_k = \gamma_0 S_d = \gamma_0 \left( \sum_{j=1}^{m} S_{G_{jk}} + S_{Q_{1k}} + \sum_{i=2}^{n} \psi_{c_i} S_{Q_{ik}} \right)$$
$$= 1.0 \times (3.92 + 2.28) = 6.2 \text{ kN} \cdot \text{m}$$

故按照正常使用极限状态计算的跨中截面弯矩标准值 $M$ 为 6.2 kN·m。

## 3.4 耐久性设计的相关规范

混凝土结构在预期的自然环境的化学和物理作用下，应能满足设计工作寿命要求，即混凝土结构在正常维护下应具有足够的耐久性。因此，混凝土结构除满足承载能力极限状态和正常使用极限状态的要求外，还应根据设计使用年限和环境类别进行耐久性设计。设计内容如下：

① 确定结构所处的环境类别；

② 提出对混凝土材料的耐久性基本要求；

③ 确定构件中钢筋的混凝土保护层厚度；

④ 不同环境条件下的耐久性技术措施；

⑤ 提出结构使用阶段的检测与维护要求。

对临时性的混凝土结构，可不考虑混凝土的耐久性要求。

### 3.4.1 环境类别

环境类别是指混凝土暴露表面所处的环境条件，设计可根据实际情况确定适当的环境类别。《规范》规定，混凝土结构的环境类别应符合附表 12 的要求。

### 3.4.2 混凝土材料的耐久性基本要求

影响混凝土结构耐久性的主要内因是混凝土材料抵抗性能退化的能力。因此，从建筑材料的角度控制混凝土的质量是保证结构耐久性的根本措施。根据耐久性状态的调查结果，《规范》作出了如下规定：

① 设计使用年限为 50 年的混凝土结构，其混凝土材料宜符合附表 13 的规定。

② 设计使用年限为 100 年的混凝土结构，在一类环境中应符合下列规定：

a. 钢筋混凝土结构的最低强度等级为 C30；预应力混凝土结构的最低强度等级为 C40。

b. 混凝土中的最大氯离子含量为 0.06%。

c. 宜使用非碱活性骨料，当使用碱活性骨料时，混凝土中的最大碱含量为

$3.0 \text{ kg/m}^3$。

在二类和三类环境中,设计使用年限100年的混凝土结构应采取专门的有效措施;耐久性环境类别为四类和五类的混凝土结构,其耐久性要求应符合有关标准的规定。

### 3.4.3　混凝土保护层厚度

钢筋混凝土是由两种力学性能不同的材料——混凝土和钢筋,按照一定的原则结合成一体并共同发挥作用的结构材料。为了保护钢筋不受空气的氧化和其他因素的作用,也为了保证钢筋和混凝土有良好的黏结,钢筋的混凝土保护层应有足够的厚度。混凝土保护层最小厚度与设计使用年限、构件种类、环境条件和混凝土强度等级等因素有关。《规范》规定,设计使用年限为50年的混凝土构件,其最外层钢筋的保护层厚度应符合附表14的规定;设计使用年限为100年的混凝土结构,其最外层钢筋的保护层厚度不应小于附表14中数值的1.4倍。

### 3.4.4　混凝土耐久性技术措施

混凝土耐久性与诸多因素有关,但在很大程度上取决于施工过程中的质量控制和质量保证。

① 预应力混凝土结构中的预应力筋应根据具体情况采取表面防护、孔道灌浆、加大混凝土保护层厚度等措施,外露的锚固端应采取封锚和混凝土表面处理等有效措施;

② 有抗渗要求的混凝土结构,混凝土的抗渗等级应符合有关标准的要求;

③ 严寒及寒冷地区的潮湿环境中,结构混凝土应满足抗冻要求,混凝土抗冻等级应符合有关标准的要求;

④ 处于二、三类环境中的悬臂构件宜采用悬臂梁—板的结构形式,或在其上面增设防护层;

⑤ 处于二、三类环境中的结构构件,其表面的预埋件、吊钩、连接件等金属部件应采取可靠地防锈措施;

⑥ 处在三类环境中的混凝土结构构件,可采用阻锈剂、环氧树脂涂层钢筋或其他具有耐腐蚀性能的钢筋、采取阴极保护措施或采用可更换的构件等措施。

### 3.4.5　混凝土检测与维护

在设计使用年限内,应建立定期检测、维修制度;按规定更换可更换的混凝土构件及表面的保护层;及时处理可见的耐久性缺陷。

专业术语

## 思　考　题

1. 简述结构作用的分类。

2. 建筑结构应该满足哪些功能要求?结构的设计使用年限如何确定?结构超过其设计使用年限是否意味着不能再使用?为什么?

3. 什么是结构的可靠度?我国《建筑结构可靠度设计统一标准》(GB 50068—2001)对结构可靠度是如何定义的?

4. 什么是结构的极限状态？结构的极限状态分为几类？其含义各是什么？

5. 我国《建筑结构荷载规范》(GB 50009—2012)规定的承载力极限状态设计表达式采用了何种形式？说明式中各符号的物理意义及荷载效应基本组合的取值原则及式中可靠指标体现在何处。

6. 混凝土耐久性设计包括哪几个方面？

# 4 钢筋混凝土受弯构件正截面承载力性能分析与设计

慕课平台

本章介绍

微信公众号

**本章提要** 本章主要讲述工程中常用的混凝土基本构件——受弯构件正截面承载力设计方法。在对受弯构件正截面试验研究基础上,分析在不同配筋率下受弯构件正截面破坏特征和适筋受弯构件在各阶段的受力特点,熟悉影响受弯构件破坏形态的主要影响因素,掌握单筋矩形截面、双筋矩形截面和 T 形截面正截面承载力的计算方法,应用计算流程框图分析工程中受弯构件正截面设计问题,熟悉受弯构件正截面的构造要求。

## 4.1 概述

受弯构件是指主要承受弯矩和剪力共同作用而轴力可以忽略不计的构件。受弯构件是土木工程中应用数量最多、使用范围最广的一类构件。一般房屋中各种类型的楼盖、屋盖结构、板以及楼梯,工业厂房中的屋面大梁、吊车梁,铁路、公路中的钢筋混凝土桥等都属于受弯构件。此外,房屋结构中经常采用的钢筋混凝土框架的横向受弯构件虽然除承受弯矩和剪力外还承受轴向力(压力或拉力),但由于轴向力值通常较小,其影响可以忽略不计,因此框架横梁也常按受弯构件进行设计。

受弯构件在荷载作用下可能发生两种主要破坏形式:一种是沿弯矩最大的截面破坏,此时破坏截面与构件的纵向轴线垂直,称为沿正截面破坏;另一种是沿剪力最大或弯矩和剪力都较大的截面破坏,破坏截面与构件纵向轴线斜交,称为沿斜截面破坏。受弯构件截面设计时既要满足构件的抗弯承载力要求,也要满足构件的抗剪承载力要求。因此,必须对构件进行抗弯和抗剪强度计算,即进行承载力极限状态设计计算。在进行截面强度计算时,荷载效应(弯矩 $M$ 和剪力 $V$)通常是按弹性假定用结构力学方法计算。在某些连续受弯构件中,荷载效应也可以按塑性设计方法求得。另外,受弯构件一般还需要按正常使用极限状态的要求进行变形和裂缝宽度的验算。这方面的有关问题将在第 9 章中介绍。除进行上述两类计算和验算外,还必须采取一系列构造措施才能保证构件具有足够的强度和刚度,并使构件具有必要的耐久性。本章主要是介绍受弯构件正截面承载力(抗弯强度)的计算方法。在本章 4.4 节中将讨论受弯构件的一般构造。

## 4.2 试验研究

受弯构件横截面(截面与构件纵向轴线相垂直)采用矩形时,按照配置纵向受力钢筋的不同位置可分为单筋矩形截面和双筋矩形截面两种形式。只在截面的受拉区配有纵向受力钢筋的矩形截面,称为单筋矩形截面;在截面的受拉区和受压区同时配有纵向受力钢筋的矩形截面,称为双筋矩形截面。本节以单筋矩形截面的受弯构件为研究对象。

### 4.2.1 配筋率对构件破坏特征的影响

受弯构件的截面宽度为 $b$,截面高度为 $h$,纵向受力钢筋截面面积为 $A_s$,从截面受压区边缘到受拉钢筋合力点的距离 $h_0$ 称为截面有效高度,截面宽度与截面有效高度的乘积为截面有效面积。构件的截面配筋率定义为在单位截面有效面积上所配置的纵向受力钢筋的截面面积,即:

$$\rho = \frac{A_s}{bh_0} \tag{4-1}$$

式中　$A_s$——受拉钢筋截面面积;

　　　$bh_0$——受弯构件截面有效面积。

根据试验研究,受弯构件正截面的破坏形式与配筋率 $\rho$、钢筋和混凝土强度有关。当材料品种选定以后,其破坏形式主要依配筋率的大小而异。按照受弯构件破坏形式,可将其划分为以下三种:

(1)适筋受弯构件

当构件的配筋率不是太高也不是太低时,构件的破坏是由于受拉区纵向受力钢筋首先达到屈服引起的。在钢筋应力到达屈服之初,受压区边缘纤维应变尚小于受弯时混凝土极限压应变。在受弯构件完全破坏之前,由于钢筋经历较大的塑性变形,随之引起裂缝急剧开展和受弯构件挠度的激增,有明显的破坏预兆。最后压区混凝土被压碎而宣告受弯构件进入破坏状态。习惯上常把这种破坏称为适筋破坏。适筋破坏在构件破坏之前有明显塑性变形和裂缝预兆,破坏不是突然发生,这种破坏也称为延性破坏[图 4-1(a)]。

(2)超筋受弯构件

当构件的配筋率超过某一特定值时,构件的破坏源自压区混凝土的压碎。当受压区混凝土的边缘纤维应变达到受弯时混凝土极限压应变时,受拉区纵向受力钢筋应力小于屈服强度,此类受弯构件在破坏前虽然有一定的变形和开裂,但裂缝开展不定,延伸不高,这种破坏没有适筋受弯构件破坏那么明显,而且当混凝土压碎时破坏突然发生,钢筋的强度得不到充分利用。习惯上常把这种破坏称为超筋破坏。超筋受弯构件破坏时钢筋的强度不能被充分利用,且破坏前毫无预兆,这种破坏也称为脆性破坏,设计中不允许采用[图 4-1(b)]。

(3)少筋受弯构件

当构件的配筋率低于某一定值时,构件不但承载力很低,而且只要开裂裂缝就急速扩展,裂缝截面处的拉力全部由钢筋承受,钢筋由于突然增大的应力而屈服,构件立即发生破坏。习惯上常把这种破坏称为少筋破坏。少筋破坏也称为脆性破坏。少筋受弯构件是不经济、不安全的,在建筑结构中不允许采用[图4-1(c)]。

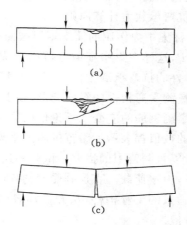

图 4-1 不同配筋率的受弯构件破坏形态
(a) 适筋梁;(b) 超筋梁;(c) 少筋梁

由上述三类受弯构件破坏过程可知,由于配筋率不同导致受弯构件破坏形式不同,引出两个概念——最大配筋率 $\rho_{max}$ 和最小配筋率 $\rho_{min}$。

由上述对不同受弯构件的破坏形式和过程可知,受弯构件正截面的破坏形式实质上是由受拉区钢筋和受压区混凝土的承载力决定的。当受压区混凝土的抗压能力小于受拉钢筋的抗拉能力时,混凝土首先被压碎,从而发生破坏;当受压区混凝土的抗压能力大于受拉钢筋的抗拉能力时,钢筋首先进入屈服状态。在超筋破坏和适筋破坏之间存在一特定的配筋率 $\rho_b$,它使得钢筋应力到达屈服强度的同时混凝土受压边缘纤维应变也恰好到达混凝土结构受弯时极限压应变值,这种破坏称为界限破坏。若 $\rho<\rho_b$,破坏源自钢筋的屈服;若 $\rho>\rho_b$,破坏始源自压区混凝土破坏。$\rho_b$ 实质上即为适筋受弯构件的最大配筋率 $\rho_{max}$。

在适筋破坏和少筋破坏之间也存在一特定配筋率 $\rho_{min}$,当受弯构件配筋率小于 $\rho_{min}$ 时就会发生少筋破坏,即构件一旦开裂,裂缝就会急速开展,从而引起破坏。超筋破坏和少筋破坏都是脆性破坏,一旦破坏引起严重的后果,材料不能充分发挥本身的性能。因此《规范》中不允许出现超筋构件和少筋构件,只允许设计为适筋构件。$\rho_{min}$ 实质上限制了适筋受弯构件的最小配筋率。

适筋构件的配筋率 $\rho$ 应满足:$\rho_{min}<\rho<\rho_{max}$。

## 4.2.2 适筋受弯构件截面受力过程

对匀质弹性材料的受弯构件加载时,其变形规律符合平截面假定(平截面在受弯构件变形后仍保持平面)。由于材料性能符合胡克定律(应力与应变成正比),受压区和受拉区的应力呈三角形分布。此外,受弯构件的挠度与弯矩也保持线性关系。

钢筋混凝土受弯构件是由钢筋和混凝土两种材料组成。由于混凝土本身是非弹性、非均质材料,其抗拉强度远低于抗压强度。因而受力性能有很大的不同。研究钢筋混凝土构件的受力性能,首先要进行构件的加载试验以了解钢筋混凝土受弯构件的破坏过程和破坏特征,研究受弯构件截面应力与应变的变化规律,从而建立受弯构件抗弯承载力计算原则。

图 4-2 所示有两点对称集中力作用的简支矩形截面受弯构件。在跨度的三分点处两点加载,荷载为 $P$,这样在集中荷载区段内形成"纯弯段",有利于研究在弯矩单独作用下受弯构件的抗弯承载力。在"纯弯段"内,沿受弯构件高度方向两侧布置测点,用仪表量测受弯构件的纵向变形;在受弯构件的跨中附近的钢筋表面处贴电阻片,用以量测钢筋的应变。不论使用哪种仪表量测变形,均有一定的标距。因此,所测得的数值都表示标距范围内的平均应变值。另外,在跨中和支座上分别安装位移计以量测跨中的挠度。试验中还需注意裂缝的分布和开展情况。采用逐级加载法,由零荷载一直加到受弯构件的破坏。

试验表明,对于配筋适量的受弯构件,从开始加载到正截面完全破坏,截面的受力状态可分为三个阶段。

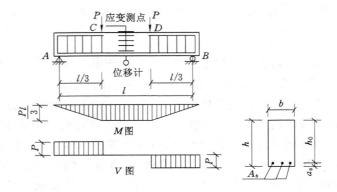

图 4-2  试验受弯构件加载示意图

(1) 第一阶段——截面开裂前的阶段

当荷载很小时,截面上的内力很小,应力与应变成正比,截面的应力分布为直线,这种受力阶段为第Ⅰ阶段[图 4-3(a)]。

当荷载不断增大时,截面上的内力也不断增大,由于受拉区混凝土塑性变形的发展,应力增长缓慢,应变增长较快,受拉区混凝土的应力图形呈曲线形状,当弯矩增加到使受拉边的应变到达混凝土的极限拉应变时,就进入裂缝出现的临界状态,这种受力状态称为第Ⅰ$_a$阶段[图 4-3(b)]。

(2) 第二阶段——从截面开裂到受拉区纵向受力钢筋开始屈服的阶段

截面达到第Ⅰ阶段后,荷载只要稍许增加截面立即开裂,截面上应力发生重分布,裂缝处混凝土不再承受拉应力,钢筋的拉应力突然增大,受压区混凝土出现明显塑性变形,应力图形呈曲线,这种受力状态称为第Ⅱ阶段[图 4-3(c)]。

荷载继续增加,裂缝进一步开展,钢筋和混凝土的应力不断增大。当荷载增加到某一数值时,受拉区纵向受力钢筋开始屈服,钢筋应力达到其屈服强度,这种特定的受力状态称为第Ⅱ$_a$阶段[图 4-3(d)]。

（3）第三阶段

受拉区纵向受力钢筋屈服后，截面的承载力无明显的增加，但塑性变形急速发展，裂缝迅速开展，并向受压区延伸，受压区面积减小，受压区混凝土压应力迅速增大，这是截面受力的第Ⅲ阶段[图 4-3(e)]。

在荷载几乎不变的情况下，裂缝进一步急剧开展，受压区混凝土出现纵向裂缝，混凝土被完全压碎，截面发生破坏，这种特定的受力状态称为第Ⅲ。阶段[图 4-3(f)]。

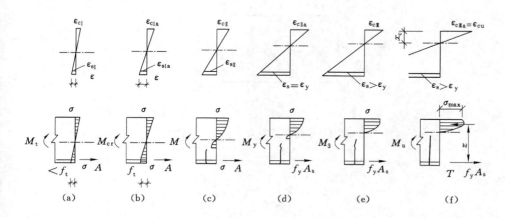

图 4-3　矩形截面适筋受弯构件在受力阶段截面的应力—应变图
(a) Ⅰ;(b) Ⅰ_a;(c) Ⅱ; (d) Ⅱ_a;(e) Ⅲ;(f) Ⅲ_a

试验同时表明，从开始加载到构件破坏的整个受力过程中，变形前的平面在变形后仍保持平面。

进行受弯构件截面受力工作阶段的分析，不但可以详细了解截面受力的全过程，而且为裂缝、变形以及承载力的计算提供了依据。截面抗裂验算建立在第Ⅰ。阶段，构件使用阶段的变形和裂缝宽度验算建立在第Ⅱ阶段上，而正截面受弯承载力计算则是建立在第Ⅲ。阶段上。

## 4.3　单筋矩形截面受弯构件正截面受力分析

进行正截面承载力计算时作如下假设：

（1）截面应变符合平截面假定

所谓平截面假定，即变形之前的平面变形后仍保持为一平面。这一假定是材料力学中梁弯曲理论的基础。

试验表明，钢筋混凝土受弯构件开裂前满足平截面假定；开裂后尽管开裂截面一分为二，但从平均应变的意义上，平截面假定仍然成立。因此，认为在受弯构件的整个受力过程中平均应变符合平截面假定。

根据平截面假定，截面内任意点的应变与该点到中和轴的距离成正比。

（2）不考虑混凝土的抗拉强度对截面承载力的影响

虽然在中性轴附近尚有部分混凝土承受拉力，但与钢筋承受的拉力或混凝土承担的压力相比数值很小，并且合力离中和轴很近，承担的弯矩可以忽略。

（3）混凝土受压的应力—应变关系

《规范》推荐混凝土应力—应变曲线为一条二次抛物线及一条水平直线组成，如图 4-4 所示，其函数表达式为：

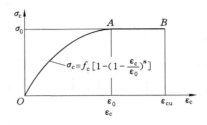

图 4-4　混凝土应力—应变关系曲线

当 $\varepsilon_c \leqslant \varepsilon_0$ 时：

$$\sigma_c = f_c \left[ 1 - (1 - \frac{\varepsilon_c}{\varepsilon_0})^n \right] \tag{4-2}$$

当 $\varepsilon_0 < \varepsilon_c \leqslant \varepsilon_{cu}$ 时：

$$\sigma_c = f_c \tag{4-3}$$

$$n = 2 - \frac{1}{60} \times (f_{cu,k} - 50) \tag{4-4}$$

$$\varepsilon_0 = 0.002 + 0.5 \times (f_{cu,k} - 50) \times 10^{-5} \tag{4-5}$$

$$\varepsilon_{cu} = 0.003\,3 - (f_{cu,k} - 50) \times 10^{-5} \tag{4-6}$$

式中　$\sigma_c$——混凝土压应变为 $\varepsilon_c$ 时的混凝土压应力。

$f_c$——混凝土轴心抗压强度设计值，见附表 7。

$\varepsilon_0$——混凝土压应力刚达到 $f_c$ 时的混凝土压应变，当计算的 $\varepsilon_0$ 值小于 0.002 时，应取为 0.002。

$\varepsilon_{cu}$——正截面的混凝土极限压应变，当属于非均匀受压时，按式（4-6）计算，当计算的 $\varepsilon_{cu}$ 值大于 0.003 3 时应取为 0.003 3；正截面处于轴心受压时的混凝土极限压应变应取为 $\varepsilon_0$。

$f_{cu,k}$——混凝土立方体抗压强度标准值。

$n$——系数，当计算的 $n$ 值大于 2.0 时，应取为 2.0。

（4）钢筋应力—应变本构关系

纵向钢筋的应力取等于钢筋应变与弹性模量的乘积，但其绝对值不应大于其相应的强度设计值，纵向受拉钢筋的极限拉应变取 0.01，其简化的应力—应变曲线如图 4-5 所示。其函数表达式为：

当 $\varepsilon_s \leqslant \varepsilon_y$ 时：

$$\sigma_s = E_s \varepsilon_s \tag{4-7}$$

当 $\varepsilon_s > \varepsilon_y$ 时：

$$\sigma_s = f_y \tag{4-8}$$

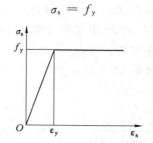

图 4-5 钢筋应力—应变本构关系

## 4.4 单筋矩形截面受弯构件承载力分析

矩形截面受弯构件通常分为单筋矩形截面受弯构件和双筋矩形截面受弯构件两种形式。只在截面的受拉区配有纵向受力钢筋的矩形截面受弯构件,称为单筋矩形截面受弯构件。在截面的受拉区和受压区同时配有纵向受力钢筋的矩形截面受弯构件,称为双筋矩形截面受弯构件。单筋矩形截面受弯构件,纵向受力钢筋配置在截面受拉一侧;为了形成骨架,受压区需配置架力钢筋。双筋矩形截面受弯构件的截面上下均配置纵向受力钢筋。在箍筋的四角必须设置纵向钢筋。

### 4.4.1 计算简图

根据基本假设,单筋矩形截面的计算简图如图 4-6 所示。

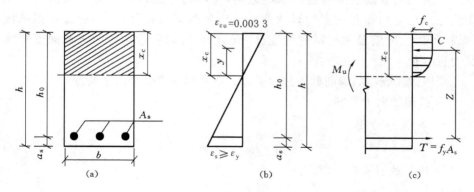

图 4-6 单筋矩形受弯构件截面应力—应变分布图

正截面承载力的计算目的是建立抗弯承载力计算公式,实际并不需要完整的压区混凝土的应力分布,只需确定受压区混凝土压应力合力的大小和作用位置即可。为此,《规范》对于非均匀受压构件,如受弯、偏心受压和大偏心受拉等构件的受压区混凝土的应力分布进行简化,用等效矩形应力图形来替代压区混凝土的实际应力分布。替代的原则是保证替代前后压应力的合力大小和作用点位置不变。

等效矩形应力图由无量纲参数 $\alpha_1$ 和 $\beta_1$ 确定。$\alpha_1$ 为受压区混凝土等效矩形应力图的应力值与混凝土轴心抗压强度设计值 $f_c$ 的比值；$\beta_1$ 是矩形应力图的受压区高度与平截面假定的中和轴高度 $x_c$ 的比值，即 $x = \beta_1 x_c$，$x$ 为等效受压区高度，简称受压区高度。等效矩形应力图如图 4-7 所示。系数 $\alpha_1$ 和 $\beta_1$ 的取值见表 4-1。

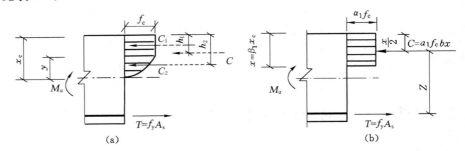

图 4-7 等效矩形应力图

表 4-1 系数 $\alpha_1$ 和 $\beta_1$

| 系数 | ≤C50 | C55 | C60 | C65 | C70 | C75 | C80 |
|---|---|---|---|---|---|---|---|
| $\alpha_1$ | 1.00 | 0.99 | 0.98 | 0.97 | 0.96 | 0.95 | 0.94 |
| $\beta_1$ | 0.80 | 0.79 | 0.78 | 0.77 | 0.76 | 0.75 | 0.74 |

## 4.4.2 计算公式

根据钢筋混凝土结构设计基本原则，受弯构件正截面受弯承载力应满足作用在结构上的荷载在所计算的截面中产生的弯矩设计值，不超过根据截面的设计尺寸、配筋量和材料的强度设计值计算得到受弯构件的正截面受弯承载力设计值。

按照截面破坏的瞬间处于静力平衡状态可得到两个静力平衡方程。

① 按照轴向力平衡。

由 $\sum X = 0$ 得：

$$\alpha_1 f_c bx = f_y A_s \tag{4-9}$$

② 按照截面弯矩平衡。

由 $\sum M = 0$ 得：

$$M \leqslant M_u = \alpha_1 f_c bx \left( h_0 - \frac{x}{2} \right) \tag{4-10}$$

或

$$M \leqslant M_u = f_y A_s \left( h_0 - \frac{x}{2} \right) \tag{4-11}$$

式中　$M$——弯矩设计值；

$M_u$——正截面极限抵抗弯矩；

$f_c$——混凝土轴心抗压强度设计值；

$f_y$——钢筋的抗拉强度设计值；

$A_s$——纵向受拉的截面面积；

$\alpha_1$——受压区混凝土等效矩形应力图的应力值与混凝土轴心抗压强度设计值 $f_c$ 的比值；

$b$——截面宽度；

$x$——按等效矩形应力图计算的受压区高度；

$h_0$——截面有效高度；

$a_s$——受拉钢筋合力点至截面受拉区边缘的距离。

按照构造要求，对于处于室内正常环境的梁和板(环境类别为一类)，当混凝土强度等级不低于 C25 时，梁内钢筋的混凝土保护层厚度不得小于 20 mm，板内钢筋的混凝土保护层厚度不得小于 15 mm。当混凝土的强度等级等于或小于 C25 时，梁和板内的混凝土保护层最小厚度分别为 25 mm 和 20 mm。

因此对于处于一类环境中且混凝土强度等级高于 C25 的梁、板，截面有效高度一般可按下列方法估算：

① 梁的纵向受力钢筋按一排布置时：$h_0 = h - 40$ mm；

② 梁的纵向受力钢筋按两排布置时：$h_0 = h - 60$ mm；

③ 板的截面有效高度(板厚低于 1 m 时)：$h_0 = h - 20$ mm。

处于不同使用环境的梁、板的混凝土保护层见附表 14。截面有效高度见本章 4.7 部分构造要求。

### 4.4.3 适用条件

上面两个公式是按照适筋受弯构件的破坏简图推导得来的基本计算公式，只适用于适筋受弯构件的承载力计算，不适用于超筋受弯构件和少筋受弯构件计算。而超筋受弯构件和少筋受弯构件的破坏形式是脆性破坏，设计时应避免将构件设计成这两类构件。为此，上述适筋受弯构件计算公式必须满足以下适用条件：

① 为防止超筋破坏，按照构件截面的相对受压区高度不得超过其相对界限受压区高度的要求，应满足：

$$\xi \leqslant \xi_b \tag{4-12}$$

相对受压区高度指在适筋受弯构件发生破坏时截面等效受压区高度与截面有效高度之比，即：

$$\xi = x/h_0 = \frac{\beta_1 x_c}{h_0} \tag{4-13}$$

界限破坏是指受弯构件在破坏时受拉纵筋应力到达屈服强度的同时受压边缘纤维应变也达到混凝土受弯时的极限压应变的破坏。相对界限受压区高度指在适筋受弯构件发生界限破坏时截面等效受压区高度与截面有效高度之比。设界限破坏时受压区的真实高度为 $x_b$，即：

$$\xi_b = \frac{x_b}{h_0} = \frac{\beta_1 x_{cb}}{h_0} \tag{4-14}$$

如图 4-8 所示，设钢筋开始屈服时的应变为 $\varepsilon_y$，则：

$$\varepsilon_y = \frac{f_y}{E_s} \qquad (4-15)$$

则据平截面假定：

$$\xi_b = \frac{\beta_1 x_{cb}}{h_0} = \frac{\beta_1 \varepsilon_{cu}}{\varepsilon_{cu} + \varepsilon_y} = \frac{\beta_1 \varepsilon_{cu}}{\varepsilon_{cu} + \frac{f_y}{E_s}} = \frac{\beta_1}{1 + \frac{f_y}{\varepsilon_{cu} E_s}} \qquad (4-16)$$

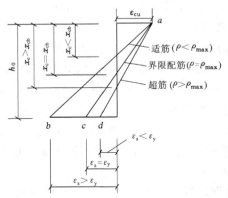

图 4-8　受弯构件截面应变分布图

对有明显屈服点的 HPB300、HRB335、HRB400 和 RRB400 钢筋，式(4-16)即为有明显屈服点钢筋的相对界限受压区高度。将其抗拉强度设计值 $f_y$ 和弹性模量 $E_s$ 带入式(4-16)，可算出有明显屈服点钢筋配筋的受弯构件的相对界限受压区高度的 $\xi_b$。建筑工程受弯构件有屈服点钢筋的 $\xi_b$ 的取值见表 4-2。

表 4-2　　　　　　　配置有明显屈服点钢筋的受弯构件的 $\xi_b$ 取值

| 配筋种类 | ≤C50 | C55 | C60 | C65 | C70 | C75 | C80 |
|---|---|---|---|---|---|---|---|
| HPB300 | 0.576 | 0.566 | 0.556 | 0.547 | 0.537 | 0.528 | 0.518 |
| HRB335 | 0.550 | 0.541 | 0.531 | 0.522 | 0.512 | 0.503 | 0.493 |
| HRB400 RRB400 | 0.518 | 0.508 | 0.499 | 0.490 | 0.481 | 0.472 | 0.463 |

对于无屈服点的钢筋，《规范》规定：

$$\xi_b = \frac{\beta_1}{1 + \frac{0.002}{\varepsilon_{cu}} + \frac{f_y}{\varepsilon_{cu} E_s}} \qquad (4-17)$$

由图 4-8 可知，当 $\xi > \xi_b$，破坏时钢筋拉应变 $\varepsilon_s < \varepsilon_y$，受拉钢筋不屈服，表明发生的破坏为超筋受弯构件破坏；当 $\xi < \xi_b$，破坏时钢筋拉应变 $\varepsilon_s > \varepsilon_y$，受拉钢筋已经达到屈服，表明发生的破坏为适筋受弯构件。

在方程 $\alpha_1 f_c b x = f_y A_s$ 中，改变表达方式：

$$\rho = \frac{A_s}{bh_0} = \xi \frac{\alpha_1 f_c}{f_y} \qquad (4-18)$$

当 $\xi=\xi_b$ 时，$\rho=\rho_{max}$，由此可得适筋受弯构件截面的最大配筋率即为界限破坏时的特定配筋率：

$$\rho = \rho_{max} = \xi_b \frac{\alpha_1 f_c}{f_y} \quad (4-19)$$

为便于工程设计，可将常用的具有明显屈服点钢筋的普通混凝土受弯构件的最大配筋率列于表 4-3 中。当构件按最大配筋率配筋时，可得出适筋受弯构件的最大抗弯承载力：

$$M_{u,max} = \alpha_1 f_c b \xi_b h_0 \left(h_0 - \frac{\xi_b h_0}{2}\right) = \xi_b \left(1-\frac{\xi_b}{2}\right)\alpha_1 f_c b h_0^2 \quad (4-20)$$

表 4-3　有明显屈服点钢筋的受弯构件的截面最大配筋率 $\rho_{max}$ 取值　　%

| 钢筋等级 | 混凝土强度等级 | | | | | | | | | | | | | |
|---|---|---|---|---|---|---|---|---|---|---|---|---|---|---|
| | C15 | C20 | C25 | C30 | C35 | C40 | C45 | C50 | C55 | C60 | C65 | C70 | C75 | C80 |
| HPB300 | 1.54 | 2.05 | 2.54 | 3.05 | 3.56 | 4.07 | 4.50 | 4.93 | 5.25 | 5.55 | 5.83 | 6.07 | 6.27 | 6.47 |
| HRB335 | 1.32 | 1.76 | 2.18 | 2.62 | 3.07 | 3.51 | 3.89 | 4.24 | 4.52 | 4.77 | 5.01 | 5.21 | 5.38 | 5.55 |
| HRB400 RRB400 | 1.03 | 1.38 | 1.71 | 2.06 | 2.40 | 2.74 | 3.05 | 3.32 | 3.53 | 3.74 | 3.92 | 4.08 | 4.21 | 4.34 |

式(4-20)中令 $\alpha_{s,max}=\xi_b\left(1-\frac{\xi_b}{2}\right)$，可得：

$$M_{u,max} = \alpha_{s,max}\alpha_1 f_c b h_0^2 \quad (4-21)$$

式中　$\alpha_{s,max}$——截面最大的抵抗矩系数；

$M_u$——正截面极限抵抗弯矩。

建筑工程配置具有明显屈服点钢筋的受弯构件，截面最大的抵抗矩系数 $\alpha_{s,max}$ 的取值见表 4-4。

表 4-4　受弯构件截面最大的抵抗矩系数 $\alpha_{s,max}$

| 钢筋种类 | ≤C50 | C55 | C60 | C65 | C70 | C75 | C80 |
|---|---|---|---|---|---|---|---|
| HPB300 | 0.410 | 0.406 | 0.402 | 0.397 | 0.393 | 0.388 | 0.384 |
| HRB335 | 0.399 | 0.395 | 0.390 | 0.386 | 0.381 | 0.377 | 0.372 |
| HRB400 RRB400 | 0.384 | 0.379 | 0.375 | 0.370 | 0.365 | 0.360 | 0.356 |

因此为防止超筋破坏，也可以按照构件截面的截面抵抗矩：

$$\alpha_s \leqslant \alpha_{s,max} \quad (4-22)$$

或配筋率：

$$\rho \leqslant \rho_{max} \quad (4-23)$$

进行控制。

同理，在公式 $M \leqslant M_u = f_y A_s \left(h_0 - \frac{x}{2}\right)$ 中，令 $\gamma_s = 1-\frac{\xi}{2}$，可得：

$$M \leqslant M_u = \gamma_s f_y A_s h_0 \tag{4-24}$$

式中 $\gamma_s$——截面内力臂系数。

系数 $\alpha_s$、$\gamma_s$ 仅与 $\xi$ 有关,将系数 $\alpha_s$、$\gamma_s$ 和 $\xi$ 列成表格方便使用,见附表16。

② 为防止少筋破坏,要求构件的配筋率不得低于其最小配筋率。最小配筋率是少筋构件和适筋构件的界限配筋率,是根据与具有相同材料、相同截面的素混凝土受弯构件的破坏弯矩相等的受弯构件的开裂弯矩确定的。受弯构件的最小配筋率 $\rho_{min}$ 要按照构件全截面扣除受压翼缘面积 $(b_f' - b)h_f'$ 后的截面面积计算,应满足:

$$\rho \geqslant \rho_{min} = \frac{A_{s,min}}{A - (b_f' - b)h_f'} \tag{4-25}$$

式中 $A$——构件全截面面积;

$A_{s,min}$——按最小配筋率计算的钢筋面积;

$b_f'$,$h_f'$——截面受压翼缘的宽度和高度,如截面为矩形,$b_f'$ 和 $h_f'$ 均为0;

$\rho_{min}$——取 0.2% 和 $0.45\dfrac{f_t}{f_y}$ 两者中的较大者。

$\rho_{min}$ 具体数据见表4-5。

| 表 4-5 | 受弯构件截面最小的配筋率 $\rho_{min}$ | | | | | | | | | | | | | % |
|---|---|---|---|---|---|---|---|---|---|---|---|---|---|---|
| 钢筋等级 | 混凝土强度等级 | | | | | | | | | | | | | |
| | C15 | C20 | C25 | C30 | C35 | C40 | C45 | C50 | C55 | C60 | C65 | C70 | C75 | C80 |
| HPB300 | 0.200 | 0.200 | 0.211 | 0.238 | 0.262 | 0.285 | 0.300 | 0.315 | 0.327 | 0.340 | 0.348 | 0.357 | 0.363 | 0.370 |
| HRB335 | 0.200 | 0.200 | 0.200 | 0.215 | 0.236 | 0.257 | 0.270 | 0.284 | 0.294 | 0.306 | 0.314 | 0.321 | 0.327 | 0.333 |
| HRB400 RRB400 | 0.200 | 0.200 | 0.200 | 0.200 | 0.200 | 0.214 | 0.225 | 0.236 | 0.245 | 0.255 | 0.261 | 0.268 | 0.273 | 0.278 |

### 4.4.4 公式应用

由于不考虑混凝土受拉作用,只要是受压区为矩形而受拉区为其他形状的受弯构件,均可应按矩形截面计算。

设计受弯构件时,一般仅需对控制截面进行受弯承载力计算。所谓控制截面,在等截面构件中一般是指弯矩设计值最大的截面;在变截面构件中则指截面尺寸相对较小而弯矩相对较大的截面。设计中一般有两类问题:截面设计问题和截面校核问题。

(1) 截面设计

进行截面选择时,通常是已知混凝土强度等级、钢筋类型和作用在构件的荷载或截面上的内力,要求确定构件的截面尺寸和配筋。对适筋受弯构件而言,对正截面受弯承载力起决定作用的是钢筋的强度,而混凝土强度等级的影响不是很明显。采用高强混凝土还存在降低结构延性等方面的问题。因此普通钢筋混凝土构件的混凝土强度等级不宜过高,一般现浇构件用 C25～C60,预制构件为减小自重可适当提高。钢筋宜选用 HRB400、HRB500 级钢筋,也可采用 HPB300,HRB335 级钢筋。

【例 4-1】 一钢筋混凝土简支梁,计算跨度为 $l=6.1$ m,可变荷载控制效应组合值承受均布荷载 18.5 kN/m(已考虑荷载分项系数,但不包括梁自重),试确定梁的截面尺寸和纵向受力钢筋。

例题 4-1
延伸

【解】 (1)选择材料

本例中选用 HRB400 钢筋作为受拉钢筋,混凝土强度等级选用 C30。查表得 $f_y=360$ N/mm²,$f_c=14.3$ N/mm²。

(2)假定截面尺寸

本例中选用:

$$h=\frac{1}{12}l=\frac{6\ 100}{12}=508\ \text{mm},取\ h=500\ \text{mm};$$

$$b=\frac{1}{2.5}h=\frac{500}{2.5}=200\ \text{mm},取\ b=200\ \text{mm}。$$

(3)内力计算

梁自重的荷载分项系数为 $\gamma_G=1.2$,混凝土自重为 25 kN/m³,则作用在梁上的总均布荷载为:

$$q = 18.5 + 1.2 \times 0.2 \times 0.5 \times 25 = 21.5\ \text{kN/m}$$

梁跨中最大弯矩为:

$$M = \frac{1}{8}ql^2 = \frac{1}{8} \times 21.5 \times 6.1^2 = 100.0\ \text{kN} \cdot \text{m}$$

(4)配筋计算

在钢筋直径尚未选定时,可先估算截面有效高度 $h_0$。按照《规范》,在一般室内干燥环境中,梁的保护层 $c$ 值取 20 mm,钢筋直径 $d$ 可按 20 mm 估计,箍筋直径预估为 8 mm。于是当梁内只有一排受拉钢筋时:

$$h_0 = h - c - \frac{d}{2} - d_{sv} = 500 - 20 - 10 - 8 = 462\ \text{mm}$$

代入公式,可得:

$$\begin{cases} 1.0 \times 14.3 \times 200x = 360 \times A_s \\ 100.0 \times 10^6 = 1.0 \times 14.3 \times 200 \times x \times (462 - \frac{x}{2}) \end{cases}$$

求解可得:

$$x = 83.17\ \text{mm} < \xi_b h_0 = 0.518 \times 462 = 239.3\ \text{mm}, A_s = 660.7\ \text{mm}^2$$

查表,选用 2 $\Phi$ 22 mm,$A_s=760$ mm²。

(5)验算适用条件

① 防止超筋的适用条件。

$$\rho = \frac{A_s}{bh_0} = \frac{760}{200 \times 462} = 0.823\% < \rho_{max} = \xi_b \frac{\alpha_1 f_c}{f_y} = 0.518 \times \frac{14.3}{360} = 2.06\%$$

满足要求。

② 防止少筋的适用条件。

$$A_s = 760\ \text{mm}^2 > \rho_{min} bh = 0.2\% \times 200 \times 500 = 200\ \text{mm}^2$$

满足条件。

（6）选用钢筋

查表，选用 2 ⎯⎯ 22，$A_s = 760 \text{ mm}^2$。

从上例可以看出，截面设计问题并非仅有一个单一解，当截面承受的弯矩和材料选定后，如果选择不同的截面尺寸，就会有不同的配筋结果。截面尺寸越大，所需的钢筋量就越少，特别是截面高度越大，所需钢筋量明显减小。因此在满足受弯承载力要求基础上选用适当的截面大小和配筋率是设计者应考虑的问题。

若在进行截面设计时按初选截面计算出 $\rho > \rho_{max}$，则说明初选截面过小，这时就必须加大截面重新进行计算。若确实因其他原因不可能增大截面时，可以提高混凝土强度等级或采用 4.3.3 节将要介绍的双筋矩形截面。若初选截面得出的 $\rho < \rho_{min}$，而又不准备减小截面尺寸时，则配筋量就应按 $\rho_{min}$ 来确定。

【例 4-2】 已知条件同例 4-1，用计算系数法求解。

【解】 （1）参数查表、材料选用和内力计算同例 4-1。

（2）配筋计算

由 $M = \alpha_s \alpha_1 f_c b h_0^2$ 可得：

$$\alpha_s = \frac{M}{\alpha_1 f_c b h_0^2} = \frac{100 \times 10^6}{14.3 \times 200 \times 462^2} = 0.164$$

查表得：$\gamma_s = 0.91$，$\xi = 0.18$。

$$A_s = \frac{M}{\gamma_s f_y h_0} = \frac{100 \times 10^6}{360 \times 0.91 \times 462} = 660.72 \text{ mm}^2$$

（3）验算适用条件

① 防止超筋的适用条件。

$$\xi = 0.18 < \xi_b = 0.518 \quad \text{或} \quad \alpha_s = 0.164 < \alpha_{s,max} = 0.384$$

满足要求。

② 防止少筋的适用条件。

$$A_s = 660.72 \text{ mm}^2 > \rho_{min} b h = 0.2\% \times 200 \times 500 = 200 \text{ mm}^2$$

满足条件。

（4）选用钢筋

查表，选用 2 ⎯⎯ 22，$A_s = 760 \text{ mm}^2$。

【例 4-3】 钢筋混凝土矩形截面简支梁，计算跨度 $l_0 = 4.2$ m，净跨 $l_n = 3.9$ m，截面尺寸 $b \times h = 200 \text{ mm} \times 500 \text{ mm}$，承受恒载标准值及活载标准值分别为：$g_k = 20$ kN/m（不含自重），$q_k = 30$ kN/m，采用 C30 混凝土，受拉纵筋用 HRB400。试确定梁的纵筋并绘配筋图。

【解】 解法一 用基本方程求解

（1）确定基本参数

查附表得 $f_y = 360 \text{ N/mm}^2$，$f_c = 14.3 \text{ N/mm}^2$，$\xi_b = 0.518$，取 $a_s = 40 \text{ mm}$，$h_0 = h - a_s = 500 - 40 = 460 \text{ mm}$。

（2）内力计算

一般工业和民用建筑取结构重要性系数 $\gamma_0 = 1.0$。

可变荷载控制的跨中最大弯矩设计值：

$$M = \gamma_0 S_d = \gamma_0 (\sum_{j=1}^{m} \gamma_{G_j} S_{G_{jk}} + \gamma_{Q_1} \gamma_{L_1} S_{Q_{1k}} + \sum_{i=2}^{n} \gamma_{Q_i} \gamma_{L_i} \psi_{c_i} S_{Q_{ik}})$$

$$= 1.0 \times \frac{1}{8} \times [1.2 \times (20 + 0.2 \times 0.5 \times 25) + 1.4 \times 1.0 \times 30] \times 4.2^2$$

$$= 152.1 \text{ kN} \cdot \text{m}$$

恒荷载控制的跨中最大弯矩设计值：

$$M = \gamma_0 S_d = \gamma_0 (\sum_{j=1}^{m} \gamma_{G_j} S_{G_{jk}} + \sum_{i=1}^{n} \gamma_{Q_i} \gamma_{L_i} \psi_{ci} S_{Q_{ik}})$$

$$= 1.0 \times \frac{1}{8} \times [1.35 \times (20 + 0.2 \times 0.5 \times 25) + 1.4 \times 1.0 \times 0.7 \times 30] \times 4.2^2$$

$$= 132.3 \text{ kN} \cdot \text{m}$$

梁内最大弯矩设计值为：

$$M = 152.1 \text{ kN} \cdot \text{m}$$

（3）求受压区高度 $x$

$$x = h_0 - \sqrt{h_0^2 - \frac{2M}{\alpha_1 f_c b}} = 460 - \sqrt{460^2 - \frac{2 \times 152.1 \times 10^6}{14.3 \times 200}} = 135.6 \text{ mm}$$

验算适用条件：

$$\xi = \frac{x}{h_0} = \frac{135.6}{460} = 0.295 < \xi_b = 0.518，满足截面不超筋要求。$$

（4）配筋计算

$$A_s = \frac{\alpha_1 f_c b x}{f_y} = \frac{14.3 \times 200 \times 135.6}{360} = 1\,077.3 \text{ mm}^2$$

验算适用条件：

$$A_s = 1\,077.3 \text{ mm}^2 > \rho_{\min} bh = 0.2\% \times 200 \times 500 = 200 \text{ mm}^2$$

（5）配筋并绘图

选用 2 $\Phi$ 22 + 1 $\Phi$ 20，$A_s = 760 + 314.2 = 1\,074.2 \text{ mm}^2$，配筋图如图 4-9 所示。

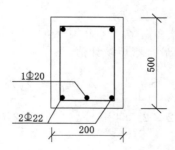

图 4-9　截面配筋示意图

除此之外，该简支梁又需配置架立筋和腰筋，详见本章4.7节相关构造规定。

解法二　计算系数（查表）法

（1）、（2）与解法一相同

（3）计算截面抵抗矩系数 $\alpha_s$

$$\alpha_s = \frac{M}{\alpha_1 f_c bh_0^2} = \frac{152.1 \times 10^6}{14.3 \times 200 \times 460^2} = 0.251$$

查表或由计算公式可得：

$\xi = 1 - \sqrt{1 - 2\alpha_s} = 0.295 < \xi_b = 0.518$，满足防止超筋适用条件。

（4）计算 $A_s$

$$A_s = \frac{\alpha_1 f_c bh_0 \xi}{f_y} = \frac{14.3 \times 200 \times 460 \times 0.295}{360} = 1\,078.1 \text{ mm}^2$$

或

$$\gamma_s = \frac{1 + \sqrt{1 - 2\alpha_c}}{2} = 0.853$$

$$A_s = \frac{M}{f_y \gamma_s h_0} = \frac{152.1 \times 10^6}{360 \times 0.853 \times 460} = 1\,076.8 \text{ mm}^2$$

结果与[解法一]相同或相近。后续步骤略。

【例 4-4】 某宿舍的内廊为现浇简支在砖墙上的钢筋混凝土平板，板的计算跨度为 2.34 m，板厚 80 mm，$a_s = 20$ mm，板上作用的均布活荷载标准值为 $q_k = 2$ kN/m²。水磨石地面，板底粉刷白灰砂浆 12 mm 厚，混凝土强度为 C35，纵向钢筋采用 HRB400，试对板进行配筋。

【解】 板计算跨度 $l_0 = 2\,340$ mm，$h_0 = h - a_s = 80 - 20 = 60$ mm。

取板宽度 1 m 为计算单元。

恒载标准值：水磨石地面　　　　　0.65 × 1 = 0.65 kN/m

　　　　　钢筋混凝土板自重

　　　　　　　　　　0.08 × 1 × 25.0 = 2.0 kN/m

　　　　　白灰砂浆粉刷

　　　　　　　　　　0.012 × 1 × 17.0 = 0.204 kN/m

恒荷载标准值：

$$g_k = 0.65 + 2.0 + 0.204 = 2.854 \text{ kN/m}$$

活荷载标准值：

$$q_k = 2.0 \text{ kN/m}$$

可变荷载控制的跨中最大弯矩设计值：

$$M = \gamma_0 S_d = \gamma_0 \left( \sum_{j=1}^{m} \gamma_{G_j} S_{G_{jk}} + \gamma_{Q_1} \gamma_{L_1} S_{Q_{1k}} + \sum_{i=2}^{n} \gamma_{Q_i} \gamma_{L_i} \psi_{C_i} S_{Q_{ik}} \right)$$

$$= 1.0 \times \frac{1}{8} \times (1.2 \times 2.854 + 1.4 \times 1.0 \times 2.0) \times 2.34^2$$

$$= 4.261 \text{ kN} \cdot \text{m}$$

恒荷载控制的跨中最大弯矩设计值：

$$M = \gamma_0 S_d = \gamma_0 \left( \sum_{j=1}^{m} \gamma_{G_j} S_{G_{jk}} + \sum_{i=1}^{n} \gamma_{Q_i} \gamma_{L_i} \psi_{c_i} S_{Q_{ik}} \right)$$

$$= 1.0 \times \frac{1}{8} \times (1.35 \times 2.854 + 1.4 \times 1.0 \times 0.7 \times 2.0) \times 2.34^2$$

$$= 3.979 \text{ kN} \cdot \text{m}$$

跨中弯矩设计值取为：

$$M = 4.261 \text{ kN} \cdot \text{m}$$

$$\alpha_s = \frac{M}{f_c \times b \times h_0^2} = \frac{4.261 \times 10^6}{16.7 \times 1\,000 \times 60^2} = 0.071$$

$$\xi = 1 - \sqrt{1 - 2\alpha_s} = 0.074 < \xi_b = 0.518$$

$$\gamma_s = \frac{1 + \sqrt{1 - 2\alpha_s}}{2} = 0.963$$

$$A_s = \frac{M}{f_y \times \gamma_s \times h_0} = \frac{4.261 \times 10^6}{360 \times 0.963 \times 60} = 204.8 \text{ mm}^2$$

$$A_s = 204.8 \text{ mm}^2 > \rho_{min} bh = 0.2\% \times 1\,000 \times 80 = 160 \text{ mm}^2$$

按照板中受力钢筋相关构造规定，选取$\Phi 6@130$，$A_s = 218 \text{ mm}^2$。

除此之外，板还需要根据构造配置构造钢筋，详见本章 4.7 节相关构造规定。

（2）截面校核

在实际工程中，经常遇到已经建成或已完成设计的结构构件，其截面尺寸、配筋量和材料等均已知，要求计算截面的受弯承载力，或复核截面承受某个弯矩值是否安全。此类问题的本质是求截面抗弯极限承载力。

【例 4-5】 已知某办公室的梁截面尺寸为 $200 \text{ mm} \times 450 \text{ mm}$，在受拉区配置 3 根直径为 $d = 18 \text{ mm}$ 的 HRB400 钢筋，混凝土等级为 C30，试计算此梁的抗弯承载力。

【解】 （1）查表

$$f_y = 360 \text{ N/mm}^2, f_c = 14.3 \text{ N/mm}^2, \alpha_1 = 1.0, f_t = 1.43 \text{ N/mm}^2$$

$$\xi_b = 0.518, \rho_{min} = 0.2\%$$

（2）计算抗弯承载力

纵向受拉钢筋按一排放置，梁净保护层厚度取 20 mm，则梁的有效高度为：

$$h_0 = 450 - 20 - 18/2 - 8 = 413 \text{ mm}$$

$$A_s = 763 \text{ mm}^2 > \rho_{min} bh = 0.2\% \times 200 \times 450 = 180 \text{ mm}^2$$

$$\xi = \frac{A_s f_y}{\alpha_1 f_c b h_0} = \frac{763 \times 360}{1.0 \times 14.3 \times 200 \times 413} = 0.233 < \xi_b$$

$$\alpha_s = 0.203$$

$$M_u = \alpha_s \alpha_1 f_c b h_0^2 = 0.203 \times 1.0 \times 14.3 \times 200 \times 413^2 = 99.03 \text{ kN} \cdot \text{m}$$

所以梁的截面承受的最大弯矩为 99.03 kN·m。

【例 4-6】 预制钢筋混凝土走道板，计算跨度 $l_0 = 1\,850 \text{ mm}$，板宽 600 mm，板厚 70 mm，混凝土采用 C30，纵筋为 5 $\Phi$ 8。若最大弯矩设计值 $M = 2.3$ kN·m 时，试问此截面承载力是否足够？

【解】 解法一 基本方程求解

（1）确定基本参数

$$f_c = 14.3 \text{ N/mm}^2, f_y = 360 \text{ N/mm}^2, \xi_b = 0.518。$$

$$h_0 = h - c - \frac{d}{2} = 70 - 15 - \frac{8}{2} = 51 \text{ mm}, A_s = 252 \text{ mm}^2 \text{。}$$

（2）求受压区高度 $x$

$A_s = 252 \text{ mm}^2 > \rho_{\min} bh = 0.2\% \times 600 \times 70 = 84 \text{ mm}^2 \text{。}$

$$x = \frac{f_y A_s}{\alpha_1 f_c b} = \frac{360 \times 252}{14.3 \times 600} = 10.57 \text{ mm} \leqslant \xi_b h_0 = 0.518 \times 51 = 26.42 \text{ mm},$$

满足适用条件。

（3）求截面承载力 $M_u$

$$M_u = \alpha_1 f_c b x \left(h_0 - \frac{x}{2}\right)$$

或

$$M_u = f_y A_s \left(h_0 - \frac{x}{2}\right)$$

$M_u = 360 \times 252 \times (51 - 0.5 \times 10.57) = 4.15 \text{ kN} \cdot \text{m} > M = 2.3 \text{ kN} \cdot \text{m}$

故此构件安全。

**解法二　用计算系数法求解**

（1）与解法一相同

（2）求相对受压区高度 $\xi$

$A_s = 252 \text{ mm}^2 > \rho_{\min} bh = 0.2\% \times 600 \times 70 = 84 \text{ mm}^2$

$$\xi = \frac{x}{h_0} = \frac{f_y A_s}{\alpha_1 f_c b h_0} = \frac{360 \times 252}{1.0 \times 14.3 \times 600 \times 51} = 0.207 < \xi_b = 0.518, \text{满足适}$$

用条件。

（3）求截面承载力 $M_u$

$$\alpha_s = \xi(1 - 0.5\xi) = 0.186$$

$$M_u = \alpha_s \alpha_1 f_c b h_0^2 = 0.186 \times 14.3 \times 600 \times 51^2$$

$$= 4.15 \text{ kN} \cdot \text{m} > M = 2.3 \text{ kN} \cdot \text{m}$$

故此构件安全。

在单筋矩形截面受弯构件正截面截面设计或截面承载力校核时，可以使用图 4-10 所示计算流程框图的分析思路进行设计或校核。

## 4.5　双筋矩形截面受弯构件承载力分析

当单筋截面受弯构件出现不满足适用条件 $\xi \leqslant \xi_b$ 时，而截面高度又受到使用要求的限制不能增大，同时混凝土强度等级也不宜再提高时，可采用双筋截面。即在截面的受压区配置纵向钢筋以补充混凝土受压能力的不足。在一般情况下采用双筋截面是不经济的，应该避免。

双筋截面也可能在另一种情况下出现，即受弯构件在不同的荷载组合情况下产生变号弯矩，如在水平荷载作用下的框架横向受弯构件。这是为了承受正负号弯矩分别作用时截面出现的拉力，需在截面的顶部和底部均配置纵向钢筋，因而形成了双筋截面。此外，受压钢筋的存在可以提高截面的延性，因此抗震设

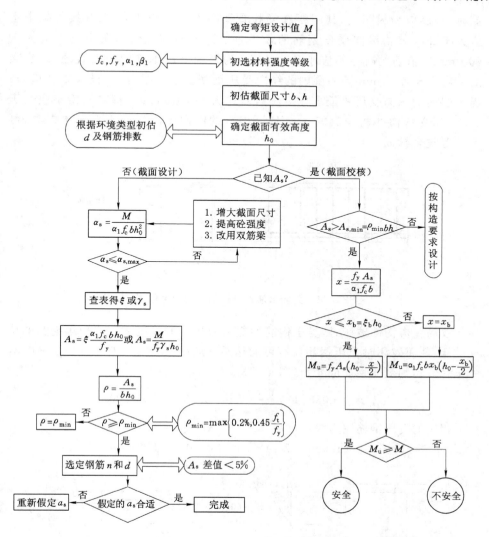

图 4-10　单筋矩形截面受弯构件正截面设计计算流程框图

计中要求框架受弯构件必须配置一定比例的纵向钢筋。

双筋截面相当于在单筋截面的基础上通过增配受压钢筋和增加与其对应的受拉钢筋来承担在单筋截面基础上所增加的一部分弯矩。试验研究表明，只要满足 $\xi \leqslant \xi_b$，双筋受弯构件就仍然具有适筋受弯构件的塑性破坏特征，即受拉钢筋首先屈服，然后经历一个或长或短的变形过程受压区混凝土才被压碎。因此在进行抗弯强度计算时，受压区混凝土仍可采用等效矩形应力图形和换算的抗压设计强度 $\alpha_1 f_c$。在此，我们遇到的唯一的新问题就是如何确定受压钢筋的抗压设计强度 $f'_y$。

试验表明，当受弯构件内适当地布置封闭箍筋（图 4-11）从而在侧向约束了受压钢筋时，受压钢筋就不会过早向外凸出，能够与受压混凝土共同变形，直到混凝土压碎为止。因此《规范》要求当受弯构件中配有计算需要的受压钢筋时,箍筋应为封闭式,其间距在绑扎骨架中不应大于 $15d$,在焊接骨架中不应大于 $20d$($d$ 为纵向受压钢筋的最小直径),同时在任何情况下均不应大于 400 mm。箍筋的直径不应小于 $1/4d$($d$ 为纵向受压钢筋的最大直径)。当梁的宽度大于 400 mm 且一层内的纵向受压钢筋多于 3 根时,应设置复合箍筋;当一层内的纵向受压钢筋多于 5 根且直径大于 18 mm 时,箍筋间距不应大于 $10d$。当受弯构件宽 $b<400$ mm 且一层内的纵向受压钢筋不多于 4 根时,可不设置复合箍筋。

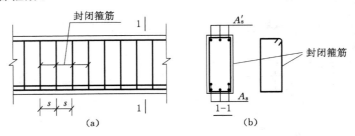

图 4-11　封闭箍筋对受压钢筋的约束作用

双筋受弯构件破坏时,受压钢筋的应力取决于其应变 $\varepsilon'_s$,若受压钢筋的位置过低,截面破坏时受压钢筋就有可能达不到屈服。若 $\varepsilon_{cu}=0.0033$,$\beta_1=0.8$,令 $x=2a'_s$,则受压钢筋应变为(图 4-12):

$$\varepsilon'_s = 0.0033\left(1-\frac{0.8a'_s}{2a'_s}\right)=0.00198\approx0.002$$

相应的受压钢筋应力为:

$$\sigma'_s = E'_s\varepsilon'_s = (1.95\sim2.1)\times10^5\times0.002 = 390\sim420\text{ N/mm}^2$$

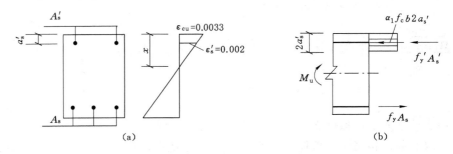

图 4-12　双筋矩形截面应力—应变分布图

对于 HPB300、HRB335、HRB400 及 RRB400 钢筋,应变为 0.002 时的应力均可达到强度设计值 $f'_y$。《规范》规定在计算中考虑受压钢筋并取 $\sigma'_s=f'_y$ 时,必须满足:

$$x \geqslant 2a'_s \tag{4-26}$$

如果不满足上式,说明截面破坏时受压钢筋应变不能达到 0.002,认为受压钢筋不屈服。

当采用高强钢筋作为受压钢筋且受压混凝土压碎时,其强度设计值只能发挥到 $0.002E'_s$,因此《规范》规定其抗压强度设计值只能取 $0.002E'_s$。

### 4.5.1 计算公式

双筋矩形截面受弯构件的截面应力如图 4-13(a)所示,同样轴向力和弯矩平衡,可列出双筋矩形截面受弯构件正截面受弯承载力计算的基本公式:

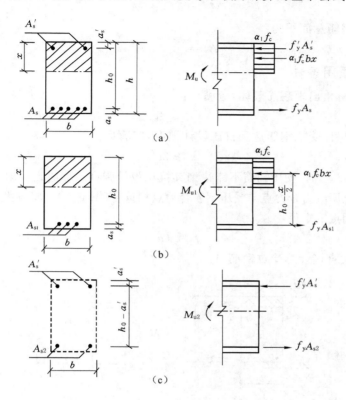

图 4-13 双筋矩形截面计算简图

$$\alpha_1 f_c bx + f'_y A'_s = f_y A_s \qquad (4\text{-}27)$$

$$M \leqslant M_u = \alpha_1 f_c bx \left( h_0 - \frac{x}{2} \right) + f'_y A'_s (h_0 - a'_s) \qquad (4\text{-}28)$$

式中　$f'_y$——钢筋的抗压强度设计值;

　　$A'_s$——受压钢筋的截面面积;

　　$a'_s$——受压钢筋的合力作用点到截面受压边缘的距离。

双筋截面受弯矩承载力可视为以下两项之和:

① $M_{u1}$——压区混凝土与部分受拉钢筋截面 $A_{s1}$ 所提供的相当于单筋矩形截面的受弯承载力[图 4-13(b)],可以写出:

$$f_y A_{s1} = \alpha_1 f_c bx \qquad (4\text{-}29)$$

$$M_{u1} = \alpha_1 f_c bx \left( h_0 - \frac{x}{2} \right) \qquad (4\text{-}30)$$

② $M_{u2}$——受压钢筋 $A'_s$ 与部分受拉钢筋 $A_{s2}$ 所提供受弯承载力[图 4-13(c)],可以写出:

$$f'_y A'_s = f_y A_{s2} \tag{4-31}$$

$$M_{u2} = f_y A_{s2}(h_0 - a'_s) = f'_y A'_s (h_0 - a'_s) \tag{4-32}$$

双筋矩形截面承担的弯矩设计值：

$$M_u = M_{u1} + M_{u2} \tag{4-33}$$

受拉钢筋总面积为：

$$A_s = A_{s1} + A_{s2} \tag{4-34}$$

### 4.5.2 适用条件

① 为防止出现超筋破坏，应满足：

$$\xi \leqslant \xi_b \tag{4-35}$$

② 为保证受压钢筋达到抗压设计强度，应满足：

$$x \geqslant 2a'_s \tag{4-36}$$

当 $x < 2a'_s$ 时，受压钢筋不能达到其抗压设计强度。此时近似取 $x = 2a'_s$，即假设混凝土压应力合力点与受压钢筋合力点相重合(图 4-14)。将各力对受压钢筋的合力作用点取矩得：

$$M = f_y A_s (h_0 - a'_s) \tag{4-37}$$

按上式直接计算受拉钢筋 $A_s$。

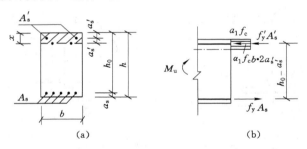

图 4-14　双筋矩形截面在受压钢筋不屈服时的计算简图

### 4.5.3 公式应用

（1）截面设计

情况一：已知截面的弯矩设计值 $M$，截面尺寸 $b \times h$，钢筋种类和混凝土的强度等级，要求确定受拉钢筋截面面积 $A_s$ 和受压钢筋截面面积 $A'_s$。

在进行受弯构件钢筋截面面积的设计时，双筋截面的用钢量比单筋截面的多，按照节约钢材的原则，尽可能不要将截面设计成双筋截面。

按照计算式(4-27)和式(4-28)：

$$\alpha_1 f_c b x + f'_y A'_s = f_y A_s$$

$$M \leqslant M_u = \alpha_1 f_c b x \left(h_0 - \frac{x}{2}\right) + f'_y A'_s (h_0 - a'_s)$$

计算时，按照已知条件有三个未知数 $A_s$、$A'_s$ 和 $x$，从数学上来说解是无穷多个。结合专业背景，引入用钢量最少的条件，充分发挥混凝土的承载力，可以得出当 $\xi = \xi_b$ 时用钢量最少。

情况二:已知截面的弯矩设计值 $M$,截面尺寸 $b \times h$,材料种类和受压钢筋 $A'_s$,要求确定受拉钢筋截面积 $A_s$。

由式(4-27)和式(4-28)可知,在此情况下应充分利用受压钢筋的强度以使总用钢量为最小。设受压钢筋应力达到 $f'_y$,基本公式只有两个未知数 $A_s$ 和 $x$,解方程即可。

若求得 $2a'_s \leqslant x \leqslant \xi_b h_0$,$A_s = \dfrac{\alpha_1 f_c bx + f'_y A'_s}{f_y}$。

若求得 $x < 2a'_s$,则取 $x = 2a'_s$,按式(4-37)直接求 $A_s$;

若计算 $\xi > \xi_b$ 时,说明给定的 $A'_s$ 太少,不符合公式的要求,这时应按 $A'_s$ 为未知值,按情况一进行计算 $A_s$ 及 $A'_s$。

(2)截面校核

承载力校核时,截面的弯矩设计值 $M$,截面尺寸 $b \times h$,钢筋种类和混凝土的强度等级,受拉钢筋截面面积 $A_s$ 和受压钢筋截面面积 $A'_s$ 均已知,要求确定截面能否抵抗给定的弯矩设计值。

按照式(4-27)计算受压区高度:

$$x = \frac{f_y A_s - f'_y A'_s}{\alpha_1 f_c b}$$

若求得 $2a'_s \leqslant x \leqslant \xi_b h_0$,则截面抵抗弯矩的能力为:

$$M_u = \alpha_1 f_c bx \left(h_0 - \frac{x}{2}\right) + f'_y A'_s (h_0 - a'_s)$$

若求得 $x < 2a'_s$,则取 $x = 2a'_s$,按式(4-37)直接求 $M$;

若计算 $\xi > \xi_b$ 时,只能取 $\xi = \xi_b$,则:

$$M_u = \alpha_1 f_c bh_0^2 \xi_b \left(1 - \frac{\xi_b}{2}\right) + f'_y A'_s (h_0 - a'_s)$$

即:

$$M_u = \alpha_{s,max} \alpha_1 f_c bh_0^2 + f'_y A'_s (h_0 - a'_s)$$

计算出截面能够抵抗的弯矩 $M_u$ 后,与截面的弯矩设计值 $M$ 比较,则可判断截面抗弯承载力是否足够。

【例 4-7】 矩形截面梁截面尺寸 $b \times h = 300\ mm \times 600\ mm$,承受设计弯矩 $520\ kN \cdot m$,混凝土用 C30,钢筋用 HRB400。求截面需配多少受力钢筋,并绘配筋图。

【解】 (1)判别是否需要设计成双筋截面

$f_c = 14.3\ N/mm^2$,$f_y = f'_y = 360\ N/mm^2$,取 $a_s = 60\ mm$(两排钢筋),$a'_s = 38\ mm$(一排钢筋),$\alpha_{smax} = 0.384$。

单筋矩形截面最大可承受弯矩为:

$$\begin{aligned}
M_{u,max} &= \alpha_{s,max} \alpha_1 f_c bh_0^2 \\
&= 0.384 \times 14.3 \times 300 \times (600 - 60)^2 \\
&= 480.37\ kN \cdot m < 520\ kN \cdot m
\end{aligned}$$

因此需要按双筋截面进行设计。

(2)计算受压钢筋截面面积 $A'_s$

令受压区高度 $x = \xi_b h_0$，则：

$$A'_s = \frac{M - \alpha_{s,max}\alpha_1 f_c b h_0^2}{f'_y(h_0 - a'_s)} = \frac{520 \times 10^6 - 480.37 \times 10^6}{360 \times (540 - 38)} = 219.3 \text{ mm}^2$$

（3）计算受拉钢筋截面面积 $A_s$

$$A_s = \frac{\alpha_1 f_c b h_0 \xi_b + f'_y A'_s}{f_y}$$

$$= \frac{14.3 \times 300 \times 540 \times 0.518 + 360 \times 219.3}{360} = 3\ 552.6 \text{ mm}^2$$

（4）配筋并绘图

受拉钢筋选用 5 $\Phi$ 25＋5 $\Phi$ 18（$A_s = 2\ 454 + 1\ 272 = 3\ 726 \text{ mm}^2$）。

受压钢筋选用 2 $\Phi$ 12（$A'_s = 226 \text{ mm}^2$），配筋图如图 4-15 所示。

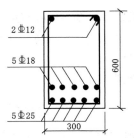

图 4-15　双筋矩形截面配筋示意图

【例 4-8】　钢筋混凝土矩形截面梁，$b \times h = 200 \text{ mm} \times 550 \text{ mm}$，混凝土为 C30，纵筋采用 HRB400 级，安全等级为二级，环境类别为一类，承受均布荷载，弯矩设计值 350 kN·m（含自重）。求所需纵向受力钢筋。

【解】　（1）确定基本参数

$f_c = 14.3 \text{ N/mm}^2, f_y = f_y' = 360 \text{ N/mm}^2$

$h_0 = h - 60 \text{ mm} = 550 - 60 = 490 \text{ mm}, \xi_b = 0.518, \alpha_{s,max} = 0.384, \alpha_1 = 1.0$

按照已知条件可设 $a_s = 60 \text{ mm}, a'_s = 38 \text{ mm}$，结构重要性系数为 1.0。

（2）判断是否需双筋

$$M_{u,max} = \alpha_{s,max}\alpha_1 f_c b h_0^2$$

$$= 0.384 \times 1.0 \times 14.3 \times 200 \times 490^2$$

$$= 264 \text{ kN·m} < M = 350 \text{ kN·m}$$

故按双筋梁进行设计。

（3）截面配筋计算（分解法）

将截面分解为两部分。

第一部分：

$$M_{u1} = M_{max} = 264 \text{ kN·m}$$

$$A_{s1} = \frac{\alpha_1 f_c b \xi_b h_0}{f_y} = \frac{1.0 \times 14.3 \times 200 \times 0.518 \times 490}{360} = 2\ 016.5 \text{ mm}^2$$

第二部分：

$$M_{u2} = 1.0 \times M_u - M_{u1} = 350 - 264 = 86 \text{ kN·m}$$

$$A_{s2} = A'_s = \frac{M_{u2}}{f'_y(h_0 - a'_s)} = \frac{86 \times 10^6}{360 \times (490 - 38)} = 528.5 \text{ mm}^2$$

$$A_s = A_{s1} + A_{s2} = 2\,016.5 + 528.5 = 2\,544.5 \text{ mm}^2$$

适用条件不需验算,均可满足。

（4）截面选筋

$A_s$ 选取 7 $\Phi$ 22,$A_s$ = 2 661 $\text{mm}^2$。

$A'_s$ 选取 2 $\Phi$ 18,$A'_s$ = 509 $\text{mm}^2$。

上述钢筋面积均在 5% 范围内,选取合理。

【例 4-9】　一钢筋混凝土矩形截面梁,$b \times h$ = 250 mm × 550 mm,混凝土为 C30,纵筋采用 HRB400 级,弯矩设计值 $M$ = 210 kN·m。在梁的受压区配置钢筋面积为 $A'_s$ = 941 $\text{mm}^2$。求所需纵向受力钢筋(按环境要求取 $a_s$ = 38 mm,$a'_s$ = 38 mm)。

【解】　（1）确定基本参数

$f_c$ = 14.3 $\text{N/mm}^2$,$f_y = f'_y$ = 360 $\text{N/mm}^2$。

$a_s$ = 38 mm,$a'_s$ = 38 mm,$h_0 = h - 38$ mm = 550 − 38 = 512 mm。

$\xi_b$ = 0.518,$\alpha_{s,max}$ = 0.384,$\alpha_1$ = 1.0。

（2）求 $A_s$

$A'_s$ = 941 $\text{mm}^2$。

$$\alpha_s = \frac{M - f'_y A'_s (h_0 - a'_s)}{\alpha_1 f_c b h_0^2}$$

$$= \frac{210 \times 10^6 - 360 \times 941 \times (512 - 38)}{1.0 \times 14.3 \times 250 \times 512^2} = 0.053。$$

$\xi$ = 0.06 < $\xi_b$ = 0.518 且 $\xi < \dfrac{2a'_s}{h_0}$ = 0.148。

此时取 $x = 2a'_s$,则:

$$A_s = \frac{M}{f_y(h_0 - a'_s)} = \frac{210 \times 10^6}{360 \times (512 - 38)} = 1\,230.66 \text{ mm}^2$$

选取 4 $\Phi$ 20,$A_s$ = 1 256 $\text{mm}^2$。

在双筋矩形截面受弯构件正截面截面设计计算时,可以使用图 4-16 所示计算流程框图的分析思路进行截面设计。

【例 4-10】　现有一矩形截面梁,截面尺寸 $b \times h$ = 250 mm × 550 mm,已配有受拉钢筋 6 $\Phi$ 25,受压钢筋 2 $\Phi$ 20,混凝土强度等级 C30。当设计弯矩 $M$ = 340 kN·m 时,此梁的正截面承载力是否足够?

【解】　（1）计算求出受压区高度 $x$

$b$ = 250 mm,$h_0 = h - a_s$ = 550 − 60 = 490 mm。

$f_c$ = 14.3 $\text{N/mm}^2$,$a'_s$ = 35 mm。

$f_y = f'_y$ = 360 $\text{N/mm}^2$,$A_s$ = 2 945 $\text{mm}^2$,$A'_s$ = 628 $\text{mm}^2$。

$$x = \frac{f_y A_s - f'_y A'_s}{\alpha_1 f_c b} = \frac{360 \times 2\,945 - 360 \times 628}{14.3 \times 250}$$

$$= 233.32 \text{ mm} > 2a'_s = 70 \text{ mm}。$$

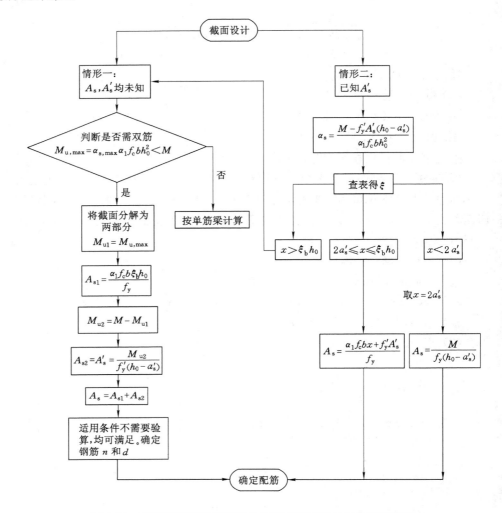

图 4-16　双筋矩形截面受弯构件正截面截面设计计算流程框图

$\xi_b h_0 = 0.518 \times 490 = 253.82$ mm $> x = 233.32$ mm,可以。

(2) 计算此截面的正截面承载力 $M_u$

$$M_u = \alpha_1 f_c b x \left(h_0 - \frac{x}{2}\right) + f'_y A'_s (h_0 - a'_s)$$

$$= 14.3 \times 250 \times 233.32 \times \left(490 - \frac{233.32}{2}\right) + 360 \times 628 \times (490 - 35)$$

$$= 414.44 \text{ kN} \cdot \text{m}$$

(3) 判别正截面承载力是否足够

$$M_u = 414.44 \text{ kN} \cdot \text{m} > M = 340 \text{ kN} \cdot \text{m}$$

故截面的承载力足够。

【例 4-11】　一钢筋混凝土矩形截面梁,$b = 200$ mm,$h = 500$ mm,混凝土为 C30,纵筋采用 HRB400 级,弯矩设计值 $M = 136$ kN·m,在梁的受压区配置钢筋面积为 $A'_s = 509$ mm²,受拉区配置钢筋面积为 $A_s = 1\ 649$ mm²。验算此截面是否安全($a_s = 60$ mm, $a'_s = 40$ mm)。

**【解】** (1) 确定基本参数

$f_c = 14.3$ N/mm$^2$, $f_t = 1.43$ N/mm, $f_y = f_y' = 360$ N/mm$^2$。

$a_s = 60$ mm, $a'_s = 40$ mm, $h_0 = h - 60$ mm $= 500 - 60 = 440$ mm。

$\xi_b = 0.518$, $a_{s,max} = 0.384$, $\alpha_1 = 1.0$。

(2) 计算截面受压区高度

$$x = \frac{f_y A_s - f'_y A'_s}{\alpha_1 f_c b} = \frac{360 \times (1649 - 509)}{1.0 \times 14.3 \times 200} = 143.5 \text{ mm}$$

$2a_s' = 80$ mm $\leqslant x = 143.5$ mm $\leqslant \xi_b h_0 = 0.518 \times 440 = 227.92$ mm

(3) 判断截面是否安全

$$M_u = \alpha_1 f_c b x (h_0 - \frac{x}{2}) + f'_y A'_s (h_0 - a_s')$$

$$= 1.0 \times 14.3 \times 200 \times 143.5 \times (440 - \frac{143.5}{2}) + 360 \times 509 \times (440 - 40)$$

$$= 224.43 \text{ kN} \cdot \text{m} > M = 136 \text{ kN} \cdot \text{m}$$

截面安全。

在双筋矩形截面受弯构件正截面截面校核时,同样可以使用图 4-17 所示计算流程框图的分析思路进行截面承载力校核。

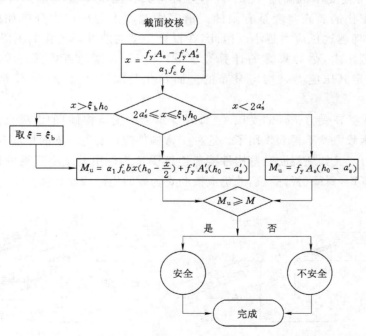

图 4-17  双筋矩形截面受弯构件正截面截面校核计算流程框图

# 4.6  T形截面受弯构件承载力分析

受弯构件在破坏时,大部分受拉区混凝土早已退出工作,故可将受拉区混凝土的一部分挖去,如图 4-18 所示。只要把原有的纵向受拉钢筋集中布置在受弯构件肋中,截面的承载力计算值与原矩形截面完全相同,这样可以节约混凝土且可减轻自重。剩下的受弯构件就成为由受弯构件肋 $b \times h$ 及挑出翼缘 $(b'_f - b) \times h'_f$ 两部分所组成的 T 形截面。

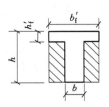

图 4-18　T 形截面受弯构件

在现浇肋受弯构件楼盖中,楼板与受弯构件浇注在一起形成 T 形截面受弯构件。在预制构件中,有时由于构造的要求,做成独立的 T 形受弯构件,如 T 形檩条及 T 形吊车受弯构件等。工字形截面受拉区翼缘不参加受力,因此也按 T 形截面进行计算。

显然,T 形截面的受压区翼缘宽度越大,截面的受弯承载力也越高。因为 $b'_f$ 增大可使受压区高度 $x$ 减小,内力臂增大。但试验及理论分析表明,与肋部共同工作的翼缘宽度是有限的。沿翼缘宽度上的压应力分布如图 4-19 所示,离肋部越远压应力越小。因此,在设计中把与肋共同工作的翼缘宽度限制在一定范围内,称为翼缘的计算宽度 $b'_f$,在 $b'_f$ 宽度范围内翼缘全部参与工作,并假定其压应力是均匀分布的。而在此范围以外部分,则不考虑它参与受力。

当翼缘在受弯构件的受拉区(如倒 T 形截面受弯构件)的混凝土开裂以后,翼缘对承载力就不再起作用了。这种受弯构件应按肋宽为 $b$ 的矩形截面计算受弯承载力。又如现浇肋受弯构件楼盖连续受弯构件中的支座附近的截面,由于承受负弯矩,翼缘(板)受拉,故仍应按肋宽为 $b$ 的矩形截面计算。

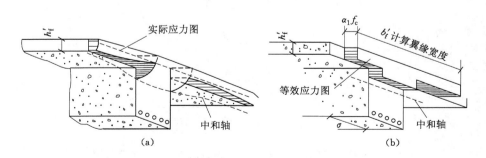

图 4-19　T 形截面的应力分布图

试验表明,T 形截面翼缘计算宽度 $b'_f$ 的取值与翼缘宽度、受弯构件的跨度和受力情况等许多因素有关。《规范》规定按表 4-6 中有关规定的最小值。

**表 4-6** T、倒 L 形截面受弯构件翼缘计算宽度 $b'_{\mathrm{f}}$

| 考虑情况 | | T 形、I 形截面 | | 倒 L 形截面 |
|---|---|---|---|---|
| | | 肋形梁（板） | 独立梁 | 肋形梁（板） |
| 按计算跨度 $l_0$ 考虑 | | $l_0/3$ | $l_0/3$ | $l_0/6$ |
| 按梁肋净距 $s_{\mathrm{n}}$ 考虑 | | $b+s_{\mathrm{n}}$ | — | $b+\dfrac{s_{\mathrm{n}}}{2}$ |
| 按翼缘高度 $h'_{\mathrm{f}}$ 考虑 | $h'_{\mathrm{f}}/h_0 \geqslant 0.1$ | — | $b+12h'_{\mathrm{f}}$ | — |
| | $0.1 > h'_{\mathrm{f}}/h_0 \geqslant 0.05$ | $b+12h'_{\mathrm{f}}$ | $b+6h'_{\mathrm{f}}$ | $b+5h'_{\mathrm{f}}$ |
| | $h'_{\mathrm{f}}/h_0 < 0.05$ | $b+12h'_{\mathrm{f}}$ | $b$ | $b+5h'_{\mathrm{f}}$ |

注：1. 表中 $b$ 为受弯构件的腹板（受弯构件肋）厚度。

2. 肋形受弯构件在受弯构件跨内设有间距小于纵肋间距的横肋时，则可不遵守表中情况 3 的规定。

3. 独立受弯构件受压区翼缘板如果在荷载作用下产生沿纵肋方向裂缝，则计算宽度取用肋宽 $b$。

4. 其他情况详见《规范》5.2.4 条文。

## 4.6.1 计算公式

根据截面受力情况的不同，受压区的截面形状可以是矩形或 T 形。前者称为第一类 T 形截面，后者称为第二类 T 形截面。由于两者计算方法有所不同，因此在进行 T 形截面设计计算时，首先要判别它们属于哪一类 T 形截面。

第一类 T 形截面，中和轴在翼缘内，即 $x \leqslant h'_{\mathrm{f}}$（图 4-20）；第二类 T 形截面，中和轴在受弯构件肋内，即 $x > h'_{\mathrm{f}}$（图 4-21）。

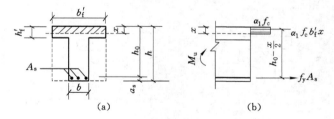

图 4-20　第一类 T 形截面

两类 T 形截面的判别：当中和轴通过翼缘与受弯构件肋部交接处，即 $x = h'_{\mathrm{f}}$（图 4-22）时为两类 T 形截面界限情况。

由平衡条件：

$$\alpha_1 f_{\mathrm{c}} b'_{\mathrm{f}} h'_{\mathrm{f}} = f_{\mathrm{y}} A_{\mathrm{s}} \tag{4-38}$$

$$M_{\mathrm{u}} = \alpha_1 f_{\mathrm{c}} b'_{\mathrm{f}} h'_{\mathrm{f}} \left( h_0 - \frac{h'_{\mathrm{f}}}{2} \right) \tag{4-39}$$

式中　$b'_{\mathrm{f}}$——T 形截面受压区的翼缘宽度；

$h'_{\mathrm{f}}$——T 形截面受压区的翼缘高度。

上式为两类 T 形截面界限情况所承受的最大内力。

因此，如果：

$$f_{\mathrm{y}} A_{\mathrm{s}} \leqslant \alpha_1 f_{\mathrm{c}} b'_{\mathrm{f}} h'_{\mathrm{f}} \tag{4-40}$$

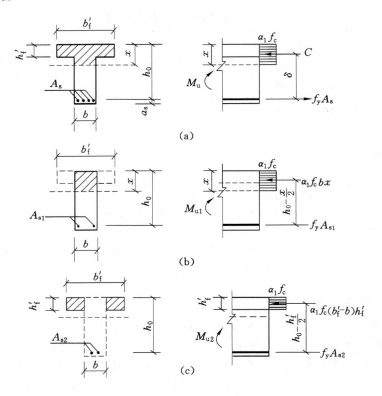

图 4-21 第二类 T 形截面

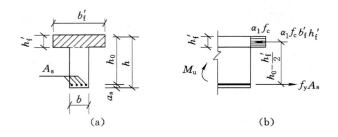

图 4-22 第一、第二类 T 形截面的界限

或

$$M \leqslant \alpha_1 f_c b'_f h'_f \left( h_0 - \frac{h'_f}{2} \right) \tag{4-41}$$

说明钢筋所承受的拉力小于或等于全部翼缘高度混凝土受压时所承受的压力,不需要全部翼缘混凝土受压,足以与弯矩设计值相平衡,即 $x \leqslant h'_f$,故属于第一类 T 形截面。

若:

$$f_y A_s > \alpha_1 f_c b'_f h'_f \tag{4-42}$$

或

$$M > \alpha_1 f_c b'_f h'_f \left( h_0 - \frac{h'_f}{2} \right) \tag{4-43}$$

说明仅仅翼缘高度 $h'_f$ 内的混凝土受压尚不足以与钢筋负担的拉力或弯矩设计值相平衡,中和轴将下移,即 $x > h'_f$,故属于第二类 T 形截面。

(1) 第一类 T 形截面承载力计算公式

在计算第一类 T 形截面正截面承载力时,不考虑受拉区混凝土参加受力,中和轴在翼缘内,受压区高度 $x \le h'_f$,故这种类型相当于宽度 $b = b'_f$ 的矩形截面,可用 $b'_f$ 代替 $b$ 按矩形截面的公式进行受弯承载力的计算。

$$\alpha_1 f_c b'_f x = f_y A_s \tag{4-44}$$

$$M \le M_u = \alpha_1 f_c b'_f x \left( h_0 - \frac{x}{2} \right) \tag{4-45}$$

适用条件:

① 防止超筋受弯构件破坏:

$$x \le x_b = \xi_b h_0 \tag{4-46}$$

② 防止少筋受弯构件破坏:

$$A_s \ge \rho_{min} bh \tag{4-47}$$

(2) 第二类 T 形截面承载力计算公式

在计算第二类 T 形截面正截面承载力时,中和轴在受弯构件肋内,受压区高度 $x > h'_f$,此时受压区为 T 形,截面应按 T 形截面进行计算。

由平衡条件可得:

$$\alpha_1 f_c (b'_f - b) h'_f + \alpha_1 f_c bx = f_y A_s \tag{4-48}$$

$$M \le M_u = \alpha_1 f_c bx \left( h_0 - \frac{x}{2} \right) + \alpha_1 f_c (b'_f - b) h'_f (h_0 - \frac{h'_f}{2}) \tag{4-49}$$

适用条件:

① 防止超筋受弯构件破坏:

$$x \le x_b = \xi_b h_0 \tag{4-50}$$

② 防止少筋受弯构件条件:

第二类 T 形截面的配筋率一般较大,均能满足 $A_s \ge \rho_{min} bh$,不必验算。

与双筋矩形截面类似,T 形截面受弯构件所承担的弯矩设计值 $M_u$ 也可分为两部分:

a. $M_{u1}$——肋部压区混凝土与部分受拉钢筋截面 $A_{s1}$ 所提供的相当于单筋矩形截面的受弯承载力[图 4-21(b)]:

$$\alpha_1 f_c bx = f_y A_{s1} \tag{4-51}$$

$$M_{u1} = \alpha_1 f_c bx (h_0 - \frac{x}{2}) \tag{4-52}$$

b. $M_{u2}$——翼缘受压混凝土和其相应的部分受拉钢筋 $A_{s2}$ 所提供的受弯承载力[图 4-21(c)],可以写出:

$$\alpha_1 f_c (b'_f - b) h'_f = f_y A_{s2} \tag{4-53}$$

$$M_{u2} = \alpha_1 f_c (b'_f - b) h'_f (h_0 - \frac{h'_f}{2}) \tag{4-54}$$

T 形截面承担的弯矩设计值：

$$M_u = M_{u1} + M_{u2} \qquad (4-55)$$

$$A_s = A_{s1} + A_{s2} \qquad (4-56)$$

### 4.6.2 公式应用

（1）截面设计

已知材料强度等级、截面尺寸、弯矩设计值 $M$，需计算受拉钢筋面积 $A_s$。

【例4-12】 某一 T 形截面梁截面尺寸为 $b = 200$ mm，$h = 400$ mm，$b'_f = 300$ mm，$h'_f = 150$ mm，弯矩设计值为 $M = 95$ kN·m，混凝土强度等级为 C30，钢筋采用 HRB400，求受拉钢筋截面面积 $A_s$。

【解】 （1）确定基本参数

$f_c = 14.3$ N/mm²，$f_t = 1.43$ N/mm²，$\alpha_1 = 1.0$，设受拉钢筋为单排配置，$h_0 = 400 - 40 = 360$ mm。

$f_y = 360$ N/mm²，$\xi_b = 0.518$。

（2）判断 T 形截面类型

$$
\begin{aligned}
\alpha_1 f_c b'_f h'_f \left( h_0 - \frac{h'_f}{2} \right) &= 1.0 \times 14.3 \times 300 \times 150 \times \left( 360 - \frac{150}{2} \right) \\
&= 183.4 \text{ kN·m} > M = 95 \text{ kN·m}
\end{aligned}
$$

属于第一类型 T 形截面。

（3）计算钢筋截面面积

$$\alpha_s = \frac{M}{\alpha_1 f_c b'_f h_0^2} = \frac{95 \times 10^6}{14.3 \times 300 \times 360^2} = 0.171$$

查表得 $\xi = 0.19 < \xi_b = 0.518$，则：

$$A_s = \frac{\alpha_1 f_c b'_f x}{f_y} = \frac{1.0 \times 14.3 \times 300 \times 360 \times 0.19}{360} = 815.1 \text{ mm}^2$$

选用 4 $\Phi$ 16，$A_s = 804$ mm²。

（4）验算最小配筋率

$$\rho_{min} = \max \left\{ 0.45 \frac{f_t}{f_y}, 0.2\% \right\} = 0.2\%，A_s = 804 \text{ mm}^2 > \rho_{min} bh = 0.2\% \times 200$$

$\times 400 = 160$ mm²，故满足要求。

【例4-13】 已知 T 形截面梁截面尺寸为：$b = 200$ mm，$h = 700$ mm，$b'_f = 600$ mm，$h'_f = 150$ mm，弯矩设计值为 $M = 730$ kN·m，混凝土强度等级为 C30，钢筋采用 HRB400，求受拉钢筋截面面积 $A_s$。

【解】 （1）确定基本参数

$f_c = 14.3$ N/mm²，$f_t = 1.43$ N/mm²，$\alpha_1 = 1.0$，设受拉钢筋为双排配置，$h_0 = 700 - 60 = 640$ mm。

$f_y = 360$ N/mm²，$\xi_b = 0.518$。

（2）判断 T 形截面类型

$$
\begin{aligned}
\alpha_1 f_c b'_f h'_f \left( h_0 - \frac{h'_f}{2} \right) &= 1.0 \times 14.3 \times 600 \times 150 \times \left( 640 - \frac{150}{2} \right) \\
&= 727.14 \text{ kN·m} < M = 730 \text{ kN·m}
\end{aligned}
$$

属于第二类型 T 形截面。

（3）计算钢筋截面面积

$$A_{s2} = \frac{\alpha_1 f_c(b'_f - b)h'_f}{f_y} = \frac{1.0 \times 14.3 \times (600-200) \times 150}{360} = 2\,383.33 \text{ mm}^2$$

$$M_{u2} = \alpha_1 f_c(b'_f - b)h'_f\left(h_0 - \frac{h'_f}{2}\right)$$

$$= 14.3 \times (600-200) \times 150 \times (640-150/2)$$

$$= 484.77 \text{ kN} \cdot \text{m}$$

$$\alpha_s = \frac{M - M_{u2}}{\alpha_1 f_c b h_0^2} = \frac{(730-484.77) \times 10^6}{14.3 \times 200 \times 640^2} = 0.209$$

查表得 $\xi = 0.237 < \xi_b = 0.518$，则：

$$A_s = A_{s2} + \frac{\alpha_1 f_c b \xi h_0}{f_y} = 2\,383.33 + \frac{14.3 \times 200 \times 0.237 \times 640}{360}$$

$$= 3\,593.34 \text{ mm}^2$$

选用 6 $\oplus$ 28：$A_s = 3\,695 \text{ mm}^2$。

（4）验算最小配筋率

$$A_s > \rho_{min} bh = 0.2\% \times 200 \times 700 = 280 \text{ mm}^2$$

（2）截面校核

承载力校核时，截面的弯矩设计值 $M$、截面尺寸、钢筋种类和混凝土的强度等级、受拉钢筋截面面积 $A_s$ 均已知，要求确定截面能否抵抗给定的弯矩设计值。

首先判断 T 形截面的类型。

如果为第一类 T 形截面，计算方法同 $b'_f \times h$ 的单筋矩形截面梁，其中 $\rho = \dfrac{A_s}{bh_0}$；如果为第二类 T 形截面，按照式（4-57）计算出 $x$：

$$\alpha_1 f_c(b'_f - b)h'_f + \alpha_1 f_c bx = f_y A_s \qquad (4-57)$$

若 $x \leqslant x_b = \xi_b h_0$，代入式（4-49）求出 $M_u$，从而判别截面是否安全。

$$M \leqslant M_u = \alpha_1 f_c bx\left(h_0 - \frac{x}{2}\right) + \alpha_1 f_c(b_f' - b)h_f'\left(h_0 - \frac{h'_f}{2}\right)$$

图 4-23 和图 4-24 所示为 T 形截面受弯构件正截面截面设计、截面校核计算流程框图。

【例 4-14】 已知 T 形截面梁截面尺寸为 $b = 300$ mm，$h = 650$ mm，$b'_f = 550$ mm，$h'_f = 150$ mm，截面配置受拉钢筋 $A_s = 3\,436$ mm$^2$，混凝土强度等级为 C30，钢筋采用 HRB400，混凝土弯矩设计值 $M = 550$ kN·m。试校核此梁是否安全。

【解】 （1）确定基本参数

$f_c = 14.3$ N/mm$^2$，$f_t = 1.43$ N/mm$^2$，$\alpha_1 = 1.0$，设受拉钢筋为双排配置，$h_0 = 650 - 60 = 590$ mm。

$f_y = 360$ N/mm$^2$，$\xi_b = 0.518$。

（2）判断 T 形截面类型

$$f_y A_s = 360 \times 3\,436 = 1\,236\,960 \text{ N} > \alpha_1 f_c b'_f h'_f$$

$$= 1.0 \times 14.3 \times 550 \times 150 = 1\,179\,750 \text{ N}$$

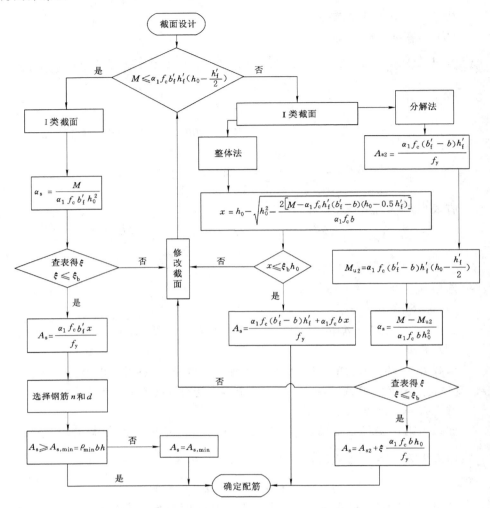

图 4-23  T 形截面受弯构件正截面截面设计计算流程框图

属于第二类型 T 形截面。

（3）计算截面抗弯承载力

$$x = \frac{f_y A_s - \alpha_1 f_c h'_f (b'_f - b)}{\alpha_1 f_c b}$$

$$= \frac{360 \times 3\ 436 - 1.0 \times 14.3 \times 150 \times (550 - 300)}{1.0 \times 14.3 \times 300} = 163.3 \text{ mm}$$

$x = 163.3 \text{ mm} < \xi_b h_0 = 0.518 \times 590 = 305.6 \text{ mm}$，故符合要求。

$$M_u = \alpha_1 f_c h'_f (b'_f - b)(h_0 - \frac{h'_f}{2}) + \alpha_1 f_c b x (h_0 - \frac{x}{2})$$

$$= 1.0 \times 14.3 \times 150 \times (550 - 300) \times (590 - \frac{150}{2}) + 1.0 \times 14.3 \times$$

$$300 \times 163.3 \times (590 - \frac{163.3}{2}) = 632.3 \text{ kN} \cdot \text{m} > 550 \text{ kN} \cdot \text{m}$$

故截面安全。

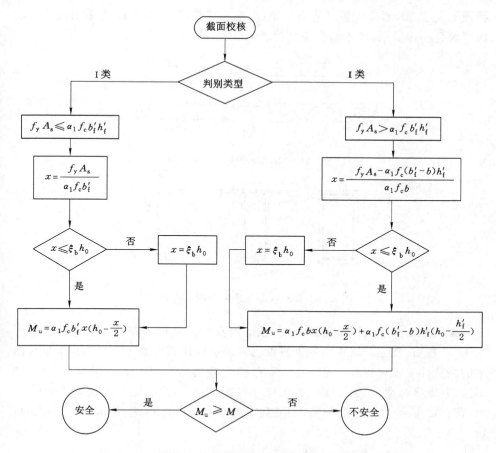

图 4-24　T 形截面受弯构件正截面截面校核计算流程框图

## 4.7　构造要求

### 4.7.1　受弯构件截面的形式与尺寸

梁和板均为受弯构件,梁的截面高度一般都大于其宽度,而板的截面高度则远小于其宽度。

钢筋混凝土受弯构件按施工方法可分为预制受弯构件和现浇受弯构件两大类。钢筋混凝土预制板的截面形式很多,最常用的有平板、槽形板和多孔板三种(图 4-25)。钢筋混凝土预制梁最常用的截面形式为矩形和 T 形(图 4-26)。有时为了降低层高,将梁做成十字梁、花篮梁,将板搁置在伸出的翼缘上,使板的顶面与梁的顶面齐平。钢筋混凝土现浇梁、板的形式也很多。当板与梁一起浇筑时,板不但将其上的荷载传递给梁,而且和梁一起构成 T 形或倒 L 形截面共同承受荷载。板的厚度应满足承载力、刚度和抗裂的要求。从刚度条件出发,现浇板的最小厚度见附表 17。对于现浇钢筋混凝土板,板的跨厚比需满足:单向板不大于 30,双向板不大于 40;无梁支承的有柱帽板不大于 35,无梁支承的无柱帽板不大于 30;预应力板可适当增加;当板的荷载、跨度较大时宜适当减少。如板厚满足上述要求,即不需作挠度验算。

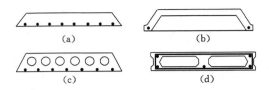

图 4-25　钢筋混凝土预制板截面

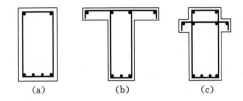

图 4-26　钢筋混凝土预制受弯构件截面

梁的截面尺寸与梁的跨度有关,独立简支梁的截面高度与其跨度的比值可为 1/12 左右,独立悬臂梁的截面高度与其跨度的比值可为 1/6 左右。矩形截面梁的高宽比 $h/b$ 一般取 2.0～3.5;T 形截面梁的高宽比 $h/b$ 一般取 2.5～4.0(此处 $b$ 为梁肋宽)。为了统一模板尺寸和便于施工,当梁截面高度 $h \leqslant 800$ mm 时,截面高度取 50 mm 的倍数,当梁截面高度 $h > 800$ mm 时,则取 100 mm 的倍数。

### 4.7.2　板、梁构造要求

(1) 板

现浇板常用的混凝土强度等级为 C25～C40,预制板为了减轻自重可采用较高的强度等级。混凝土强度等级的选用须注意与钢筋强度的匹配,当采用 HRB400 及以上钢筋时,为了保证必要的黏结力,混凝土强度等级不应低于 C25。一般现浇板常用的钢筋强度等级为 HRB400、HRB335 和 HPB300。

板中配有受力钢筋和构造钢筋。板中受力钢筋的间距,当板厚 $h \leqslant 150$ mm 时不宜大于 200 mm;当板厚 $h > 150$ mm 时不宜大于 $1.5h$,且不宜大于 250 mm [图 4-27(a)]。

采用分离式配筋的多跨板,板底钢筋宜全部伸入支座;支座负弯矩钢筋向跨内延伸的长度应根据负弯矩图确定,并满足钢筋锚固的要求。

按简支边或非受力边设计的现浇混凝土板,当与混凝土梁、墙整体浇筑或嵌固在砌体墙内时,应设置板面构造钢筋,并符合相应要求。

当按单向板设计时,应在垂直于受力的方向布置分布钢筋。分布钢筋与受力钢筋绑扎或焊接,其作用是固定受力钢筋的位置并将板上荷载分散到受力钢筋上,同时也能防止混凝土由于收缩和温度变化而在垂直于受力钢筋方向产生的裂缝。当按单向板设计时,板中单位宽度上的分布钢筋,其截面面积不宜小于单位宽度上受力钢筋截面面积的 15%，且配筋率不宜小于 0.15%；分布钢筋的间距不宜大于 250 mm，直径不宜小于 6 mm；对集中荷载较大的情况，分布钢筋的截面面积应适当增加，其间距不宜大于 200 mm[图 4-27(b)]。当有实践经验或可靠措施时，预制单向板的分布钢筋可不受上述限制。在温度、收缩应力较大的现浇板区域，应在板的表面双向布置防裂构造钢筋。配筋率均不宜小于 0.10%。间距不宜大于 200 mm。防裂构造钢筋可利用原有钢筋贯通布置，也可另行设置钢筋并与原有钢筋按受拉钢筋的要求搭接或在周边构件中锚固。

《规范》
条文解读

《规范》
条文解读

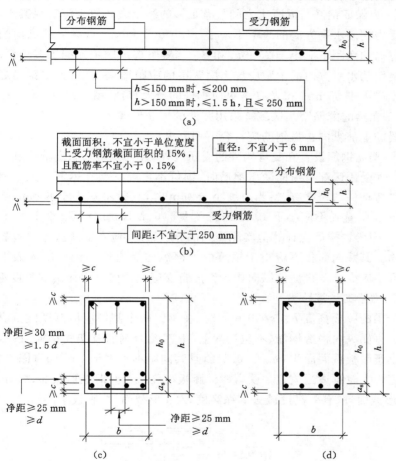

图 4-27 混凝土保护层和钢筋间距、净距

混凝土厚板及卧置于地基上的基础筏板，当板的厚度大于 2 m 时，除应沿板的上、下表面布置的纵、横方向钢筋外，尚宜在板厚不超过 1 m 范围内设置与板面平行的构造钢筋网片，网片钢筋直径不宜小于 12 mm，纵横向的间距不宜大于 300 mm。

当混凝土板的厚度不小于 150 mm 时，对板的无支承边的端部，宜设置 U 形构造钢筋并与板顶、板底的钢筋搭接，搭接长度不宜小于 U 形构造钢筋直径的 15 倍且不宜小于 200 mm；也可采用板面、板底钢筋分别向下、上弯折搭接的形式。

（2）梁

梁中的钢筋有纵向受力钢筋、弯起钢筋、架立钢筋、箍筋和侧面受弯构件纵向构造钢筋等。

梁纵向受力钢筋应符合下列规定：

① 伸入梁支座范围内的钢筋不应少于 2 根。

② 当梁高 $h \geqslant 300$ mm 时，纵向受力钢筋直径不应小于 10 mm；当梁高 $h < 300$ mm 时，纵向受力钢筋直径不应小于 8 mm。

③ 为保证钢筋与混凝土之间具有足够的黏结力和便于浇筑混凝土，梁上部纵向受力钢筋水平方向的净距不应小于 30 mm 和 $1.5d$，梁下部纵向受力钢筋水平方向的净距不应小于 25 mm 和 $d$。当梁下部纵向钢筋配置多于两层时，两层以上钢筋水平方向的中距应比下面两层的中距增大 1 倍；各层钢筋之间的净间距不应小于 25 mm 和 $d$，$d$ 为纵向钢筋的最大直径［图 4-27(c)、图 4-27(d)］。

④ 在梁的配筋密集区域宜采用并筋的配筋形式。

梁的上部纵向构造钢筋应符合下列要求：

① 架立钢筋设置在受弯构件的受压区外缘两侧，用来固定箍筋和形成钢筋骨架。如受压区配有纵向受压钢筋时，则可不再配置架立钢筋。架立钢筋的直径与受弯构件的跨度有关：当跨度小于 4 m 时，直径不宜小于 8 mm；当跨度在 4～6 m 时，直径不应小于 10 mm；跨度大于 6 m 时，直径不宜小于 12 mm。

② 当梁端按简支计算但实际受到部分约束时，应在支座区上方设置纵向构造钢筋。其截面面积不应小于梁跨中下部纵向受力钢筋计算所需截面面积的 1/4，且不应少于 2 根。该纵向构造钢筋自支座边缘向跨内伸出的长度不应小于 $l_0/5$，$l_0$ 为梁的计算跨度。

当梁的腹板高度 $h_w \geqslant 450$ mm 时，在梁的两个侧面应沿高度配置纵向构造钢筋。每侧纵向构造钢筋（不包括梁上、下部受力钢筋及架立钢筋）的截面面积不应小于腹板截面面积 $bh_w$ 的 0.1%，且其间距不宜大于 200 mm（图 4-28）。但当梁宽较大时可适当放宽。受弯构件腹板高度 $h_w$ 为：对矩形截面，取有效高度；对 T 形截面，取有效高度减去翼缘高度；对 I 形截面，取腹板净高。

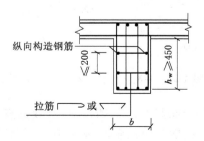

图 4-28　受弯构件的构造钢筋

对于薄腹梁或需作疲劳验算的钢筋混凝土梁，也有相关构造要求。

箍筋和弯起筋的配置另见受弯构件斜截面承载力章节有关内容。

### 4.7.3　混凝土最小保护层厚度

（1）混凝土保护层

从混凝土碳化、脱钝和钢筋锈蚀的耐久性角度考虑，以最外层钢筋（包括箍筋、构造筋、分布筋等）的外缘计算混凝土保护层厚度［见图 4-27 中（c），单位 mm］。

根据我国对混凝土结构耐久性的调研及分析，并参考《混凝土结构耐久性设计规范》（GB/T 50476—2008）以及国外相应规范、标准的有关规定，构件中普通钢筋及预应力筋的混凝土保护层厚度应满足下列要求：

① 为保证握裹层混凝土对受力钢筋的锚固，构件中受力钢筋的保护层厚度不应小于钢筋的公称直径 $d$（单筋的公称直径或并筋的等效直径）。

② 设计使用年限为 50 年的混凝土结构，最外层钢筋的保护层厚度应符合附表 14 的规定；设计使用年限为 100 年的混凝土结构，最外层钢筋的保护层厚度不应小于附表 14 中数值的 1.4 倍。

当有充分依据并采取下列措施时，可适当减小混凝土保护层的厚度。

① 构件表面有可靠的防护层；

② 采用工厂化生产的预制构件；

③ 在混凝土中掺加阻诱剂或采用阴极保护处理等防锈措施；

④ 当对地下室墙体采取可靠的建筑防水做法或防护措施时，与土层接触一侧钢筋的保护层厚度可适当减少，但不应小于 25 mm。

当梁、柱、墙中纵向受力钢筋的保护层厚度大于 50 mm 时，宜对保护层采取有效的构造措施（图 4-29）。当在保护层内配置防裂、防剥落的钢筋网片时，网片钢筋的保护层厚度不应小于 25 mm。

《规范》中关于网片与保护层的关系

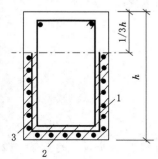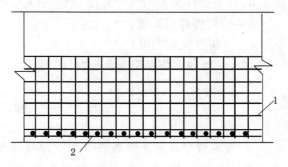

图 4-29　配置表层钢筋网的构造要求

1——梁侧表层钢筋网片；2——梁底表层钢筋网片；3——配置网片钢筋区域

（2）截面的有效高度

计算梁、板承载力时，因为混凝土开裂后，拉力完全由钢筋承担，则梁、板能发挥作用的截面高度应为从受压混凝土边缘至受拉钢筋截面重心的距离，这一距离称为截面有效高度，用 $h_0$ 表示（图 4-27）。

设计计算时 $h_0$ 可按如下近似数值取用：

梁：

一排钢筋时：
$$h_0 = h - c - d_{sv} - \frac{d}{2}$$

两排钢筋时：
$$h_0 = h - c - d_{sv} - d - \frac{d'}{2}$$

板：
$$h_0 = h - c$$

式中　$c$——保护层厚度，mm；

　　　$d$——第一排纵筋直径，mm；

　　　$d_{sv}$——箍筋直径，mm；

　　　$d'$——两排纵筋之间的净距，mm。

### 4.7.4　纵向受力钢筋的最小配筋率

受弯构件的最小配筋率 $\rho_{min}$ 需满足附表 15 相关规定。

卧置于地基上的混凝土板，板中受拉钢筋的最小配筋率可适当降低，但不应小于 0.15%。

对于截面厚度很大而内力相对较小的非主要受弯构件，即结构中次要的钢筋混凝土受弯构件，当构造所需截面高度远大于承载的需求时，其纵向受拉钢筋的配筋率可按下列公式计算：

少筋混凝土
配筋概念

$$\rho_s \geqslant \frac{h_{cr}}{h} \rho_{min} \tag{4-58}$$

$$h_{cr} = 1.05 \sqrt{\frac{M}{\rho_{min} f_y b}} \tag{4-59}$$

式中　$\rho_s$——构件按全截面计算的纵向受力钢筋的配筋率；

　　　$\rho_{min}$——纵向受力钢筋的最小配筋率；

　　　$h_{cr}$——构件截面的临界高度，当小于 $h/2$ 时取 $h/2$；

专业术语

　　　$h$——构件截面高度；

　　　$b$——构件截面宽度；

　　　$M$——构件正截面受弯承载力设计值。

## 思　考　题

1. 受弯构件中适筋受弯构件从加载到破坏经历哪几个阶段？各阶段正截面上应力—应变分布、中和轴位置、受弯构件的跨中最大挠度的变化规律是怎样的？各阶段的主要特征是什么？每个阶段是哪种极限状态的计算依据？

2. 为什么要掌握受荷后钢筋混凝土受弯构件正截面各个阶段的应力状态？它与建立正截面受弯承载力有何关系？

3. 钢筋混凝土受弯构件正截面应力—应变状态与均质弹性材料受弯构件（如钢受弯构件）有什么主要区别？

4. 什么叫配筋率？配筋率对受弯构件的正截面承载力有何影响？

5. 试说明超筋受弯构件与适筋受弯构件、少筋受弯构件与适筋受弯构件破坏特征的区别。

6. 混凝土弯曲时极限压应变 $\varepsilon_{cu}$ 为多少?

7. 等效矩形应力图是根据什么条件确定的? 特征值 $\alpha_1$、$\beta_1$ 的物理意义是什么?

8. 什么叫少筋梁、适筋梁和超筋梁? 在实际工程中为什么应避免采用少筋梁和超筋梁?

9. 受弯构件、板中混凝土保护层的作用是什么? 其最小值是多少? 对受弯构件内受力主筋的直径、净距有何要求?

10. 什么叫截面相对界限受压区高度 $\xi_b$? 它在承载力计算中的作用是什么?

11. 什么叫"界限"破坏? "界限"破坏时的 $\varepsilon_{cu}$ 和 $\varepsilon_s$ 各等于多少?

12. 在受弯构件中,相对界限受压区高度 $\xi_b$ 和最大的配筋率 $\rho_{max}$ 有何关系?

13. 最大配筋率与最小配筋率是什么含义? 它们是怎样确定的?

14. 在什么情况下可采用双筋受弯构件? 其计算应力图形如何确定? 在双筋截面中受压钢筋起什么作用?

15. 为什么双筋截面受弯构件中的箍筋一定要用封闭箍筋?

16. 双筋矩形截面承载力计算中如何保证充分利用材料的性能?

17. 双筋矩形截面受弯构件,当受压区混凝土压碎时,受压钢筋的抗压强度设计值如何确定?

18. 双筋梁的基本计算公式为什么要有适用条件 $x \geqslant 2a'_s$,$x < 2a'_s$ 的双筋梁出现在什么条件下? 这时是否还能利用基本公式计算? 应当如何计算?

19. 怎样判别 T 形受弯构件的类型?

20. 当验算 T 形截面受弯构件的最小配筋率 $\rho_{min}$ 时,计算配筋率 $\rho$ 时为什么要用腹板宽 $b$ 而不用翼缘宽度 $b'_f$?

21. 整浇楼盖中连续受弯构件的跨中截面和支座截面各按何种截面形式计算?

22. T 形梁的受弯承载力计算公式与单筋矩形截面及双筋矩形截面梁的受弯承载力计算公式有何异同点?

23. 当构件承受的弯矩和截面高度、截面宽度(或截面肋部宽度)都相同时,矩形截面、倒 T 形截面、T 形截面和工字形截面按照正截面承载力需要的钢筋截面面积是否一样? 为什么?

# 练 习 题

## 一、选择题

1. (　　)作为受弯构件正截面承载力计算的依据。

A. $I_a$ 状态　　　　　　　　　　B. $II_a$ 状态

C. $III_a$ 状态　　　　　　　　　D. 第 II 阶段

2. (　　)作为受弯构件抗裂计算的依据。

练习题答案

A. Ⅰₐ状态 　　　　　　　　　　　B. Ⅱₐ状态

C. Ⅲₐ状态 　　　　　　　　　　　D. 第Ⅱ阶段

3. (　　)作为受弯构件变形和裂缝验算的依据。

A. Ⅰₐ状态 　　　　　　　　　　　B. Ⅱₐ状态

C. Ⅲₐ状态 　　　　　　　　　　　D. 第Ⅱ阶段

4. 受弯构件正截面承载力计算基本公式的建立是依据哪种破坏形态建立的?(　　)

A. 少筋破坏 　　　　　　　　　　　B. 适筋破坏

C. 超筋破坏 　　　　　　　　　　　D. 界限破坏

5. 下列哪个条件不能用来判断适筋破坏与超筋破坏的界限?(　　)

A. $\xi \leqslant \xi_b$ 　　　　　　　　　　　B. $x \leqslant \xi_b h_0$

C. $x \leqslant 2a'_s$ 　　　　　　　　　　　D. $\rho \leqslant \rho_{max}$

6. 受弯构件正截面承载力计算中,截面抵抗矩系数 $\alpha_s$ 取值为(　　)。

A. $\xi(1-0.5\xi)$ 　　　　　　　　　B. $\xi(1+0.5\xi)$

C. $1-0.5\xi$ 　　　　　　　　　　　D. $1+0.5\xi$

7. 受弯构件正截面承载力中,对于双筋截面,下面哪个条件可以满足受压钢筋的屈服?(　　)

A. $x \leqslant \xi_b h_0$ 　　　　　　　　　B. $x > \xi_b h_0$

C. $x \geqslant 2a'_s$ 　　　　　　　　　　D. $x < 2a'_s$

8. 受弯构件正截面承载力中,T形截面划分为两类截面的依据是(　　)。

A. 计算公式建立的基本原理不同　　B. 受拉区与受压区截面形状不同

C. 破坏形态不同 　　　　　　　　　D. 混凝土受压区的形状不同

9. 提高受弯构件正截面受弯能力最有效的方法是(　　)。

A. 提高混凝土强度等级 　　　　　　B. 增加保护层厚度

C. 增加截面高度 　　　　　　　　　D. 增加截面宽度

10. 在T形截面梁的正截面承载力计算中,假定在受压区翼缘计算宽度范围内混凝土的压应力分布是(　　)。

A. 均匀分布 　　　　　　　　　　　B. 按抛物线形分布

C. 按三角形分布 　　　　　　　　　D. 部分均匀,部分不均匀分布

11. 钢筋混凝土梁保护层厚度是指(　　)。

A. 纵向钢筋内表面到混凝土表面的距离

B. 纵向钢筋外表面到混凝土表面的距离

C. 箍筋外表面到混凝土表面的距离

D. 纵向钢筋重心到混凝土表面的距离

12. 在进行钢筋混凝土矩形截面双筋梁正截面承载力计算中,若 $x \leqslant 2a'_s$,则说明(　　)。

A. 受压钢筋配置过多 　　　　　　　B. 受压钢筋配置过少

C. 梁发生破坏时受压钢筋早已屈服　　D. 截面尺寸过大

## 二、计算题

1. 已知梁的截面尺寸为 $b \times h = 200$ mm $\times 500$ mm，混凝土强度等级为 C30，钢筋采用 HRB335，截面弯矩设计值 $M = 165$ kN·m，环境类别为一类。求受拉钢筋截面面积。

2. 某矩形截面简支梁，弯矩设计值 $M = 170$ kN·m，混凝土强度等级为 C30，钢筋为 HRB400，环境类别为一级。确定梁截面尺寸 $b \times h$ 及所需的受拉钢筋截面面积 $A_s$。

3. 已知梁的截面尺寸为 $b \times h = 250$ mm $\times 450$ mm，受拉钢筋为 4 ⏀ 16，$A_s = 804$ mm²，混凝土强度等级为 C40，承受的弯矩 $M = 99$ kN·m，环境类别为一类。验算此梁截面是否安全。

4. 已知梁的截面尺寸为 $b \times h = 200$ mm $\times 500$ mm，混凝土强度等级为 C40，钢筋采用 HRB400，截面弯矩设计值 $M = 330$ kN·m。环境类别为一类。求所需受压和受拉钢筋截面面积。

5. 已知条件同上题，但在受压区已配置 3 ⏀ 20 mm 钢筋，$A_s' = 941$ mm²。求受拉钢筋 $A_s$。

6. 已知梁截面尺寸为 200 mm $\times 400$ mm，混凝土等级 C30，环境类别为二类，受拉钢筋为 3⏀25，$A_s = 1\,473$ mm²，受压钢筋为 2 ⏀ 16，$A_s' = 402$ mm²，要求承受的弯矩设计值 $M = 90$ kN·m。验算此截面是否安全。

7. 已知梁的截面尺寸 $b = 250$ mm，$h = 500$ mm，混凝土采用 C30，采用 HRB400 级钢筋，承受弯矩设计值 $M = 300$ kN·m。试计算需配置的纵向受力钢筋。

8. 已知 T 形截面梁，截面尺寸如图 4-30 所示，混凝土采用 C30，纵向钢筋采用 HRB400 级钢筋，环境类别为一类，承受的弯矩设计值为 $M = 700$ kN·m。计算所需的受拉钢筋截面面积 $A_s$（预计两排钢筋，$a_s = 60$ mm）。

9. 某钢筋混凝土 T 形截面梁，截面尺寸和配筋情况（架立筋和箍筋的配置情况略）如图 4-31 所示。混凝土强度等级为 C30，纵向钢筋为 HRB400 级钢筋，$a_s = 70$ mm，截面承受的弯矩设计值为 $M = 550$ kN·m。试问此截面承载力是否足够？

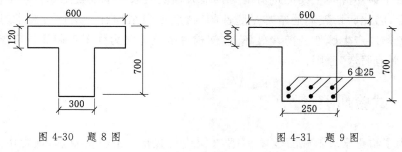

图 4-30　题 8 图　　　　图 4-31　题 9 图

10. 已知肋形楼盖的次梁，弯矩设计值 $M = 470$ kN·m，梁的截面尺寸为 $b \times h = 200$ mm $\times 600$ mm，$b_f' = 1\,000$ mm，$h_f' = 90$ mm；混凝土等级为 C30，钢筋采用 HRB400，环境类别为一类。求受拉钢筋截面面积。

# 5 钢筋混凝土受弯构件斜截面承载力性能分析与设计

**本章提要:**本章在试验的基础上介绍了受弯构件中弯剪区斜裂缝的出现过程,分析了裂缝出现前后结构中的应力状态,介绍了斜截面破坏的主要形态及其影响因素,归纳了影响受弯构件斜截面承载力的主要因素,给出了规范规定的斜截面承载力计算方法、公式及防止斜截面破坏的构造措施。

## 5.1 概述

钢筋混凝土受弯构件在荷载作用下,截面上除了弯矩作用外通常还有剪力作用。在剪力和弯矩共同作用下,可能会沿着斜向裂缝发生斜截面受剪破坏或斜截面受弯破坏。因此,在保证受弯构件正截面受弯承载力的同时,还要保证斜截面受剪承载力和斜截面受弯承载力。工程设计中,主要通过计算来满足斜截面受剪承载力要求,而斜截面受弯承载力则是通过对纵向钢筋和箍筋的构造要求来满足的。

梁和板是结构中常用的典型受弯构件。一般来说,板的跨高比较大,具有足够的斜截面承载力,因此受弯构件的斜截面承载力主要是对梁及厚板而言的。

由于钢筋混凝土梁的抗剪能力在很大程度上取决于混凝土的抗拉强度或抗压强度,因此剪切破坏通常都是脆性的,特别是当结构有一定抗震要求时,应尽量避免构件产生脆性的剪切破坏,应使构件的抗剪能力强于正截面抗弯能力,即遵循"强剪弱弯"原则。

## 5.2 试验研究

为了防止梁沿斜截面破坏,需要在梁内设置足够的抗剪钢筋,通常由与梁轴线垂直的箍筋和与主拉应力方向平行的斜筋共同组成。斜筋一般由梁内的纵向钢筋弯起而形成,所以又称弯起钢筋;当梁承受的剪力较大时,也可单独设置斜筋。箍筋和斜筋统称为腹筋。纵向钢筋(受力筋和构造筋)和腹筋绑扎(或焊接)在一起,形成受弯构件的钢筋骨架,如图 5-1 所示。

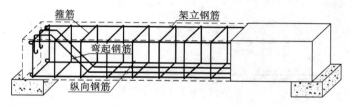

图 5-1　钢筋骨架图

无腹筋梁是指不配置箍筋与斜筋的梁,实际工程中一般不用。专门研究无腹筋梁受力性能及破坏,是因为其较简单,影响斜截面破坏的因素较少,可为有腹筋梁的受力及破坏分析奠定基础。

剪弯段处于弯矩和剪力的共同作用下,其最终的破坏形态与截面上的正应力 $\sigma$ 和剪应力 $\tau$ 的比值有关。图 5-2 为一简支梁承载示意图,集中力到临近支座的距离为 $a$(称为剪跨),截面有效高度 $h_0$,截面上的正应力 $\sigma$ 和剪应力 $\tau$ 可表达为:

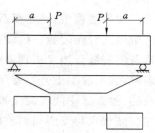

图 5-2　简支梁受力图

$$\sigma = \alpha_1 \frac{M}{bh_0^2}, \tau = \alpha_2 \frac{V}{bh_0}, \text{故} \frac{\sigma}{\tau} = \frac{\alpha_1}{\alpha_2} \cdot \frac{M}{Vh_0}。$$

令 $\lambda = \dfrac{M}{Vh_0}$,则 $\dfrac{\sigma}{\tau} = \dfrac{\alpha_1}{\alpha_2} \cdot \lambda$。$\alpha_1$,$\alpha_2$ 是与支座形

式、计算截面位置等有关的系数;$\lambda$ 称为广义剪跨比,由上式可知 $\lambda$ 反映了截面上正应力 $\sigma$ 和剪应力 $\tau$ 的相对比值。

承受集中荷载时:

$$\lambda = \frac{M}{Vh_0} = \frac{a}{h_0} \tag{5-1}$$

一般称 $\dfrac{a}{h_0}$ 为计算剪跨比。

承受均布荷载时,设 $\beta l$ 为计算截面离支座的距离,则 $\lambda$ 可表达为跨高比 $l/h_0$ 的函数:

$$\lambda = \frac{M}{Vh_0} = \frac{\beta - \beta^2}{1 - 2\beta} \cdot \frac{l}{h_0} \tag{5-2}$$

试验时常将剪跨比 $\lambda$ 作为主要控制因素来考虑。

## 5.2.1　无腹筋梁的试验研究

如图 5-3 所示矩形无腹筋抗剪试验梁。梁截面宽为 $b$,高度为 $h$,有效高度为 $h_0$,截面底部配有受拉钢筋。梁跨度为 $l$,为保证受拉钢筋在支座处的锚固,梁伸出支座外,伸长度为 $l'$。试验时在跨中施加一集中荷载,集中荷载到支座的距离为 $a$,为测量梁的挠度变形,还在跨中底部布置了位移计。

（1）试验过程及破坏形态

下面分三种不同的情况来描述试验过程。

① $\lambda$ 较小的情况。

试验梁 $l' = 100$ mm,$l = 1\ 200$ mm,$a = 200$ mm,$b = 122$ mm,$h = 202$ mm,

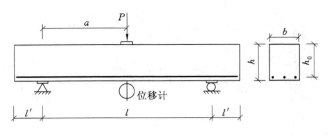

图 5-3　无腹筋抗剪试验梁

$h_0 = 182$ mm,受拉钢筋为 2 ⌀ 12,$\lambda = 1.1$,混凝土立方体抗压强度 $f_{cu} = 27.8$ N/mm²。

加载过程中,随着荷载的增大,弯剪段先出现斜裂缝($P = 70$ kN 时),随后跨中出现竖向裂缝。继续加载,第一条斜裂缝随之有所发展,当 $P = 90$ kN 时,这条斜裂缝旁边又出现新的斜裂缝。$P = 160$ kN 时,斜裂缝附近混凝土有掉皮现象,表明混凝土开始有压坏迹象,但还可继续加载。当 $P = 220$ kN 时,斜裂缝较陡,梁腹部中间混凝土掉皮现象严重,呈现明显受压破坏特征,这种受压破坏与在加载点与支座间斜放的混凝土短柱的情形相似。同时,还可看到支座附近纵向钢筋出现撕裂裂缝。当 $P = 230$ kN 时,梁被压坏,如图 5-4(a)所示。这种破坏称为斜压破坏。

② $\lambda$ 较大的情况。

试验梁 $l' = 200$ mm,$l = 1\,200$ mm,$a = 600$ mm,$b = 122$ mm,$h = 202$ mm,$h_0 = 182$ mm,受拉钢筋为 3 ⌀ 18,$\lambda = 3.3$,混凝土立方体抗压强度 $f_{cu} = 36.9$ N/mm²。

随着荷载的增加,首先在跨中出现竖向裂缝,并不断发展。当 $P$ 超过 60 kN 后,剪弯区陆续出现一些竖向裂缝。继续加载,当 $P = 86$ kN 时,梁的一侧有一条竖向裂缝突然发展成斜裂缝,并很快伸向加载点,斜裂缝宽度达到了 3 mm。继续加载到 86.5 kN 时达到了最大承载力,此后梁的承载力突然下降,同时支座上部出现撕裂裂缝并延伸到梁的端部。这种破坏形态称为斜拉破坏,如图5-4(c)所示。

③ $\lambda$ 适中的情况。

试验梁 $l' = 200$ mm,$l = 700$ mm,$a = 350$ mm,$b = 122$ mm,$h = 198$ mm,$h_0 = 178$ mm,受拉钢筋为 2 ⌀ 12,$\lambda = 1.96$,混凝土立方体抗压强度 $f_{cu} = 27.8$ N/mm²。

$P = 70$ kN 时跨中先出现竖向裂缝。继续加载,当 $P = 84$ kN 时,加载点两侧几乎同时出现斜裂缝。继续加载,随着荷载的增加,斜裂缝不断发展,向上伸向加载点外,向下伸向纵向钢筋。当 $P = 95$ kN 时,压区混凝土发生剪切破坏,破坏时混凝土有压碎的痕迹。在剪切破坏以前,支座处已发生一条撕裂裂缝,梁破坏时,撕裂裂缝延伸到支座外侧很长一段距离,压区混凝土剪切破坏后,梁的承载力突然下降。这种破坏形态称为剪压破坏,如图 5-4(b)所示。

试验研究表明无腹筋梁的受剪破坏形态主要受剪跨比的影响,有三种形式,

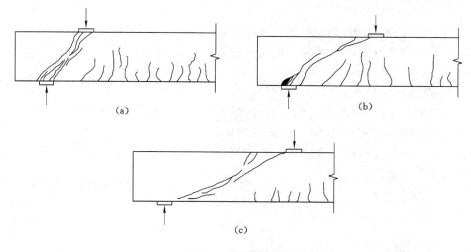

图 5-4　受剪破坏形态
(a) 斜压破坏；(b) 剪压破坏；(c) 斜拉破坏

见表 5-1。

表 5-1　　　　　　　　　　　无腹筋梁受剪破坏形态

| 剪跨比 | 破坏形态 | 破 坏 特 征 |
|--------|---------|-------------|
| $\lambda < 1$ | 斜压破坏 | 破坏发生在集中荷载作用点与支座之间，混凝土好像一根斜向受压的短柱，破坏时产生多条大致平行的斜裂缝。这种破坏多数发生在剪力大而弯矩小的区段，以及梁腹板很薄的 T 形截面或工字形截面梁内，具有明显的脆性。梁的受剪承载力取决于混凝土的抗压强度[图 5-4(a)] |
| $1 < \lambda < 3$ | 剪压破坏 | 通常是在剪弯区段的受拉区边缘先出现一些垂直裂缝，它们沿竖向延伸一小段长度后就斜向延伸形成一些指向集中荷载的斜裂缝，而后又产生一条贯穿的较宽的主要斜裂缝，称为临界裂缝。临界裂缝出现后迅速延伸，使斜截面剪压区的高度缩小，最后导致剪压区的混凝土破坏，使斜截面丧失承载力。梁的受剪承载力主要取决于混凝土的抗拉强度，也部分取决于斜裂缝顶端剪压区混凝土的复合(剪压)受力强度[图 5-4(b)] |
| $\lambda > 3$ | 斜拉破坏 | 斜拉破坏常出现在剪跨比较大的情况。其特点：临界斜裂缝一旦出现，就迅速向受压区斜向伸展，把梁拉裂成两部分，破坏与临界裂缝的出现几乎同时发生，即破坏荷载与出现斜裂缝时的荷载很接近，同时往往伴随撕裂裂缝产生，混凝土沿纵筋产生撕裂破坏。破坏前梁变形小，具有很明显的脆性。梁的受剪承载力取决于混凝土的抗拉强度[图 5-4(c)] |

　　图 5-5 为三种不同破坏形态的荷载—挠度曲线图，可以看出，各种破坏形态的斜截面承载力不相同，斜压破坏时最大，其次为剪压，斜拉最小。它们在达到峰值荷载时跨中挠度都不大，破坏后荷载都会迅速下降，表明它们都属脆性破坏类型，而其中以斜拉破坏为甚。

（2）受力过程分析

由试验可知，无腹筋梁的受力过程可分为可以分为两个阶段——裂缝出现前和裂缝出现后。

① 裂缝出现前。

当荷载较小时，梁上未出现斜裂缝，处于弹性工作阶段，可将其视为一均质弹性体。弯剪区任一点的主拉应力或主压应力均可由材料力学公式求出。

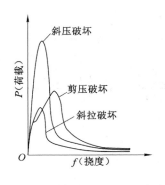

图 5-5　受剪破坏的 $P—f$ 关系

a. 主拉应力：

$$\sigma_{tp} = \frac{\sigma}{2} + \sqrt{\frac{\sigma^2}{4} + \tau^2} \tag{5-3}$$

b. 主压应力：

$$\sigma_{cp} = \frac{\sigma}{2} - \sqrt{\frac{\sigma^2}{4} + \tau^2} \tag{5-4}$$

主应力的作用方向与梁轴线的夹角 $\sigma$ 按下式确定：

$$\tan 2\alpha = -\frac{2\pi}{\sigma} \tag{5-5}$$

在中和轴附近，正应力小，剪应力大，主拉应力与梁纵轴夹角大致为 $45°$；在受压区内，由于正应力为压应力，使主拉应力减小，主压应力增大，主拉应力方向与梁纵轴夹角大于 $45°$；在受拉区内，由于正应力为拉应力，使主拉应力增大，主压应力减小，主拉应力方向与梁纵轴夹角小于 $45°$。将各点主压应力方向相连即可得到主拉应力迹线，如图 5-6(a)中实线所示；同理，可得到主压应力迹线，如图 5-6(a)中虚线所示。主拉应力迹线与主压应力迹线是正交的。图 5-7 给出了不同剪跨比情况下的主应力迹线分布图。

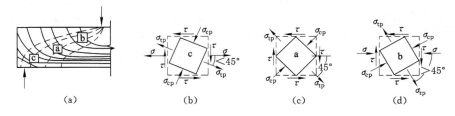

（a）　　　　　（b）　　　　　（c）　　　　　（d）

图 5-6　梁内应力状态

随着荷载增大，当拉应变达到混凝土的极限拉应变值时，弯剪区混凝土开裂，沿主压应力迹线产生斜裂缝。斜裂缝因其成因不同，可分为腹剪斜裂缝和弯剪斜裂缝。腹剪斜裂缝是因为梁腹部剪应力较大，梁腹主拉应力先达到抗拉强度而先开裂，然后分别向上、下沿主压应力迹线发展，如图 5-8(a)所示。腹剪斜裂缝的特点是中间宽两头细，呈枣核形，常见于薄腹梁中。弯剪斜裂缝是因为受弯正拉应力较大，在剪区区段截面的下边缘首先出现一些较短的垂直裂缝，然后向上沿主压应力迹线发展形成的斜裂缝。这种裂缝的特点是缝隙上细下宽，最

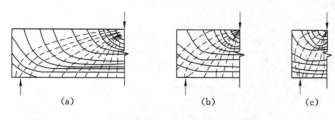

图 5-7　不同剪跨比的主应力迹线分布图

为常见,如图 5-8(b)所示。

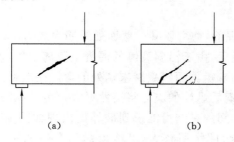

图 5-8　斜裂缝

(a) 腹剪斜裂缝;(b) 弯剪斜裂缝

② 裂缝出现后。

梁上出现了斜裂缝及垂直裂缝后,斜裂缝起始端的纵筋拉应力突然增大,剪压区混凝土所受的剪应力和压应力也显著增大,截面应力不再符合平截面假定。这表明斜裂缝出现后大部分荷载将由斜裂缝上方的混凝土传递,截面应变梁内的应力发生了重分布。

此时,梁中的剪应力和正应力已不能按弹性阶段的方法计算。

为研究斜裂缝出现后的应力状态,可将梁沿斜裂缝切开,取图 5-9 所示的隔离体进行受力分析。隔离体上作用有:荷载产生的剪力 $V$、弯矩 $M$,斜裂缝上端混凝土截面承受的剪力 $V_c$ 和压力 $C_c$、纵向钢筋的拉力 $T_s$ 以及纵向钢筋的销栓力 $V_d$、骨料咬合力 $V_a$。由于混凝土保护层厚度不大,难以阻止纵向钢筋在剪力作用下产生的剪切变形,故纵向钢筋的销栓力很弱。同时斜裂缝的交界面上的骨料咬合及摩擦等作用将随着斜裂缝的开展而逐渐减小。因此,为了便于分析,在极限状态下 $V_d$ 和 $V_a$ 可不考虑。由平衡条件可得:

$$\sum X = 0 \Rightarrow C_c = T_s \tag{5-6}$$

$$\sum Y = 0 \Rightarrow V_c = V \tag{5-7}$$

$$\sum M = 0 \Rightarrow T_s z = Va = M \tag{5-8}$$

以上公式表明,在斜裂缝出现后无腹筋梁发生应力重分布,主要表现在:

a. 在斜裂缝出现前荷载引起的剪力由全截面承担,在斜裂缝出现后剪力则主要由斜裂缝上端的混凝土截面来承担。斜裂缝上方的混凝土既受压又受剪,成为剪压区。由于剪压区面积远小于全截面面积,故其剪应力 $\tau$ 和压应力 $\sigma$ 将显著增大。

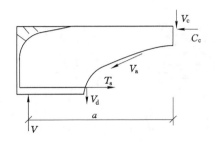

图 5-9  梁裂缝一侧隔离体受力图

b. 在斜裂缝出现前,剪弯段某一截面处纵筋的应力由该处的正截面弯矩所决定。在斜裂缝出现后,由于沿斜裂缝的混凝土脱离工作,该处的纵筋应力将取决于斜裂缝末端处的弯矩。而斜裂缝末端处的弯矩一般将远大于按正截面确定的弯矩,故斜裂缝出现后纵筋的应力将突然增大。由于纵筋拉应力的突然增大,纵筋与周围混凝土之间的黏结可能遭到破坏而出现如图 5-10(a)所示的黏结裂缝;若纵筋上的"销栓力"作用较大,可能沿纵筋产生如图 5-10(b)所示的撕裂裂缝。

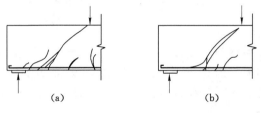

图 5-10  混凝土的黏结裂缝与沿纵筋的撕裂裂缝
(a) 黏结裂缝;(b) 撕裂裂缝

此后,随着荷载的继续增加,剪压区混凝土承受的剪力和压力也随之继续增大,混凝土处于剪压复合应力状态。当其应力达到混凝土在此种复合应力状态的极限强度时,剪压区发生破坏,梁沿着斜截面发生破坏,这时纵筋的应力往往尚未达到钢筋的屈服强度。

### 5.2.2  有腹筋梁的试验研究

有腹筋梁中,一部分剪力由箍筋来承担,因此腹筋梁的破坏形态不仅与剪跨比 $\lambda$ 有关,还与梁中箍筋配置数量有关。配箍率是反映梁中箍筋的数量的一个指标,用下式计算:

$$\rho_{sv} = \frac{A_{sv}}{bs} = \frac{nA_{sv1}}{bs} \tag{5-9}$$

式中  $A_{sv}$——配置在同一截面内箍筋各肢的全部截面面积;

　　$n$——同一截面内箍筋的肢数(图 5-11);

　　$A_{sv1}$——单肢箍筋的截面面积;

　　$s$——沿构件长度方向箍筋的间距;

　　$b$——梁的宽度。

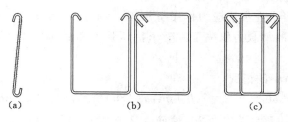

图 5-11 箍筋的肢数

(a) 单肢箍($n=1$);(b) 双肢箍($n=2$);(c) 四肢箍($n=4$)

如图 5-12 所示矩形有腹筋抗剪试验梁。梁截面宽为 $b$,高度为 $h$,有效高度为 $h_0$,截面底部配有受拉钢筋,上部配有两根架立筋(构造筋),梁全长配有箍筋,间距为 $s$。梁跨度为 $l$,为保证受拉钢筋在支座处的锚固,梁伸出支座外 $l'$。试验时在跨中施加一集中荷载,集中荷载到支座的距离为 $a$,为测量梁的挠度变形,还在跨中底部布置了位移计。

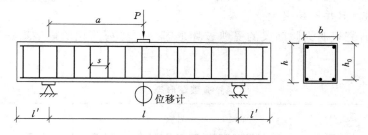

图 5-12 有腹筋抗剪试验梁

(1) 试验过程及破坏形态

下面按配箍率的不同分三种情况来描述试验过程及破坏形态。

① 配箍率较小的情况。

试验梁 $l'=250$ mm,$l=700$ mm,$a=350$ mm,$b=121$ mm,$h=200$ mm,$h_0=180$ mm,受拉钢筋为 2 ⊕ 20,箍筋为 2 φ 3@150,$\rho_{sv}=0.078\%$,$\lambda=1.94$,混凝土立方体抗压强度 $f_{cu}=27.8$ N/mm$^2$,$f_{yv}=344$ N/mm$^2$。

$P=51$ kN 时,弯剪段出现斜裂缝,随后斜裂缝发展较快,裂缝宽度也较大,当 $P=130.4$ kN 时,梁发生剪压破坏,破坏后承载力下降较快。尽管最后破坏形态为剪压破坏,但由于箍筋小,承载力很小,且破坏后承载力下降较快,破坏特征与无腹筋梁相似。

② 配箍率较大的情况。

试验梁 $l'=250$ mm,$l=700$ mm,$a=350$ mm,$b=121$ mm,$h=200$ mm,$h_0=180$ mm,受拉钢筋为 2 ⊕ 20,箍筋为 2 φ 10@100,$\rho_{sv}=1.3\%$,$\lambda=1.94$,混凝土立方体抗压强度 $f_{cu}=23.2$ N/mm$^2$,$f_{yv}=383.4$ N/mm$^2$。

加载初始,梁中未出现裂缝,箍筋应力很小。$P=32$ kN 时,跨中首先出现竖向裂缝。$P=50$ kN 时出现第一条斜裂缝。随着荷载的增大,又出现了许多斜裂缝,这些裂缝大致平行。梁中箍筋应力增长缓慢。当荷载增大到 174.6 kN

时,斜裂缝间混凝土在主压应力作用下压碎,从而导致梁发生斜压破坏,破坏时箍筋未屈服。梁的承载力取决于混凝土抗压强度和截面尺寸,箍筋未充分发挥作用。

③ 配箍率适中的情况。

试验梁 $l' = 250$ mm,$l = 700$ mm,$a = 350$ mm,$b = 121$ mm,$h = 200$ mm,$h_0 = 180$ mm,受拉钢筋为 2$\Phi$20,箍筋为 2$\phi$6@100,$\rho_{sv} = 0.47\%$,$\lambda = 1.94$,混凝土立方体抗压强度 $f_{cu} = 36.1$ N/mm²,$f_{yv} = 284$ N/mm²。

加载初始,梁中未出现裂缝,箍筋应力很小。$P = 45$ kN 时,首先在跨中出现竖向裂缝。荷载的增大到 55 kN 时,剪弯断出现腹剪斜裂缝,斜裂缝出现后由箍筋承担梁腹部的拉应力,同时箍筋还限制了裂缝的宽度,因此梁承受的荷载可以继续增加,箍筋的应力增加较快。随着荷载增加,剪弯断裂缝不断发展,并陆续出现一些新的斜裂缝。当荷载增加到 161.5 kN 时,箍筋屈服,斜裂缝迅速发展,最后压区混凝土在剪应力的作用下发生剪压破坏,破坏时支座位置也发生了撕裂裂缝,但并不是很大。

试验研究表明无腹筋梁的受剪破坏形态主要受剪跨比的影响有三种形式,见表 5-2。

表 5-2　　　　　　　　　　　　　　受剪破坏形态

| 剪跨比<br>配箍率 | $\lambda < 1$ | $1 < \lambda < 3$ | $\lambda > 3$ |
|---|---|---|---|
| $\rho_{sv}$ 很小 | 斜压破坏 | 剪压破坏 | 斜拉破坏 |
| $\rho_{sv}$ 适量 | 斜压破坏 | 剪压破坏 | 剪压破坏 |
| $\rho_{sv}$ 很大 | 斜压破坏 | 斜压破坏 | 斜压破坏 |

(2) 腹筋的作用

在有腹筋梁中,配置箍筋是提高梁斜截面受剪承载力的有效措施。梁在斜裂缝发生之前,因混凝土变形协调影响,腹筋的应力很低,对阻止斜裂缝几乎没有什么作用。但是当斜裂缝出现后,和斜裂缝相交的腹筋对梁受剪性能产生重要影响,其主要作用有:

① 斜裂缝出现后,斜裂缝间的拉应力由腹筋承担,增强了梁的剪力传递能力;

② 控制了斜裂缝的发展,增加了剪压区的面积,使 $V_c$ 增加,骨料咬合力 $V_a$ 也增加;

③ 吊住纵筋,延缓了撕裂裂缝的发展,增强了纵筋销栓作用 $V_d$;

④ 参与斜截面的受弯,使斜裂缝出现后,裂缝处纵筋应力增量减小。

尽管腹筋对梁的受剪性能有上述影响,但配置腹筋对斜裂缝开裂荷载没有影响,也不能提高斜压破坏的承载力,即小剪跨比时,箍筋的上述作用很小;大剪跨比时,箍筋配置如果超过某一限值,梁的抗剪承载力取决于混凝土的抗压强度,继续增加箍筋没有作用。

## 5.3 承载力分析

### 5.3.1 影响斜截面抗剪承载力的主要因素

（1）剪跨比 $\lambda$

如前所述,剪跨比 $\lambda$ 不仅对梁弯剪区的破坏形态有影响,同时对承载力也有很大影响,如图 5-4 所示。随着剪跨比 $\lambda$ 的增加,梁的受剪承载力逐步减弱。当 $\lambda > 3$ 时,剪跨比的影响将不明显。

（2）混凝土强度

斜截面破坏是因混凝土到达复合应力状态下的极限强度而发生的,故混凝土的强度对梁的受剪承载力影响很大。当剪跨比一定时,梁的抗剪承载力随着混凝土强度的提高而增大,两者为线性关系。不同剪跨比的情况下,因破坏形态的差别,抗剪承载能力分别取决于混凝土的抗压或抗拉强度。$\lambda < 1$ 时为斜压破坏,受剪承载力取决于混凝土的抗压强度;$\lambda > 3$ 时为斜拉破坏,受剪承载力取决于混凝土的抗拉强度。由于混凝土抗拉强度的增加较抗压强度来得缓慢,故混凝土强度对斜压破坏时的影响要大于斜拉破坏。剪压破坏时,混凝土的影响则居于上述两者之间。混凝土强度等级对抗剪承载力的影响与剪跨比的关系如图 5-13 所示。

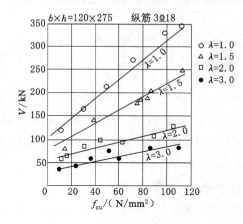

图 5-13 混凝土强度对抗剪强度的影响

（3）纵筋配筋率

纵筋的受剪产生了销栓力,它可以限制斜裂缝的伸展,从而扩大了剪压区的高度,增加斜裂缝间的骨料咬合力。所以,纵筋的配筋率增大,梁的受剪承载力也就提高。纵筋配筋率对抗剪承载力的影响程度与剪跨比 $\lambda$ 有关,如图 5-14 所示,$\lambda$ 较小时,纵筋影响明显;$\lambda$ 较大时,纵筋的影响程度减小。

（4）截面形状

这主要是指 T 形梁。由于 T 形截面有翼缘,增加了剪压区的面积,因此有利于承载力的提高。试验表明,适当增大翼缘宽度,受剪承载力可提高 25%,但翼缘过大时增大尺寸就趋于平缓。另外,梁宽度增厚也可提高受剪承载力。

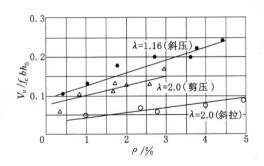

图 5-14　纵筋配筋率对抗剪强度的影响

（5）尺寸效应

混凝土的强度会随着尺寸的增加而降低，因此截面尺寸对无腹筋梁的受剪承载力有较大的影响，在其他条件相同的情况下，梁的高度越大，相对抗剪承载力越低。这是因为随着梁高的增大，斜裂缝宽度也相对较大，骨料咬合作用削弱，裂面残余拉应力减小，裂面剪应力传递能力降低，而且撕裂裂缝较明显，导致销栓作用大大降低。

对于有腹筋梁，剪力由混凝土和腹筋共同承受，截面尺寸对腹筋所承担的那部分剪力没有什么影响，因此相对无腹筋梁来说尺寸效应的影响将减小。

（6）配箍率

试验研究表明，剪跨比较小（λ＜1）时，配置箍筋对梁的斜截面受剪承载力影响很小；剪跨比较大时，梁的斜截面受剪承载力随配箍率增大而提高，但是当配箍率超过某一限值时，梁的斜截面受剪承载力取决于混凝土的抗压强度。

## 5.3.2　斜截面抗剪承载力计算公式

钢筋混凝土梁的受剪机理复杂，影响因素众多，破坏形态复杂，很难综合考虑，国内外研究工作者也曾提出多种描述构件抗剪机理和计算构件抗剪强度的计算模型，如带拉杆的梳形拱模型、桁架模型及桁架拱模型等，但至今尚未建立全面合理的计算模型。我国目前所采用的计算斜截面抗剪承载力的方法还是依靠试验研究，分析梁受剪的一些主要影响因素，从而建立起半理论半经验的实用的计算公式。

由于梁的三种斜截面受剪破坏均属于脆性破坏，因此在工程设计时都应设法避免，但采用的方式有所不同。对于斜压破坏，通常用限制截面尺寸的条件来防止；对于斜拉破坏，则用满足最小配箍率条件及构造要求来防止；对于剪压破坏，因其承载力变化幅度较大，必须通过计算使构件满足一定的斜截面受剪承载力，从而防止剪压破坏。我国混凝土结构设计规范中规定的计算公式就是根据剪压破坏形态建立的。

梁发生剪压破坏时,斜截面所承受的剪力由三部分组成,如图 5-15 所示,即:

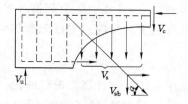

图 5-15 受剪承载力的组成

$$V_u = V_c + V_s + V_{sb} \qquad (5\text{-}10)$$

式中　$V_u$——梁斜截面破坏时所承受的总剪力;

$V_c$——混凝土剪压区所承受的剪力;

$V_s$——与斜裂缝相交的箍筋所承受的剪力;

$V_{sb}$——与斜裂缝相交的弯起钢筋所承受的剪力。

令 $V_{cs}$ 为箍筋和混凝土共同承受的剪力,即:

$$V_{cs} = V_c + V_s \qquad (5\text{-}11)$$

则有:

$$V_u = V_{cs} + V_{sb} \qquad (5\text{-}12)$$

从表面上看,式(5-11)中 $V_c$ 项是依照无腹筋梁混凝土的受剪承载力来取值的,但实际上对于有腹筋梁,由于箍筋的存在,抑制了斜裂缝的开展,使梁剪压区面积增大,导致 $V_c$ 值的提高,其提高程度又与箍筋的强度和配箍率有关,因而 $V_c$ 与 $V_s$ 项两者紧密相关,无法分开表达,故以 $V_{cs}$ 项来表达混凝土和箍筋的总的受剪承载力。

《规范》根据构件内的不同配筋情况和荷载作用情况分别给出了梁(或板)的斜截面抗剪承载力公式。

① 无腹筋梁或板斜截面承载力计算公式:

$$V_u = V_c = 0.7\beta_h f_t b h_0 \qquad (5\text{-}13)$$

$$\beta_h = \left(\frac{800}{h_0}\right)^{1/4} \qquad (5\text{-}14)$$

式中　$\beta_h$——截面高度影响系数:当 $h_0$ 小于 800 mm 时,取 800 mm;当 $h_0$ 大于 2 000 mm 时,取 2 000 mm。

$f_t$——混凝土轴心抗拉强度设计值,按附表 7 取用。

$b$——矩形截面的宽度,T 形或 I 形截面的腹板宽度。

$h_0$——构件截面的有效高度。

② 均布荷载下矩形、T 形和 I 形截面的一般受弯构件,当仅配箍筋时,斜截面受剪承载力的计算公式为:

$$V_u = V_{cs} = 0.7 f_t b h_0 + f_{yv} \frac{A_{sv}}{s} h_0 \qquad (5\text{-}15)$$

式中　$f_{yv}$——箍筋抗拉强度设计值;

$A_{sv}$——配置在同一个截面内箍筋的肢数,$A_{sv1}$ 为单肢箍筋的截面面积;

$s$——沿构件长度方向箍筋的间距。

这里所指的均布荷载也包括作用有多种荷载,但其中集中荷载对支座边缘截面或节点边缘所产生的剪力值小于总剪力值 75%。

③ 对集中荷载作用下的矩形、T 形和 I 形截面的独立简支梁(包括作用有

多种荷载,且其中集中荷载对支座截面或节点边缘所产生的剪力值占总剪力值75%以上的情况),当仅配箍筋时,斜截面受剪承载力的计算公式为:

$$V_u = V_{cs} = \frac{1.75}{\lambda + 1.0} f_t b h_0 + f_{yv} \frac{A_{sv}}{s} h_0 \qquad (5-16)$$

式中　$\lambda$——计算截面剪跨比。当 $\lambda < 1.5$ 时,取 $\lambda = 1.5$;当 $\lambda > 3$ 时,取 $\lambda = 3$。

④ 设有弯起钢筋时,梁的受剪承载力计算公式如下。

当梁中还设有弯起钢筋时,其受剪承载力的计算公式中应增加一项由弯起钢筋所承担的剪力值:

$$V_u = V_{cs} + V_{sb} \qquad (5-17)$$

式中　$V_{cs}$——按式(5-14)或式(5-15)中混凝土和箍筋所共同承担的剪力值;

　　　$V_{sb}$——弯起钢筋的拉力在垂直于梁轴方向的分力值,按式(5-18)计算。

$$V_{sb} = 0.8 f_y A_{sb} \sin \alpha_s \qquad (5-18)$$

式中　$f_y$——弯起钢筋的抗拉强度设计值;

　　　$A_{sb}$——与斜裂缝相交的配置在同一弯起平面内弯起钢筋截面面积;

　　　$\alpha_s$——弯起钢筋与梁纵轴线的夹角,一般为 45°,梁截面超过 800 mm 时通常为 60°。

公式中的系数 0.8 是对弯起钢筋受剪承载力的折减,这是考虑到弯起钢筋与斜裂缝相交时有可能已接近受压区,钢筋强度在梁破坏时不可能全部发挥作用的缘故。

⑤ 计算公式的适用范围。

由于梁的斜截面受剪承载力计算公式仅根据剪压破坏的受力特点确定的,因而具有一定的适用范围。

a. 截面的最小尺寸。

当截面尺寸过小而剪力较大时,梁往往发生斜压破坏。由于斜压破坏取决于混凝土的抗压强度和截面尺寸,因而设计时通过控制受剪截面的剪力设计值不大于斜压破坏时的受剪承载力来避免斜压破坏,同时也防止梁在使用阶段斜裂缝过宽(主要是薄腹梁)。《规范》对梁的截面尺寸作如下的规定。

当 $\dfrac{h_w}{b} \leqslant 4$ 时,应满足:

$$V \leqslant 0.25 \beta_c f_c b h_0 \qquad (5-19)$$

当 $\dfrac{h_w}{b} \geqslant 6$ 时,应满足:

$$V \leqslant 0.2 \beta_c f_c b h_0 \qquad (5-20)$$

当 $4 < \dfrac{h_w}{b} < 6$ 时,按直线内插法取用。

式中　$V$——剪力设计值。

　　　$\beta_c$——混凝土强度影响系数,当混凝土强度等级不超过 C50 时,取 $\beta_c = 1.0$;当混凝土强度等级为 C80 时,$\beta_c = 0.8$,其间按直线内插法取用。

　　　$f_c$——混凝土抗压强度设计值。

　　　$b$——矩形截面的宽度,T 形截面或 I 形截面的腹板宽度。

$h_w$——截面的腹板高度,矩形截面取有效高度 $h_0$,T 形截面取有效高度
　　　减去翼缘高度,I 形截面取腹板净高。

b. 最小配箍率。

当箍筋配量过少,一旦斜裂缝出现,箍筋不能承担斜裂缝截面混凝土退出工作所释放出来的拉应力,很可能迅速达到屈服,造成裂缝的加速开展甚至箍筋被拉断,从而导致斜拉破坏。为了避免这种情况,《规范》规定了配箍率的下限值,即最小配箍率:

$$\rho_{sv,min} = 0.24 \frac{f_t}{f_{yv}} \tag{5-21}$$

### 5.3.3 斜截面抗剪承载力设计

（1）受剪计算截面

求得了梁斜截面受剪承载力 $V_u$,若计算斜截面上的最大剪力设计值 $V$ 不超过 $V_u$,即 $V \leqslant V_u$,则可保证该梁不发生斜截面的剪压破坏。通常剪力设计值按下列计算截面采用。

① 支座边缘处斜截面（图 5-16 中 1—1 截面）。

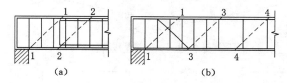

图 5-16　斜截面受剪承载力的计算截面

② 腹板宽度改变处的斜截面:当截面尺寸减小或腹板宽度减小时,受剪承载力降低,有可能产生沿图 5-16 中 2—2 截面的受剪破坏。因此,应取腹板宽度改变处的剪力设计值进行计算。

③ 箍筋数量和间距改变处截面:箍筋直径减小或间距增大,受剪承载力降低,可能产生沿图 5-16 中 4—4 截面的受剪破坏,因此取箍筋数量和间距改变处截面处剪力设计值进行计算。

④ 弯起钢筋弯起点处截面:未设置弯起钢筋区段的受剪承载力低于设置弯起钢筋的区段,可能在弯起钢筋点处产生沿图 5-16 中 3—3 斜截面的受剪破坏,因此应取弯起点处截面的剪力设计值进行计算。

（2）设计计算步骤

钢筋混凝土梁一般先进行正截面承载力设计,确定截面尺寸和纵向钢筋后再进行斜截面受剪承载力的设计计算。为直观起见,下面用计算框图（图 5-17）表达钢筋混凝土梁斜截面受剪承载力的设计计算步骤。

## 5.4　构造要求

### 5.4.1　箍筋

《规范》规定按承载力计算不需要箍筋的梁,当截面高度大于 300 mm 时,应

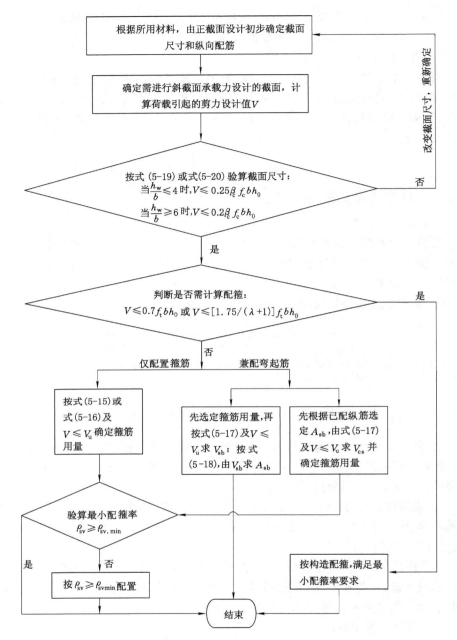

图 5-17 受弯构件截面受剪承载力设计计算流程图

沿梁全长设置构造箍筋；当梁高为 $150\sim300$ mm 时，可仅在构件端部各 $l_0/4$ 范围内设置构造箍筋。但是当在构件中部 $l_0/2$ 范围内有集中荷载时，则应沿梁全长设置箍筋。当梁的高度在 150 mm 以下时，可不设置箍筋。

为控制使用荷载下的斜裂缝宽度，并保证每条斜裂缝至少穿过一个箍筋，《规范》规定了最大箍筋间距 $s_{\max}$（表 5-3）和箍筋的最小直径（表 5-4）。

| 表 5-3 | 梁中箍筋的最大间距 | mm |
|---|---|---|
| 梁　高 | $V > 0.7f_t bh_0$ | $V \leqslant 0.7f_t bh_0$ |
| $150 < h \leqslant 300$ | 150 | 200 |
| $300 < h \leqslant 500$ | 200 | 300 |
| $500 < h \leqslant 800$ | 250 | 350 |
| $h > 800$ | 300 | 400 |

| 表 5-4 | 梁中箍筋的最小直径 | mm |
|---|---|---|
| 梁　高 | $h \leqslant 800$ | $h > 800$ |
| 箍筋直径 | 6 | 8 |

当梁中配有按计算需要的纵向受压钢筋时,为了防止受压筋的压屈曲,箍筋直径还不应小于受压钢筋最大直径的 1/4,且必须做成封闭式,弯钩直线段长度不应小于 5 倍箍筋直径,箍筋间距不应大于 15 倍最小纵向受压钢筋直径,且不应大于 400 mm。当一层内的纵向受压钢筋多于 5 根且直径大于 18 mm 时,箍筋的间距必须小于或等于 10 倍最小纵向受压钢筋直径。当梁宽大于 400 mm且一层内纵向受压钢筋多于 3 根时,或当梁宽不大于 400 mm 但一层内的纵向受压钢筋多于 4 根时,应设置复合箍筋。

当梁中纵向受力钢筋为绑扎搭接时,在搭接长度内,箍筋直径不小于搭接钢筋直径的 1/4,箍筋的间距不应大于 5d 且不应大于 100 mm。当受压钢筋直径大于 25 mm 时,应在搭接接头两个端面外 100 mm 范围内各设置 2 个箍筋。

采用机械锚固措施时,锚固长度范围内的钢筋不应少于 3 个,其直径不应小于纵向钢筋直径的 1/4,其间距不应大于纵向钢筋直径的 5 倍。当纵向钢筋的混凝土保护层厚度不小于钢筋直径或等效直径的 5 倍时,可不配置上述箍筋。

支承在砌体结构上的钢筋混凝土独立梁,纵筋锚固长度范围内应配置不少于 2 个箍筋,箍筋直径不宜小于最大纵筋直径的 1/4,箍筋间距不宜大于 10 倍最小纵筋直径。当采取机械锚锚固措施时,箍筋间距不宜大于 5 倍最小纵筋直径。

## 5.4.2　纵筋的锚固

简支梁在其支座处出现斜裂缝以后,该处纵筋应力将增加,这时梁的抗弯能力还取决于纵向钢筋在支座处的锚固。如锚固长度不足,钢筋与混凝土之间的相对滑动将导致斜裂缝宽度显著增大,从而造成支座处的黏结锚固破坏,尤其是靠近支座处有较大集中荷载时。因此,纵筋在支座处应有足够的锚固长度。

(1) 基本锚固长度

《规范》规定,当计算充分利用钢筋的抗拉强度时,混凝土结构中纵向受拉钢筋的基本锚固长度应按下式计算:

$$l_{ab} = \alpha \frac{f_y}{f_t} d \qquad (5\text{-}22)$$

式中 $l_{ab}$——受拉钢筋的基本锚固长度。

      $f_y$——钢筋抗拉强度设计值。

      $f_t$——混凝土轴心抗拉强度设计值。当混凝土强度等级高于 C60 时,按 C60 取值。

      $d$——锚固钢筋的直径。

      $\alpha$——锚固钢筋的外形系数,按附表 23 取用。

构件中钢筋的锚固长度 $l_a$(修正后的锚固长度)应根据钢筋的受力情况、保护层厚度、钢筋形式等对黏结强度的影响,采用式(5-22)所得的基本锚固长度乘以以下修正系数 $\xi_a$(即 $l_a = \xi_a l_{ab}$):

① 当带肋钢筋的公称直径大于 25 mm 时,修正系数取 1.10;

② 环氧树脂涂层带肋钢筋时,修正系数取 1.25;

③ 施工过程中易受扰动的钢筋时,修正系数取 1.10;

④ 当纵向受力钢筋的实际配筋面积大于其设计计算面积时,修正系数取设计计算面积与实际配筋面积的比值,但对于抗震设防要求及直接承受动力荷载的结构构件,不考虑此项修正;

⑤ 锚固钢筋的保护层厚度为 $3d$ 时,修正系数可取 0.80,保护层厚度为 $5d$ 时修正系数取 0.70,中间按内插取值,此处 $d$ 为锚固钢筋的直径。

上述 $\xi_a$ 多于一项时,可按连乘计算,但不应小于 0.6。

经上述修正后的锚固长度不应小于 200 mm。

当纵向受拉普通钢筋末端采用弯钩或机械锚固措施时,包括弯钩或锚固端头在内的锚固长度(投影长度)可取为基本锚固长度 $l_{ab}$ 的 60%。弯钩和机械锚固的形式如图 5-18 所示,技术要求应符合表 5-5 的规定。

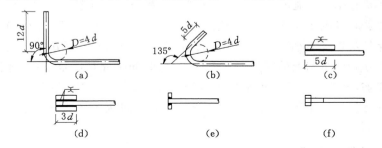

图 5-18 弯钩和机械锚固的形式和技术要求

(a) 90°弯钩;(b) 135°弯钩;(c) 一侧贴焊锚筋;(d) 两侧贴焊锚筋;(e) 穿孔塞焊锚板;(f) 螺栓锚头

混凝土结构中的纵向受压钢筋,当计算中充分利用其抗压强度时,锚固长度不应小于相应受拉锚固长度的 70%。受压钢筋不应采用末端弯钩和一侧贴焊锚筋的锚固措施。

(2) 纵筋在简支支座内的锚固

钢筋混凝土简支梁和连续梁简支端的下部纵向受力钢筋,应伸入支座有一定的锚固长度。由于支座处存在横向压应力,有利于钢筋与混凝土之间黏结强度,同时由于支座处弯矩较小和钢筋的受力较小,因此,支座处的实际锚固长度

$l_{as}$可比基本锚固长度 $l_{ab}$ 小。

**表 5-5** 钢筋弯钩和机械锚固的形式和技术要求

| 锚 固 形 式 | 技 术 要 求 |
|---|---|
| 90°弯钩 | 末端 90°弯钩,弯钩内径 $4d$,弯后直段长度 $12d$ |
| 135°弯钩 | 末端 135°弯钩,弯钩内径 $4d$,弯后直段长度 $5d$ |
| 一侧贴焊锚筋 | 末端一侧贴焊长 $5d$ 同直钢筋 |
| 两侧贴焊锚筋 | 末端一侧贴焊长 $3d$ 同直钢筋 |
| 焊端锚板 | 末端与厚度 $d$ 的锚板穿孔塞焊 |
| 螺栓锚头 | 末端旋入螺栓锚头 |

注:1. 焊缝和螺纹长度应满足承载力要求;
　　2. 螺栓锚头和焊接锚板的承压净面积不应小于锚固钢筋截面积的 4 倍;
　　3. 螺栓锚头的规格应符合相关标准的要求;
　　4. 螺栓锚头和焊接锚板的钢筋净间距不宜小于 $4d$,否则应考虑群锚效应的不利影响;
　　5. 截面角部的弯钩和一侧贴焊锚筋的布筋方向宜向截面内侧偏置。

《规范》规定,钢筋混凝土简支梁和连续梁简支端的下部纵向受力钢筋,从支座边缘算起,钢筋伸入支座内的锚固长度 $l_a$ 应符合下列规定:

① 当 $V \leqslant 0.7 f_t b h_0$ 时:

$$l_{as} \geqslant 5d \qquad\qquad (5\text{-}23\text{a})$$

② 当 $V > 0.7 f_t b h_0$ 时:

$$l_{as} \geqslant \begin{cases} 12d & (\text{带肋钢筋}) \\ 15d & (\text{光面钢筋}) \end{cases} \qquad (5\text{-}23\text{b})$$

式中　$d$ ——钢筋的最大直径。

光面钢筋锚固长度的末端均应设置标准弯钩(图 5-19)。为了利用支座处支承压应力对黏结强度的有利作用,并防止角部纵筋弯钩外侧保护层混凝土的剥落,可将钢筋弯钩向内侧平放。当纵向受力钢筋伸入支座内的锚固长度不符合上述要求时,可采取弯钩或机械锚固措施,包括弯钩或锚固端头在内的锚固长度(投影长度)可取为基本锚固长度 $l_{ab}$ 的 60%。弯钩和机械锚固的形式应符合技术要求。

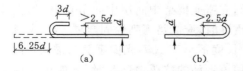

图 5-19　光面钢筋的端部弯钩
(a) 标准弯钩;(b) 机械弯钩

混凝土强度等级为 C25 及以下的简支梁和连续梁的简支端,当距支座边 $1.5h$ 范围内作用有集中荷载且 $V > 0.7 f_t b h_0$ 时,带肋钢筋宜采取有效的锚固措施或锚固长度 $l_{as} \geqslant 15d$,$d$ 为锚固钢筋的直径。

对于板，一般剪力较小，通常能满足 $V \leqslant 0.7 f_t bh_0$。而且连续板中间支座一般无正弯矩，因此，《规范》规定板的简支支座和中间支座下部纵向受力钢筋的锚固长度均取 $l_{as} \geqslant 5d$。

（3）纵筋在固定支座内的锚固

对于承受弯矩的梁端固定支座，如悬臂梁固端支座、框架梁边支座等，当支座尺寸足够时，可采用直线锚固形式，实际锚固长度 $l_{as}$ 不应小于修正后的锚固长度 $l_a$。对于框架梁中间层边支座，还应伸过柱中心线，伸过的长度不宜小于 5 倍上部纵筋直径，如图 5-20（a）所示。

对于框架梁中间层边支座，当梁支座截面（柱截面）尺寸不够时，梁上部纵向钢筋可采用钢筋端部加机械锚头的锚固方式（见基本锚固长度中的相关规定）。梁上部纵向钢筋宜伸至柱外侧纵向钢筋内边，包括机械锚头在内的水平投影长度不应小于 $0.4 l_{ab}$，如图 5-20（b）所示。梁上部纵筋也可采用 90°弯折锚固的方式，此时梁上部纵向钢筋应伸至柱外侧纵向钢筋内边并向节点内弯折，其包含弯弧在内的水平投影长度不应小于 $0.4 l_{ab}$，弯折钢筋在弯折平面内包含弯弧段的投影长度不应小于 15 倍上部纵筋直径，如图 5-20（c）所示。对于框架梁下部纵向钢筋，当计算中充分利用该钢筋的抗拉强度时，钢筋的锚固方式及长度应与上部钢筋的规定相同；当计算中不利用该钢筋的强度时，带肋钢筋锚固长度不小于 $12d$，光面钢筋小于 $15d$（$d$ 为钢筋的最大直径）；当仅利用该钢筋的抗压强度时，钢筋应按受压钢筋锚固在中间节点或中间支座内，其直线锚固和长度不应小于 $0.7 l_a$。

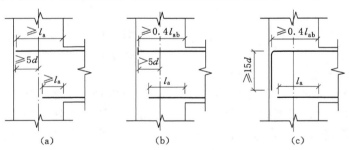

图 5-20　纵筋在固定支座内的锚固

（4）纵筋在中间支座内的锚固

对于连续梁中间支座或框架中间层中间节点，梁的上部纵向钢筋应贯穿节点或支座。当不能贯穿时，应满足下列锚固要求：当计算中不利用该钢筋的强度时，带肋钢筋的锚固长度不小于 $12d$，光面钢筋的锚固长度小于 $15d$（$d$ 为钢筋的最大直径）；当仅利用该钢筋的抗压强度时，钢筋应按受压钢筋锚固在中间节点或中间支座内，其直线锚固长度不应小于 $0.7 l_a$；当计算中充分利用该钢筋的抗拉强度时，钢筋可采用直线方式锚固在支座或节点内，锚固长度不应小于受拉锚固长度 $l_a$，如图 5-21（a）所示；当柱截面尺寸不足时，可采用钢筋端部加锚头的机械锚固措施，也可采用 90°弯折锚固，如图 5-21（b）所示。钢筋可在支座（或节点）外梁中弯矩较小处设置搭接接头，搭接长度的起始点至节点或支座边缘的距离不应小于 $1.5 h_0$，如图 5-21（c）所示。

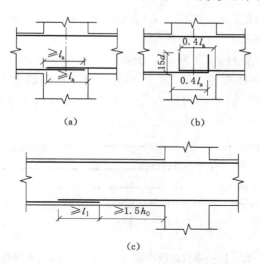

图 5-21　钢筋在中间支座内的锚固

### 5.4.3　纵筋的连接

梁中纵筋长度不够时,可采用绑扎搭接、机械连接或焊接的方法进行连接。受力钢筋的连接接头宜设置在受力较小处,在同一根受力钢筋上宜少设接头。在结构的重要构件和关键传力部位,纵向受力钢筋不宜设置接头。机械连接或焊接接头的类型及质量应符合国家现行有关标准的规定。

轴心受拉及小偏心受拉杆件的纵向受力钢筋不得采用绑扎搭接;其他构件中的钢筋采用绑扎搭接时,受拉钢筋直径不宜大于 25 mm,受压钢筋直径不宜大于 28 mm。

当构件需进行疲劳验算时,其纵向受拉钢筋不得采用绑扎搭接和焊接。

当采用绑扎搭接连接时,其搭接长度 $l_1$ 规定如下:

(1) 受拉钢筋

纵向受拉钢筋的搭接长度应根据位于同一连接区段内的搭接钢筋面积百分率按下式计算,且任何情况下不得小于 300 mm。

$$l_1 = \zeta l_a \tag{5-24}$$

式中　$l_1$——受拉钢筋的搭接长度;

　　　$l_a$——受拉钢筋的锚固长度;

　　　$\zeta$——受拉钢筋搭接长度修正系数,按表 5-6 取用。

表 5-6　　　　　　　　受拉钢筋搭接长度修正系数 $\zeta$

| 纵向钢筋搭接接头百分率/% | ≤25 | 50 | 100 |
|---|---|---|---|
| 搭接长度修正系数 $\zeta$ | 1.2 | 1.4 | 1.6 |

概念阐释

同一构件中相邻纵向受力钢筋的绑扎搭接接头宜相互错开。钢筋绑扎搭接接头连接区段的长度为 1.3 倍搭接长度(图 5-22),凡搭接接头中点位于该连接区段长度内的搭接接头均属于同一连接区段。同一连接区段内纵向钢筋搭接接头面积百分率为该区段内有搭接接头的纵向受力钢筋截面面积与全部纵向受力钢筋截面面积的比值。

对梁、板及墙类构件,位于同一连接区段内的受拉钢筋搭接接头面积百分率不宜大于 25%;对柱类构件,不宜大于 50%。当工程中确有必要增大受拉钢筋搭接接头面积百分率时,梁类构件不应大于 50%;对板、墙及柱类构件,可根据实际情况放宽。

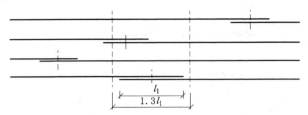

图 5-22  同一连接区段内纵向受拉钢筋的绑扎搭接接头

并筋采用绑扎搭接连接时,应按每根单筋错开搭接的方式连接。接头面积百分率按同一连接区段内所有的单根钢筋计算。并筋中钢筋的搭接长度应按单筋分别计算。

(2)受压钢筋

构件中的纵向受压钢筋采用搭接连接时,连接长度取受拉搭接长度的 0.7 倍,且任何情况下不应小于 200 mm。

### 5.4.4  纵筋的弯起

以承受均布荷载的简支梁为例,在进行截面抗弯设计时是以跨中截面的最大弯矩进行配筋计算的。对于在靠近支座的截面来说,由于弯矩较小,从而不能充分发挥钢筋的抗拉性能,因此常在保证截面抗弯承载力的条件下把部分受拉纵筋弯起作为腹筋来承担部分剪力。在设计中为了确定钢筋弯起位置,保证截面的抗弯承载力,首先要确定抵抗弯矩图。

(1)抵抗弯矩图

抵抗弯矩图是指按实际纵向受力钢筋布置情况画出的各个截面的抵抗弯矩,即受弯承载力设计值 $M_u$ 沿构件轴线方向的分布图形,以下称为 $M_R$ 图。由荷载对梁的各个正截面产生的弯矩设计值 $M$ 所绘制的图形,称为荷载效应图,以下称 $M$ 图。显然,设计时所绘制 $M_R$ 图必须包住 $M$ 图,才能保证梁的各个正截面受弯承载力。

图 5-23 为一承受均布荷载简支梁的配筋图、$M$ 图和 $M_R$ 图。该梁配置的纵筋为 2 $\Phi$ 22+1 $\Phi$ 20。如果梁中钢筋的总面积等于计算面积,则 $M_R$ 图的外围水平线正好与 $M$ 图上最大弯矩点相切,若钢筋的总面积略大于计算面积,则可根据实际配筋量 $A_s$,利用下式来求得 $M_R$ 图外围水平线的位置,即:

$$M_R = A_s f_y \left( h_0 - \frac{f_y A_s}{2\alpha_1 f_c b} \right) \tag{5-25}$$

每根钢筋所承担的 $M_{Ri}$ 可近似按该钢筋的面积 $A_{si}$ 与总钢筋面积 $A_s$ 的比值

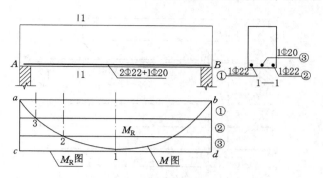

图 5-23 配通长直筋的简支梁材料抵抗弯矩图

乘以 $M_R$ 求得,即:

$$M_{Ri} = M_R \cdot \frac{A_{si}}{A_s} \qquad (5\text{-}26)$$

如果三根钢筋的两端都伸入支座,则 $M_R$ 图即为图 5-23 中 abcd。每根钢筋所能抵抗的弯矩 $M_{Ri}$ 用水平线示于图上。由图可见,除跨度中部外,$M_R$ 比 $M$ 大得多,临近支座处正截面受弯承载力极为富裕。在工程设计中,往往将部分纵筋弯起,利用其受剪达到经济的效果。因为梁底部的纵向钢筋是不能截断的,而进入支座也不能少于 2 根,所以用于弯起的钢筋只有③号筋 1 $\Phi$ 20。绘图时应注意,必须将它画在 $M_R$ 图的外侧。

在图 5-24 中 1 截面处③号钢筋强度充分利用;2 截面处②号钢筋强度充分利用,3 截面处①号钢筋充分利用,而③号钢筋在 2 截面以外(向支座方向)就不再需要了,②号钢筋在 3 截面以外也不再需要。因而,可以把 1、2、3 三个截面分别称为③、②、①号钢筋的充分利用截面,而把 2、3、4 三个截面称为③、②、①号钢筋的不需要截面。

如果将③号钢筋在临近支座处弯起,弯起点 e、f 必须在 2 截面的外面,弯起钢筋在与梁截面高度中心线相交处 G,可近似认为它不再提供受弯承载力,故该处的 $M_R$ 图即为图 5-24 中所示的 aigefhjb。图中 e、f 点分别垂直对应于弯起点 E、F,g、h 点分别垂直对应于弯起钢筋与梁高度中心线的交点 G、H。由于弯起钢筋的正截面受弯内力臂逐渐减小,所以反映在 $M_R$ 图上 eg 和 fh 也呈斜线,承担的正截面受弯承载力相应减小。

作成的 $M_R$ 图,g、h 点都不能落在 $M$ 图以内,也即 $M_R$ 图应能完全包住 $M$ 图,这样梁的正截面受弯承载力才满足要求,不至于发生受弯破坏。

(2)纵筋的弯起

在弯起纵筋时,要考虑斜截面受弯承载力的要求,确定适当的弯起点。如图 5-25 所示,对弯筋而言,未弯起前正截面 Ⅰ—Ⅰ 处的受弯承载力:

$$M_{\mathrm{I}} = f_y A_{sb} z \qquad (5\text{-}27)$$

弯起后,在 Ⅱ—Ⅱ 截面(斜截面)处的受弯承载力:

$$M_{\mathrm{II}} = f_y A_{sb} z_b \qquad (5\text{-}28)$$

为了保证斜截面的受弯承载力,至少要求斜截面受弯承载力与正截面受弯

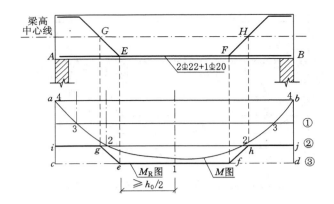

图 5-24　配弯起钢筋简支梁的材料抵抗弯矩图

承载力等强，即 $M_{\mathrm{I}} = M_{\mathrm{II}}, z_{\mathrm{b}} = z$。

设弯起点离弯筋充分利用的截面 I—I 的距离为 $a$，由图 5-25 可知：

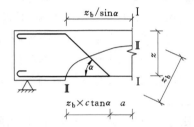

图 5-25　弯起点位置

$$\frac{z_{\mathrm{b}}}{\sin \alpha} = z\cot \alpha + a \tag{5-29}$$

所以：

$$a = \frac{z_{\mathrm{b}}}{\sin \alpha} - z\cot \alpha = \frac{z(1 - \cos \alpha)}{\sin \alpha} \tag{5-30}$$

通常 $\alpha = 45°$ 或 $60°$，近似取 $z = 0.9h_0$，则：

$$a = (0.373 \sim 0.5)h \tag{5-31}$$

为方便起见，《规范》规定弯起点与按计算充分利用该钢筋截面之间的距离，不应小于 $0.5h_0$，即弯起点应在该钢筋充分利用截面以外大于或等于 $0.5h_0$ 处，所以图 5-24 中 $e$ 点离 1 截面应大于等于 $0.5h_0$。

连续梁中，把跨中承受正弯矩的纵向钢筋弯起，并把它作为支承支座负弯矩的钢筋也必须遵守这一规定，如图 5-26 中的钢筋 b，其在受拉区域中的弯起点（对承受正弯矩的纵向钢筋来讲是它的弯终点）离开充分利用截面 4 的距离应大于等于 $0.5h_0$，否则此弯起筋将不能用做支座截面的负钢筋。

为了使每根弯起钢筋都能与斜裂缝相交，以保证斜截面的受剪力和受弯承载力，《规范》规定弯起钢筋的弯终点到支座边或到前一排钢筋弯起点之间的距离都不应大于箍筋的最大间距，如图 5-27 所示，其值见表 5-3 内 $V > 0.7f_{\mathrm{t}}bh_0$ 一栏的规定。弯起钢筋的弯终点以外应留有一定的锚固长度：在受拉区不应小于

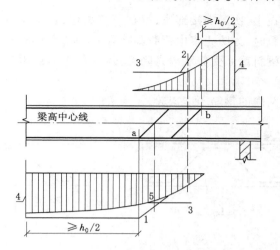

图 5-26　弯起钢筋弯起点与弯矩图的关系

1——受拉区的弯起点；2——按计算不需要钢筋 b 的截面；

3——正截面受弯承载力图；4——按计算充分利用钢筋强度的截面；

5——按计算不需要钢筋 a 的截面

$20d$，在受压区不应小于 $10d$，对于光面弯起钢筋，在末端应设置弯钩，如图 5-28 所示。

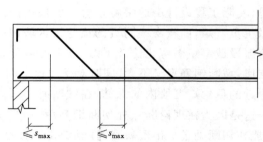

图 5-27　弯终点位置

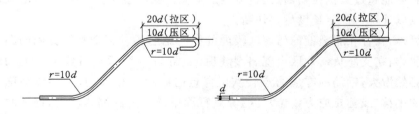

图 5-28　弯起钢筋直线段的锚固

　　弯起钢筋除利用纵向钢筋弯起外，还可单独设置仅用做受剪的弯起钢筋，但必须在集中荷载或支座两侧均设置，称为鸭筋，如图 5-29（a）所示。由于弯筋的作用是将斜裂缝之间的混凝土斜压力传递到受压区混凝土中去，以加强混凝土块体之间的共同工作，形成一拱形桁架，因而不允许设置如图 5-29（b）所示的浮筋。

实际工程中在主、次梁交接部位、梁柱节点部位、位于梁下部或梁截面高度范围内有集中荷载时,为防止集中荷载影响区下部混凝土的撕裂及裂缝,并弥补间接加载导致的梁斜截面受剪承载力降低,应在集中荷载影响区范围内配置附加横向钢筋。

位于梁底层两侧的钢筋不能弯起。

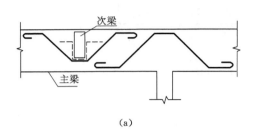
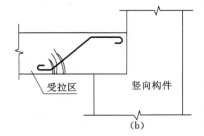

图 5-29 仅做受剪的弯起钢筋
(a) 吊筋和鸭筋;(b) 浮筋

### 5.4.5 纵筋的截断

受弯构件的正、负纵向钢筋都是根据相应控制截面处的最大的弯矩计算确定的。理论上讲,设计中可以根据设计弯矩图的变化,在弯矩较小的区段将一部分纵筋截段。但是,实际工程设计中通常将正弯矩区段内的部分纵向钢筋弯向支座用来抗剪或抵抗负弯矩,而将支座附近的负弯矩区段内的纵筋截断。这是因为一般在正弯矩区段截弯矩图弯化比较平缓,加上必要的钢筋锚固长度后实际截断点已接近支座,截断钢筋意义不大,同时对受力也不利。

对于在支座附近的负弯矩区段内的纵筋,在截断时必须向弯矩较小的区段延伸足够的长度。这是因为在理论断点处切断钢筋后,相应于该处的混凝土拉应力会突增,有可能在切断处过早出现斜裂缝,但该处未切断纵筋的强度是被充分利用的,斜裂缝的出现使斜裂缝顶端截面处承担的弯矩增大,未切断纵筋的应力就有可能超过其抗拉切断,而造成梁的斜截面受弯破坏。因而,纵筋必须从理论断点以外延伸一定长度后再切断。

另外,在存在斜裂缝的弯剪区段内的纵向钢筋还有一个黏结锚固问题。试验表明,当在支座负弯矩区出现斜裂缝后,如图 5-30 所示在斜截面 B 上的纵筋应力必然增大,钢筋的零应力点会从反弯点向截断点 C 移动,这种移动称为拉应力的平移(或称拉应力错位)。随着 B 截面钢筋应力的继续增大,钢筋的销栓剪切作用会将混凝土保护层撕裂,在梁上引起一系列由 B 向 C 发展的针脚状斜向黏结裂缝。若纵筋的黏结锚固长度不够,这些黏结裂缝将会拉通,形成水平劈裂裂缝,梁顶面也会出现纵向裂缝,最终造成构件的黏结破坏。所以还必须自钢筋强度充分利用截面以外延伸后再截断钢筋。

《规范》规定梁支座截面负弯矩纵向受拉钢筋不宜在受拉区截断,必须截断时应符合以下规定:

① 当 $V \leqslant 0.7 f_t b h_0$ 时,应延伸至按正截面受弯承载力计算不需要该钢筋的

截面以外不小于 $20d$ 处截断,且从该钢筋强度充分利用截面伸出的长度不应小于 $1.2l_a$。

② 当 $V>0.7f_tbh_0$ 时,应延伸至按正截面受弯承载力计算不需要该钢筋的截面以外不小于 $h_0$ 且不小于 $20d$ 处截断,且从该钢筋强度充分利用截面伸出的长度不应小于 $1.2l_a+h_0$。

③ 若按上述规定的截断点仍位于负弯矩区内,则应延伸至按正截面受弯承载力计算不需要该钢筋的截面以外不小于 $1.3h_0$ 且不小于 $20d$ 处截断,且从该钢筋强度充分利用截面伸出的延伸长度不应小于 $1.2l_a+1.7h_0$。

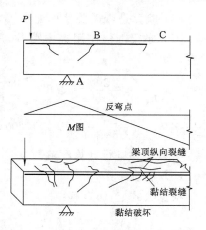

图 5-30 截断钢筋的黏结锚固

在悬臂梁中,应有不少于 2 根上部钢筋伸至悬臂梁外端,并向下弯折不小于 $12d$;其余钢筋不应在梁的上部截断,而应按规定的弯起点位置向下弯折并在梁的下边锚固,弯终点外的锚固长度在受压区不应小于 $10d$,在受拉区不应小于 $20d$。

## 5.5 实例分析

【例 5-1】 一计算跨度为 3.2 m 的钢筋混凝简支梁,距左支座 1.2 m 处作用有一集中荷载 $P$,其设计值为 200 kN。已知混凝土强度等级为 C30,纵筋为 HRB400 级钢筋,箍筋为 HPB300,安全等级为二级,环境类别为一类。经正截面受弯承载设计计算,确定其截面尺寸 $b\times h=200$ mm$\times 500$ mm,纵筋为 3 $\underline{\Phi}$ 25,截面有效高度 $h_0=465$ mm。试确定梁配箍方案。

【解】 (1)确定基本参数

查《规范》得:$f_c=14.3$ N/mm$^2$,$f_t=1.43$ N/mm$^2$,$f_{yv}=270$ N/mm$^2$。

截面有效高度:$h_0=465$ mm,$h_w=h_0=465$ mm。

混凝土强度等级为 C30,$\beta_c=1.0$。

(2)计算控制截面处最大剪力设计值

$$V_左 = 200\times\frac{2\ 000}{3\ 200}=125\text{ kN},V_右=200\times\frac{1\ 200}{3\ 200}=75\text{ kN}$$

$$V=\max\{V_左,V_右\}=125\text{ kN}$$

(3)验算截面尺寸

$$h_w/b=465/200<4$$

$$0.25\beta_cf_cbh_0=0.25\times1.0\times14.3\times200\times465=332\ 475\text{ N}$$

$$=332.48\text{ kN}>V=125\text{ kN}$$

所以截面尺寸符合要求。

（4）验算是否需要计算配筋

因为是梁上仅作用集中荷载，所以应考虑剪跨比的影响，按式（5-16）进行验算。

$$\lambda = \frac{a}{h_0} = \frac{1\ 200}{465} = 2.58 \begin{matrix} >1.5 \\ <3.0 \end{matrix},\text{取}\ \lambda = 2.58\ \text{计算}。$$

$$\frac{1.75}{\lambda+1}f_t bh_0 = \frac{1.75}{2.58+1} \times 1.43 \times 200 \times 465 = 65\ 009\ \text{N} = 65.01\ \text{kN} < V = 125\ \text{kN}$$

所以需要进行计算配箍。

（5）箍筋计算

根据公式（5-16），有：

$$\frac{A_{sv}}{s} = \frac{V - \dfrac{1.75}{\lambda+1}f_t bh_0}{f_{yv}h_0} = \frac{125 - 65.01}{270 \times 465} \times 10^3 = 0.478\ \text{mm}^2/\text{mm}$$

由表 5-3 和表 5-4 知，最小箍筋直径为 6 mm，最大箍筋间距为 200 mm。选用 $2\phi 8$，此时，$n=2$，$A_{sv1} = 50.3\ \text{mm}^2$，$A_{sv} = nA_{sv1} = 100.6\ \text{mm}^2$。

$$s = \frac{A_{sv}}{0.478} = \frac{100.6}{0.478} = 210\ \text{mm} > s_{max} = 200\ \text{mm}，\text{取}\ s = 200\ \text{mm}。$$

（6）验算配箍率

$$\rho_{sv} = \frac{A_{sv}}{bs} = \frac{100.6}{200 \times 200} = 0.002\ 5 > \rho_{sv,min} = \frac{0.24 f_t}{f_{yv}} = \frac{0.24 \times 1.43}{270} = 0.001\ 3$$

满足要求。

沿梁全长均匀布置 $2\phi 8@200$ 箍筋。

【例 5-2】　钢筋混凝土矩形截面简支梁，截面尺寸、搁置情况及纵筋数量如图 5-31 所示，该梁承受均布荷载设计值 96 kN/m（包括自重），混凝土强度等级为 C30（$f_c = 14.3\ \text{N/mm}^2$，$f_t = 1.43\ \text{N/mm}^2$），纵筋为 HRB400（$f_y = 360\ \text{N/mm}^2$），箍筋为 HPB300（$f_{yv} = 270\ \text{N/mm}^2$）。试确定该梁的配箍。

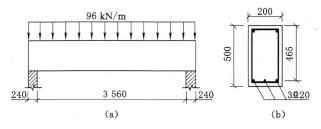

图 5-31　例题 5-2 图

【解】　（1）确定基本参数

截面有效高度：$h_0 = 465\ \text{mm}$，$h_w = h_0 = 465\ \text{mm}$。

混凝土强度等级为 C30，$\beta_c = 1$，$f_c = 14.3\ \text{N/mm}^2$。

（2）计算剪力设计值

支座边缘处截面的剪力设计值最大：

$$V = \frac{1}{2}ql_n = \frac{1}{2} \times 96 \times 3.56 = 170.88 \text{ kN}$$

（3）验算截面尺寸

$$h_w/b = 465/200 < 4$$

$$0.25\beta_c f_c bh_0 = 0.25 \times 14.3 \times 200 \times 465$$
$$= 332\ 475 \text{ N} = 332.48 \text{ kN} > V = 170.88 \text{ kN}$$

所以截面尺寸符合要求。

（4）验算是否需要计算配筋

均布荷载单独作用下的独立梁按式(5-15)验算。

$$0.7 f_t bh_0 = 0.7 \times 1.43 \times 200 \times 465 = 93\ 093 \text{ N} = 93.09 \text{ kN} < V = 170.88 \text{ kN}$$

所以需要进行计算配筋。

（5）箍筋计算

根据式(5-15)有：

$$\frac{A_{sv}}{s} = \frac{V - 0.7 f_t bh_0}{f_{yv} h_0} = \frac{170.88 - 93.09}{270 \times 465} \times 10^3 = 0.62 \text{ mm}^2/\text{mm}$$

由表 5-3 和表 5-4 知，最小箍筋直径为 6 mm，最大箍筋间距为 200 mm。选用 2 $\phi$ 8，此时，$n=2$，$A_{sv1}=50.3 \text{ mm}^2$，$A_{sv}=nA_{sv1}=100.6 \text{ mm}^2$。

$$s = \frac{A_{sv}}{0.62} = \frac{100.6}{0.62} = 162 \text{ mm} < s_{max} = 200 \text{ mm}，取 s = 160 \text{ mm}。$$

（6）验算配箍率

$$\rho_{sv} = \frac{A_{sv}}{bs} = \frac{100.6}{200 \times 160} = 0.0031$$

$$> \rho_{sv,min} = \frac{0.24 f_t}{f_{yv}} = \frac{0.24 \times 1.43}{270} = 0.001\ 3$$

满足要求。

沿梁全长布置 2 $\phi$ 8@160 箍筋。

【例 5-3】 某矩形钢筋混凝土简支梁上同时作用有均布荷载和集中荷载，如图 5-32(a)所示(图中所示均为设计值)。梁的截面尺寸 250 mm×600 mm，纵筋排成一排，$a_s = 35 \text{ mm}$。混凝土强度等级为 C30($f_c = 14.3 \text{ N/mm}^2$，$f_t = 1.43 \text{ N/mm}^2$)，箍筋为 HPB300($f_{yv} = 270 \text{ N/mm}^2$)。试确定该梁的配箍。

【解】 （1）确定基本参数

截面有效高度：$h_0 = 600 - 35 = 565 \text{ mm}$，混凝土强度等级为 C30：$\beta_c = 1$。

（2）计算剪力设计值

剪力设计值，如图 5-32(b)所示。

（3）验算截面尺寸

$$h_w/b = 565/250 = 2.26 < 4$$

$$0.25\beta_c f_c bh_0 = 0.25 \times 1.0 \times 14.3 \times 250 \times 565 = 504\ 969 \text{ N}$$
$$= 504.97 \text{ kN} > V = 152.2 \text{ kN}$$

截面尺寸符合要求。

（4）验算是否需要计算配筋

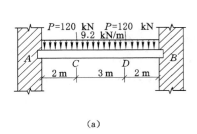

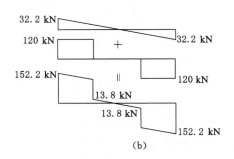

图 5-32 例题 5-3 图

梁上既作用有集中荷载又作用有均布荷载，且剪力变化较大，需分段进行验算。

① AC 段和 BD 段：

如图 5-32 所示，支座截面处的总剪力为 152.2 kN，其中集中荷载产生的剪力为 120 kN，120/152.2＝0.79＞0.75，所以应按式(5-16)进行验算。

$$\lambda = \frac{a}{h_0} = \frac{2\ 000}{565} = 3.54 > 3，取 \lambda = 3 计算。$$

$$\frac{1.75}{\lambda+1}f_t b h_0 = \frac{1.75}{3+1} \times 1.43 \times 250 \times 565 = 88\ 370\ N = 88.37\ kN < V = 152.2\ kN$$

所以需要进行计算配筋。

② CD 段：

该段剪力由均布荷载产生，应按式(5-15)进行验算。

$$0.7 f_t b h_0 = 0.7 \times 1.43 \times 250 \times 565 = 141\ 391\ N = 141.39\ kN > V = 13.8\ kN$$

所以 CD 段只需按照构造要求进行配筋。查表 5-3 和表 5-4，最小箍筋直径为 6 mm，最大箍筋间距 $s_{max} = 350$ mm，配置 2 Φ 8@300。$\rho_{sv} = \frac{101}{250 \times 300} = 0.135\% > \rho_{sv,min} = \frac{0.24 f_t}{f_{yv}} = \frac{0.24 \times 1.43}{270} = 0.127\%$。

(5) 箍筋计算

根据式(5-16)，$V = \frac{1.75}{\lambda+1}f_t b h_0 + f_{yv}\frac{A_{sv}}{s}h_0$，则有：

$$\frac{A_{sv}}{s} = \frac{V - \frac{1.75}{\lambda+1}f_t b h_0}{f_{yv}h_0} = \frac{152.2 - 88.37}{270 \times 565} \times 10^3 = 0.418\ mm^2/mm$$

根据构造要求选用 2 Φ 6，此时：$n = 2，A_{sv1} = 28.3\ mm^2，A_{sv} = n A_{sv1} = 56.6\ mm^2，s = \frac{A_{sv}}{0.418} = \frac{56.6}{0.418} = 135\ mm < s_{max} = 250\ mm$，取 $s = 130$ mm。

(6) 验算配箍率

$$\rho_{sv} = \frac{A_{sv}}{bs} = \frac{56.6}{250 \times 130} = 0.001\ 7 > \rho_{sv,min} = \frac{0.24 f_t}{f_{yv}} = \frac{0.24 \times 1.43}{270} = 0.001\ 3$$

满足要求。

【例 5-4】 一钢筋混凝土 T 形截面简支梁,截面尺寸、跨度、纵向钢筋数量如图 5-33 所示,承受一集中荷载(梁自重不计),荷载设计值为 550 kN,混凝土采用 C30($f_c$=14.3 N/mm²,$f_t$=1.43 N/mm²),纵筋为 HRB400($f_y$=360 N/mm²),箍筋为 HRB335($f_{yv}$=300 N/mm²)。试确定该梁箍筋及弯起筋方案。

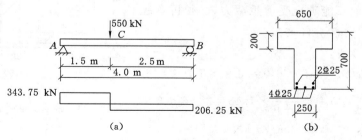

图 5-33 例题 5-4 图

【解】 (1)确定基本参数

截面有效高度:$h_0$=700−60=640 mm,
$$h_w = h_0 - h'_f = 640 - 200 \text{ mm} = 440 \text{ mm}.$$

混凝土强度等级为 C30:$\beta_c$=1。

(2)计算剪力设计值

剪力设计值,如图 5-33 所示。

(3)验算截面尺寸

$$h_w/b = 440/250 = 1.76 < 4$$
$$0.25\beta_c f_c b h_0 = 0.25 \times 1.0 \times 14.3 \times 250 \times 640$$
$$= 572\,000 \text{ N} = 572 \text{ kN} > V_A = 343.75 \text{ kN}$$

截面尺寸符合要求。

(4)确定箍筋及弯起钢筋

梁上剪力变化较大,需分段进行验算。

① AC 段:考虑到现有纵筋配置情况,在上排 2 ⌀ 25 中先弯起一根($A_{sb}$=490.9 mm²),弯起角取 45°。

$$V_{sb} = 0.8A_{sb}f_y\sin\alpha_s = 0.8 \times 490.9 \times 360 \times \sqrt{2}/2 = 99\,975 \text{ N}$$
$$V_{cs} = V_A - V_{sb} = 343\,750 - 99\,975 = 243\,775 \text{ N}$$
$$\lambda = a/h_0 = 1\,500/640 = 2.34$$

$$\frac{1.75}{\lambda+1}f_t b h_0 = \frac{1.75}{2.34+1} \times 1.43 \times 250 \times 640 = 119\,880 \text{ N} < V_{cs} = 243\,775 \text{ N}$$

必须按计算配置箍筋,由式(5-16)可得:

$$\frac{nA_{sv1}}{s} = \frac{243\,775 - 119\,880}{1.0 \times 300 \times 640} = 0.645$$

由表 5-3 和表 5-4 可知最小箍筋直径为 6 mm,最大箍筋间距 $s_{max}$=250 mm,选配 2 ⌀ 8@150,则有:

$$\frac{nA_{sv1}}{s} = \frac{2 \times 50.3}{150} = 0.671 > 0.645(可以)$$

$$\rho_{sv} = \frac{0.671}{250} = 0.268\% > \rho_{sv,min} = 0.24 \times \frac{1.43}{300} = 0.114\%$$

该梁在 $AC$ 段中剪力值均为 343.75 kN，故在弯起钢筋的弯起点处仅配箍筋 2 $\oplus$ 8 @150，必然不能满足受剪承载力，必须再弯起 1 根 $\oplus$ 25，如图 5-34 所示。

② $CB$ 段：

$\lambda = a/h_0 = 2\,500/640 = 3.9 > 3$，取 $\lambda = 3$。

$$\frac{1.75}{\lambda+1} f_t b h_0 = \frac{1.75}{3+1} \times 1.43 \times 250 \times 640 =$$

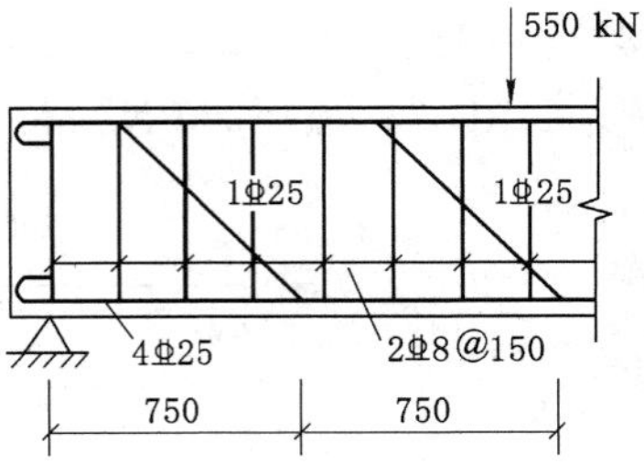

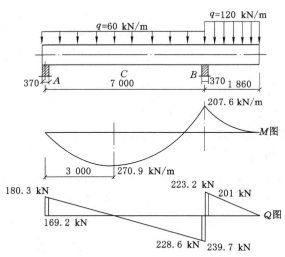

图 5-34　箍筋及弯起筋布置

$100\,100$ N $< V_B = 206.25$ kN 。

必须按计算配置箍筋，选配 2 $\oplus$ 8@150。

$$V_{cs} = \frac{1.75}{\lambda+1} f_t b h_0 + f_{yv} \frac{n A_{sv1}}{s} h_0 = 100\,100 + 300 \times \frac{2 \times 50.3}{150} \times 640 = 228\,868$$

N $> V_B = 206.25$ kN ，不需设置弯起钢筋。

【例 5-5】　受均布荷载作用的伸臂梁如图 5-35 所示，简支跨跨度为 7 m，均布荷载设计值为 60 kN/m，伸臂跨跨度为 1.86 m，均布荷载设计值为 120 kN/m。梁截面尺寸 $b = 250$ mm，$h = 600$ mm，混凝土强度等级为 C30，纵向受力钢筋采用 HRB400 级钢筋，箍筋采用 HPB300 级钢筋。对该梁进行配筋计算并布置钢筋。

图 5-35　例题 5-5 图

【解】　(1) 确定基本参数

C30 混凝土：$f_c = 14.3$ N/mm$^2$，$f_t = 1.43$ N/mm$^2$。

HRB400 级钢筋：$f_y = 360$ N/mm$^2$。

HRB300 级钢筋：$f_{yv} = 270$ N/mm$^2$。

(2) 内力计算

根据荷载所得到的梁的设计弯矩图和剪力图如图 5-35 所示。跨中最大弯矩距 $A$ 支座轴线为 3 m。

（3）正截面受弯配筋计算（表 5-7）

取 $h_0 = h - a_s = 600 - 40 = 560$ mm。

表 5-7　　　　　　　　　　　正截面受弯配筋计算

| 计算截面 | 跨中截面 $C$ | 支座截面 $B$ |
|---|---|---|
| 弯矩设计值 $M/\mathrm{kN \cdot m}$ | 270.9 | 207.6 |
| $\alpha_s = \dfrac{M}{f_c b h_0^2}$ | 0.242 | 0.185 |
| $\gamma_s = 0.5(1 + \sqrt{1 - 2\alpha_s})$ | 0.859 | 0.897 |
| $A_s = \dfrac{M}{f_y \gamma_s h_0} / \mathrm{mm}^2$ | 1 566 | 1 148 |
| 实配/$\mathrm{mm}^2$ | 2 $\Phi$ 25 + 2 $\Phi$ 20 = 1 610 | 2 $\Phi$ 20 + 2 $\Phi$ 18 |
| $M_u / \mathrm{kN \cdot m}$ | 274.5 | 222.5 |

注：为绘制弯矩包络图，按实际配筋计算出各截面的抗弯承载力 $M_u$，计算过程略。

（4）斜截面受剪配筋计算

验算截面尺寸：

$$0.25\beta_c f_c b h_0 = 0.25 \times 1.0 \times 14.3 \times 250 \times 560$$
$$= 500\ 500 \text{ N} = 500.5 \text{ kN} > V_{max} = 228.6 \text{ kN}$$

截面尺寸符合要求，可用。各支座处受剪配筋计算见表 5-8。

表 5-8　　　　　　　　　　　各支座处受剪配筋计算

| 计算截面 | $A$ 支座边 | $B$ 支座左侧 | $B$ 支座右侧 |
|---|---|---|---|
| $V/\mathrm{kN}$ | 169.2 | 228.6 | 201 |
| 2 $\Phi$ 8 - 200 <br> (200 < $s_{max}$ = 250 mm) <br> $V_{cs} = 0.7 f_t b h_0 + f_{yv} \dfrac{A_{sv}}{s} h_0$ | 182.9 | 182.9 | 182.9 |
| 配箍率验算 | $\rho_{sv} = \dfrac{A_{sv}}{bs} = \dfrac{100.6}{250 \times 200} = 0.201\% > \rho_{sv,min} = 0.24 \times \dfrac{1.43}{270} = 0.127\%$ | | |
| $A_{sb1} = \dfrac{V - V_{cs}}{0.8 f_y \sin 45°}$ | 不需要 | 224.4 <br> 弯起 <br> 1 $\Phi$ 20 = 341 | 88.9 <br> 弯起 <br> 1 $\Phi$ 20 = 341 |

（5）抵抗弯矩图及钢筋的弯起和截断

配筋方案：$AB$ 跨跨中 2 $\Phi$ 25 + 2 $\Phi$ 20 全部伸入 $A$ 支座，2 根 $\Phi$ 25 钢筋伸入

$B$ 支座,2 根 $\underline{\Phi}$ 20 钢筋弯起伸入 $B$ 支座作为负弯矩钢筋,同时在 $B$ 支座左侧作抗剪弯起钢筋;在 $B$ 支座右侧弯起 1 根 $\underline{\Phi}$ 2 钢筋作为抗剪弯起筋。

弯起钢筋弯起段水平投影长度为:$600-25-25-8-8-20=514$ mm。

基本锚固长度:

$$l_{ab} = \alpha \frac{f_y}{f_t}d = 0.14 \times \frac{360}{1.43}d = \begin{array}{l} 705 \text{ mm}(d=20) \\ 881 \text{ mm}(d=25) \end{array}$$

抵抗弯矩图及钢筋的弯起、截断分段叙述:

$AC$ 段:

4 根纵筋均伸入 $A$ 支座至构件边缘 25 mm 处,实际锚固长度 $370-25=345$ mm,对于 $\underline{\Phi}$ 25 钢筋,345 mm $> l_a = 12d = 300$ mm,对于 $\underline{\Phi}$ 20 钢筋,345 mm $> l_a = 12d = 240$ mm,符合要求。

$CB$ 段:

①号钢筋 2 $\underline{\Phi}$ 25 伸入支座 $B$ 边缘,锚固长度取 345 mm。

②号钢筋 1 $\underline{\Phi}$ 20 为第一批弯起钢筋,取其下弯点(弯终点)到 $B$ 支座的中心的距离为 325 mm,则其到 $B$ 支座左边缘的距离为 $325-185=140$ mm $< s_{max} = 250$ mm,满足要求。②号钢筋充分利用截面 $E$ 点距 $B$ 支座中心距离为 2 705 mm,则上弯点(弯起点)到充分利用截面的距离为 2 705$-(345+514)=1$ 866 mm $> h_0/2$,满足要求。

③号钢筋 1 $\underline{\Phi}$ 20 按构造要求(③号钢筋下弯点到②号钢筋上弯点之间水平距离 $< s_{max} = 250$ mm)弯起,取③号钢筋下弯点到①号钢筋上弯点之间水平距离为 200 mm,则③号钢筋下弯点到 $B$ 支座中心的距离为 $200+514+325=1$ 039 mm。其上弯点(弯起点)到其充分利用截面 $C$ 之间的距离为 4 000$-(1$ 039$-514)=2$ 447$>h_0/2$,满足要求。

对于 $CB$ 段的负弯矩区段,弯矩先由③号钢筋弯起后承担,其充分利用点 $F$ 至 $B$ 支座中心的距离为 696 mm,因此③号钢筋下弯点至其充分利用点 $F$ 点的距离为 1 039$-696=343$ mm $>h_0/2$,满足要求。

然后由 $B$ 支座另配置④号钢筋(2 $\underline{\Phi}$ 20)承担弯矩(注意,此时不能接着由②号钢筋承担负弯矩,否则不会满足要求),④号钢筋在该段为直线,需按构造要求截断。其充分利用点为 $G$,距 $B$ 支座中线距离为 426 mm,理论截断点为 $F$,距 $B$ 支座中线距离为 696 mm。因为 $B$ 支座左侧剪力设计值 $V > 0.7f_t bh_0$,根据规范要求,实际截断点至理论截断点的距离 $\geqslant \max(h_0, 20d) = 540$ mm,实际截断点至充分利用点的距离 $\geqslant 1.2l_{ab} + h_0 = 1.2 \times 705 + 540 = 1$ 386 mm $> 540 + (696 - 426) = 810$ mm,取实际截断点到 $B$ 支座中心的距离为 1 900 mm $> 1$ 386$+426 = 1$ 812 mm,截断点落在负弯矩区段外,满足要求。

剩余的弯矩最后由②号钢筋承担,其下弯点到充分利用点的距离即到支座中心的距离为 325 mm $> h_0/2$。

$BD$ 段:

②号钢筋伸过 $B$ 支座后按构造要求下弯,下弯点到 $B$ 支座中心距离为 325

mm,下弯后水平段长度取 250 mm＞10$d$＝200 mm。

③号钢筋伸过 $B$ 支座后，其充分利用点 $H$ 至支座 $B$ 中心线的距离为 193 mm,理论截断点为④号钢筋充分利用点 $I$,$I$ 点距支座 $B$ 中心线的距离为 499 mm,根据规范要求,实际截断点至理论截断点的距离≥max$(h_0,20d)$＝540 mm,实际截断点至充分利用点的距离≥1.2$l_{ab}+h_0$＝1.2×705＋540＝1 386 mm＞540＋(499－193) mm,若取实际截断点距充分利用点的距离为 1 386 mm,则实际截断点到 $B$ 支座中心的距离为 1 386＋193＝1 579 mm ＜1 700 mm,截断点仍落在负弯矩区内,此时取实际截断点到 $B$ 支座中心的距离为 1.2$l_{ab}+1.7h_0$＝1.2×705＋1.7×540＝1 764 mm,取 1 800 mm。

④号钢筋伸到悬臂端下弯 12$d$＝240 mm 各受力钢筋的形状及细部尺寸如图 5-36(c)所示。根据上述抵抗弯矩图确定受力纵筋的钢筋布置后,尚应设置架立筋,$AB$ 段上部和 $BD$ 段下部均取 2 φ 10 架立筋。因为截面高度大于 500 mm,梁腹中部还应设置通长的 2 φ 10 纵向构造钢筋。

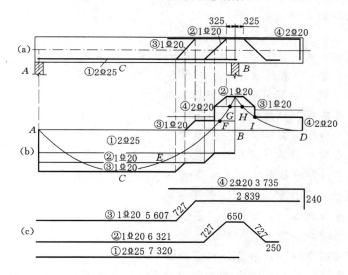

专业术语

图 5-36　抵抗弯矩图

(a) 受力纵筋布置图；(b) 抵抗弯矩图；(c) 受力纵筋细部尺寸

# 思　考　题

1. 钢筋混凝土梁在荷载作用下为什么会产生斜裂缝？无腹筋梁中,斜裂缝出现前后梁中应力状态有哪些变化？

2. 无腹筋梁斜截面剪切破坏形态有哪几种？影响无腹筋梁斜截面受剪破坏的主要因素是什么？

3. 腹筋在哪些方面改善了无腹筋梁的抗剪性能？

4. 为什么要控制箍筋的最小配箍率？为什么要控制梁截面尺寸不能过小？

5. 为什么要控制箍筋及弯起钢筋的最大间距？

6. 什么是抵抗弯矩图？如何绘制？它与设计弯矩图有什么关系？

7. 抵抗弯矩图中钢筋的"理论节断点"和"充分利用点"意义是什么？

8. 设计时如何保证截面的斜截面抗弯承载力？

# 练 习 题

练习题答案

## 一、选择题

1. 在梁的斜截面受剪承载力计算时必须对梁的截面尺寸加以限制（不能过小），其目的是为了防止发生（    ）。

A. 斜拉破坏　　　　B. 剪压破坏　　　　C. 斜压破坏　　　　D. 斜截面弯曲破坏

2. 简支梁在集中荷载作用下的计算剪跨比 $a/h_0$ 反映了（    ）。

A. 构件的几何尺寸关系　　　　　　B. 截面上正应力与剪应力的比值关系

C. 梁的支承条件　　　　　　　　　D. 荷载的大小

3. 受弯构件斜截面破坏的主要形态中，就抗剪承载能力而言（    ）。

A. 斜拉破坏＞剪压破坏＞斜压破坏

B. 剪压破坏＞斜拉破坏＞斜压破坏

C. 斜压破坏＞剪压破坏＞斜拉破坏

D. 剪压破坏＞斜压破坏＞斜拉破坏

4. 受弯构件斜截面破坏的主要形态中，就变形能力而言（    ）。

A. 斜拉破坏＞剪压破坏＞斜压破坏

B. 剪压破坏＞斜拉破坏＞斜压破坏

C. 斜压破坏＞剪压破坏＞斜拉破坏

D. 剪压破坏＞斜压破坏＞斜拉破坏

5. 连续梁在主要为集中荷载作用下，计算抗剪承载力时剪跨比可以使用（    ）。

A. 计算剪跨比

B. 广义剪跨比

C. 计算剪跨比和广义剪跨比的较大值

D. 计算剪跨比和广义剪跨比的较小值

6. 防止梁发生斜压破坏最有效的措施是（    ）。

A. 增加箍筋　　　　　　　　　　　B. 增加弯起筋

C. 增加腹筋　　　　　　　　　　　D. 增加截面尺寸

7. 在梁的斜截面受剪承载力计算时，必须对满足最小配箍率的要求，其目的是为了防止发生（    ）。

A. 斜拉破坏　　　　　　　　　　　B. 剪压破坏

C. 斜压破坏　　　　　　　　　　　D. 斜截面弯曲破坏

## 二、计算题

1. 一简支梁如图 5-37 所示,混凝土强度为 C30,荷载设计值为两个集中力 $P=100$ kN(不计自重),环境类别为一类。纵筋采用 HRB400 级,箍筋采用 HRB335 级。

要求:

① 计算所需纵向受拉钢筋;

② 仅设置箍筋作为腹筋,求所需箍筋;

③ 利用受拉纵筋为弯起钢筋时,求所需箍筋。

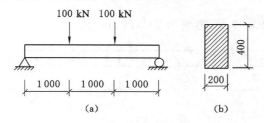

图 5-37 集中荷载作用下简支梁

2. 图 5-38 所示简支梁,承受均布荷载设计值 $q=60$ kN/m(包括自重),混凝土为 C30,环境类别为一类。纵筋采用 HRB400 级,箍筋采用 HPB300 级。经正面受弯承载力计算,截面尺寸及纵筋布置如图所示。

要求:

① 仅设置箍筋作为腹筋,求所需箍筋;

② 当箍筋为 2Φ8@200 时,弯起钢筋应为多少?

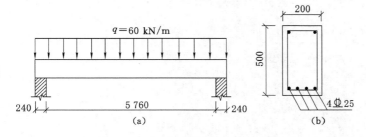

图 5-38 集中荷载作用下简支梁

3. T 形截面简支梁,梁的支承情况、荷载设计值(包括梁自重)及截面尺寸如图 5-39 所示。混凝土强度等级为 C30,纵向钢筋采用 HRB400 级,箍筋采用 HPB300 级,拉区配有8Φ20纵向受力钢筋,$h_0=640$ mm。

要求:

① 仅配置箍筋,求箍筋的直径和间距;

② 配置双肢Φ8@200箍筋,计算弯起钢筋的数量。

4. 如图 5-40 所示钢筋混凝土外伸梁,支承于砖墙上。截面尺寸 $b \times h=300$ mm×700 mm。均布荷载设计值 80 kN/m(包括梁自重)。混凝土强度等级为

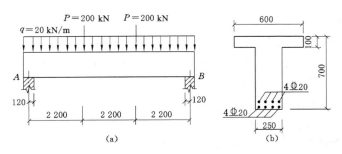

图 5-39    T 形截面简支梁

C35，纵筋采用 HRB400 级，箍筋采用 HPB300 级。

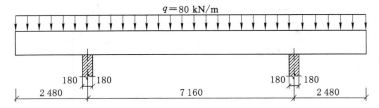

图 5-40    两端外伸梁

要求：

① 对该梁完成正截面承载力设计；

② 当仅设置箍筋作为腹筋，求所需箍筋；

③ 利用纵向钢筋为弯起筋时，求所需配筋方案。

# 6　钢筋混凝土受扭构件承载力性能分析与设计

慕课平台

本章介绍

微信公众号

**本章提要**：了解受扭构件的分类和开裂、破坏机理；掌握受扭构件的设计计算方法；熟悉受扭构件的构造要求。

## 6.1　概述

混凝土结构中除了承受弯矩、轴力、剪力外，还可能承受扭矩的作用。构件受到的扭矩作用通常可分为两类：一类是由荷载作用直接引起，并且由结构的平衡条件所确定的扭矩，它是维持结构平衡不可缺少的主要内力之一，通常称这类扭矩为平衡扭矩。常见的这一类扭矩作用的结构和构件有：雨篷梁、平面曲梁或折线梁、吊车横向制动力作用下的吊车梁以及螺旋楼梯等。第二类扭矩是由于相邻构件的弯曲转动受到支承梁的约束，在支承梁内引起的扭转，其扭矩由于梁的开裂会产生内力重分布而减小。例如钢筋混凝土框架中与次梁一起整浇的边框架主梁，当次梁在荷载作用下弯曲时，主梁由于具有一定的抗扭刚度而对次梁梁端的转动产生约束作用，主梁的抗扭刚度越大，对次梁梁端转动的约束作用就越大，主梁自身受到的扭矩作用也越大，这类扭矩一般称为变形协调扭矩。

在实际工程中，只承受扭矩作用的纯扭构件是少见的。一般情况下，构件中除了扭矩的作用以外，往往同时还受到弯矩和剪力的作用。通常，将同时受弯矩与扭矩作用的构件称为弯扭构件，同时受剪力与扭矩作用的称为剪扭构件，同时受弯矩、剪力与扭矩作用的称为弯剪扭构件，这些构件与纯扭构件统称为受扭构件。图 6-1 为常见受扭构件示例。

## 6.2　受扭构件试验研究

试验表明，素混凝土构件在扭矩作用下首先在构件一个长边侧面的中点 $m$ 附近出现斜裂缝。该条裂缝沿着与构件轴线约成 45°，到达该侧面的边缘 $a$、$b$ 两点后，在顶面和底面上大致沿 45°方向继续延伸到 $c$、$d$ 两点，形成构件三面开裂一面边框架主梁次梁混凝土压碎区受压的受力状态。最后，受压面 $c$、$d$ 两点连线上的混凝土被压碎,构件裂断破坏。破坏面为一个空间扭曲面(图 6-2)。

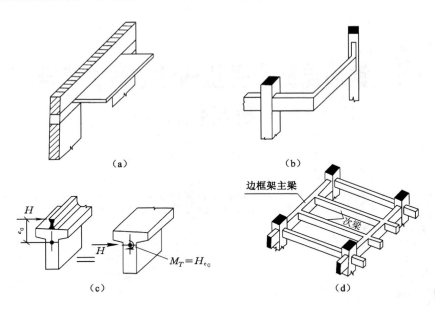

图 6-1　常见受扭构件示例

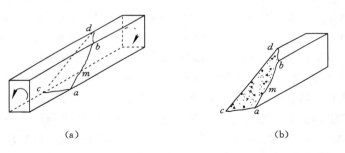

图 6-2　混凝土纯扭构件的破坏

钢筋混凝土受扭构件则不同。在裂缝出现前,钢筋的应力很小,以致在裂缝即将出现时,构件所能承受的抗裂扭矩值和同样截面大小的素混凝土构件所能承受的极限扭矩值相比提高很少;在裂缝出现后,由于存在着钢筋,这时构件并不立即破坏,而随着外扭矩的不断增加,在构件的表面逐渐形成大体连续、近于 45°倾斜角的螺旋形的裂缝。绝大部分的主拉力改由钢筋来承担,此时构件能继续承受更大的扭矩。

在受扭构件中,最合理的配筋方式是在构件靠近表面处设置成 45°走向的螺旋形钢筋,钢筋混凝土纯扭构件适筋破坏其方向与主拉应力相平行,也就是与裂缝相垂直,但是螺旋钢筋施工比较复杂,同时这种螺旋筋的配置方法也不能适应扭矩方向的改变,实际上很少采用。在实际工程中,一般是采用由靠近构件表面设置的横向箍筋和沿构件周边均匀对称布置的纵向钢筋共同组成抗扭钢筋骨架。它恰好与构件中抗弯钢筋和抗剪钢筋的配置方式相协调。

　　图 6-3 为一组钢筋混凝土构件在纯扭矩作用下的扭矩($T$)与扭转角($\theta$)的关系曲线。从图中可以看出,在裂缝出现前,$T—\theta$ 关系基本上为直线,它不因构件配筋率的改变而有所不同,并且直线较陡,有较大的扭转刚度。在裂缝出现后,由于钢筋应变突然增大,$T—\theta$ 曲线出现水平段,配筋率越小,钢筋应变增加值越大,水平段相对就越长。随后,构件的扭转角随着扭矩的增加近似呈线性增大,但直线的斜率比开裂前小得多,说明了构件的扭转刚度大大降低,且配筋率越小,降低的就越多。试验表明,配筋率很小时会出现扭矩增加很小甚至不再增大,而扭转角不断增加导致破坏的现象。

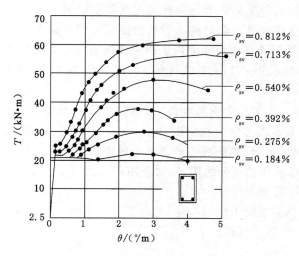

图 6-3　纯扭构件的扭矩—扭转角关系曲线

　　根据国内外相当数量的钢筋混凝土纯扭构件的试验结果,可将这类构件的破坏分为下列四种类型:

　　(1) 少筋破坏

　　当构件中的箍筋和纵筋或者其中之一配置过少时,构件的抗扭承载力与素混凝土构件没有实质性差别,其破坏扭矩基本上与开裂扭矩相等。这种破坏是脆性的,没有任何预兆,在工程中应予避免。

　　(2) 适筋破坏

　　当构件中的箍筋和纵筋适当时,破坏前构件上陆续出现多条成 45°走向的螺旋裂缝,随着与其中一条裂缝相交的箍筋和纵筋达到屈服,该条裂缝不断加宽,直到最后形成三面开裂一边受压的空间扭曲破坏面,进而受压边混凝土被压碎,整个破坏过程有一定的延性和较明显的预兆,类似于受弯构件的适筋破坏。

　　(3) 完全超筋破坏

　　当构件中的箍筋和纵筋配置过多时,在两者都还未达到屈服之前,构件中混凝土被局部压碎而导致突然破坏。破坏具有明显的脆性,这种破坏类似于受弯构件的超筋破坏,设计中也应避免。

　　(4) 部分超筋破坏

　　当构件中的箍筋或纵筋配置过多时,在构件破坏之前,只有数量相对较少的那部分钢筋受拉屈服,而另一部分钢筋直到受压边混凝土被压碎时仍未能屈服。由于构件破坏时有部分钢筋达到屈服,破坏特征并非完全脆性,所以这种构件在设计中允许采用,但不经济。

试验研究还表明,为了使箍筋和纵筋都有效地发挥抗扭作用,应将两种钢筋的用量比控制在合理的范围内。《规范》采用纵向钢筋与箍筋的配筋强度比值 ζ 这一系数进行控制,ζ 按下列公式计算:

$$\zeta = \frac{f_y A_{stl} s}{f_{yv} A_{st1} u_{cor}} \tag{6-1}$$

式中　ζ——受扭构件纵向钢筋与箍筋的配筋强度比值;

$A_{stl}$——受扭计算中取对称布置的全部纵向钢筋截面面积;

$A_{st1}$——受扭计算中沿截面周边所配置箍筋的单肢截面面积;

$f_{yv}$——箍筋的抗拉强度设计值,取值见附表 1,但取值不应大于 360 N/mm²;

$f_y$——纵向非预应力钢筋和预应力钢筋抗拉强度设计值;

$A_{cor}$——截面核芯部分的面积,$A_{cor} = b_{cor} h_{cor}$,此处 $b_{cor}$ 和 $h_{cor}$ 分别为从箍筋内表面计算的截面核芯部分的短边和长边的尺寸;

$u_{cor}$——截面核芯部分的周长,对于矩形截面,$u_{cor} = 2(b_{cor} + h_{cor})$;

$s$——抗扭箍筋的间距。

此处,对于钢筋混凝土纯扭构件,其 ξ 值应符合 $0.6 \leqslant \zeta \leqslant 1.7$ 的要求,当 $\zeta > 1.7$ 时,取 $\zeta = 1.7$ 计算。

## 6.3　开裂扭矩的计算

### 6.3.1　矩形截面构件的开裂扭矩

矩形截面构件的开裂扭矩对于匀质弹性材料,矩形截面在扭矩 T 的作用下,截面中各点均产生剪应力 τ,剪应力的分布规律如图 6-4 所示,最大剪应力 $\tau_{max}$ 发生在截面长边的中点,与该点剪应力相对应的主拉应力和主压应力分别与构件轴线呈 45°方向,其大小为 $\tau_{max}$。由于混凝土的抗拉强度比其抗压强度低得多,因此,在扭矩作用下,构件长边侧面中点处垂直于主拉应力的方向将首先被拉裂,这与前述试验情况正好符合。

按照弹性理论中扭矩 T 与剪应力 $\tau_{max}$ 的数量关系,可以导出素混凝土纯扭构件的抗扭承载力计算式。然而,用它算得的抗扭承载力总比试验实测的抗扭承载力低很多,这说明采用弹性分析方法低估了素混凝土构件的抗扭承载力。

用弹性分析方法计算的构件抗扭承载力低的原因是没有考虑混凝土的塑性性质。假设混凝土在受拉开裂前具有理想的塑性性质,则可以利用塑性分析方法计算素混凝土构件的抗扭承载力。

对于理想的塑性材料,在弹性阶段,最大剪应力发生在截面长边的中点,当该剪应力到达屈服点时,并不说明构件破坏,仅说明构件开始进入塑性阶段,仍能继续增加荷载,直到截面上的应力全部到达屈服后构件才开始丧失承载力而

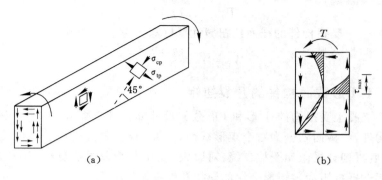

图 6-4 纯扭构件的弹性应力分布

破坏。这时截面上的剪应力分布如图 6-5 所示。

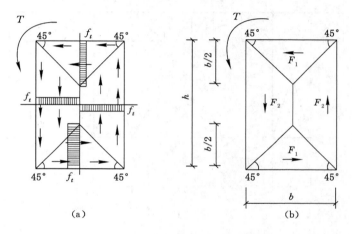

图 6-5 纯扭构件矩形截面全塑状态剪应力分布

按图 6-5 所示的应力分布求截面的塑性抗扭承载力。为便于计算,将截面上的剪应力分成四个部分计算各部分剪应力的合力及相应组成的力偶,其力偶矩的总和即为破坏扭矩 $T_u$:

$$T_u = f_t \frac{b^2(3h-b)}{6} = f_t W_t \qquad (6-2)$$

式中　$f_t$——混凝土抗拉强度设计值;

　　　$b$——矩形截面的短边;

　　　$h$——矩形截面的长边。

实际上,混凝土非完全弹性,又非理想塑性,因而受扭时的极限应力分布将介于上述两种情况之间。与实验所测得的破坏扭矩相比,按塑性分析公式(6-2)算得的破坏扭矩偏大,而按弹性分析方法计算的破坏扭矩偏低。要确切地确定真实的应力分布是十分困难的。因此,为计算方便,将按塑性应力分布计算的结果乘上一个 0.7 的折减系数,可得素混凝土构件的破坏扭矩。又由于素混凝土构件的开裂扭矩近似等于其破坏扭矩,所以素混凝土构件的开裂扭矩可按下式计算:

$$T_{cr} = 0.7f_tW_t \tag{6-3}$$

式中 $W_t$——受扭构件的截面抗扭塑性抵抗矩。矩形截面 $W_t$ 为：

$$W_t = \frac{b^2(3h - b)}{6} \tag{6-4}$$

## 6.3.2 T、I形截面构件的开裂扭矩

钢筋混凝土受扭构件 T 形和 I 形截面尺寸如图 6-6 所示，对 T 形和 I 形截面受扭构件，将截面划分为数个矩形截面，其原则是：先按截面总高度确定腹板截面，然后再划分受压和受拉翼缘，对腹板、受压翼缘及受拉翼缘部分的矩形截面受扭塑性抵抗矩为各矩形分块的受扭塑性抵抗矩之和，即：

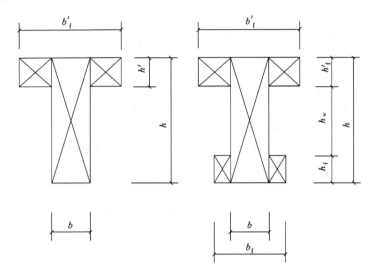

图 6-6 T 形截面、工字形截面划分方法

$$W_t = W_{tw} + W_{tf} + W'_{tf} \tag{6-5}$$

式中各量的计算公式如下。

腹板部分矩形截面的受扭塑性抵抗矩：

$$W_{tw} = \frac{b^2}{6}(3h - b) \tag{6-6}$$

受压翼缘矩形截面的受扭塑性抵抗矩：

$$W'_{tf} = \frac{h'^2_f}{2}(b'_f - b) \tag{6-7}$$

受拉翼缘矩形截面的受扭塑性抵抗矩：

$$W_{tf} = \frac{h^2_f}{2}(b_f - b) \tag{6-8}$$

式中 $b'_f, b_f$——截面受压区、受拉区的翼缘宽度；

$h'_f, h_f$——截面受压区、受拉区的翼缘高度。

计算时取用的翼缘宽度尚应符合 $b'_f \leqslant b + 6h'_f$ 及 $b_f \leqslant b + 6h_f$ 的规定。

计算出 $W_t$ 后，按公式 $T_{cr} = 0.7f_tW_t$ 计算开裂扭矩。

## 6.4 纯受扭构件的受扭承载力分析

### 6.4.1 矩形截面纯扭构件承载力

钢筋混凝土纯扭构件试验结果表明,构件的抗扭承载力由混凝土的抗扭承载力 $T_c$ 和箍筋与纵筋的抗扭承载力 $T_s$ 两部分构成,即:

$$T = T_c + T_s \tag{6-9}$$

对于混凝土的抗扭承载力 $T_c$,可以借用 $f_t W_t$ 作为基本变量。而对于箍筋与纵筋的抗扭承载力 $T_s$,则根据变角空间桁架模型以及试验分析,选取单肢箍筋配筋承载力 $f_{yv} A_{st1}/s$ 与截面核芯部分面积 $A_{cor}$ 的乘积作为作为基本变量,再用 $\sqrt{\zeta}$ 来反映纵筋与箍筋的共同工作,于是式(6-9)可进一步表达为:

$$T = \alpha_1 f_t W_t + \alpha \sqrt{\zeta} f_{yv} \frac{A_{st1} A_{cor}}{s} \tag{6-10}$$

以 $T/f_t W_t$ 和 $\sqrt{\zeta} \dfrac{A_{yv} A_{st1}}{f_t W_t s} A_{cor}$ 分别为纵、横坐标的如图 6-7 所示无量纲坐标系,并标出纯扭试件的实测抗扭承载力结果。《规范》建议钢筋混凝土矩形截面

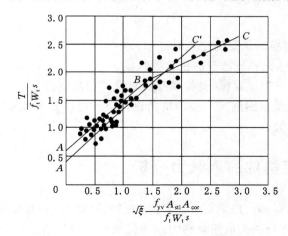

图 6-7　纯扭构件抗扭承载力试验数据图

纯扭构件的抗扭承载力计算公式为:

$$T \leqslant 0.35 f_t W_t + 1.2 \sqrt{\zeta} f_{yv} \frac{A_{st1} A_{cor}}{s} \tag{6-11}$$

式中　$T$——扭矩设计值;

　　　$f_t$——混凝土的抗拉强度设计值;

　　　$W_t$——截面的抗扭塑性抵抗矩,按式(6-4)计算;

　　　$f_{yv}$——箍筋的抗拉强度设计值;

　　　$A_{st1}$——箍筋的单肢截面面积;

　　　$A_{stl}$——对称布置的全部纵向普通钢筋截面面积;

　　　$s$——箍筋的间距;

$A_{cor}$——截面核心部分的面积；

$\zeta$——抗扭纵筋与箍筋的配筋强度比,同式(6-1)。

为了避免出现"少筋破坏"和"完全超筋破坏"这两类具有脆性破坏性质的构件,在按式(6-11)进行抗扭承载力计算时还需满足一定的构造要求。

### 6.4.2 T形和I形截面钢筋混凝土纯扭构件的受扭承载力

计算 T 形和 I 形截面纯扭构件的承载力时,可像计算开裂扭矩一样将截面划分为几个矩形截面,并将扭矩 $T$ 按照各矩形分块的截面受扭塑性抵抗矩分配给各个矩形,以求得各矩形所应承担的扭矩。各矩形分块所承担的扭矩设计值按下列规定计算。

① 腹板:

$$T_w = \frac{W_{tw}}{W_t}T \qquad\qquad (6-12)$$

② 受压翼缘:

$$T'_f = \frac{W'_{tf}}{W_t}T \qquad\qquad (6-13)$$

③ 受拉翼缘:

$$T_f = \frac{W_{tf}}{W_t}T \qquad\qquad (6-14)$$

式中　　$T_w$——腹板所承受的扭矩设计值;

　　　　$T$——构件截面所承受的扭矩设计值;

　　　　$T'_f, T_f$——受压翼缘、受拉翼缘所承受的扭矩设计值。

根据各部分抗扭钢筋所承担的抗扭设计值就可以分别计算决定各部分抗扭钢筋的数量和布置。

## 6.5　弯剪扭构件的承载力分析

由于构件抗弯、剪、扭承载力三者之间的相互影响、相互联系之间的关系过于复杂,目前只能分别按剪扭承载力和弯扭承载力之间的相互影响进行研究,以建立相应构件的承载力设计方法。

### 6.5.1　剪扭构件承载力

同时受到剪力和扭矩作用的构件,其截面某一受压区域将同时承受剪切和扭转应力的双重作用,致使构件内混凝土的承载力降低。即在剪扭构件中,由于剪力的存在,会使构件的受扭承载力有所降低;同样,由于扭矩的存在,也会引起构件受剪承载力的降低,即存在着剪扭相关性。因此,当构件中有剪力和扭矩共同作用时,应对构件的抗剪承载力公式和抗扭承载力公式分别进行修正。具体做法是对抗剪承载力公式中的混凝土作用项与对抗扭承载力公式中的混凝土作用项乘以修正系数。

《规范》建议在剪力和扭矩共同作用下的矩形截面一般剪扭构件,其受剪扭承载力应按下列公式计算。

（1）矩形截面剪扭构件

① 一般截面剪扭构件。

剪扭构件的受剪承载力：

$$V \leqslant 0.7(1.5 - \beta_t)f_t bh_0 + f_{yv}\frac{A_{sv}}{s}h_0 \tag{6-15}$$

$$\beta_t = \frac{1.5}{1 + 0.5\dfrac{VW_t}{Tbh_0}} \tag{6-16}$$

剪扭构件的受扭承载力：

$$T \leqslant 0.35\beta_t f_t W_t + 1.2\sqrt{\zeta}f_{yv}\frac{A_{stl}A_{cor}}{s} \tag{6-17}$$

此时，$\zeta$ 值应按式(6-1)的规定来取值。

② 对集中荷载作用下的独立剪扭构件。

集中荷载作用下是指包括作用有多种荷载，其中集中荷载对支座截面或节点边缘所产生的剪力值占总剪力值的 75% 以上的情况。

剪扭构件的受剪承载力：

$$V \leqslant \frac{1.75}{\lambda + 1}(1.5 - \beta_t)f_t bh_0 + f_{yv}\frac{A_{sv}}{s}h_0 \tag{6-18}$$

式中，

$$\beta_t = \frac{1.5}{1 + 0.2(\lambda + 1)\dfrac{VW_t}{Tbh_0}} \tag{6-19}$$

式中　$\lambda$——计算截面的剪跨比，按受弯构件斜截面章节内容取用。

　　　$\beta_t$——集中荷载作用下剪扭构件混凝土受扭承载力降低系数：$0.5 \leqslant \beta_t \leqslant 1.0$。当 $\beta_t < 0.5$ 时，取 $\beta_t = 0.5$；当 $\beta_t > 1.0$ 时，取 $\beta_t = 1.0$。

剪扭构件的受扭承载力按式(6-17)计算，此时 $\beta_t$ 值应按式(6-19)的规定来取值。

（2）T 形和 I 形截面剪扭构件

剪扭构件的受剪承载力按式(6-15)与式(6-16)或式(6-18)与式(6-19)进行计算，但计算时应将 $T$ 及 $W_t$ 分别以 $T_w$ 及 $W_{tw}$ 代替。

剪扭构件的受扭承载力，按 6.3.2 所述进行截面划分和扭矩分配；腹板按剪扭构件即按式(6-17)与式(6-16)或式(6-17)与式(6-19)进行承载力计算，但计算时应将 $T$ 及 $W_t$ 分别以 $T_w$ 及 $W_{tw}$ 代替；受压翼缘及受拉翼缘按纯扭构件即按式(6-11)进行承载力计算，但计算时应将 $T$ 及 $W_t$ 分别以 $T'_f$ 及 $W'_{tf}$ 代替或 $T_f$ 及 $W_{tf}$ 代替。

## 6.5.2　弯、剪、扭构件承载力

构件在弯矩和扭矩共同作用下的受力状态比较复杂，为了简化计算，在试验研究的基础上，《规范》建议采用叠加方法进行计算，即先按受弯构件和受扭构件分别计算其纵筋和箍筋，然后将所得到的相应的钢筋截面面积相叠加。

结合上述剪扭构件的计算方法，对于在弯矩、剪力和扭矩共同作用下的构件

承载力的计算,可按下述方法进行:

① 按受弯构件计算在弯矩作用下所需的纵向钢筋的截面面积。

② 按剪扭构件计算承受剪力所需的箍筋截面面积以及计算承受扭矩所需的纵向钢筋截面面积和箍筋截面面积。

③ 叠加上述所得到的纵向钢筋截面面积和箍筋截面面积,即得最后所需的纵向钢筋截面面积和箍筋截面面积。

当满足 $V \leqslant 0.35 f_t bh_0$ 或 $V \leqslant \dfrac{0.875}{\lambda+1} f_t bh_0$ 时,可仅按受弯构件的正截面受弯承载力和纯扭构件的受扭承载力分别进行计算。当满足 $T \leqslant 0.175 f_t W_t$ 时,可仅按受弯构件的正截面受弯承载力和斜截面受剪承载力分别进行计算。

《规范》规定,对纯扭构件,当截面中的设计扭矩较小,满足 $T \leqslant 0.7 f_t W_t$ 时,可不进行抗扭计算,只需按构造配置抗扭钢筋。

## 6.6 受扭构件计算公式的适用条件及构造要求

### 6.6.1 截面限制条件

在计算受扭构件时,为了保证结构截面尺寸及混凝土材料强度不致过小,结构在破坏时混凝土不首先被压碎,因此规定截面限制条件。《规范》在试验基础上对钢筋混凝土剪扭构件规定截面限制条件如下。

为了保证受扭构件截面尺寸不至于过小,避免其在破坏时混凝土首先被压碎,《规范》在试验基础上对钢筋混凝土剪扭构件规定其截面限制条件:

$$\begin{cases} \dfrac{V}{bh_0} + \dfrac{T}{0.8W_t} \leqslant 0.25\beta_c f_c & \left(\dfrac{h_w}{b} \leqslant 4\right) \\[3mm] \dfrac{V}{bh_0} + \dfrac{T}{0.8W_t} \leqslant 0.20\beta_c f_c & \left(\dfrac{h_w}{b} = 6\right) \end{cases} \tag{6-20}$$

当 $4 < \dfrac{h_w}{b} < 6$ 时,取值按线性插入法确定。

式中  $h_w$——截面的腹板高度,对于矩形截面取有效高度 $h_0$。对于 T 形截面,取有效高度减去翼缘高度;对于工字形截面,取腹板净高度。

如果不满足式(6-20)的要求,则需加大构件截面尺寸或提高混凝土的强度等级。

### 6.6.2 构造钢筋

(1) 构造配筋界限

钢筋混凝土构件承受的剪力及扭矩相当于结构混凝土即将开裂时剪力及扭矩值的界限状态,称为构造配筋界限。从理论上来说,结构处于界限状态时,由于混凝土尚未开裂,混凝土能够承受荷载作用而不需要设置受剪及受扭钢筋,但在设计时为了安全可靠,设置受剪及受扭钢筋以防止混凝土偶然开裂而丧失承载力。按构造要求还应设置符合最小配筋率要求的钢筋截面面积,《规范》规定对剪扭构件构造配筋的界限如下:

《规范》
条文解读

$$\frac{V}{bh_0} + \frac{T}{W_t} \leqslant 0.7f_t + 0.07\frac{N}{bh_0} \qquad (6-21)$$

（2）最小配筋率

为了避免少筋破坏，采用限制最小配箍率和纵筋配筋率的方法。《规范》规定弯剪扭构件中箍筋的配箍率 $\rho_{sv}$ 应符合：

$$\rho_{sv} = \frac{A_{sv}}{bs} \geqslant \rho_{sv,min} = 0.28\frac{f_t}{f_{yv}} \qquad (6-22)$$

对于结构在剪扭共同作用下，受扭纵筋的最小配筋率为：

$$\rho_{tl} = \frac{A_{stl}}{bh} \geqslant \rho_{tl,min} = 0.6\frac{f_t}{f_{yv}}\sqrt{\frac{T}{Vb}} \qquad (6-23)$$

其中，当 $\frac{T}{Vb} > 2$ 时，取 $\frac{T}{Vb} = 2$ 。

结构设计时纵筋最小配筋率应取受弯及受扭纵筋最小配筋率叠加值。

### 6.6.3　钢筋的构造要求

为了保证箍筋在整个周长上都能充分发挥抗拉作用，必须将其做成封闭式且应沿截面周边布置。当采用复合箍筋时，位于截面内部的箍筋不应计入受扭所需的箍筋面积；当采用绑扎骨架时，受扭所需箍筋的末端应做成135°弯钩，弯钩端头平直段长度不应小于 $10\ d$（$d$ 为箍筋直径）。此外，箍筋的直径和间距还应符合受弯构件对箍筋的有关规定。

构件中的抗扭纵筋应均匀地沿截面周边对称布置，间距不应大于 250 mm，也不应大于梁截面宽度。在截面的四角必须设有抗扭纵筋。当支座边作用有较大扭矩时，受扭纵筋应按充分受拉钢筋锚固在支座内。当受扭纵筋是按计算确定时（不是仅按构造要求配置），则纵筋的接头及锚固均应按受拉钢筋的构造要求处理。

【例6-1】　钢筋混凝土矩形截面构件，初选截面尺寸 $b \times h = 200\ \text{mm} \times 450$ mm，承受扭矩设计值 $T = 15\ \text{kN} \cdot \text{m}$，混凝土强度等级为 C30，箍筋用 HPB300 级钢筋，纵筋用 HRB335 级钢筋，试计算抗扭钢筋。

【解】　（1）查表

C30 级混凝土：$f_t = 1.43\ \text{N/mm}^2$，$f_c = 14.3\ \text{N/mm}^2$；

HPB300 级钢筋：$f_{yv} = 270\ \text{N/mm}^2$；

HRB335 级钢筋：$f_y = 300\ \text{N/mm}^2$。

（2）检查截面尺寸是否符合要求

$$h_0 = 450 - 35 = 415\ \text{mm}$$

$$\frac{h_w}{b} = \frac{415}{200} = 2.08 < 4$$

$$0.2f_c W_t = 0.2 \times 14.3 \times \frac{200^2}{6} \times (3 \times 450 - 200)$$

$$= 21.94\ \text{kN} \cdot \text{m} > T = 15\ \text{kN} \cdot \text{m}$$

说明截面尺寸满足要求。

（3）验算是否要按计算配置抗扭钢筋

因 $W_t = \dfrac{200^2}{6} \times (3 \times 450 - 200) = 7.67 \times 10^6 \text{ mm}^3$，故有：

$$0.7 f_t W_t = 0.7 \times 1.43 \times 7.67 \times 10^6 = 7.68 \text{ kN} \cdot \text{m} < T = 15 \text{ kN} \cdot \text{m}$$

所以要按计算配置抗扭纵筋和箍筋。

（4）计算受扭箍筋用量

截面核心尺寸：

$$b_{cor} = b - 2 \times 20 = 250 - 40 = 150 \text{ mm}$$
$$h_{cor} = h - 2 \times 25 = 450 - 50 = 400 \text{ mm}$$
$$A_{cor} = b_{cor} h_{cor} = 150 \times 400 = 0.6 \times 10^5 \text{ mm}^2$$

取配筋强度比 $\zeta = 1.0$：

$$\frac{A_{st1}}{s} = \frac{T - 0.35 W_t f_t}{1.2 \sqrt{\zeta} A_{cor} f_{yv}}$$
$$= \frac{15 \times 10^6 - 0.35 \times 7.67 \times 10^6 \times 1.43}{1.2 \times 1.0 \times 0.6 \times 10^5 \times 270} = 0.574 \text{ mm}^2/\text{mm}$$

选用直径为 10 mm 的双肢箍筋。单肢箍面积 $A_{st1}$，则箍筋间距 $s = \dfrac{78.5}{0.574} = 136.76 \text{ mm}$，实取 $s = 140 \text{ mm}$。

（5）校核配箍率

最小配箍率：

$$\rho_{sv} = \frac{A_{sv}}{bs} = \frac{2 \times 78.5}{200 \times 140} = 0.561\% > 0.28 \frac{f_t}{f_{yv}} = 0.28 \times \frac{1.43}{270} = 0.148\%$$

所以选用直径为 10 mm，间距为 140 mm 的抗扭箍筋满足最小配箍率要求。

（6）计算受扭纵筋用量

$$u_{cor} = 2(b_{cor} + h_{cor}) = 2 \times (150 + 400) = 1\,100 \text{ mm}$$
$$A_{stl} = \zeta \frac{A_{st1} u_{cor} f_{yv}}{f_y s} = 1.0 \times \frac{78.5 \times 1\,100 \times 270}{300 \times 140} = 555 \text{ mm}^2$$

选 $8 \oplus 10$，$A_{stl} = 628 \text{ mm}^2$，沿截面周边对称布置。

（7）校核纵向钢筋配筋率

最小配筋率：

$$\rho_{tl,min} = 0.6 \frac{f_t}{f_y} = 0.6 \times \frac{1.43}{300} = 0.286\%$$
$$\rho_{tl} = \frac{A_{stl}}{bh} = \frac{628}{200 \times 450} = 0.7\% > \rho_{tl,min}$$

满足抗扭纵筋最小配筋率要求。

综上所述，构件的纵筋选用 $8 \oplus 10$，沿截面周边对称布置；箍筋选用双肢$\oplus$10@140。

【例6-2】 矩形截面构件 $b \times h = 200 \text{ mm} \times 450 \text{ mm}$，混凝土用 C35，纵筋为 HRB335 级，配置 $4 \oplus 14$ 的抗扭纵筋，面积为 $A_{stl} = 615 \text{ mm}^2$，箍筋用 HPB300 级，直径为 8 mm，间距为 100 mm。试求该构件能承担多大的设计扭矩 $T$。

【解】 （1）查表

C35 混凝土：$f_t = 1.57$ N/mm$^2$，$f_c = 16.7$ N/mm$^2$；

箍筋 HPB300 级：$f_{yv} = 270$ N/mm$^2$；

纵筋 HRB335 级：$f_y = 300$ N/mm$^2$。

（2）计算截面承受的扭矩

由 $b_{cor} = 200 - 2 \times 25 = 150$ mm，$h_{cor} = 450 - 2 \times 25 = 400$ mm，则有：

$$u_{cor} = 2(b_{cor} + h_{cor}) = 2 \times (150 + 400) = 1\,100 \text{ mm}$$

$$A_{cor} = b_{cor} h_{cor} = 150 \times 400 = 60\,000 \text{ mm}^2$$

且有：

$$W_t = \frac{200^2}{6} \times (3 \times 450 - 200) = 0.77 \times 10^7 \text{ mm}^3$$

$$\zeta = \frac{A_{stl} s f_y}{A_{st1} u_{cor} f_{yv}} = \frac{615 \times 100 \times 300}{50.3 \times 1\,100 \times 270} = 1.24$$

$\zeta$ 介于 0.6～1.7 之间。则构件能承担的设计扭矩为：

$$T = 0.35 f_t W_t + 1.2\sqrt{\zeta}\, \frac{f_{yv} A_{st1}}{s} A_{cor}$$

$$= 0.35 \times 1.57 \times 0.77 \times 10^7 + 1.2 \times \sqrt{1.24} \times \frac{270 \times 50.3 \times 60\,000}{100}$$

$$= 15.12 \text{ kN} \cdot \text{m}$$

（3）复核最小配箍率和最小配筋率

$$\rho_{sv} = \frac{A_{sv}}{bs} = \frac{2 \times 50.3}{200 \times 100} = 0.503\% > 0.28 \frac{f_t}{f_{yv}} = 0.28 \times \frac{1.57}{270} = 0.163\%$$

$$\rho_{tl,min} = 0.6 \frac{f_t}{f_y} = 0.6 \times \frac{1.57}{300} = 0.31\%$$

$$\rho_{tl} = \frac{A_{stl}}{bh} = \frac{615}{200 \times 450} = 0.683\% > \rho_{tl,min}$$

故均满足要求。

（4）校核截面尺寸

$$0.2 f_c W_t = 0.2 \times 16.7 \times 0.77 \times 10^7 = 25.7 \text{ kN} \cdot \text{m} > T = 15.12 \text{ kN} \cdot \text{m}$$

说明截面尺寸满足要求。

因而该截面能承受的设计扭矩为 $T = 25.7$ kN·m。

【例 6-3】 已知矩形截面构件，$b \times h = 250$ mm $\times 450$ mm，承受设计扭矩 $T = 10$ kN·m，设计弯矩 $M = 115$ kN·m，设计剪力 $V = 85$ kN。采用 C30 混凝土，纵筋为 HRB335 级，箍筋为 HPB300 级。试计算构件的配筋。

【解】 查表得：$f_t = 1.43$ N/mm$^2$，$f_c = 14.3$ N/mm$^2$，$f_y = 300$ N/mm$^2$，$f_{yv} = 270$ N/mm$^2$。

（1）验算截面尺寸

$$h_0 = 450 - 35 = 415 \text{ mm}$$

$$W_t = \frac{250^2}{6} \times (3 \times 450 - 250) = 11.46 \times 10^6 \text{ mm}^3$$

$$\frac{h_w}{b} < 4$$

$$\frac{V}{bh_0} + \frac{T}{0.8W_t} = \frac{95 \times 1\,000}{250 \times 415} + \frac{10 \times 10^6}{0.8 \times 11.46 \times 10^6} = 2.01 < 0.25\beta_c f_c$$

$$= 0.25 \times 1.0 \times 14.3 = 3.58 \text{ N/mm}^2$$

截面符合要求。

（2）验算是否可不考虑剪力

$$V = 95 \text{ kN} > 0.35 f_t bh_0 = 0.35 \times 1.43 \times 250 \times 415 = 51.93 \text{ kN}$$

故不能忽略剪力。

（3）验算是否可不考虑扭矩

$$T = 10 \text{ kN} \cdot \text{m} > 0.175 f_t W_t = 0.175 \times 1.43 \times 11.46 \times 10^6 = 2.87 \text{ kN} \cdot \text{m}$$

故不能忽略扭矩。

（4）验算是否要按计算配置抗剪钢筋和抗扭钢筋

$$\frac{V}{bh_0} + \frac{T}{W_t} = \frac{95 \times 1\,000}{250 \times 415} + \frac{10 \times 10^6}{11.46 \times 10^6} = 1.003 \text{ N/mm}^2 > 0.7 f_t$$

$$= 0.7 \times 1.43 = 1.001 \text{ N/mm}^2$$

故应按计算配置抗剪钢筋和抗扭钢筋。

（5）计算剪扭构件混凝土承载力降低系数 $\beta_t$

$$\beta_t = \frac{1.5}{1 + 0.5 \dfrac{V W_t}{T b h_0}} = \frac{1.5}{1 + 0.5 \times \dfrac{95\,000 \times 11.46 \times 10^6}{10 \times 10^6 \times 250 \times 415}} = 0.98$$

（6）计算箍筋用量

选用抗扭纵筋与箍筋的配筋强度比 $\xi = 1.2$。

单侧抗剪箍筋用量（采用双肢箍筋）计算如下：

$$V = 85\,000 = 0.7 \times (1.5 - \beta_t) f_t bh_0 + f_{yv} \frac{A_{sv}}{s} h_0$$

$$= 0.7 \times (1.5 - 0.98) \times 1.43 \times 250 \times 415 + 270 \times \frac{2A_{sv1}}{s} \times 415$$

$$\frac{A_{sv1}}{s} = 0.18$$

$$T = 0.35\beta_t f_t W_t + 1.2\sqrt{\xi} \frac{f_{yv} A_{st1}}{s} A_{cor}$$

其中，

$$A_{cor} = b_{cor} h_{cor} = (250 - 2 \times 25) \times (450 - 2 \times 25) = 80\,000 \text{ mm}^2$$

即 $10 \times 10^6 = 0.35 \times 1.0 \times 1.43 \times 11.46 \times 10^6 + 1.2 \times \sqrt{1.2} \times 270 \times \dfrac{A_{st1}}{s} \times$

$80\,000$，故：

$$\frac{A_{st1}}{s} = 0.15$$

$$\frac{A_{sv1}^*}{s} = \frac{A_{sv1}}{s} + \frac{A_{st1}}{s} = 0.18 + 0.15 = 0.33$$

选用箍筋直径 $\phi 8$。单肢箍面积 $A_{sv1} = 50.3 \text{ mm}^2$，则箍筋间距 $s = \dfrac{50.3}{0.33} = $

$152.42 \text{ mm}$，实取 $s = 160 \text{ mm} < s_{max} = 200 \text{ mm}$。

计算最小配箍率：

$$\rho_{sv} = \frac{2A_{sv1}}{bs} = \frac{2 \times 50.3}{250 \times 160} = 0.252\% > 0.28 \frac{f_t}{f_{yv}}$$

$$= 0.28 \times \frac{1.43}{270} = 0.148\%$$

故满足要求。

（7）计算抗扭纵筋用量

根据选定的 $\zeta = 1.2$ 和经计算得出的单侧抗扭箍筋用量 $A_{st1}/s$ 求抗扭纵筋用量 $A_{stl}$。

$$A_{stl} = \frac{\zeta f_{yv} A_{st1} u_{cor}}{f_y s}$$

其中，

$$u_{cor} = 2(b_{cor} + h_{cor}) = 2 \times (200 + 400) = 1\,200 \text{ mm}$$

$$A_{stl} = \frac{\zeta f_{yv} A_{st1} u_{cor}}{f_y s} = \frac{1.2 \times 270 \times 0.15 \times 1\,200}{300} = 194.4 \text{ mm}^2$$

选用 6 ⏀ 12 的钢筋（$A_{stl} = 678$ mm²），布置在截面四角和两侧边高度的中部。

抗扭纵筋的最小配筋率：

$$\rho_{tl,min} = 0.6 \sqrt{\frac{T}{Vb}} \cdot \frac{f_t}{f_y} = 0.6 \times \sqrt{\frac{10 \times 10^6}{95 \times 10^3 \times 250}} \times \frac{1.43}{300} = 0.186\%$$

$$\rho_{tl} = \frac{A_{stl}}{bh} = \frac{678}{250 \times 450} = 0.603\% > \rho_{tl,min}$$

（8）计算抗弯纵筋数量

按单筋矩形截面进行抗弯承载力计算。

基本平衡方程式为：

$$\begin{cases} \alpha_1 f_c bx = f_y A_s \\ M \leqslant \alpha_1 f_c bx \left(h_0 - \dfrac{x}{2}\right) \end{cases}$$

解方程得：

$$x = 77.1 \text{ mm} < x_b = 0.550 \times 415 = 228.3 \text{ mm}$$

求得：

$$A_s = 918.8 \text{ mm}^2$$

（9）确定纵筋的总用量

顶部纵筋 2 ⏀ 12 的钢筋；两侧边高度中部纵筋 2 ⏀ 12 的钢筋。

底部纵筋 $\dfrac{A_{stl}}{3} + A_s = \dfrac{678}{3} + 904 = 1\,130$ mm²，实取 3 ⏀ 22，$A_s = 1\,140$ mm²。

如图 6-8(a)所示，将抵抗弯矩所需的纵筋 $A_s$ 布置在截面受拉边，将抵抗扭矩所需的纵筋 $A_{stl}$ 均匀对称地布置在截面周边，如图 6-8(b)所示选用 6 根直径相同的钢筋，截面最后配置的纵向钢筋如图 6-8(c)所示。

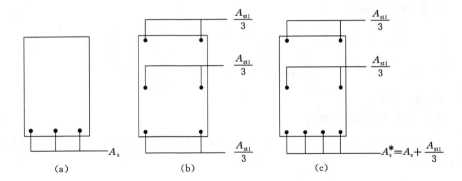

专业术语

图 6-8　弯扭构件纵向钢筋的叠加

# 思　考　题

1. 试述素混凝土矩形截面纯扭构件的破坏特征。

2. 试推导矩形截面受扭塑性抵抗矩 $W_t$ 的计算公式。

3. 钢筋混凝土纯扭构件有哪几种破坏形式？各有何特点？

4. 在抗扭计算中，配筋强度比 $\xi$ 的含义是什么？起什么作用？有什么限制？

5. 无腹筋构件的剪扭承载力之间有什么样的相关关系？《规范》的近似计算方法是如何考虑剪扭相关性的？

6. 影响弯扭承载力相关性的主要因素有哪些？《规范》采用什么方法进行弯扭构件承载力计算？

7. 在受扭构件试验中，有少筋破坏、适筋破坏和部分超筋破坏，它们各有什么特点？在抗扭计算中如何避免少筋破坏和超筋破坏？

8. 受扭构件设计时，怎样避免出现少筋构件和完全超配筋构件？什么情况下可忽略扭矩或剪力的作用？什么情况下可不进行剪扭承载力计算而仅按构造配置抗扭钢筋？

9. 在抗扭计算中，$\beta_t$ 的物理意义是什么？上、下限各为多少？

10. 简述弯剪扭构件承载力计算的基本步骤。

11. 受扭构件的配筋有哪些构造要求？

12. 在剪扭构件承载力计算中如果符合条件 $0.7f_t < \dfrac{V}{bh_0} + \dfrac{T}{W_t} \leqslant 0.25f_c$，则说明什么？

# 练　习　题

练习题答案

## 一、选择题

1. 受扭构件的配筋方式可为（　　）。

A. 仅配置抗扭箍筋

B. 配置抗扭箍筋和抗扭纵筋

C. 仅配置抗扭纵筋

D. 仅配置于裂缝方向垂直的 45°方向的螺旋状钢筋

2. 矩形截面抗扭纵筋布置首先是考虑角隅处,然后考虑(　　)。

A. 截面长边中的　　　　　B. 截面短边中的　　　　　C. 其他地方

3. 下面哪一条不属于变角度空间桁架模型的基本假定(　　)。

A. 平均应变符合平截面假定

B. 混凝土只承受压力

C. 纵筋和箍筋只承受拉力

D. 忽略核心混凝土的受扭作用和钢筋的销栓作用

4. 钢筋混凝土受扭构件,受扭纵筋和箍筋的配筋强度比 $0.6 < \zeta < 1.7$,说明当构件破坏时,(　　)。

A. 纵筋和箍筋都能达到屈服　　　　B. 仅箍筋达到屈服

C. 仅纵筋达到屈服　　　　　　　　D. 纵筋和箍筋都不能达到屈服

5. 在钢筋混凝土受扭构件设计时,《规范》要求,受扭纵筋和箍筋的配筋强度比应(　　)。

A. 不受限制　　　　　　　　　　　B. $1.0 < \zeta < 2.0$

C. $0.5 < \zeta < 1.0$　　　　　　　　D. $0.6 < \zeta < 1.7$

6. 《混凝土结构设计规范》对于剪扭构件承载力计算采用的模式是(　　)。

A. 混凝土和钢筋均考虑相关关系

B. 混凝土和钢筋均不考虑相关关系

C. 混凝土不考虑相关关系,钢筋考虑相关关系

D. 混凝土考虑相关关系,钢筋不考虑相关关系

7. 钢筋混凝土 T 形和 I 形截面剪扭构件可划分为矩形块计算,此时(　　)。

A. 腹板承受全部的剪力和扭矩

B. 翼缘承受全部的剪力和扭矩

C. 剪力由腹板承受,扭矩由腹板和翼缘共同承受

D. 扭矩由腹板承受,剪力由腹板和翼缘共同承受

## 二、计算题

1. 钢筋混凝土矩形截面构件,截面尺寸 $b \times h = 300 \text{ mm} \times 500 \text{ mm}$,扭矩设计值 $T = 10 \text{ kN} \cdot \text{m}$,混凝土强度等级为 C30,纵向钢筋采用 HRB335 级钢筋,箍筋采用 HPB300 级钢筋,试计算其配筋。

2. 已知矩形截面梁,截面尺寸 300 mm×500 mm,混凝土强度等级 C35,箍筋 HPB300,纵筋 HRB335。经计算,梁弯矩设计值 $M = 14 \text{ kN} \cdot \text{m}$,剪力设计值 $V = 16 \text{ kN}$,扭矩设计值 $T = 3.8 \text{ kN} \cdot \text{m}$,试确定梁的配筋。

# 7 钢筋混凝土轴心受力构件正截面承载力性能分析与设计

> **本章提要** 本章主要讨论钢筋混凝土轴心受力构件的截面承载力计算方法及构造要求。掌握普通箍筋和螺旋箍筋轴心受压构件正截面承载力的计算方法,理解长细比对承载力的影响;掌握轴心受拉构件承载力的计算方法;熟悉相关构造要求。

## 7.1 概述

对于材料均质的受压构件,当纵向力(压力或拉力)作用线与构件截面形心轴重合的构件称为轴心受力构件。然而在实际工程中,由于结构不对称、配筋不对称及施工质量等多种原因,理想的轴心受力构件几乎是不存在的。

在结构设计时,为简化计算,对于以恒载为主的多层房屋结构中的内柱和桁架结构中的受压腹杆等构件,往往忽略弯矩作用,近似认为是轴心受压构件;而桁架结构中的拉杆、承受内压的圆管以及环形池壁等结构,则近似认为是轴心受拉构件,如图 7-1 所示。

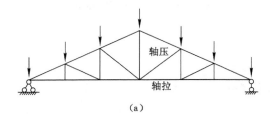

图 7-1 轴心受力构件
(a)桁架结构;(b)环形水池

一般轴心受拉或轴心受压构件内均配置纵向受力钢筋和箍筋。轴心受拉构件中纵筋的主要作用是承担拉力,箍筋的作用主要是固定纵筋以形成钢筋骨架。轴心受压构件中的轴向压力主要由混凝土承担,纵向钢筋的作用主要是与混凝土共同承担压力,减小构件截面尺寸,减小混凝土不均匀性引起的不利影响及承受可能有的弯矩作用,防止构件发生脆性破坏;箍筋的作用主要是防止纵向钢筋受压屈曲,固定纵向钢筋并与之形成整体骨架,方便施工。

轴心受力构件中常见的箍筋配置方式有普通箍筋和螺旋(或焊接环式)箍筋。普通箍筋柱的截面形状多为正方形或矩形,也可采用圆形;螺旋箍筋柱的截面形状多为圆形或多边形,如图 7-2 所示。

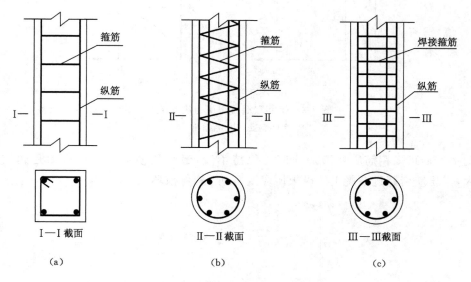

图 7-2　配有箍筋柱示意图
(a) 普通箍筋柱;(b) 螺旋箍筋柱;(c) 焊接环式箍筋柱

## 7.2　试验研究

### 7.2.1　配有普通箍筋的轴心受压构件

根据轴心受压构件长细比(柱的计算长度 $l_0$ 与柱截面回转半径 $i$ 的比值)的不同,轴心受压柱可分为短柱和长柱。短柱是指 $l_0/i \leqslant 28$(任意截面,$i$ 为截面最小回转半径)或 $l_0/b \leqslant 28$(矩形截面,$b$ 为截面较小边长)或 $l_0/d \leqslant 7$(圆形截面,$d$ 为直径)的柱。长柱与短柱两者的承载能力和破坏形态不同。

(1) 轴心受压短柱受力分析

轴心受压构件中钢筋和混凝土的应力—应变关系如图 7-3 所示。

试验表明,在轴心压力作用下,钢筋混凝土轴心受压短柱整个正截面上的应变分布基本上是均匀的。由于钢筋与混凝土之间的黏结作用,使得钢筋与混凝土两者的压应变基本相同。当荷载较小时,受压短柱的压缩变形与荷载成比例增加,钢筋和混凝土的压应力也相应成比例增加,混凝土和钢筋都处于弹性阶段。

当荷载较大时,由于混凝土塑性变形发展,在相同荷载增量下,混凝土应力增加的幅度低于钢筋应力的增加幅度,钢筋和混凝土之间发生应力重分布,构件进入弹塑性阶段,如图 7-4 所示。随着荷载的进一步增大,柱中开始出现细微裂缝,在临近破坏荷载时,柱四周出现明显的纵向裂缝,纵向钢筋受压屈服,由

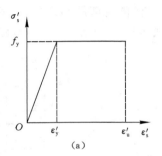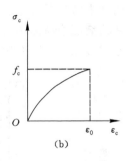

图 7-3　钢筋和混凝土应力应变关系
(a) 钢筋；(b) 混凝土

图 7-3(a)可知钢筋应变增加而应力保持不变,最终致使混凝土压应力迅速增大,当压应变超过混凝土的极限压应变 $\varepsilon_0$ 时,构件破坏。

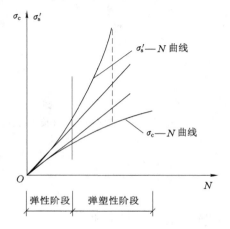

图 7-4　钢筋混凝土短柱轴心受压作用下的应力—荷载关系意图

轴心受压短柱正截面在轴心压力 $N$ 作用下,截面应满足下述平衡条件:

$$N = \sigma_c A_c + \sigma'_s A'_s \tag{7-1}$$

式中　$\sigma_c , \sigma'_s$——截面上混凝土和纵向受压钢筋的压应力,$\sigma_c = E_c \varepsilon_c$,$\sigma'_s = E'_s \varepsilon'_s$；

　　　$A_c , A'_s$——混凝土和纵向受压钢筋的截面面积；

　　　$E_c , E_s$——混凝土和钢筋的弹性模量。

对于普通混凝土轴心受压构件,混凝土的极限压应变 $\varepsilon_0$ 取 0.002,即认为当混凝土的压应变达到 0.002 时混凝土强度达到 $f_c$[图 7-3(b)]。由钢筋与混凝土变形协调关系 $\varepsilon_s = \varepsilon_c$ 可知,当混凝土压应变 $\varepsilon'_s = \varepsilon'_c$ 达到 0.002 时,钢筋的应力为:$\sigma'_s = E_s \varepsilon'_s = E_s \varepsilon'_0$。如果钢筋的弹性模量为 $E_s = 2.0 \times 10^5 \text{ N/mm}^2$,则此时钢筋的应力为:

$$\sigma'_s = E_s \varepsilon'_s = E_s \varepsilon'_0 = 2.0 \times 10^5 \times 0.002 = 400 \text{ N/mm}^2$$

也就是说,轴心受压构件的纵向钢筋如采用 HPB300、HRB335 以及 HRB400 级热轧钢筋,则轴心受压柱达到破坏时纵向受压钢筋的应力都可达到屈服强度。如果轴心受压构件配置高强度钢筋,那么构件达到破坏时纵向受压钢筋的应力达不到屈服,其应力为 $\sigma'_s = 0.002E_s$。

(2)轴心受压长柱受力分析

试验表明,对于受压长柱,由于各种偶然因素造成的初始偏心距的影响不可忽略,加载后构件会产生附加弯矩,在初始偏心距和附加弯矩的共同影响下,柱将存在轴力和弯矩。构件长细比越大,各种偶然因素造成的初始偏心距越大,由此产生的附加弯矩和相应的侧向挠度也越大,而侧向挠度的增大又增大了荷载的偏心距,随着荷载继续增大,这种相互影响会使柱子提前破坏,降低长柱的受压承载力。而且在长期荷载作用下,混凝土的徐变会加大柱子的侧向挠度,导致长柱承载力进一步下降。

柱子破坏时受压一侧往往产生较大的纵向裂缝,箍筋之间的纵筋向外压屈,构件高度中部的混凝土被压碎,而另一侧混凝土则被拉裂,在构件高度中部产生若干条以一定间距分布的水平裂缝。对长细比很大的细长柱,还有可能在材料强度尚未充分发挥之前由于构件丧失稳定性而发生失稳破坏。

考虑到上述原因,《规范》中采用稳定系数 $\varphi$ 表示柱子承载能力随长细比增大的降低程度,即:

$$\varphi = N_u^l / N_u^s \tag{7-2}$$

式中    $N_u^l,N_u^s$——长柱、短柱破坏时的荷载值。

构件的稳定系数 $\varphi$ 主要与构件的长细比有关,随着长细比增大,$\varphi$ 数值减小。对于长细比相同的柱,由于混凝土和钢筋的种类、强度等级以及截面配筋率不同,$\varphi$ 数值略有变化。《规范》根据试验研究结果并考虑已有的使用经验给出不同截面形状的轴心受压构件的稳定系数 $\varphi$ 的取值,见附表25。计算长度 $l_0$ 与构件两端的支承情况有关。在实际结构中,构件两端的连接构造比较复杂,为此,《规范》对单层厂房排架柱、框架柱等的计算长度给出具体规定,见表7-1和表7-2。

**表 7-1    刚性屋盖的单层房屋排架柱、露天吊车柱和栈桥柱的计算长度**

| 柱的类别 | | $l_0$ | | |
| --- | --- | --- | --- | --- |
| | | 排架方向 | 垂直排架方向 | |
| | | | 有柱间支撑 | 无柱间支撑 |
| 无吊车房屋柱 | 单跨 | 1.5H | 1.0H | 1.2H |
| | 两跨及多跨 | 1.25H | 1.0H | 1.2H |
| 有吊车房屋柱 | 上柱 | 2.0$H_u$ | 1.25$H_u$ | 1.5$H_u$ |
| | 下柱 | 1.0$H_l$ | 0.8$H_l$ | 1.0$H_l$ |
| 露天吊车柱和栈桥柱 | | 2.0$H_l$ | 1.0$H_l$ | — |

注:1. 表中 $H$ 为从基础顶面算起的柱子全高;$H_l$ 为从基础顶面至装配式吊车梁面或现浇式吊车梁顶面的柱的下部高度;$H_u$ 为从装配式吊车梁底面或从现浇式吊车梁顶面算起的柱子上部高度;

2. 表中有吊车房屋排架柱的计算长度,当计算中不考虑吊车荷载时,可按无吊车房屋柱的计算长度采用,但上柱的计算长度仍按有吊车房屋采用;

3. 表中有吊车房屋排架柱的上柱在排架方向的计算长度,仅适用于 $H_u/H_l$ 不小于 0.3 的情况,当 $H_u/H_l$ 小于 0.3 时,计算长度宜采用 2.5$H_u$。

**表 7-2** 框架结构各层柱的计算长度

| 楼盖类型 | 柱的类别 | $l_0$ |
|---|---|---|
| 现浇楼盖 | 底层柱 | $1.0H$ |
| | 其余各层柱 | $1.25H$ |
| 装配式楼盖 | 底层柱 | $1.25H$ |
| | 其余各层柱 | $1.5H$ |

注:表中 $H$ 为底层柱从基础顶面到一层楼盖顶面的高度;对其余各层柱为上下两层楼盖顶面之间的高度。

当柱有侧向支撑存在时,由于侧向支撑可以在一定程度上防止柱在该方向上的压屈,柱的长细比应分别在两个方向上进行计算,并取两者的较大值来确定稳定系数 $\varphi$ 的数值。

### 7.2.2 配有螺旋箍筋的轴心受压构件

普通箍筋柱由于箍筋间距较大,对混凝土受压时产生的横向变形约束效果不明显。当柱受到的轴向力较大,但由于建筑上或其他原因导致柱的截面尺寸受到限制,而采用其他手段(如提高混凝土强度等级或增配纵筋)对承载力提高程度不显著时,可采用螺旋箍筋柱。

图 7-5 为普通箍筋柱和螺旋箍筋柱的荷载—应变全过程曲线示意图。从图中可以看出,加载初期,由于荷载较小,混凝土压应力和横向变形均较小,箍筋对核心区混凝土的横向变形约束作用不明显,螺旋箍筋柱和普通箍筋柱的变形曲线基本重合。

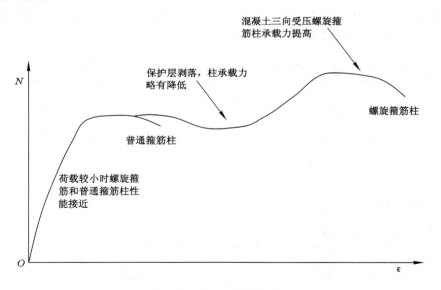

图 7-5 普通箍筋柱和螺旋箍筋柱受力过程

随着荷载的增大,普通箍筋柱混凝土被压碎,达到其极限承载能力,而此时由于螺旋箍筋柱的箍筋间距较密,有效约束了内部混凝土的横向变形,仅保护层剥落,有效受力面积稍有减小,承载力有一定程度的降低。之后,由于螺旋箍筋整体性较好、间距较小,对核心区混凝土的横向变形约束作用进一步加大,核心区混凝土处于三向受压状态,抗压强度明显提高,螺旋箍筋柱的承载能力得到提高。随着外荷载的继续增大,螺旋箍筋受到的环向拉力不断增大直至屈服,柱最终发生破坏,达到其承载能力极限状态。

由此可以看出,螺旋箍筋或焊接环形箍筋的作用是:使核心混凝土处于三向受压状态,提高混凝土的抗压强度。虽然螺旋箍筋或焊接环形箍筋水平放置,但它间接发挥提高构件轴心受压承载力的作用,因此统称为"间接钢筋"。

与普通箍筋柱不同,螺旋箍筋柱的破坏是以箍筋的屈服为标志的,螺旋箍筋柱不仅承载能力较强,变形能力也明显优于普通箍筋柱,延性也较好。

### 7.2.3　轴心受拉构件

轴心受拉构件从加载到破坏,其受力和变形大致经历了以下三个阶段。

从加载到混凝土开裂前,属于第一阶段。

这一阶段混凝土与钢筋共同受力,轴向拉力与变形基本为线性关系。

随着荷载的增加,混凝土很快达到极限拉应变,即将出现裂缝。对于使用阶段不允许开裂的构件,应以此受力状态作为抗裂验算的依据。

第二阶段为混凝土开裂到受拉钢筋屈服前。当裂缝出现后,裂缝截面处的混凝土逐渐退出工作,截面上的拉应力全部由钢筋承受。对于使用阶段允许出现裂缝的构件,应以此阶段作为裂缝宽度验算的依据。

第三阶段为受拉钢筋屈服到构件破坏。构件某一裂缝截面的受拉钢筋应力首先达到屈服强度,随即裂缝迅速开展,荷载稍有增加甚至不增加,都会导致裂缝截面处的全部钢筋达到屈服强度,即可认为构件达到破坏,处于承载能力极限状态,应以此应力状态作为截面承载力计算的依据。

## 7.3　轴心受压构件承载力分析

### 7.3.1　配有普通箍筋的柱正截面承载力

根据静力平衡条件,并考虑长柱、短柱承载力公式的统一表达以及构件可靠度的调整等因素,配有普通箍筋的轴心受压构件处于承载能力极限状态时,其正截面受压承载力设计表达式可表示为:

$$N \leqslant N_u = 0.9\varphi(f_c A + f'_y A'_s) \qquad (7\text{-}3)$$

式中　$N$——轴向压力设计值;

　　　$N_u$——轴心受压承载力设计值;

　　　0.9——可靠度调整系数;

　　　$\varphi$——钢筋混凝土轴心受压构件的稳定系数;

　　　$f_c$——混凝土轴心抗压强度设计值;

　　　$A$——构件全截面面积;

　　　$f'_y$——纵向钢筋抗压强度设计值;

$A'_s$——全部纵向钢筋的截面面积。

当纵向钢筋配筋率大于 $3\%$ 时,式(7-3)中的 $A$ 应改为 $A-A'_s$。

### 7.3.2 配有螺旋箍筋的柱正截面承载力

(1) 正截面承载力计算

对于螺旋箍筋柱中核心区混凝土来说,由于受到箍筋的有效约束,处于三向受压状态,其抗压强度有较大提高,其经验公式为:

$$f_{cc} = f_c + \kappa\sigma_r \tag{7-4}$$

式中　$f_{cc}$——三向受压时混凝土轴心抗压强度;

$\sigma_r$——核心混凝土侧向压力;

$\kappa$——侧向压力效应系数,$4.5\sim7$,平均值定为 $5.6$。

当柱中螺旋箍筋屈服时,混凝土柱达到屈服,由计算简图(图 7-6)可知应满足平衡条件如下:

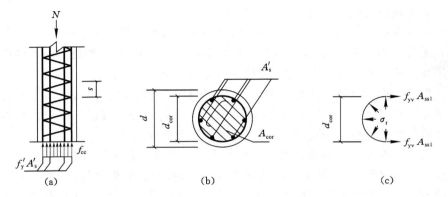

图 7-6　螺旋箍筋柱计算简图

$$\sigma_r s d_{cor} = 2f_{yy}A_{ss1} \tag{7-5}$$

整理得:
$$\sigma_r = \frac{2f_{yv}A_{ss1}}{sd_{cor}} \tag{7-6}$$

考虑到螺旋箍筋对混凝土约束作用的折减,式(7-6)可变为:

$$\sigma_r = \frac{2\alpha f_{yv}A_{ss1}}{sd_{cor}} \tag{7-7}$$

当螺旋箍筋柱达到极限状态时,保护层混凝土剥落,核心区混凝土和钢筋共同受力,由截面平衡条件得到截面的极限承载能力为:

$$N_u = f_{cc}A_{cor} + f'_yA'_s \tag{7-8}$$

将式(7-4)和式(7-7)代入式(7-8),整理可得:

$$N_u = f_cA_{cor} + \frac{2\alpha\kappa f_{yv}A_{ss1}}{sd_{cor}}A_{cor} + f'_yA'_s \tag{7-9}$$

令 $A_{ss0} = \pi d_{cor}A_{ss1}/s$,式(7-9)可表示为:

$$N_u = f_cA_{cor} + f'_yA'_s + \alpha\kappa f_{yv}A_{ss0}/2 \tag{7-10}$$

按照《规范》,配有螺旋箍筋或焊接环式箍筋的钢筋混凝土轴心受压构件,其正截面受压承载力设计表达式可表示为:

$$N \leqslant N_{\mathrm{u}} = 0.9(f_c A_{\mathrm{cor}} + f'_{\mathrm{y}} A'_{\mathrm{s}} + 2\alpha f_{\mathrm{yv}} A_{\mathrm{ss0}}) \tag{7-11}$$

式中　$N$——轴向压力设计值；

$\quad\quad N_{\mathrm{u}}$——轴心受压承载力设计值；

$\quad\quad 0.9$——可靠度调整系数；

$\quad\quad f_{\mathrm{yv}}$——箍筋抗拉强度设计值；

$\quad\quad A_{\mathrm{cor}}$——构件核心区截面面积，取间接钢筋内表面范围内的混凝土截面面积；

$\quad\quad A_{\mathrm{ss0}}$——螺旋箍筋或焊接环式箍筋的换算截面面积，$A_{\mathrm{ss0}} = \pi d_{\mathrm{cor}} A_{\mathrm{ss1}}/s$；

$\quad\quad d_{\mathrm{cor}}$——构件的核心直径，取间接钢筋内表面之间的距离；

$\quad\quad A_{\mathrm{ss1}}$——单肢箍筋的截面面积；

$\quad\quad s$——间接钢筋沿构件轴线方向的间距；

$\quad\quad \alpha$——间接钢筋对混凝土约束的折减系数：当混凝土强度等级不超过 C50 时，取 $\alpha = 1.0$，当混凝土强度等级为 C80 时，取 $\alpha = 0.85$，其间按线性内插法确定。

（2）公式适用条件

① 按照式(7-11)确定的构件受压承载力设计值小于按式(7-3)确定的构件受压承载力设计值的 1.5 倍。因为普通箍筋柱达到破坏时螺旋箍筋柱的混凝土保护层开始剥落，满足此条件可以防止保护层混凝土过早发生剥落。

② 构件长细比 $l_0/d \leqslant 12$。当不满足此条件时，由于纵向弯曲的影响，螺旋箍筋对混凝土的约束作用不明显，应按照普通箍筋柱进行设计。

③ 按照式(7-11)确定的螺旋箍筋柱受压承载力设计值大于按照式(7-3)确定的普通箍筋柱受压承载力设计值，若不满足，则应按普通箍筋柱设计；

④ 间接钢筋的换算截面面积 $A_{\mathrm{ss0}}$ 不小于全部纵筋截面面积的 25%，以保证螺旋箍筋的约束效果。

## 7.4　轴心受拉构件承载力分析

轴心受拉构件处于承载能力极限状态时，可以认为全部拉力几乎均由纵向钢筋承受，此时轴心受拉构件正截面承载力应符合下式：

$$N \leqslant N_{\mathrm{u}} = f_{\mathrm{y}} A_{\mathrm{s}} \tag{7-12}$$

式中　$N$——轴心拉力设计值；

$\quad\quad N_{\mathrm{u}}$——轴心受拉承载力设计值；

$\quad\quad f_{\mathrm{y}}$——钢筋抗拉强度设计值；

$\quad\quad A_{\mathrm{s}}$——受拉纵向钢筋的全部截面面积。

## 7.5　构造要求

（1）截面型式和尺寸

轴心受力构件通常采用方形、矩形、圆形或其他规则形状，对于受压方柱和矩形柱,截面尺寸不宜小于 250 mm×250 mm,而且为了防止构件出现受压失稳,长细比通常不宜超过 30。

（2）材料强度等级

与轴心受拉构件不同,对轴心受压构件来说,混凝土的强度对其承载力有较大影响,实际工程中宜采用强度等级较高的混凝土,如 C30、C35、C40;对纵筋来说,考虑到安全性、经济性,受压构件中不宜采用强度超过 400 N/mm² 的钢筋。

（3）纵筋配置

纵向钢筋构造要求

① 纵向受力钢筋直径不宜小于 12 mm,全部纵向钢筋的配筋率不宜大于 5%。

② 柱中纵向钢筋的净间距不应小于 50 mm,且不宜大于 300 mm;纵筋最小配筋率及混凝土保护层应满足混凝土规范要求,参见附表 15 和附表 14。

③ 圆柱中纵向钢筋不宜少于 8 根,不应少于 6 根,且宜沿周边均匀布置。

④ 纵向受力钢筋的连接接头宜设置在受力较小处,在同一根受力钢筋上宜少设接头。受压构件中钢筋连接可采用绑扎搭接、机械连接或焊接;而受拉构件则不允许采用绑扎搭接。

（4）箍筋配置

箍筋构造要求

① 箍筋直径不应小于 $d/4$ 且不应小于 6 mm,$d$ 为纵向钢筋的最大直径。

② 箍筋间距不应大于 400 mm 及构件截面的短边尺寸,且不应大于 15$d$,$d$ 为纵向钢筋的最小直径。

③ 柱中周边箍筋应做成封闭式;对圆柱中的箍筋,搭接长度应符合混凝土规范要求,且末端应做成 135°弯钩,弯钩末端平直段长度不应小于 5$d$,$d$ 为箍筋直径。

④ 当柱截面短边尺寸大于 400 mm 且各边纵向钢筋多于 3 根时,或当柱截面短边尺寸不大于 400 mm 但各边纵向钢筋多于 4 根时,应设置复合箍筋。

⑤ 柱中全部纵向受力钢筋的配筋率大于 3% 时,箍筋直径不应小于 8 mm,间距不应大于 10$d$,且不应大于 200 mm。箍筋末端应做成 135°弯钩,且弯钩末端平直段长度不应小于 10$d$,$d$ 为纵向受力钢筋的最小直径。

⑥ 在配有螺旋式或焊接环式箍筋的柱中,正截面受压承载力计算时如考虑间接钢筋的作用,箍筋间距不应大于 80 mm 及 $d_{cor}/5$,且不宜小于 40 mm,$d_{cor}$ 为按箍筋内表面确定的核心截面直径。

## 7.6 实例分析

（1）轴心受压构件

采用规范公式进行计算时,既可以进行截面设计,也可以进行截面校核。

① 截面设计

在进行截面设计时,轴向压力设计值、材料强度等均已知,代入式(7-3)即可求出钢筋面积。

**【例 7-1】**　一办公楼为现浇钢筋混凝土框架结构,某底层中柱近似按照轴心受压构件考虑,$H=6.4$ m,轴向压力设计值 $N=2\ 450$ kN,混凝土采用 C30,纵筋选用 HRB400 级,箍筋选用 HRB335 级,柱截面尺寸为 400 mm×400 mm。试配置纵筋。

**【解】**　(1) 基本参数:$f'_y=360$ N/mm²,$f_{yv}=300$ N/mm²,$f_c=14.3$ N/mm²。

(2) 该柱的计算长度 $l_0=1.0H=1.0\times6\ 400=6\ 400$ mm,长细比 $\dfrac{l_0}{b}=\dfrac{6\ 400}{400}=16$,查附表可知 $\varphi=0.87$。

(3) 由式(7-3)得:

$$A'_s=\frac{\dfrac{N}{0.9\varphi}-f_cA}{f'_y}=\frac{\dfrac{2\ 450\ 000}{0.9\times0.87}-14.3\times400^2}{360}=2\ 336\ \text{mm}^2$$

选配 8 $\Phi$ 20,$A'_s=2\ 512$ mm²,每侧选用 3 根钢筋。

全部纵筋配筋率:

$$\rho=\frac{2\ 512}{400\times400}=1.57\%<3\%\quad\text{且}\quad\rho_{min}=0.55\%<\rho=1.57\%<\rho_{max}=5\%$$

一侧纵筋配筋率:

$$\rho'=\frac{942}{400\times400}=0.59\%>\rho'_{min}=0.2\%$$

满足要求。

**【例 7-2】**　某装配式楼盖多层钢筋混凝土框架结构,底层中柱按轴心受压构件计算,$H=5.12$ m,轴向压力设计值 $N=3\ 900$ kN,混凝土采用 C35,纵筋和箍筋均选用 HRB400 级,柱截面尺寸为 450 mm×450 mm。试配置纵筋,并按构造要求配置箍筋。

**【解】**　(1) 基本参数:$f'_y=360$ N/mm²,$f_{yv}=360$ N/mm²,$f_c=16.7$ N/mm²。

(2) 该柱的计算长度为 $l_0=1.25H=1.25\times5.12=6\ 400$ mm,长细比 $\dfrac{l_0}{b}=\dfrac{6\ 400}{450}=14.2>12$,按普通箍筋柱计算,查附表可知 $\varphi=0.915$。

(3) 由式(7-3)得:

$$A'_s=\frac{\dfrac{N}{0.9\varphi}-f_cA}{f'_y}=\frac{\dfrac{3\ 900\ 000}{0.9\times0.915}-16.7\times450^2}{360}=3\ 761\ \text{mm}^2$$

选配 12 $\Phi$ 20,$A'_s=3\ 787$ mm²,每侧选用 4 根钢筋。

全部纵筋配筋率 $\rho=\dfrac{3\ 787}{450\times450}=1.87\%<3\%$ 且 $\rho_{min}=0.55\%<\rho=1.87\%<\rho_{max}=5\%$。

一侧纵筋配筋率 $\rho'=\dfrac{1\ 256}{450\times450}=0.62\%>\rho'_{min}=0.2\%$。

满足要求。

（4）箍筋配置

箍筋直径：$d \geqslant d_{纵}/4 = 20/4 = 5$ mm，且 $d \geqslant 6$ mm，取 $d = 8$ mm。

箍筋间距：$s \leqslant b = 450$ mm，$s \leqslant 400$ mm，$s \leqslant 15d = 15 \times 20 = 300$ mm，取 $s = 300$ mm。

箍筋型式：$b = 450$ mm$>400$ mm，且每边纵筋为 4 根，故采用四肢箍。

故箍筋选取 4 $\underline{\Phi}$ 8@300。

【例 7-3】 某多层现浇钢筋混凝土框架结构，底层门厅柱为圆形截面，直径 $d = 500$ mm，近似按轴心受压构件设计。轴力设计值 $N = 5\ 900$ kN，柱高 $H = 6$ m，混凝土选用 C30，纵筋采用 HRB400 级，箍筋采用 HRB335 级，混凝土保护层厚度为 20 mm。试对柱进行配筋。

【解】 （1）基本参数

$$f'_y = 360 \text{ N/mm}^2, f_c = 14.3 \text{ N/mm}^2, f_{yv} = 300 \text{ N/mm}^2, \alpha = 1.0$$

（2）先按普通箍筋柱计算

柱的计算长度 $l_0 = 1.0H = 6\ 000$ mm，长细比 $\dfrac{l_0}{d} = \dfrac{6\ 000}{500} = 12$，查附表可得 $\varphi = 0.92$。

$$A'_s = \frac{\dfrac{N}{0.9\varphi} - f_c A}{f'_y} = \frac{\dfrac{5\ 900\ 000}{0.9 \times 0.92} - 14.3 \times \dfrac{3.14 \times 500^2}{4}}{360} = 11\ 998 \text{ mm}^2$$

配筋率 $\rho = \dfrac{11\ 998}{3.14 \times (500/2)^2} = 6.1\% > 5\%$，不满足规范要求，应采用螺旋箍筋。

（3）按螺旋箍筋柱计算

假定螺旋箍筋直径为 12 mm，核心区直径 $d_{cor} = 500 - 2 \times (20 + 12) = 436$ mm，则：

$$A_{cor} = \frac{3.14 \times 436^2}{4} = 149\ 225 \text{ mm}^2$$

假定配筋率 $\rho = 3\%$，$A'_s = 0.03 \times 3.14 \times \left(\dfrac{500}{2}\right)^2 = 5\ 888$ mm$^2$。

选用 10 $\underline{\Phi}$ 28，实配 $A'_s = 6\ 158$ mm$^2$。

$$A_{ss0} = \frac{\dfrac{N}{0.9} - f_c A_{cor} - f'_y A'_s}{2\alpha f_{yv}}$$

$$= \frac{\dfrac{5\ 900\ 000}{0.9} - 14.3 \times 149\ 225 - 360 \times 6\ 158}{2 \times 1.0 \times 300} = 3\ 677 \text{ mm}^2$$

$A_{ss0} = 3\ 677$ mm$^2 > 0.25A'_s = 0.25 \times 6\ 158 = 1\ 540$，满足规范要求。

初选螺旋箍筋直径为 12 mm：$A_{ss1} = \dfrac{3.14 \times 12^2}{4} = 113$ mm$^2$，$s = \dfrac{\pi d_{cor} A_{ss1}}{A_{ss0}} =$

$\dfrac{3.14 \times 436 \times 113}{3\ 677} = 42$ mm，且箍筋间距应满足：$\begin{cases} s \leqslant 80 \text{ mm} \\ s \leqslant \dfrac{d_{cor}}{5} = \dfrac{436}{5} \text{ mm} = 87.2 \text{ mm}, \\ s \geqslant 40 \text{ mm} \end{cases}$

取 $s = 40$ mm，满足要求。

（4）复核承载力

$$A_{sso} = \frac{\pi d_{cor} A_{ssl}}{s} = \frac{3.14 \times 436 \times 113}{40} = 3\ 867.5 \text{ mm}^2$$

$$\begin{aligned} N_u &= 0.9(f_c A_{cor} + f'_y A'_s + 2\alpha f_{yv} A_{ss0}) \\ &= 0.9 \times (14.3 \times 149\ 225 + 360 \times 6\ 158 + 2 \times 1.0 \times 300 \times 3\ 867.5) \\ &= 6\ 004 \text{ kN} > 5\ 900 \text{ kN} \end{aligned}$$

按普通箍筋柱计算的承载力：

$$\begin{aligned} N_{ul} &= 0.9\varphi(f_c A + f'_y A'_s) \\ &= 0.9 \times 0.92 \times (14.3 \times 3.14 \times 500^2/4 + 360 \times 6\ 158) \\ &= 4\ 159 \text{ kN} < N_u = 6\ 004 \text{ kN} \end{aligned}$$

且 $N_u = 6\ 004$ kN $< 1.5 N_{ul} = 1.5 \times 4\ 159 = 6\ 239$ kN，所以纵筋选用 10 $\Phi$ 28，箍筋选用 $\Phi$ 12@40 满足要求。

② 截面校核

在进行截面校核时，截面尺寸和材料强度等均为已知条件，根据长细比查附表 25 求出 $\varphi$ 后，带入式（7-3）即可确定轴心抗压承载力设计值 $N_u$。

【例 7-4】　某轴心受压钢筋混凝土柱，采用普通箍筋，截面尺寸 350 mm × 350 mm，计算长度 $l_0 = 4.8$ m，混凝土强度等级为 C35，柱内配有 8 $\Phi$ 25 的 HRB400 纵向钢筋，承受轴向力 $N = 2\ 000$ kN。试确定该柱的安全性。

【解】　（1）基本参数

$f'_y = 360$ N/mm$^2$，$f_c = 16.7$ N/mm$^2$，$A'_s = = 3\ 927$ mm$^2$。

（2）计算稳定系数

柱长细比 $\dfrac{l_0}{b} = 13.7 > 12$，查附表可得 $\varphi = 0.925$。

（3）计算承载力

纵筋配筋率 $\rho = \dfrac{3\ 927}{350 \times 350} = 3.20\% > 3\%$，承载力计算公式中应用 $(A - A'_s)$ 代替 $A$。

$$\rho_{min} = 0.55\% < \rho = 3.2\% < \rho_{max} = 5\%$$

一侧纵筋配筋率 $\rho' = \dfrac{1\ 473}{350 \times 350} = 1.32\% > \rho'_{min} = 0.2\%$

$$\begin{aligned} N_u &= 0.9\varphi[f_c(A - A'_s) + f'_s A'_s] \\ &= 0.9 \times 0.925 \times [16.7 \times (350 \times 350 - 3\ 927) + 360 \times 3\ 927] \\ &= 2\ 825 \text{ kN} > 2\ 000 \text{ kN} \end{aligned}$$

该柱安全性满足要求。

【例 7-5】　某轴心受压圆柱，直径 $d = 400$ mm，柱计算长度 $l_0 = 4.2$ m，混凝

土选用 C35,纵筋、螺旋箍筋均采用 HRB400,纵筋为 8 $\underline{\Phi}$ 20,螺旋箍筋为 $\underline{\Phi}$ 10@50,环境类别为一类,安全等级为二级。试确定该圆柱的轴心受压承载力。

**【解】** (1)基本参数

$f'_y = 360 \text{ N/mm}^2$,$f_c = 16.7 \text{ N/mm}^2$,$f_{yv} = 360 \text{ N/mm}^2$,$\alpha = 1.0$,查附表 14 可知柱最小保护层厚度 $c = 20 \text{ mm}$。

(2)验算配筋率

$$A'_s = 2\ 513 \text{ mm}^2$$

全部纵筋配筋率:

$$\rho = \frac{2\ 513}{\frac{3.14}{4} \times 400^2} = 2\%,\rho_{min} = 0.55\% < \rho = 2\% < \rho_{max} = 5\%$$

(3)判别适用条件、计算 $N_u$

柱的长细比 $\frac{l_0}{d} = \frac{4\ 200}{400} = 10.5 < 12$,$d_{cor} = 400 - 2 \times (20 + 10) = 340 \text{ mm}$,

$$A_{cor} = 3.14 \times \left(\frac{340}{2}\right)^2 = 90\ 746 \text{ mm}^2。$$

$$A_{ss0} = \frac{\pi d_{cor} A_{ss1}}{s} = \frac{3.14 \times 340 \times 78.5}{50} = 1\ 676 \text{ mm}^2 > 0.25 A'_s$$
$$= 0.25 \times 2\ 513 = 628 \text{ mm}^2$$

由式(7-11)得:

$$N_u = 0.9(f_c A_{cor} + f'_y A'_s + 2\alpha f_{yv} A_{ss0})$$
$$= 0.9 \times (16.7 \times 90\ 746 + 360 \times 2\ 513 + 2 \times 1.0 \times 360 \times 1\ 676)$$
$$= 3\ 260 \text{ kN}$$

按普通箍筋柱计算的承载力:

长细比 $\frac{l_0}{d} = \frac{4\ 200}{400} = 10.5 < 12$,查附表可得 $\varphi = 0.95$。

$$N_{u1} = 0.9\varphi(f_c A + f'_y A'_s)$$
$$= 0.9 \times 0.95 \times (16.7 \times 3.14 \times 400^2/4 + 360 \times 2\ 513)$$
$$= 2\ 567 \text{ kN}$$

$N_{u1} = 2\ 567 \text{ kN} < N_u = 3\ 260 \text{ kN}$,且 $N_u = 3\ 260 \text{ kN} < 1.5 N_{u1} = 1.5 \times 2\ 567 = 3\ 851 \text{ kN}$,故该圆柱的轴心受压承载力为 3 260 kN。

(2)轴心受拉构件

**【例 7-6】** 某钢筋混凝土筒仓,壁厚 150 mm,混凝土强度等级为 C35,钢筋采用 HRB400,每米高度的竖向截面内钢筋取用 12 $\underline{\Phi}$ 12,沿筒仓壁内外侧两层均匀布置。

要求:确定该筒仓每米高度的竖向截面内的轴心拉力设计值。

**【解】** (1)基本参数:$f_y = 360 \text{ N/mm}^2$,$f_t = 1.57 \text{ N/mm}^2$。

(2)轴心受拉构件一侧受拉钢筋的最小配筋率为:

$$\rho_{min} = \max\left\{0.45\frac{f_t}{f_y}, 0.2\%\right\} = \max\left\{0.45 \times \frac{1.57}{360}, 0.2\%\right\} = 0.2\%$$

（3）每米高度内两侧钢筋的面积 $A_s = 12 \times 3.14 \times (12/2)^2 = 1\,357.2$ mm$^2$。

配筋率 $\rho = \dfrac{1\,357.2/2}{150 \times 1\,000} = 0.45\% > \rho_{min} = 0.2\%$。

（4）每米高度轴心拉力设计值 $N = f_y A_s = 360 \times 1\,357.2 = 488\,592$ N $= 488.59$ kN。

该筒仓每米高度的竖向截面受拉承载力为 488.59 kN。

【例 7-7】 某钢筋混凝土屋架下弦截面尺寸 $b \times h = 350$ mm $\times 350$ mm，其所受的轴心拉力设计值为 240 kN。混凝土强度等级 C30，钢筋为 HRB400 级。

要求：确定该屋架下弦的钢筋截面面积。

【解】 （1）基本参数：$f_y = 360$ N/mm$^2$，$f_t = 1.43$ N/mm$^2$。

（2）轴心受拉构件一侧受拉钢筋的最小配筋率为：

$$\rho_{min} = \max\left\{0.45\,\frac{f_t}{f_y}, 0.2\%\right\} = \max\left\{0.45 \times \frac{1.43}{360}, 0.2\%\right\} = 0.2\%$$

（3）所需钢筋面积为：

$$A_s = \frac{N}{f_y} = \frac{240\,000}{360} = 667 \text{ mm}^2，选用 4 \oplus 16，A_s = 804 \text{ mm}^2。$$

（4）每侧钢筋的配筋率为：

$$\rho = \frac{402}{350 \times 350} = 0.33\% > 0.2\%，纵向钢筋配筋率，满足要求，同时纵向钢筋$$

净间距满足构造要求。

专业术语

# 练 习 题

练习题答案

## 一、选择题

1. 配置螺旋箍筋的钢筋混凝土柱的抗压承载力高于同等条件下不配置螺旋箍筋时的抗压承载力是因为（ ）。

A. 又多了一种钢筋受压 B. 螺旋箍筋使混凝土更密实

C. 截面受压面积增大 D. 螺旋箍筋约束了混凝土的横向变形

2. 一圆形截面钢筋混凝土螺旋箍筋柱，柱长细比为 13。按螺旋箍筋柱计算该柱的承载力为 550 kN，按普通箍筋柱计算承载力为 400 kN。该柱承载力应视为（ ）。

A. 400 kN B. 475 kN C. 500 kN D. 550 kN

3. 一圆形截面钢筋混凝土螺旋箍筋柱，长细比为 10。按螺旋箍筋柱计算该柱的承载力为 480 kN，按普通箍筋柱计算时承载为 500 kN。该柱的承载力应视为（ ）。

A. 480 kN B. 490 kN C. 495 kN D. 500 kN

4. 钢筋混凝土轴心受压构件计算中，$\varphi$ 是稳定系数，它是用来考虑（ ）对柱的承载力的影响。

A. 计算长度 B. 截面尺寸

C. 长细比 D. 混凝土强度

5. 螺旋箍筋柱承载力提高的原因在于(　　)。

A. 螺旋箍筋受压

B. 螺旋箍筋的约束使混凝土处于三向受压

C. 螺旋箍筋使核心区混凝土变密实

D. 螺旋箍筋使混凝土不出现裂缝

## 二、判断题

1. 实际工程中没有真正的轴心受压构件。 (　　)

2. 受压构件的长细比越大,稳定系数值 $\varphi$ 越高。 (　　)

3. 轴心受压构件计算中,钢筋的抗压强度设计值通常多取为 $400 \, N/mm^2$。

(　　)

4. 钢筋混凝土轴心受拉构件破坏时混凝土被拉裂,全部外力几乎全部由纵筋来承担。 (　　)

5. 构件两端为固结时稳定系数比两端为铰接时的稳定系数高。 (　　)

## 三、问答题

1. 试述钢筋混凝土轴心受压柱的受力破坏过程。

2. 简述钢筋混凝土轴心受拉构件的受力破坏阶段和特点。

3. 在配置普通箍筋和配置螺旋或焊接环式箍筋的轴心受压柱中,纵筋和箍筋的主要作用有哪些?

4. 轴心受压构件中为什么不宜采用高强度钢筋而宜采用高强度混凝土?

5. 轴心受压短柱和长柱的破坏特征有何不同? 在长柱的承载力计算中如何考虑长细比的影响?

6. 为什么螺旋箍筋柱的受压承载力比同等条件下的普通箍筋柱的承载力提高较大? 什么情况下不能考虑螺旋箍筋的作用?

## 四、计算题

1. 某钢筋混凝土现浇框架结构的底层中柱,截面尺寸为 $400 \, mm \times 400 \, mm$,从基础顶面到一层楼盖顶面的高度 $H = 4.5 \, m$,轴心压力设计值 $N = 3\,260 \, kN$,混凝土强度等级为 C35,纵向钢筋及箍筋均为 HRB400 级钢筋。试配置纵筋和箍筋。

2. 某钢筋混凝土轴心受压柱,截面尺寸为 $350 \, mm \times 350 \, mm$,计算长度 $H = 4.5 \, m$,混凝土强度等级为 C30,柱内配有 8 ⊉ 25 的 HRB400 级纵向钢筋。柱上作用的轴向压力设计值为 $2\,000 \, kN$。试验算该柱的正截面受压承载力。

3. 某宾馆门厅轴心受压圆柱,$d = 400 \, mm$,计算长度 $l_0 = 4.2 \, m$,轴心压力设计值 $N = 3\,900 \, kN$,混凝土强度等级为 C35,纵向钢筋及螺旋箍筋均采用 HRB400 级钢筋,环境类别为一类。求柱配筋。

4. 某轴心受压柱,截面为圆形,直径 $400 \, mm$,$l_0 = 4.2 \, m$,柱截面内纵筋配 8 ⊉ 22,螺旋箍筋为 ⊉ 8@50,混凝土强度等级为 C35,纵向钢筋及箍筋均采用 HRB400 级钢筋,环境类别为一类,安全等级为二级。求柱正截面受压承载力设计值 $N$。若 $l_0 = 5.2 \, m$,柱的正截面受压承载力变为多少?

# 8 钢筋混凝土偏心受力构件承载力性能分析与设计

慕课平台

本章介绍

微信公众号

**本章提要** 本章讲述钢筋混凝土偏心受压及偏心受拉构件的承载力计算及基本构造问题。偏心受压构件正截面承载力计算主要讲述矩形截面和 I 形截面的单向偏心受压以及矩形截面的双向偏心受压两类问题。根据轴向荷载及偏心率的大小,各类单向偏心受压构件分为大偏心受压和小偏心受压两种受力类型;根据纵向受拉及受压钢筋的相对关系,各类单向偏心受压构件又可分为非对称配筋和对称配筋两种截面配筋类型。偏心受拉构件正截面承载力计算主要讲述矩形截面单向偏心受拉问题,也分为大偏心受拉和小偏心受拉以及非对称配筋和对称配筋等类型。另外还将讲述偏心受压及受拉构件的斜截面抗剪承载力计算问题以及基本构造问题。

## 8.1 概述

当结构构件的截面上受到轴心力和弯矩共同作用或受到偏心力作用时,该结构构件称为偏心受力构件。当偏心力为压力时,称为偏心受压构件;当偏心力为拉力时,称为偏心受拉构件。偏心受力构件按照偏心力在截面上作用位置的不同可分为单向偏心受力构件和双向偏心受力构件。

偏心受力构件在工程中非常多见。常见的偏心受压构件有:框架柱、排架柱、大量的实体剪力墙以及联肢剪力墙中的相当一部分墙肢、屋架和托架的上弦杆(承受檩条或屋面板传来的节间荷载)等;常见的偏心受拉构件有:联肢剪力墙中的某些墙肢、双肢柱的某些肢杆、屋架和托架中承受节间荷载的受拉弦杆、矩形筒仓及水池的壁和底等。

## 8.2 偏心受压构件试验研究

### 8.2.1 正截面受力过程及破坏形态

钢筋混凝土偏心受压构件正截面的受力特点与轴向压力的偏心率(偏心距与截面有效高度的比值,即 $e_0/h_0$,又称为相对偏心距)、纵向钢筋配筋率、钢筋强度及混凝土强度等因素有关。根据截面破坏形式的不同,钢筋混凝土偏心受压构件一般可分为大偏心受压破坏(又称为受拉破坏)构件和小偏心受压破坏(又称为受压破坏)构件两类,如图 8-1 所示。

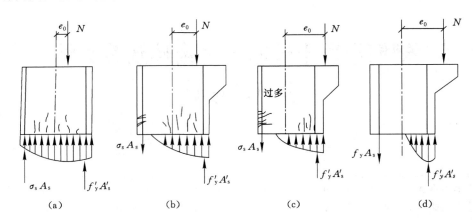

图 8-1　大小偏心受压破坏示意
(a)(b)(c) 小偏压破坏;(d) 大偏压破坏

(1) 大偏心受压

在相对偏心距 $e_0/h_0$ 较大且受拉钢筋配置不太多时,会发生大偏心受压破坏。这类构件在荷载作用下,靠近纵向力的一侧受压,另一侧受拉。

随着荷载的增加,首先在受拉一侧出现横向裂缝并不断开展,在破坏之前主裂缝逐渐明显,受拉钢筋的应力达到屈服强度,进入屈服平台,受拉区变形大于受压区变形,中和轴向受压侧移动,使受压区混凝土受压高度迅速减小,最后受压区出现纵向裂缝而混凝土被压碎,构件即告破坏。混凝土的压碎区外形大体呈三角形,压碎区较短。当破坏时混凝土受压区高度不是太小时,受压区纵筋也可能达到设计强度,如图 8-2 所示。

(2) 小偏心受压

在相对偏心距较小或很小时[图 8-1(a),图 8-1(b)],或者虽然相对偏心距较大,但配置了很多的受拉钢筋时[图 8-1(c)],就可能发生这种破坏。小偏心受压时构件截面全部受压或大部分受压。

随着荷载逐渐增大,一般情况下最后破坏从靠近纵向力作用一侧开始。破坏时,靠近纵向力一侧的混凝土出现纵向裂缝并很快被压碎,同时受压纵筋应力达到抗压设计强度;而离纵向力较远一侧的纵筋可能受压或受拉而不屈服;当该侧受拉时,拉区横向裂缝发展也不显著,无明显的主裂缝,另一侧受压变形的发展较该侧受拉变形的发展为快。

当相对偏心距很小时,还有可能由于截面实际形心与构件几何中心偏离而出现离纵向力作用点较远一侧混凝土先压坏的现象。

小偏心受压时构件的纵向开裂荷载与破坏荷载非常接近,破坏无明显预兆,压碎区段也较长,属于脆性破坏,而且混凝土强度越高,脆性越明显,因此在期望上应该尽量避免这种破坏的发生。但是,由于工程中无法避免使用小偏压构件,因此《规范》按脆性破坏的可靠指标（较延性为高）确定其计算公式。

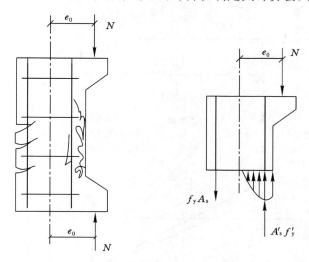

图 8-2　大偏压构件破坏形态及极限受力状态

（3）界限受压及大小偏压的判别依据

在大偏心受压和小偏心受压之间存在着一种界限受力状态，称为界限受压。界限受压破坏时不仅有比较明显的横向主裂缝，而且还会出现纵向裂缝，其受力特点是在受拉钢筋应力达到屈服强度时受压区边缘混凝土刚好达到极限压应变。在界限破坏时，混凝土压碎区段的大小比大偏心受压破坏时的大，比小偏心受压破坏时的小。

试验还表明，从加荷开始到接近破坏为止，用较大的测量标距量测得到的偏心受压构件的截面平均应变值都较好地符合平截面假定。

利用平截面假定和规定了受压区边缘极限压应变 $\varepsilon_{cu}$ 的数值后，就可以像受弯构件一样应用比例关系求得在受拉区配置不同屈服强度钢筋时的理论界限受压区高度。

$\varepsilon_{cu}$ 的取值各国相差不大，ACI—318—83 取为 0.003；CEB—FIP—70 和 DIN1045—72 取为 0.003 5；我国《混凝土结构设计规范》（GB 50010—2010）在混凝土强度等级小于 C50 时取为 0.003 3，大于 C50 时取为 $\varepsilon_{cu} = 0.003\ 3 - (f_{cu,k} - 50) \times 10^{-5}$。

从图 8-3 所示的应变关系可以看出，当受压区边缘混凝土达到极限压应变 $\varepsilon_{cu}$ 时，界限受压截面的受拉钢筋刚好达到其屈服强度，大偏压截面的受拉钢筋已经发展了一定的屈服变形，小偏压截面的受拉钢筋要么受拉而没屈服，要么受压。总之，当采用相同级别的"受拉钢筋"时，各类截面在极限状态时"受拉钢筋"的"拉应变"各不相同，大偏压截面最大，界限截面次之，小偏压截面最小。而"受拉钢筋"的"拉应变"又与截面相对受压区高度有着对应的关系，其中界限截面的对应关系为 $\xi = \xi_b$（$\xi_b$ 与受弯构件中的计算相同），因此，大小偏压的判别依据便是：

$$\xi < \xi_b \quad\text{——大偏压} \tag{8-1}$$

$$\xi > \xi_b \quad\text{——小偏压} \tag{8-2}$$

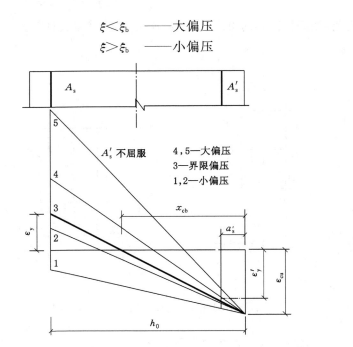

图 8-3  各类偏心受压截面极限状态下的应变关系

### 8.2.2  纵向弯曲影响与控制截面弯矩取值

（1）轴向力的初始偏心距

偏压构件控制截面在 $M,N$ 作用下，轴向压力对截面重心的偏心距为：

$$e_0 = M/N \tag{8-3}$$

考虑荷载作用位置的不定性、混凝土质量的不均匀性、配筋不对称性以及截面尺寸偏差等影响后，偏心距修正为：

$$e_i = e_0 + e_a \tag{8-4}$$

$e_a$ 为轴向力在偏心方向的附加偏心距，取 20 mm 与偏心方向截面尺寸1/30中的较大者。

（2）纵向弯曲的影响与弯矩增大系数

试验表明，钢筋混凝土柱在承受偏心受压荷载后，会产生纵向弯曲。对长细比小的柱，即短柱，由于纵向弯曲小，设计时一般忽略不计。但对长细比较大的柱，则会产生比较大的纵向弯曲，设计时必须予以考虑。

图 8-4 反映了 3 个截面尺寸、配筋和材料强度等完全相同，仅长细比不同的柱从加荷到破坏的示意图，其中 $ABCD$ 曲线是构件正截面破坏时的 $N—M$ 关系曲线；直线 $OB$ 是长细比较小的短柱从加荷到破坏点 $B$ 时的 $N—M$ 关系曲线，由于短柱的纵向弯曲小，可假定偏心距值自始至终是不变的，也即 $M/N = e_0$ 为常数，其变化轨迹为直线；曲线 $OC$ 是长柱从加荷到破坏点 $C$ 时的 $N—M$ 关系曲线，其偏心距随着纵向力的加大而不断非线性增加，其变化轨迹呈曲线形状，但破坏特征仍属"材料破坏"。若长柱的长细比很大，则在没有达到材料破坏关系曲线 $ABCD$ 前，由于微小的纵向力增量 $\Delta N$ 可引起不收敛的弯矩 $M$ 的增加

而破坏,即所谓的"失稳破坏",曲线 $OE$ 即属于这种类型,其 $E$ 点的承载力已达最大,但此时截面内的钢筋应力并未达到屈服强度,混凝土也未达到受压强度。

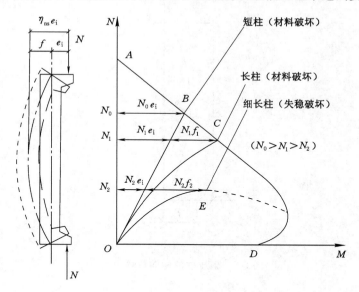

图 8-4　不同长细比柱的 $N$—$M$ 关系曲线

图 8-4 表明,三个柱虽然具有相同的截面和外荷载初始偏心距,但承受纵向力 $N$ 的能力却不同,其关系为 $N_0 > N_1 > N_2$,即长细比的增大降低了构件的承载力。

可以通过给初始偏心距 $e_i$ 乘以一个增大系数 $\eta_{ns}$(亦称弯矩增大系数)的办法来解决纵向弯曲影响问题,即:

$$e_i + f = \left(1 + \frac{f}{e_i}\right)e_i = \eta_{ns}e_i \tag{8-5}$$

因此,

$$\eta_{ns} = \left(1 + \frac{f}{e_i}\right) \tag{8-6}$$

试验表明,两端铰接柱的侧向位移曲线近似符合正弦曲线(图 8-5),其函数表达式为:

$$y = f \sin \frac{\pi x}{l_c} \tag{8-7}$$

该曲线的曲率 $\phi$ 与侧向位移 $y$ 之间的关系为:

$$\phi = \frac{\mathrm{d}^2 y}{\mathrm{d}x^2} = f\pi^2 \sin \frac{\pi x}{l_c} / l_c^2 = y\pi^2 / l_c^2$$

即:

$$y = \frac{\phi l_c^2}{10} \tag{8-8}$$

而曲率 $\phi$ 与截面应变之间的关系为:

$$\phi = \frac{\varepsilon_c + \varepsilon_s}{h_0} \tag{8-9}$$

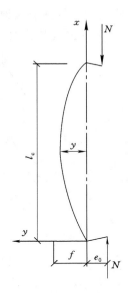

图 8-5　偏压柱的侧向位移曲线

对界限破坏状态而言，$\varepsilon_c = 1.25 \times 0.003\,3$（1.25 是考虑长期荷载下混凝土徐变引起的应变增大系数），$\varepsilon_s = f_y/E_s \approx 0.001\,5 \sim 0.002\,2$，则此状态下的曲率为 $\phi_b = 1/(177.8h_0 \sim 158.1h_0)$。于是，由式（8-8）可得此状态下柱跨中挠度 $f_b$ 为：

$$f_b = \frac{l_c^2}{1\,778h_0 \sim 1\,581h_0} \tag{8-10}$$

对于小偏心受压构件，离纵向力较远一侧钢筋可能受拉不屈服或受压，且受压区边缘混凝土的压应变一般也不小于 0.003 3，截面破坏时的曲率小于界限破坏时的曲率 $\phi_b$。为此，在计算破坏曲率时需引进一个偏心率对截面曲率影响的修正系数——截面曲率修正系数 $\zeta_c$。参考国外规范和试验结果，$\zeta_c$ 可用下式计算：

$$\zeta_c = \frac{0.5f_c A}{N} \tag{8-11}$$

对于大偏心受压构件，截面破坏时的曲率大于界限曲率 $\phi_b$，但受拉钢筋屈服时的曲率则小于 $\phi_b$，而破坏弯矩和受拉钢筋屈服时所承受的弯矩值很接近，为此，计算曲率可以视为和界限曲率相等，因而用式（8-11）求得的 $\zeta_c > 1.0$ 即对应于大偏心受压，此时取 $\zeta_c = 1.0$。

综上所述，将式（8-10）所给偏于保守的取值代入式（8-6），并考虑 $\zeta_c$ 的修正以及近似取 $h = 1.1h_0$，得到同时适用于矩形、T 形、I 形、环形和圆形截面的弯矩增大系数 $\eta_{ns}$ 为：

$$\eta_{ns} = 1 + \frac{1}{1\,300(M_2/N + e_a)/h_0}\left(\frac{l_c}{h}\right)^2 \zeta_c \tag{8-12}$$

$M_2$ 的含义将在下面公式参数说明中给出。

（3）控制截面弯矩取值

$\eta_{ns}$确定后，偏压构件控制截面的弯矩设计值按下列公式计算：

$$M = C_m \eta_{ns} M_2 \tag{8-13}$$

$$C_m = 0.7 + 0.3 M_1/M_2 \tag{8-14}$$

式中　$M_1, M_2$——已考虑侧移影响的偏心受压构件两端截面按结构弹性分析确定的对同一主轴的组合弯矩设计值，绝对值较大端为$M_2$，绝对值较小端为$M_1$，当构件按单曲率弯曲时，$M_1/M_2$取正值，否则取负值；

$p$—$\delta$效应

　　　　$N$——与弯矩设计值$M_2$相应的轴向压力设计值；

　　　　$e_a$——附加偏心距；

　　　　$h$——截面高度，其中环形截面取外直径，圆形截面取直径；

　　　　$h_0$——截面有效高度；

　　　　$l_c$——构件的计算长度，可近似取相应主轴方向上下支撑点之间的距离；

　　　　$\zeta_c$——截面曲率修正系数，见式(8-11)；

　　　　$A$——构件截面面积。

式(8-14)中$C_m$的取值不得低于0.7；式(8-13)中$C_m \eta_{ns}$的取值不得低于1.0。

需要说明的是，上述纵向弯曲的影响对于沿柱高范围内存在弯矩变号的情况可以忽略不计的。为此，《规范》规定，对弯矩作用平面内截面对称的偏压构件，当$M_1/M_2 \leqslant 0.9$且轴压比不大于0.9时，若构件的长细比满足$l_c/i \leqslant 34 - 12(M_1/M_2)$，直接取$\eta_{ns} = 1.0$，其中，$i$为偏心方向的截面回转半径。

# 8.3　不对称配筋矩形截面偏心受压构件正截面承载力分析

## 8.3.1　基本公式

（1）大偏压构件

大偏心受压破坏时，承载能力极限状态下截面的应变和等效应力分布如图8-6所示。与受弯构件的处理方法相同，将受压区混凝土曲线应力图用等效矩形应力分布图来代替，这时，受拉钢筋的应力达到其抗拉强度设计值$f_y$，受压区混凝土的应力达到其抗压强度设计值$f_c$，受压钢筋的应力一般也能达到其抗压强度设计值$f'_y$。

由轴向力的平衡和各力对受拉钢筋合力点的力矩平衡两个条件得：

$$N_u = \alpha_1 f_c b x + f'_y A'_s - f_y A_s \tag{8-15}$$

$$N_u e = \alpha_1 f_c b x \left(h_0 - \frac{x}{2}\right) + f'_y A'_s (h_0 - a_s') \tag{8-16}$$

其中$e$为轴向力到受拉钢筋合力点的距离，计算如下：

$$e = e_i + \frac{h}{2} - a_s \tag{8-17}$$

式(8-15)和式(8-16)两个基本公式的适用条件为：

$$x \leqslant x_b \tag{8-18}$$

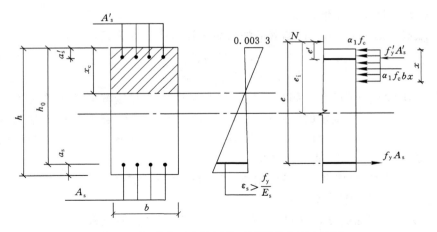

图 8-6  矩形截面大偏压截面极限状态受力简图

$$x \geqslant 2a'_s \tag{8-19}$$

式(8-18)是为保证构件破坏时受拉区钢筋应力能达到屈服,式(8-19)为保证构件破坏时受压区钢筋应力能达到其抗压强度设计值。

(2) 小偏压构件

小偏心受压破坏时,承载能力极限状态下截面的受力简图如图 8-7 所示,截面可能部分受压,也可能全部受压,受压区混凝土曲线应力图也用等效矩形应力分布图来代替,$x = \beta_1 x_c$($\beta_1$ 当混凝土强度等级不超过 C50 时取 0.8,当混凝土强度等级为 C50 时取 0.74,其间按线性插值取值)。这时,受压区混凝土的应力达到其抗压强度设计值 $f_c$,受压钢筋的应力达到其抗压强度设计值 $f'_y$,受拉钢筋的应力则小于其抗拉强度设计值 $f_y$,计为 $\sigma_s$。

受拉钢筋的应力 $\sigma_s$ 可根据平截面假定由变形协调条件确定。当取 $\varepsilon_{cu} = 0.003\,3$ 时,可得到:

$$\sigma_s = 0.003\,3E_s\left(\frac{\beta_1 h_0}{x} - 1\right) \tag{8-20}$$

按上式计算的 $\sigma_s$,正号代表拉应力,负号代表压应力。显然,$\sigma_s$ 的计算值必须符合下列条件:

$$-f'_y \leqslant \sigma_s \leqslant f_y \tag{8-21}$$

当应用式(8-20)及相应的平衡条件计算截面承载力时,将出现三次方程,计算较为复杂,因而一般作简化处理。不难看出,当 $\xi = \xi_b$ 时,$\sigma_s = f_y$;当 $\xi = \beta_1$ 时,$\sigma_s = 0$;$\xi$ 为其他值时,可按线性内插或外插,于是可得:

$$\sigma_s = \frac{\xi - \beta_1}{\xi_b - \beta_1}f_y \tag{8-22}$$

算得的值也应满足式(8-21)的要求。

确定了各部分的应力后,就可由轴向力的平衡和各力对受拉钢筋合力点力矩平衡两个条件得到矩形截面小偏心受压构件正截面承载力的两个基本计算公式:

$$N_u = \alpha_1 f_c b\xi h_0 + f'_y A'_s - \sigma_s A_s \tag{8-23}$$

$$N_u e = \alpha_s \alpha_1 f_c b h_0^2 + f'_y A'_s(h_0 - a'_s) \tag{8-24}$$

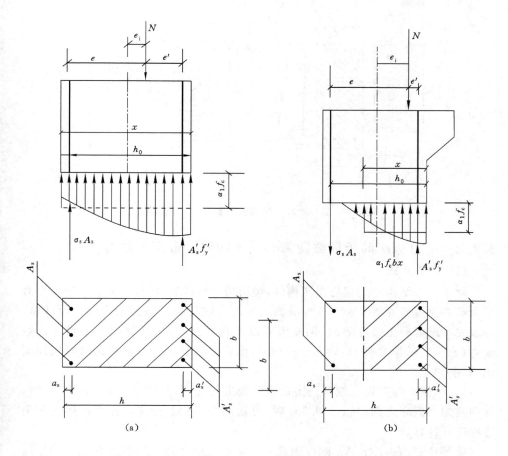

图 8-7  矩形截面小偏压截面极限状态受力简图

或

$$N_u e' = \alpha_1 f_c bx(0.5x - a'_s) - \sigma_s A_s(h_0 - a'_s) \qquad (8\text{-}25)$$

式中  $e = \dfrac{h}{2} + e_i - a_s$ ;

$e' = \dfrac{h}{2} - e_i - a_s'$ 。

上述两个基本公式的适用条件为：

$$\xi > \xi_b \qquad (8\text{-}26)$$

$$\xi \leqslant 1 + a_s/h_0 \ \text{或} \ x \leqslant h \qquad (8\text{-}27)$$

此外，当 $N > f_c bh$ 时，离轴向力较远一侧混凝土可能先被压碎（图8-8），因此还应按下式验算：

$$Ne' \leqslant f_c bh\left(h'_0 - \dfrac{h}{2}\right) + f'_y A_s(h'_0 - a_s) \qquad (8\text{-}28)$$

式中  $e' = \dfrac{h}{2} - a'_s - (e_0 - e_a)$ 。

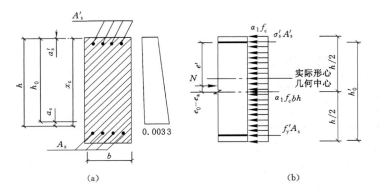

图 8-8    偏心距极小时可能的破坏方式及验算

### 8.3.2    不对称配筋矩形截面偏心受压构件正截面承载力

**(1) 截面设计**

对于一个结构中的偏心受压构件,经结构分析以后,可得到偏心受压轴心力 $N$ 及杆件两端弯矩 $M$,然后需要根据上述内力进行构件截面的设计。设计时,一般先确定混凝土强度等级、钢筋型号以及构件截面尺寸,算出弯矩增大系数 $\eta_{ns}$,判别构件的偏心类型(即大、小偏心),然后根据基本公式求解钢筋的截面面积 $A_s$ 和 $A'_s$。

大、小偏心的判别一般首先要根据经验进行初判,具体为:当 $e_i \geqslant 0.3h_0$ 时,先初判为大偏心受压;当 $e_i < 0.3h_0$ 时,可初判为小偏心受压。按照前述的平衡方程进行计算。

需要注意的是,$A_s$、$A'_s$ 除应满足一侧纵筋最小配筋率的要求外,$A_s + A'_s$ 尚应满足全部纵筋最小配筋率的要求。

① 大偏心受压

常见有两种情况:第一种情况是 $A_s$ 和 $A'_s$ 均未知,第二种情况是 $A'_s$ 已知而 $A_s$ 未知。

对第一种情况,要求从两个基本方程式(8-15)和式(8-16)中解出 $\xi$、$A_s$ 及 $A'_s$ 三个未知量,这显然做不到,因此需要首先人为确定一个未知量,一般是根据总用钢量最少的条件取 $\xi = \xi_b$。于是,根据式(8-16)首先求出 $A'_s$:

$$A'_s = \frac{Ne - \alpha_1 f_c b h_0^2 \xi_b (1 - 0.5\xi_b)}{f'_y (h_0 - a'_s)} \qquad (8\text{-}29)$$

然后将 $A'_s$ 代入式(8-15)求出 $A_s$:

$$A_s = \frac{\alpha_1 f_c b h_0 \xi_b + f'_y A'_s - N}{f_y} \qquad (8\text{-}30)$$

若按式(8-29)求得的 $A'_s$ 小于最小配筋率或为负值,则应按最小配筋率或构造要求重新配置 $A'_s$,然后再按 $A'_s$ 已知的情况计算 $A_s$。

若按式(8-30)求得的 $A_s$ 小于最小配筋率或为负值,说明截面为小偏心受压,应按小偏心受压进行计算。

对第二种情况,可直接从两个基本方程式(8-15)和式(8-16)中解出 $\xi$ 和 $A_s$。

为了避免求解二次方程,在式(8-16)中利用 $\alpha_s = \xi(1-0.5\xi)$ 的关系先解出 $\alpha_s$,然后查表可得 $\xi$。

$\xi$ 可能出现下列情况:

a. $\xi \leqslant \xi_b$ 且 $\xi > \dfrac{2a'_s}{h_0}$,则按照式(8-15)计算 $A_s$:

$$A_s = \frac{\alpha_1 f_c b \xi h_0 + f'_y A'_s - N}{f_y}$$

b. 若 $x < 2a'_s$,则参照双筋矩形截面受弯构件的计算方法,取 $x = 2a'_s$,对受压钢筋 $A'_s$ 合力点取矩计算 $A_s$ 值,即:

$$A_s = \frac{N\left(e_i - \dfrac{h}{2} + a'_s\right)}{f_y} \tag{8-31}$$

再按 $A'_s = 0$ 计算 $A_s$,并与式(8-31)计算的 $A_s$ 进行比较,取较小者作为计算配筋。

c. 若求得的 $\xi > \xi_b$,则表明给定的 $A'_s$ 偏少,可选如下做法中的一种:

Ⅰ. 改用小偏心构件设计;

Ⅱ. 加大截面尺寸,重新设计;

Ⅲ. 按 $A'_s$ 未知重新计算 $A'_s$ 和 $A_s$。

② 小偏心受压

常见也有两种情况,第一种情况是 $A_s$ 和 $A'_s$ 均未知,第二种情况是 $A_s$ 已知而 $A'_s$ 未知。

对第一种情况,首先可按经济配筋取 $A_s = \rho_{min}bh = 0.002bh$。如果压力 $N$ 较大,存在 $N > f_c bh$,则可能发生"反向破坏",因而 $A_s$ 尚应满足式(8-28)的要求,$A_s$ 应取 $0.002bh$ 和式(8-28)的较大者。选配 $A_s$ 的实际钢筋截面面积后,联解方程式(8-22)～式(8-24)得到 $\xi$;根据 $\xi$ 的情况再求 $\sigma_s$ 及 $A'_s$。

为此,首先确定 $\xi$ 的最大值 $\xi_{cy}$:

令 $\sigma_s = \dfrac{\xi - \beta_1}{\xi_b - \beta_1} f_y = -f'_y$,将解出的 $\xi$ 记作 $\xi_{cy}$,则 $\xi_{cy} = 2\beta_1 - \xi_b$。

a. 若 $\xi_b < \xi < \xi_{cy}$,表明 $A_s$ 未达到屈服,$\sigma_s$ 满足 $-f'_y < \sigma_s < f_s$,原来代入基本公式的 $\sigma_s = \dfrac{\xi - \beta_1}{\xi_b - \beta_1} f_y$ 是合适的,满足使用条件,将 $\xi$ 代入基本公式求出另一个未知数 $A'_s$,且 $A'_s \geqslant 0.0022bh$。

b. 若 $\xi_{cy} < \xi < h/h_0$,此时 $A_s$ 受压屈服,由于 $\sigma_s = \dfrac{\xi - \beta_1}{\xi_b - \beta_1} f_y$ 不再适用,故原先计算出的 $\xi$ 不可用,应取 $\sigma_s = -f'_s$,代入基本方程中重新计算 $\xi$ 和 $A'_s$。

c. 若 $\xi > h/h_0$,且 $\xi > \xi_{cy}$,表明 $A_s$ 受压屈服,且中和轴已经在截面之外,此时应取 $\sigma_s = -f'_s$,$\xi = h/h_0$ 代入基本公式求解 $A'_s$。

对第二种情况,可直接根据 3 个基本方程式(8-22)～式(8-24)求出 $\xi$,然后与第一种情况相同处理。

以上求得的 $A'_s$ 应满足一侧纵筋最小配筋率的要求,$A_s + A'_s$ 尚应满足全

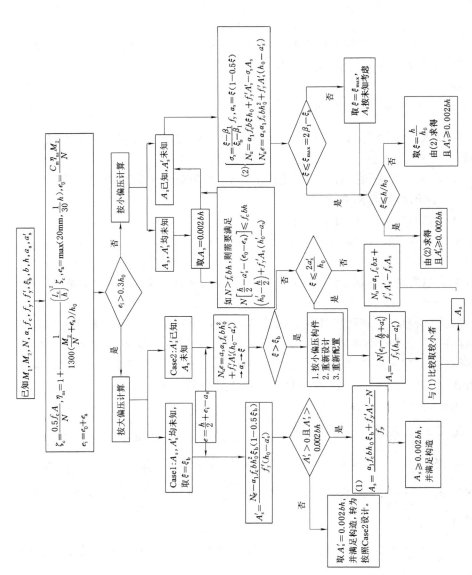

图 8-9　非对称配筋偏心受压构件正截面设计流程图

部纵筋最小配筋率的要求。

③ 偏心受压构件设计流程

非对称配筋偏心受压构件正截面的截面设计流程如图 8-9 所示。

【例 8-1】　处于一类环境的矩形柱 $b \times h = 300$ mm$\times 500$ mm，计算长度 $l_c = 4.5$ m，轴力设计值 $N = 1\,250$ kN，柱全长弯矩设计值 $M_1 = M_2 = 250$ kN·m（构件曲率为单曲率弯曲），采用 C35 混凝土，纵向钢筋采用 HRB400（$f_y = f'_y = 360$ N/mm$^2$），求纵向钢筋 $A_s$ 及 $A'_s$。

【解】　（1）判断是否考虑二阶效应

取 $a_s = a'_s = 40$ mm，$h_0 = h - a_s = 460$ mm，$\dfrac{M_1}{M_2} = 1.0 > 0.9$。

$$\frac{N}{f_c A} = \frac{1\,250 \times 10^3}{16.7 \times 300 \times 500} = 0.50 < 0.9$$

$$i = \frac{h}{\sqrt{12}} = 144.3 \text{ mm}, \quad \frac{l_c}{i} = \frac{4\,500}{144.3} = 31.2 > 34 - 12 = 22$$

需要考虑二阶效应引起的弯矩增大，且 $C_m = 0.7 + 0.3\dfrac{M_1}{M_2} = 1.0$。

（2）求弯矩增大系数 $\eta_{ns}$

$$e_a = \max\left\{20 \text{ mm}, \frac{h}{30}\right\} = \max\left\{20 \text{ mm}, \frac{500}{30} \text{ mm}\right\} = 20 \text{ mm}$$

$$\zeta_c = \frac{0.5 f_c A}{N} = \frac{0.5 \times 16.7 \times 300 \times 500}{1\,250 \times 10^3} = 1.002 > 1.0, \text{取 } \zeta_c = 1.0$$

$$\eta_{ns} = 1 + \frac{1}{1\,300(M_2/N + e_a)/h_0}\left(\frac{l_c}{h}\right)^2 \zeta_c$$

$$= 1 + \frac{1}{1\,300 \times (250 \times 10^3/1\,250 + 20)/460} \times \left(\frac{4\,500}{500}\right)^2 \times 1.0 = 1.13$$

（3）判断偏心类型

$$e_i = e_0 + e_a = \frac{C_m \eta_{ns} M_2}{N} + e_a = \frac{1.13 \times 250 \times 10^6}{1\,250 \times 10^3} + 20$$

$$= 246 \text{ mm} > 0.3 h_0 = 138 \text{ mm}$$

因此，可先按大偏压计算。

（4）求 $A'_s$

$$e = e_i + \frac{h}{2} - a_s = 246 + 250 - 40 = 456 \text{ mm}$$

取 $\xi = \xi_b = 0.518$。

$$A'_s = \frac{Ne - \alpha_1 f_c b h_0^2 \xi_b (1 - 0.5\xi_b)}{f'_y (h_0 - a'_s)}$$

$$= \frac{1\,250 \times 10^3 \times 456 - 1.0 \times 16.7 \times 300 \times 460^2 \times 0.518 \times (1 - 0.5 \times 0.518)}{360 \times (460 - 40)}$$

$$= 1\,079 \text{ mm}^2 > 0.002bh = 300 \text{ mm}^2$$

（5）求 $A_s$

$$A_s = \frac{\alpha_1 f_c b h_0 \xi_b - N}{f_y} + A'_s$$

$$= \frac{1.0 \times 16.7 \times 300 \times 460 \times 0.518 - 1\,250 \times 10^3}{360} + 1\,079$$

$$= 923 \text{ mm}^2 > 0.002bh = 300 \text{ mm}^2$$

受拉钢筋选用 3 $\pmb{\Phi}$ 20，$A_s = 942 \text{ mm}^2$。

受压钢筋选用 3 $\pmb{\Phi}$ 22，$A'_s = 1\,140 \text{ mm}^2$。

全部纵向受力钢筋 $\rho = \dfrac{(A_s + A'_s)}{bh} = (942 + 1\,140)/(300 \times 500) = 1.39\% >$

0.55%，且纵筋净间距满足构造规定。

【例 8-2】 矩形柱 $b \times h = 400 \text{ mm} \times 600 \text{ mm}$，计算长度 $l_c = 4.8 \text{ m}$，轴力设计值 $N = 3\,000 \text{ kN}$，柱全长弯矩设计值 $M = 336 \text{ kN·m}$，采用 C30 混凝土，纵向钢筋采用 HRB400($f_y = f'_y = 360 \text{ N/mm}^2$)，求纵向钢筋 $A_s$ 和 $A_s'$。

【解】 （1）判断是否考虑二阶效应

取 $a_s = a'_s = 40 \text{ mm}$，$h_0 = h - a_s = 600 - 40 = 560 \text{ mm}$。

$$\frac{M_1}{M_2} = 1.0 > 0.9, \frac{N}{f_c A} = \frac{3\,000 \times 10^3}{14.3 \times 400 \times 600} = 0.87 < 0.9$$

$$i = \frac{h}{\sqrt{12}} = 173.2 \text{ m}, \frac{l_c}{i} = \frac{4\,800}{173.2} = 27.7 > 34 - 12 = 22$$

需要考虑二阶效应引起的弯矩增大，且 $C_m = 0.7 + 0.3\dfrac{M_1}{M_2} = 1.0$。

（2）求弯矩增大系数 $\eta_{ns}$

$$e_a = \max\left\{ 20 \text{ mm}, \frac{h}{30} \right\} = \max\left\{ 20 \text{ mm}, \frac{600}{30}\text{mm} \right\} = 20 \text{ mm}$$

$$\zeta_c = \frac{0.5 f_c A}{N} = \frac{0.5 \times 14.3 \times 400 \times 600}{3\,000 \times 10^3} = 0.572 < 1.0$$

$$\eta_{ns} = 1 + \frac{1}{1\,300(M_2/N + e_a)/h_0} \left( \frac{l_c}{h} \right)^2 \zeta_c$$

$$= 1 + \frac{1}{1\,300 \times (336 \times 10^3 \div 3\,000 + 20)/560} \times (\frac{4\,800}{600})^2 \times 0.572$$

$$= 1.12$$

（3）判断偏心类型

$$e_i = e_0 + e_a = \frac{C_m \eta_{ns} M_2}{N} + e_a = \frac{1.12 \times 336 \times 10^6}{3\,000 \times 10^3} + 20$$

$$= 145.4 \text{ mm} < 0.3h_0 = 0.3 \times 560 = 168 \text{ mm}$$

因此，可先按小偏压计算。

（4）求 $A_s$

因 $N = 3\,000 \text{ kN} < f_c bh = 14.3 \times 400 \times 600 \times 10^{-3} = 3\,432 \text{ kN}$，

取 $A_s = \rho_{\min} bh = 0.002bh = 0.002 \times 400 \times 600 = 480 \text{ mm}^2$。

选配 2 $\pmb{\Phi}$ 18，则 $A_s = 509 \text{ mm}^2$。

（5）求 $A'_s$

$\xi_b = 0.518, \beta_1 = 0.8$

$e = e_i + h/2 - a_s = 145 + 600/2 - 40 = 405 \text{ mm}$

$e' = h/2 - e_i - a'_s = 600/2 - 145 - 40 = 115 \text{ mm}$

由式(8-25)和式(8-22)得：

$3\,000 \times 10^3 \times 115 = 1 \times 14.3 \times 400x(0.5x - 40) - \sigma_s \times 509 \times (560 - 40)$

$\sigma_s = \dfrac{x/h_0 - \beta_1}{\xi_b - \beta_1} f_y = \dfrac{x - 0.8 \times 560}{0.518 \times 560 - 0.8 \times 560} \times 360 = -2.28x + 1\,021.3$

联解上两式得 $x = 400$ mm。

$$\xi = \frac{400}{560} = 0.71 > \xi_b, \xi_{max} = 1.6 - \xi_b = 1.6 - 0.518 = 1.082 > \xi$$

$$\sigma_s = -2.28 \times 400 + 1\,021.3 = 110 \text{ N/mm}^2$$

则：

$$A'_s = \frac{Ne - \alpha_1 f_c bx(h_0 - 0.5x)}{f'_y(h_0 - a'_s)}$$

$$= \frac{3\,000 \times 10^3 \times 405 - 1 \times 14.3 \times 400 \times 400 \times (560 - 400/2)}{360 \times (560 - 40)}$$

$$= 2\,136 \text{ mm}^2$$

选配 4 $\Phi$ 25，则 $A'_s = 1\,964 \text{ mm}^2$，且 $A'_s > 0.002bh$。

全部纵向受力钢筋 $\rho = \dfrac{(A_s + A'_s)}{bh} = (509 + 1\,964)/(400 \times 600) = 1.03\% >$ 0.55%，且纵筋净间距满足构造规定。

（2）截面校核

进行截面校核时，一般已知截面尺寸 $b$、$h$，配筋量 $A_s$ 及 $A'_s$，材料强度等级，构件计算长度，以及构件需要承受的轴力 $N$ 和弯矩 $M$，要求校核截面的承载力是否安全；或是在确定的偏心距下，校核截面所能承担的偏心压力 $N$；或已知 $N$ 值，求所能承受的弯矩值 $M$。

解决此问题时必须首先计算出截面受压区高度以确定截面类型，然后通过基本公式确定构件承载力。为确定截面受压区高度，可给轴力 $N$ 的作用线取矩，即：

$$f_y A_s e \pm f'_y A'_s e' = \alpha_1 f_c bx(e - h_0 + x/2) \tag{8-32}$$

其中，当 $N$ 作用于 $A_s$ 及 $A'_s$ 以外时，左边取负号，且 $e' = e_i - (0.5h - a'_s)$；当 $N$ 作用于 $A_s$ 及 $A'_s$ 之间时，左边取正号，且 $e' = 0.5h - e_i - a'_s$。

由式(8-32)可求得 $\xi$。

当 $\xi \leqslant \xi_b$，为大偏压构件，将 $\xi$ 代入到大偏压构件基本公式中即可计算出截面承载力。

当 $\xi > \xi_b$，为小偏压构件，此时应由小偏压构件基本公式重新联立求解 $\xi$，进而求得截面承载力。

当求得的 $N \leqslant f_c bh$，此 $N$ 即为构件的承载力。

当求得的 $N > f_c bh$ 时，尚需按式(8-28)计算构件的承载力，两者的较小值即为构件最终的承载力。

此外，对小偏压构件还应按轴心受压构件验算垂直于弯矩平面的受压承载力。

## 8.4  对称配筋矩形截面偏心受压构件正截面承载力分析

实际工程中,由于在风荷载、地震作用等不同荷载作用下,同一构件可能存在正反两个方向的弯矩,且其两个方向的数值相差不大,此时一般采用对称配筋;有时虽然两个方向的弯矩数值相差较大,但按对称配筋设计求得的纵筋总量与按不对称配筋设计得出的纵筋总量增加不多时,也宜采用对称配筋;装配式柱为了保证吊装不会出错,一般也采用对称配筋。下面首先讲述对称配筋矩形截面的计算方法。

### 8.4.1  受压类别的判断

首先将 $f_y = f'_y$ 和 $A_s = A'_s$ 代入大偏压构件的基本公式(8-15)中,从中解出 $\xi$ 为:

$$\xi = \frac{N}{\alpha_1 f_c b h_0} \tag{8-33}$$

当 $\xi \leqslant \xi_b$ 时,则确实为大偏压构件,式(8-33)算得的 $\xi$ 就是最终的 $\xi$;当 $\xi > \xi_b$ 时,则应为小偏压构件,式(8-33)算得的 $\xi$ 不是最终的 $\xi$,此时应由小偏压构件基本公式重新联立求解最终的 $\xi$。

需要注意,有些构件截面尺寸可能过大而荷载和偏心率却很小($e_i < 0.3 h_0$),此时按式(8-33)算得的 $\xi$ 可能小于等于 $\xi_b$,因而被判断为大偏压,但实际上却是小偏压。不过,这种情况下无论按大偏压还是按小偏压计算都会得到接近构造配筋量的结果,因而就按大偏压计算也不会给最终结果带来差错,所以对对称配筋而言,完全可以用式(8-33)算得的 $\xi$ 与 $\xi_b$ 的对比关系作为判断大小偏压的唯一依据。

### 8.4.2  大偏压构件的设计与校核

(1)截面设计

首先从式(8-33)算出 $\xi$。

若 $x \geqslant 2a'_s$,则按下式求得 $A'_s$,且使 $A_s = A'_s$。

$$A_s = A'_s = \frac{N_u e - \alpha_1 f_c b x \left(h_0 - \dfrac{x}{2}\right)}{f'_y (h_0 - a'_s)} \tag{8-34}$$

若 $x < 2a'_s$,则表示受压钢筋不能屈服,此时可利用式(8-31)求得 $A_s$,再按 $A'_s = 0$ 代入式(8-30)求 $A_s$,取两者较小值,最后使 $A_s = A'_s$。

(2)截面校核

与非对称配筋处理方法相同。

### 8.4.3  小偏压构件的设计与校核

(1)截面设计

将 $f_y = f'_y$、$A_s = A'_s$ 及 $\sigma_s$ 代入小偏压构件的基本公式(8-23)和式(8-24)中,可得到对称配筋小偏压构件基本计算公式为:

$$N_u = b \xi h_0 \alpha_1 f_c + f'_y A'_s - f'_y A'_s \frac{\xi - \beta_1}{\xi_b - \beta_1} \tag{8-35}$$

由式(8-24)和式(8-35)可解得一个关于 $\xi$ 的三次方程,但 $\xi$ 值求解非常麻烦。分析表明,在小偏压构件中,对于常用材料强度,可采用如下近似计算公式求得 $\xi$:

$$\xi = \frac{N - \alpha_1 f_c b h_0 \xi_b}{\dfrac{Ne - 0.43\alpha_1 f_c b h_0^2}{(\beta_1 - \xi_b)(h_0 - a'_s)} + \alpha_1 f_c b h_0} + \xi_b \qquad (8\text{-}36)$$

将 $\xi$ 代入式(8-24)或可求出 $A'_s$,并使 $A_s = A'_s$。

（2）截面校核

与非对称配筋处理方法相同。

【例 8-3】 处于一类环境的矩形截面偏心受压柱的截面尺寸 $b \times h = 400$ mm×400 mm,柱的计算长度 $l_c = 3.0$ mm,$a_s = a'_s = 35$ mm,混凝土强度等级为 C35,$f_c = 16.7$ N/mm²,用 HRB400 级钢筋配筋,$f_y = f'_y = 360$ N/mm²,轴心压力设计值 $N = 500$ kN,柱全长弯矩设计值 $M_1 = M_2 = 280$ kN·m,对称配筋,试计算 $A_s$ 及 $A_s'$。

【解】 （1）判断是否考虑二阶效应

$$a_s = a_s' = 35 \text{ mm}, h_0 = h - a_s = 400 - 35 = 365 \text{ mm}$$

$$\frac{M_1}{M_2} = 1.0 > 0.9, \frac{N}{f_c A} = \frac{500\,000}{16.7 \times 400 \times 400} = 0.19 < 0.9$$

$$i = \frac{h}{\sqrt{12}} = 115.5 \text{ mm}, \frac{l_0}{i} = \frac{3\,000}{115.5} = 26 > 34 - 12 = 22$$

需要考虑二阶效应引起的弯矩增大,且 $C_m = 0.7 + 0.3\dfrac{M_1}{M_2} = 1.0$。

（2）求弯矩增大系数 $\eta_{ns}$

$$e_a = \max\left\{20 \text{ mm}, \frac{h}{30}\right\} = \max\left\{20 \text{ mm}, \frac{400}{30}\text{mm}\right\}$$

$$= 20 \text{ mm}$$

$$\zeta_c = \frac{0.5 f_c A}{N} = \frac{0.5 \times 16.7 \times 400 \times 400}{500 \times 10^3} = 2.672 > 1.0 \text{ 取 } \zeta_c = 1.0。$$

$$\eta_{ns} = 1 + \frac{1}{1\,300(M_2/N + e_a)/h_0}\left(\frac{l_c}{h}\right)^2 \zeta_c$$

$$= 1 + \frac{1}{1\,300 \times (280 \times 10^3/500 + 20)/365} \times \left(\frac{3\,000}{400}\right)^2 \times 1.0$$

$$= 1.027$$

（3）判断偏心类型

$$\xi = \frac{N}{\alpha_1 f_c b h_0} = \frac{500 \times 10^3}{1.0 \times 16.7 \times 400 \times 365} = 0.205 < \xi_b = 0.518,\text{因此按大偏}$$

压计算。

（4）求 $A'_s$ 和 $A_s$

$$e_i = \frac{C_m \eta_{ns} M_2}{N} + e_a = \frac{1.027 \times 280 \times 10^6}{500 \times 10^3} + 20 = 595 \text{ mm}$$

$$e = e_i + \frac{h}{2} - a_s = 595 + 200 - 35 = 760 \text{ mm}$$

$$\xi = 0.205 > \frac{2a'_s}{h_0} = \frac{70}{365} = 0.192 \text{ 且 } \xi < \xi_b,\text{故符合大偏压的适用条件。}$$

$$A_s = A'_s = \frac{Ne - \alpha_1 f_c b h_0^2 \xi (1 - 0.5\xi_b)}{f'_y (h_0 - a'_s)}$$

$$= \frac{500 \times 10^3 \times 760 - 16.7 \times 400 \times 365^2 \times 0.205 \times (1 - 0.5 \times 0.205)}{360 \times (365 - 35)}$$

$$= 1\,820 \text{ mm}^2 > 0.002bh = 320 \text{ mm}^2$$

受拉钢筋和受压钢筋均选用 3 $\Phi$ 28，$A_s = A'_s = 1\,847$ mm²。

全部纵向受力钢筋 $\rho = \frac{(A_s + A'_s)}{bh} = 2 \times 1\,847/(400 \times 400) = 2.31\% >$ 0.55%，且纵筋净间距满足构造规定。

【例8-4】　某一矩形截面偏心受压柱的截面尺寸 $b \times h = 500$ mm $\times 500$ mm，计算长度 $l_c = 4.0$ m，$a_s = a'_s = 35$ mm，混凝土强度等级为 C30，纵筋为 HRB400 级钢筋，轴心压力设计值 $N = 2\,212$ kN，柱全长范围内弯矩设计值 $M_1 = M_2 = 142$ kN·m，试按对称配筋求所需钢筋截面面积。

【解】　(1) 判断是否考虑二阶效应

$$a_s = a_s' = 35 \text{ mm}, h_0 = h - a_s = 500 - 35 = 465 \text{ mm}$$

$$\frac{M_1}{M_2} = 1.0 > 0.9, \frac{N}{f_c A} = \frac{2\,212\,000}{14.3 \times 500 \times 500} = 0.62 < 0.9$$

$$i = \frac{h}{\sqrt{12}} = 144.3 \text{ mm}, \frac{l_0}{i} = \frac{4\,000}{144.3} = 28 > 34 - 12 = 22$$

需要考虑二阶效应引起的弯矩增大，且 $C_m = 0.7 + 0.3\dfrac{M_1}{M_2} = 1.0$。

(2) 求弯矩增大系数 $\eta_{ns}$

$$e_a = \max\left\{20 \text{ mm}, \frac{h}{30}\right\} = \max\left\{20 \text{ mm}, \frac{500}{30} \text{ mm}\right\} = 20 \text{ mm}$$

$$\zeta_c = \frac{0.5 f_c A}{N} = 0.5 \times \frac{1}{0.62} = 0.81 < 1.0$$

$$\eta_{ns} = 1 + \frac{1}{1\,300(M_2/N + e_a)/h_0} \left(\frac{l_c}{h}\right)^2 \zeta_c$$

$$= 1 + \frac{1}{1\,300 \times (142 \times 10^3/2\,212 + 20)/465} \times (\frac{4\,000}{500})^2 \times 0.81$$

$$= 1.220$$

(3) 判断偏心类型

$$\xi = \frac{N}{\alpha_1 f_c b h_0} = \frac{2\,212 \times 10^3}{1.0 \times 14.3 \times 500 \times 465} = 0.665 > \xi_b = 0.518,\text{因此按小偏压计算。}$$

(4) 求 $A'_s$ 和 $A_s$

$$e_0 = C_m \eta_{ns} \frac{M_2}{N} = 1.0 \times 1.22 \times \frac{142 \times 10^6}{2\,212 \times 10^3} = 78.3 \text{ mm}$$

$$e_i = e_0 + e_a = 78.3 + 20 = 98.3 \text{ mm}$$

$$e = e_i + h/2 - a_s = 98.3 + 250 - 35 = 313.3 \text{ mm}$$

$$\xi = \frac{N - \alpha_1 f_c b h_0 \xi_b}{\dfrac{Ne - 0.43\alpha_1 f_c b h_0^2}{(\beta_1 - \xi_b)(h_0 - a_s')} + \alpha_1 f_c b h_0} + \xi_b$$

$$= \frac{2\,212\,000 - 14.3 \times 500 \times 465 \times 0.518}{\dfrac{2\,212\,000 \times 313.3 - 0.43 \times 14.3 \times 500 \times 465^2}{(0.8 - 0.518) \times (465 - 35)} + 14.3 \times 500 \times 465} + 0.518$$

$$= 0.656$$

$$A_s = A_s' = \frac{Ne - \alpha_1 f_c b h_0^2 \xi(1 - 0.5\xi)}{f_y'(h_0 - a_s')}$$

$$= \frac{2\,212 \times 10^3 \times 313.3 - 1.0 \times 14.3 \times 500 \times 465^2 \times 0.656 \times (1 - 0.5 \times 0.656)}{360 \times (465 - 35)}$$

$$= 74.2 \text{ mm}^2 < \rho_{\min} bh = 0.002 \times 500 \times 500 = 500 \text{ mm}^2$$

考虑最小配筋率要求,选用 3 $\Phi$ 18,$A_s = A_s' = 763 \text{ mm}^2$。

全部纵向受力钢筋 $\rho = \dfrac{A_s + A_s'}{bh} = 2 \times 763/(500 \times 500) = 0.61\% > \rho'_{\min} = 0.55\%$,且纵筋净间距满足构造规定。

【例8-5】 某一矩形截面偏心受压柱的截面尺寸 $b \times h = 600 \text{ mm} \times 600 \text{ mm}$,计算长度 $l_0 = 8 \text{ m}$,$a_s = a_s' = 35 \text{ mm}$,混凝土强度等级为 C30,$f_c = 14.3 \text{ N/mm}^2$,$\alpha_1 = 1.0$,用 HRB400 级钢筋,$f_y = f_y' = 360 \text{ N/mm}^2$,轴心压力设计值 N = 2 980 kN,柱全长弯矩设计值 $M = 88 \text{ kN} \cdot \text{m}$。试求对称配筋所需钢筋截面面积。

【解】 (1)判断是否考虑二阶效应

$$a_s = a_s' = 35 \text{ mm}, h_0 = h - a_s = 600 - 35 = 565 \text{ mm}$$

$$\frac{M_1}{M_2} = 1.0 > 0.9, \frac{N}{f_c A} = \frac{2\,980\,000}{14.3 \times 600 \times 600} = 0.58 < 0.9$$

$$i = \frac{h}{\sqrt{12}} = 173.2 \text{ mm}, \frac{l_0}{i} = \frac{8\,000}{173.2} = 46 > 34 - 12 = 22$$

需要考虑二阶效应引起的弯矩增大,且 $C_m = 0.7 + 0.3\dfrac{M_1}{M_2} = 1.0$。

(2)求弯矩增大系数 $\eta_{ns}$

$$e_a = \max\left\{20 \text{ mm}, \frac{h}{30}\right\} = \max\left\{20 \text{ mm}, \frac{600}{30} \text{ mm}\right\} = 20 \text{ mm}$$

$$\zeta_c = \frac{0.5 f_c A}{N} = \frac{0.5 \times 14.3 \times 600 \times 600}{2\,980\,000} = 0.864 < 1.0$$

$$\eta_{ns} = 1 + \frac{1}{1\,300\dfrac{M_2/N + e_a}{h_0}}\left(\frac{l_c}{h}\right)^2 \zeta_c$$

$$= 1 + \frac{1}{1\,300 \times \left(\dfrac{88\,000}{2\,980} + 20\right)/565} \times \left(\frac{8\,000}{600}\right)^2 \times 0.864 = 2.34$$

(3)判断偏心类型

$$\xi = \frac{N}{\alpha_1 f_c b h_0} = \frac{2\,980 \times 10^3}{1.0 \times 14.3 \times 600 \times 565} = 0.614 > \xi_b = 0.518,\text{因此按小偏}$$

压计算。

（4）求 $A'_s$ 和 $A_s$

$$e_i = e_0 + e_a = \frac{C_m \eta_{ns} M_2}{N} + e_a = \frac{2.34 \times 88\,000}{2\,980} + 20 = 89.0 \text{ mm}$$

$$e = e_i + h/2 - a_s = 89.0 + 300 - 35 = 354.0 \text{ mm}$$

$$\xi = \frac{N - \alpha_1 f_c b h_0 \xi_b}{\dfrac{Ne - 0.43 \alpha_1 f_c b h_0^2}{(\beta_1 - \xi_b)(h_0 - a'_s)} + \alpha_1 f_c b h_0} + \xi_b = 0.634$$

$$A'_s = \frac{Ne - \alpha_1 f_c b h_0^2 \xi (1 - 0.5\xi)}{f_y(h_0 - a'_s)} = -687 \text{ mm}^2$$

$$< \rho_{min} bh = 0.002 \times 600 \times 600 = 720 \text{ mm}^2$$

考虑最小配筋率要求，选用 3 ⏀ 22，$A_s = A_s' = 1\,140 \text{ mm}^2$。

全部纵向受力钢筋 $\rho = \dfrac{A_s + A'_s}{bh} = 2 \times 1\,140/(600 \times 600) = 0.63\% > 0.55\%$，
且纵筋净间距满足构造规定。

## 8.5　Ⅰ形截面偏心受压构件正截面承载力分析

为了节省混凝土和减轻结构自重，对较大尺寸的装配式柱往往采用Ⅰ形截面。Ⅰ形截面柱的破坏特性和矩形截面相同，两类破坏类型的界限参数依然是 $\xi_b$。

### 8.5.1　不对称配筋Ⅰ形截面柱

（1）大偏心受压

由于轴向压力和弯矩的组合情况不同，中和轴可能在腹板上，亦可能在翼缘上，如图8-10所示。

当 $x \leqslant h'_f$ 时，其计算方法与 $b'_f \times h$ 的矩形截面相同，基本公式为：

$$N_u = \alpha_1 f_c b'_f x + f'_y A'_s - f_y A_s \tag{8-37}$$

$$N_u e = \alpha_1 f_c b'_f x \left(h_0 - \frac{x}{2}\right) + f'_y A'_s (h_0 - a'_s) \tag{8-38}$$

当 $x > h'_f$ 时，混凝土受压区为 T 形，其基本公式为：

$$N \leqslant \alpha_1 f_c [bx + (b'_f - b)h'_f] + f'_y A'_s - f_y A_s \tag{8-39}$$

$$Ne \leqslant \alpha_1 f_c \left[bx\left(h_0 - \frac{x}{2}\right) + (b'_f - b)h'_f\left(h_0 - \frac{h'_f}{2}\right)\right] + f'_y A'_s (h_0 - a'_s) \tag{8-40}$$

基本公式的适用条件为 $\xi \leqslant \xi_b$ 及 $x \geqslant 2a'_s$。

Ⅰ形截面受拉及受压钢筋的最小配筋率也应按构件的全截面面积计算。

（2）小偏心受压

由于偏心率大小及截面配筋量的不同，小偏压构件的中和轴既可能在腹板上，亦可能在受压应力较小一侧的翼缘上，如图 8-11 所示。

当受压区高度满足条件 $\xi_b h_0 < x \leqslant h - h_f$ 时：

$$N = \alpha_1 f_c [bx + (b'_f - b)h'_f] + f'_y A'_s - \sigma_s A_s \tag{8-41}$$

$$Ne = \alpha_1 f_c \left[bx\left(h_0 - \frac{x}{2}\right) + (b'_f - b)h'_f\left(h_0 - \frac{h'_f}{2}\right)\right] + f'_y A'_s (h_0 - a'_s) \tag{8-42}$$

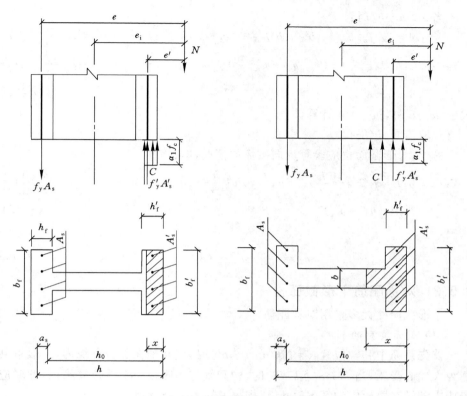

图 8-10　Ⅰ形截面大偏压承载力分析

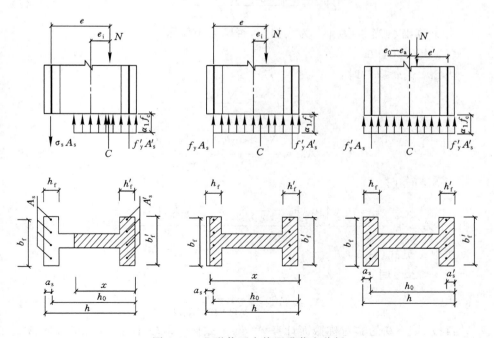

图 8-11　Ⅰ形截面小偏压承载力分析

当 $x > h - h_f$ 时：

$$N = \alpha_1 f_c [bx + (b'_f - b)h'_f + (b_f - b)(h_f - h + x)] + f'_y A'_s \quad (8\text{-}43)$$

$$Ne = \alpha_1 f_c \left[ bx(h_0 - \frac{x}{2}) + (b'_f - b)h'_f(h_0 - \frac{h'_f}{2}) + (b_f - b)(h_f - h + x)(h_f - \frac{h_f + x - h}{2} - a_s) \right] +$$
$$f'_y A'_s(h_0 - a'_s) \quad (8\text{-}44)$$

式中，$x > h$ 时，按 $x = h$ 计算。

$\sigma_s$ 取值同式(8-22)。

另外，I 形截面也应验算反向破坏的情况，即：

$$Ne' \leqslant \alpha_1 f_c \left[ bh(h'_0 - \frac{h}{2}) + (b'_f - b)h'_f(\frac{h'_f}{2} - a'_s) + (b_f - b)h_f(h'_0 - \frac{h_f}{2}) \right] +$$
$$f'_y A_s(h_0 - a'_s) \quad (8\text{-}45)$$

式中，

$$e' = \frac{h}{2} - a'_s - (e_0 - e_a) \quad (8\text{-}46)$$

### 8.5.2 对称配筋 I 形截面柱

I 形截面柱大多采用对称配筋。

(1) 截面类型的判断

首先判断中和轴位置，当 $N \leqslant \alpha_1 f_c b'_f h'_f$ 时，中和轴在受压翼缘内，一般可判断为大偏心受压；当 $N > \alpha_1 f_c b'_f h'_f$ 时，中和轴进入腹板乃至受拉翼缘内，此时应先按中和轴在腹板内的情况算出 $x$，根据 $\xi$ 的大小进行判断，$x$ 为：

$$x = \frac{N - \alpha_1 f_c (b'_f - b)h'_f}{\alpha_1 f_c b} \quad (8\text{-}47)$$

由 $x$ 算出 $\xi$，当 $\xi \leqslant \xi_b$ 时，为大偏压，否则为小偏压。

(2) 大偏心受压

当 $2a'_s \leqslant x \leqslant h'_f$ 时：

$$x = \frac{N}{\alpha_1 f_c b'_f} \quad (8\text{-}48)$$

$$A'_s = A_s = \frac{Ne - \alpha_1 f_c b'_f x(h_0 - \frac{x}{2})}{f_y(h_0 - a'_s)} \quad (8\text{-}49)$$

当 $x > h'_f$ 时：

$$A_s = A'_s = \frac{Ne - \alpha_1 f_c \left[ bx(h_0 - \frac{x}{2}) + (b'_f - b)h'_f \left( h_0 - \frac{h'_f}{2} \right) \right]}{f_y(h_0 - a'_s)} \quad (8\text{-}50)$$

式中 $x$ 见式(8-47)。

当 $x < 2a'_s$ 时：

$$A_s = A'_s = \frac{Ne'}{f_y(h_0 - a'_s)} \quad (8\text{-}51)$$

再按 $A'_s = 0$ 的非对称截面计算 $A_s$，与上式比较取较小者，最后使 $A_s = A'_s$。

(3) 小偏心受压

同对称配筋矩形截面小偏压构件计算相似，可推导出通过腹板的相对受压

区高度 $\xi$ 的简化公式：

$$\xi = \frac{N - \alpha_1 f_c \left[ \xi_b b h_0 + (b'_f - b) h'_f \right]}{\dfrac{Ne - \alpha_1 f_c \left[ 0.43 b h_0^2 + (b'_f - b) h'_f (h_0 - 0.5 h'_f) \right]}{(\beta_1 - \xi_b)(h_0 - a'_s)} + \alpha_1 f_c b h_0} + \xi_b$$

(8-52)

进而利用基本公式求得钢筋面积。

Ⅰ形截面小偏心受压构件也要进行垂直于弯矩作用平面上的轴心受压验算，此时应按 $l_c/i$ 查出 $\varphi$ 值，$i$ 为截面垂直于弯矩作用平面方向的回转半径。

【例 8-6】 某单层厂房下柱，采用Ⅰ型截面，对称配筋，柱的计算长度 $l_c = 6.8$ m，截面尺寸如图 8-12 所示，$a_s = a'_s = 40$ mm，混凝土为 C30，$f_c = 14.3$ N/mm²，钢筋为 HRB400，$f_y = f'_y = 360$ N/mm²。根据内力分析结果，该柱控制截面上作用有如下三组不利内力：

第一组：$N = 550$ kN，$M = 378.3$ kN·m；

第二组：$N = 704.8$ kN，$M = 280$ kN·m；

第三组：$N = 1\ 200$ kN，$M = 360$ kN·m。

请根据此三组内力确定该柱截面配筋（按柱全长初始弯矩相等考虑）。

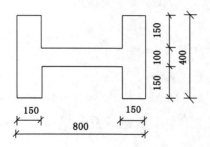

图 8-12 某Ⅰ形截面柱

【解】 查表得：$f_c = 14.3$ N/mm²，$f_y = f'_y = 360$ N/mm²，$a_s = a_s' = 40$ mm，$\alpha_1 = 1$；$\xi_b = 0.518$，$\beta_1 = 0.8$；一侧纵筋最小配筋率为 $\rho_{min} = 2\%$，$h = 800$ mm，$h_0 = h - a_s = 800 - 40 = 760$ mm。

（1）求解第一组内力下的配筋

① 判断是否考虑二阶效应

$$I = \frac{BH^3 - bh^3}{12}$$

$$A = BH - bh = 400 \times 800 - 2 \times 150 \times 500 = 170\ 000\ \text{mm}^2$$

$$i = \sqrt{\frac{I}{A}} = \sqrt{\frac{\dfrac{BH^3 - bh^3}{12}}{BH - bh}} = \sqrt{\frac{\dfrac{400 \times 800^3 - 2 \times 150 \times 500^3}{12}}{400 \times 800 - 2 \times 150 \times 500}} = 286.4\ \text{mm}$$

$$\frac{M_1}{M_2} = 1.0 > 0.9, \frac{N}{f_c A} = \frac{550 \times 10^3}{14.3 \times (400 \times 800 - 300 \times 500)} = 0.23 < 0.9$$

$$\frac{l_c}{i} = \frac{6\ 800}{286.4} = 24 > 34 - 12 = 22, C_m = 0.7 + 0.3 \frac{M_1}{M_2} = 1$$

故考虑二阶效应。

② 求 $\eta_{ns}$

$$e_a = \max\left\{20\ mm, \frac{h}{30}\right\} = \max\left\{20\ mm, \frac{800}{30}\ mm\right\} = 26.67\ mm$$

$$\zeta_c = \frac{0.5 f_c A}{N} = \frac{0.5 \times 14.3 \times [150 \times 400 \times 2 + (800-300) \times 100]}{550 \times 10^3}$$

$$= 2.21 > 1.0$$

取 $\zeta_c = 1.0$,

$$\eta_{ns} = 1 + \frac{1}{1\ 300\left(\frac{M_2}{N} + e_a\right)/h_0} \cdot \left(\frac{l_c}{h}\right)^2 \zeta_c$$

$$= 1 + \frac{1}{1\ 300 \times \left(\frac{378.3 \times 10^3}{550} + 26.67\right)/760} \times \left(\frac{6\ 800}{800}\right)^2 \times 1.0 = 1.06$$

③ 判别大小偏压

$$N_b = \alpha_1 f_c b h_0 \xi_b + \alpha_1 f_c (b'_f - b) h'_f = 1.0 \times 14.3 \times 100 \times 760 \times 0.518 +$$
$$1.0 \times 14.3 \times (400 - 100) \times 150 = 1\ 206.5\ kN$$

$N = 550\ kN < 1\ 206.5\ kN$,故属于大偏压。

④ 求配筋

假设中和轴在受压翼缘内,$x = \dfrac{N}{\alpha_1 f_c b'_f} = \dfrac{550 \times 10^3}{14.3 \times 400} = 9.62\ mm < h'_f = 150\ mm$,说明中和轴在受压翼缘内。

$$x = 9.62\ mm < 2a'_s = 2 \times 40 = 80\ mm$$

$$e_0 = \frac{C_m \eta_{ns} M_2}{N} = \frac{1.06 \times 378.3 \times 10^6}{550 \times 10^3} = 729\ mm$$

$$e_i = e_0 + e_a = 729 + 26.67 = 756\ mm$$

取 $x = 2a'_s = 2 \times 40 = 80\ mm$。

$$e' = e_i - \frac{h}{2} + a'_s = 756 - \frac{800}{2} + 40 = 396\ mm$$

$$A_s = A'_s = \frac{Ne'}{f'_y(h_0 - a'_s)} = \frac{550 \times 10^3 \times 396}{360 \times (760 - 40)}$$

$$= 840\ mm^2 > \rho'_{min} A = 0.002 \times 170\ 000 = 340\ mm^2$$

（2）求解第二组内力下的配筋

第二组：$N = 704.8\ kN, M = 280\ kN \cdot m$。

① 判断是否考虑二阶效应

$$I = \frac{BH^3 - bh^3}{12}$$

$$i = \sqrt{\frac{I}{A}} = \sqrt{\frac{\frac{BH^3 - bh^3}{12}}{BH - bh}} = \sqrt{\frac{\frac{400 \times 800^3 - 2 \times 150 \times 500^3}{12}}{400 \times 800 - 2 \times 150 \times 500}} = 286.4\ mm$$

$$\frac{M_1}{M_2} = 1.0 > 0.9, \frac{N}{f_c A} = \frac{704.8 \times 10^3}{14.3 \times (400 \times 800 - 300 \times 500)} = 0.29 < 0.9$$

$$\frac{l_c}{i} = \frac{6\,800}{286.4} = 24 > 34 - 12 = 22, C_m = 0.7 + 0.3\frac{M_1}{M_2} = 1$$

故考虑二阶效应。

② 求 $\eta_{ns}$

$$e_a = \max\left\{20\ mm, \frac{h}{30}\right\} = \max\left\{20\ mm, \frac{800}{30}\ mm\right\} = 26.67\ mm$$

$$\zeta_c = \frac{0.5 f_c A}{N} = \frac{0.5 \times 14.3 \times [150 \times 400 \times 2 + (800 - 300) \times 100]}{704.8 \times 10^3}$$

$$= 1.72 > 1.0$$

取 $\zeta_c = 1.0$,

$$\eta_{ns} = 1 + \frac{1}{1\,300\left(\dfrac{M_2}{N} + e_a\right)/h_0} \cdot \left(\frac{l_c}{h}\right)^2 \zeta_c$$

$$= 1 + \frac{1}{1\,300 \times \left(\dfrac{280 \times 10^3}{704.8} + 26.67\right)/760} \times \left(\frac{6\,800}{800}\right)^2 \times 1.0 = 1.10$$

③ 判别大小偏压

$N_b = 1\,206.5\ kN, N = 704.8\ kN < 1\,206.5\ kN$,故属于大偏压。

④ 求配筋

假设中和轴在受压翼缘内,$x = \dfrac{N}{\alpha_1 f_c b'_f} = \dfrac{704.8 \times 10^3}{14.3 \times 400} = 123.2\ mm <$

$h'_f = 150\ mm$,说明中和轴在受压翼缘内。

$x = 123.2\ mm > 2a'_s = 2 \times 40 = 80\ mm$,且 $x < \xi_b h_0 = 0.518 \times 760 = 393.7\ mm$。

$$e_0 = \frac{C_m \eta_{ns} M_2}{N} = \frac{1.10 \times 280 \times 10^6}{704.8 \times 10^3} = 437\ mm$$

$$e_i = e_0 + e_a = 437 + 26.67 = 464\ mm$$

$$e = e_i + \frac{h}{2} - a_s = 464 + 400 - 40 = 824\ mm$$

$$A'_s = A_s = \frac{Ne - \alpha_1 f_c b'_f x (h_0 - 0.5x)}{f_y (h_0 - a'_s)}$$

$$= \frac{704.8 \times 10^3 \times 824 - 14.3 \times 400 \times 123.2 \times (760 - 0.5 \times 123.2)}{360 \times (760 - 40)} = 342\ mm^2$$

$$> \rho'_{min} A = 0.002 \times 170\,000 = 340\ mm^2$$

(3) 求解第三组内力下的配筋

① 判断是否考虑二阶效应

$$I = \frac{BH^3 - bh^3}{12}$$

$$i = \sqrt{\frac{I}{A}} = \sqrt{\frac{\dfrac{BH^3 - bh^3}{12}}{BH - bh}} = \sqrt{\frac{\dfrac{400 \times 800^3 - 2 \times 150 \times 500^3}{12}}{400 \times 800 - 2 \times 150 \times 500}} = 286.4\ mm$$

$$\frac{M_1}{M_2} = 1.0 > 0.9, \frac{N}{f_c A} = \frac{1\,200 \times 10^3}{14.3 \times (400 \times 800 - 300 \times 500)} = 0.49 < 0.9$$

$$\frac{l_c}{i} = \frac{6\ 800}{286.4} = 24 > 34 - 12 = 22, C_m = 0.7 + 0.3\frac{M_1}{M_2} = 1$$

故考虑二阶效应。

② 求 $\eta_{ns}$

$$e_a = \max\left\{20\ mm, \frac{h}{30}\right\} = \max\left\{20\ mm, \frac{800}{30}\ mm\right\} = 26.67\ mm$$

$$\zeta_c = \frac{0.5f_cA}{N} = \frac{0.5 \times 14.3 \times [150 \times 400 \times 2 + (800 - 300) \times 100]}{1\ 200 \times 10^3}$$

$$= 1.01 > 1.0$$

取 $\zeta_c = 1.0$,

$$\eta_{ns} = 1 + \frac{1}{1\ 300(\frac{M_2}{N} + e_a)/h_0}\left(\frac{l_c}{h}\right)^2 \zeta_c$$

$$= 1 + \frac{1}{1\ 300 \times (\frac{360 \times 10^3}{1200} + 26.67)/760} \times \left(\frac{6\ 800}{800}\right)^2 \times 1.0 = 1.13$$

③ 判别大小偏压

$N_b = 1\ 206.5\ kN, N = 1\ 200\ kN < 1\ 206.5\ kN$,故属于大偏压。

④ 求配筋

假设中和轴在受压翼缘内,$x = \dfrac{N}{\alpha_1 f_c b'_f} = \dfrac{1\ 200 \times 10^3}{14.3 \times 400} = 209.8\ mm > h'_f = 150\ mm$,说明中和轴在腹板内。

重新计算 $x$:

$$x = \frac{N - \alpha_1 f_c(b'_f - b)h'_f}{\alpha_1 f_c b}$$

$$= \frac{1\ 200 \times 10^3 - 14.3 \times (400 - 100) \times 150}{14.3 \times 100} = 389\ mm$$

$$< \xi_b h_0 = 0.518 \times 760 = 393.7\ mm, 故确为大偏压。$$

$$e_0 = \frac{C_m \eta_{ns} M_2}{N} = \frac{1.13 \times 360 \times 10^6}{1200 \times 10^3} = 339\ mm$$

$$e_i = e_0 + e_a = 339 + 26.67 = 366\ mm$$

$$e = e_i + \frac{h}{2} - a_s = 366 + 400 - 40 = 726\ mm$$

$$A'_s = A_s = \frac{Ne - \alpha_1 f_c[bx(h_0 - 0.5x) + (b'_f - b)h'_f(h_0 - 0.5h'_f)]}{f_y(h_0 - a'_s)}$$

$$= \frac{1\ 200 \times 10^3 \times 726 - 14.3 \times [100 \times 389 \times (760 - 0.5 \times 389) + 300 \times 150 \times (760 - 0.5 \times 150)]}{360 \times (760 - 40)}$$

$$= \frac{871.2 \times 10^6 - 755.4 \times 10^6}{259\ 200} = 467\ mm^2$$

$$> \rho'_{min}A = 0.002 \times 170\ 000 = 340\ mm^2$$

综合上述算得的结果可知,纵向钢筋至少要使 $A_s = A'_s \geqslant 840\ mm^2$,故选用 $2 \oplus 25, A_s = A'_s = 982\ mm^2$。

## 8.6 正截面承载力的 $N_u$—$M_u$ 相关曲线

对于给定截面(包括截面尺寸、配筋及材料强度)的偏心受压构件,到达承载力极限状态时,截面所能承受的纵向力 $N_u$ 和弯矩 $M_u$ 是相关的,两者之间存在着确定的相关曲线。

因为截面是已知的(包括尺寸,混凝土强度等级、钢筋的级别和配筋的数量等),所以研究 $N_u$ 和 $M_u$ 的相关曲线问题实际上相当于已知截面求 $N_u$ 问题的进一步深入。下面以对称配筋矩形截面为例来研究 $N_u$—$M_u$ 相关曲线的变化规律。

(1) 小偏心受压破坏的 $N_u$—$M_u$ 相关曲线

将 $e = e_i + \dfrac{h}{2} - a_s$ 及 $M_u = N_u \eta_{ns} e_i$ 代入 $\sum M_{A_s} = 0$ 的方程得:

$$M_u = -N_u(0.5h - a_s) + \xi(1 - 0.5\xi)\alpha_1 f_c b h_0^2 + f_y A_s(h_0 - a'_s) \quad (8\text{-}53)$$

因为截面是已知的,所以上式右边的 $0.5h - a_s$、$\alpha_1 f_c b h_0^2$ 和 $f_y A_s(h_0 - a'_s)$ 是常数,再由截面内力的平衡条件 $\sum X = 0$ 的方程式,即 $N_u = \alpha_1 f_c b x + f'_y A'_s - \sigma_s A_s$ 可知,$\xi$ 是 $N_u$ 的一次函数,而等式右边第二项中的 $\xi(1 - 0.5\xi)$ 可以表达为 $N_u$ 的二次函数,因此小偏心受压时,$N_u$ 与 $M_u$ 之间是一条二次函数曲线,如图 8-13 中曲线 $AC$ 段所示。它表明,当轴心受压($M_u = 0$)时,$N_u$ 达最大,此后随着 $M_u$ 的增大,$N_u$ 减小,直至界限破坏的 $C$ 点,$N_u$ 降至小偏心受压破坏时的最小值。

(2) 大偏心受压破坏的 $N_u$—$M_u$ 相关曲线

将 $e = e_i + \dfrac{h}{2} - a_s$、$M_u = N_u e_i$ 及 $x = N_u / \alpha_1 f_c b$ 代入 $\sum M_{A_s} = 0$ 的方程得:

$$M_u = 0.5 N_u(h - N_u / \alpha_1 f_c b) + f'_y A'_s(h_0 - a'_s) \quad (8\text{-}54)$$

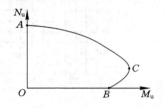

图 8-13 偏压构件正截面
承载力的 $N_u$—$M_u$ 相关曲线

可见,$N_u$ 与 $M_u$ 之间是二次函数关系式,如图 8-13 中曲线 $BC$ 所示。其中,$C$ 点为界限破坏点,$B$ 点的 $M_u$ 值正好为纯弯构件正截面受弯承载能力。

由图 8-13 可知,大偏心受压破坏时 $N_u$ 与 $M_u$ 的最大值均出现在界限点上,然后随着 $M_u$ 的减小,$N_u$ 也减小,直至受弯时 $e_i$ 趋于无穷大,$N_u = 0$,$M_u$ 等于双筋受弯构件正截面受弯承载力[$M_u = f'_y A'_s(h_0 - a'_s)$,这时 $x = 2a'_s$]。所以,与小偏心受压破坏时的 $N_u$ 与 $M_u$ 之间的关系正好相反,大偏心受压破坏时,$N_u$ 随 $M_u$ 的增大而增大,随 $M_u$ 的减小而减小。

(3) 曲线分析

曲线上任一点的坐标($N_u$,$M_u$)代表截面承载力的一组内力组合。如果给出的点位于图中 $N_u$—$M_u$ 曲线的内侧,说明在该点给出的内力组合下未达到承载力极限状态,截面是安全的;若位于曲线的外侧,则截面的承载力是不足的。

$N_u$—$M_u$ 曲线分为大偏心受压段和小偏心受压段两段,其特点为:

① $M_u=0$ 时,$N_u$ 最大;$N_u=0$ 时,$M_u$ 不是最大,大小偏心界限破坏时,$M_u$ 最大。

② 小偏心受压破坏时,$N_u$ 随 $M_u$ 的增大而减小;大偏心受压破坏时,$N_u$ 随 $M_u$ 的增大而增大。

③ 对称配筋的偏心受压构件,如果截面尺寸相同,混凝土强度等级和钢筋级别相同,而配筋量变化,则在界限破坏时,它们的 $N_u$ 是相同的(因为 $N_u = \alpha_1 f_c bx$),因此,在以 $N_u$ 为纵坐标的 $N_u$—$M_u$ 关系曲线上,它们的点在同一水平线上,如图 8-14 所示。

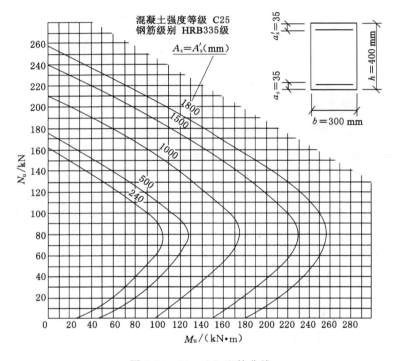

图 8-14　$N_u$—$M_u$ 配筋曲线

利用 $N_u$—$M_u$ 曲线可以帮助判断截面的最不利内力组合,比如作用在结构上的荷载往往有多种组合,但它们不会同时出现或同时达到设计值。因此,一个偏心受压构件截面的内力设计值$(N,M)$可能会存在多种组合。例如可按 $N_{max}$ 相应的 $M$ 或 $M_{max}$ 相应的 $N$ 等进行组合,前者为控制截面发生小偏心受压破坏,后者则主要针对大偏心受压破坏。在多种组合设计值条件下,利用 $N_u$—$M_u$ 关系曲线可正确判别哪几组内力$(N,M)$是起控制的。

## 8.7　双向偏心受压构件正截面承载力分析

当纵向力在两个主轴方向都有偏心时或者构件同时承受纵向压力及两个方向的弯矩时,这种构件称为双向偏心受压构件,有时也称为斜偏心受压构件,如

图 8-15 所示。

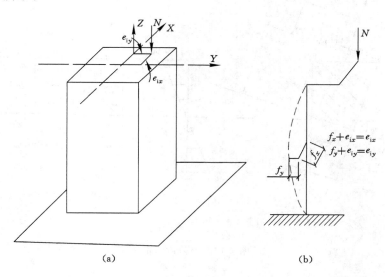

图 8-15 双向偏心受压构件

在钢筋混凝土结构中,常遇到双向偏心受压构件,例如纵向柱列较少的房屋、管道支架和水塔的柱子、框架角柱或地震区的多层或高层框架柱等。

(1) 基本计算公式

双向偏心受压构件的正截面在斜向偏心压力 $N$ 作用下,中性轴是倾斜的,和 $y$ 轴有一个夹角 $\psi$。根据偏心距大小的不同,受压区面积呈三角形、四边形或五边形,如图 8-16 所示。

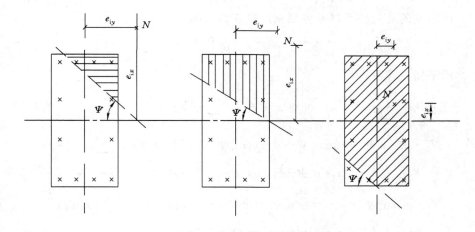

图 8-16 双向偏心受压构件受压面积分布

在设计时,可假定截面应变符合平截面假定,受压区离中性轴最远点的极限压应变值 $\varepsilon_{cu}=0.003\,3$;受压区应力分布图近似简化成等效矩形应力图,并取计算受压区高度 $x'=0.8x'_c$,如图 8-17 所示。

在图 8-17 中,矩形截面尺寸为 $b\times h$,截面主轴为 $x$—$y$ 轴,受压区用阴影线

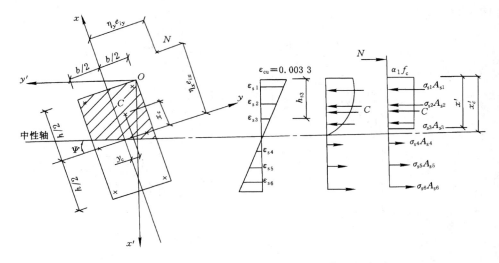

图 8-17　等效应力图

来表示。受压的最高点 $O$ 点定为新坐标系 $x'—y'$ 的原点，$y'$ 轴平行于中性轴。偏心纵向力 $N$ 和 $x$、$y$ 轴的偏心距分别为 $e_{ix}$ 和 $e_{iy}$。每根钢筋分别编成 $1,2\cdots$ 等号码，其应变和应力分别用 $\varepsilon_{s1}$，$\sigma_{s1}$，$\varepsilon_{s2}$，$\sigma_{s2}\cdots$ 等来表示；每根钢筋的截面面积用 $A_{s1}$，$A_{s2}\cdots$ 等来表示。受压区混凝土合力 $C$ 对主轴的坐标为 $(x_c, y_c)$，压区混凝土计算强度取为 $\alpha_1 f_c$，中性轴与 $y$ 轴的夹角为 $\Psi$。从图 8-17 中的坐标之间的关系可得：

$$x' = -x\sin\Psi + y\sin\Psi + 0.5h\cos\Psi - 0.5\sin\Psi \qquad (8\text{-}55)$$

$$y' = -x\sin\Psi + y\sin\Psi + 0.5b\cos\Psi + 0.5h\sin\Psi \qquad (8\text{-}56)$$

由应变的几何关系可得各根钢筋的应力 $\sigma$ 如下：

$$-f'_y \leqslant \sigma_{si} = E_s\varepsilon_{cu}\left(\beta_1\frac{h_{0i}}{x} - 1\right) \leqslant f_y \qquad (8\text{-}57)$$

由平衡方程可得：

$$N = \alpha_1 f_c A_c - \sum_{i=1}^{n}\sigma_{si}A_{si} \qquad (8\text{-}58)$$

$$N(-e_{ix}\sin\Psi + e_{iy}\cos\Psi + 0.5b\cos\Psi - 0.5h\sin\Psi) + \sum_{i=1}^{n}\sigma_{si}A_{si}h_{0i}$$
$$= \alpha_1 f_c A_c(-x_c\sin\Psi + y_c\cos\Psi + 0.5b\cos\Psi - 0.5h\sin\Psi) \qquad (8\text{-}59)$$

$$N(-e_{ix}\sin\Psi - e_{iy}\cos\Psi + 0.5b\cos\Psi + 0.5h\sin\Psi) + \sum_{i=1}^{n}\sigma_{si}A_{si}y'_i$$
$$= \alpha_1 f_c A_c(-x_c\sin\Psi - y_c\cos\Psi + 0.5b\cos\Psi + 0.5h\sin\Psi) \qquad (8\text{-}60)$$

式中　$y'_i$——第 $i$ 根钢筋离 $x'$ 轴的距离；

　　　$A_c$——受压区面积。

利用上述公式进行双向受压计算的过程是繁琐的，必须借助计算机才能求解。对于常用的截面尺寸，不同配筋情况，可利用计算机求解 $N—M_x$，$N—M_y$ 之间的相关曲线，制成图表手册以供设计使用。

图 8-18 是双向偏心受压柱轴力和弯矩之间的一个相关曲面,可称为破坏曲面。曲面上的等轴力线是一条接近椭圆的曲线,当轴力作用于矩形截面对角线时,曲线与椭圆的偏离最大。有人曾利用该曲线的特点,建立了一些近似公式来进行双向偏心受压正截面承载力计算。

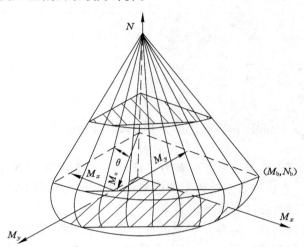

图 8-18　双向偏心受压构件轴力与弯矩之间的相关曲面

(2) 简化计算公式

目前各国规范都采用近似方法来计算双向偏心受压构件的正截面承载力,既能达到一般设计要求的精度,又便于手算。

我国《规范》中采用的近似方法是采用弹性阶段应力叠加的方法推导的。

假定材料处于弹性阶段,在荷载 $N_{u0}$,$N_{ux}$,$N_{uy}$ 及 $N$ 用下,截面内的应力都达到材料所能承受的容许应力 $[\sigma]$,根据材料力学弹性理论的原理则可得:

$$[\sigma] = \frac{N_{u0}}{A_0} \tag{8-61}$$

$$[\sigma] = N_{ux}\left(\frac{1}{A_0} + \frac{e_{ix}}{W_{0x}}\right) \tag{8-62}$$

$$[\sigma] = N_{uy}\left(\frac{1}{A_0} + \frac{e_{iy}}{W_{0y}}\right) \tag{8-63}$$

$$[\sigma] = N\left(\frac{1}{A_0} + \frac{e_{ix}}{W_{0x}} + \frac{e_{iy}}{W_{0y}}\right) \tag{8-64}$$

式中　$N_{u0}$——构件截面轴心受压承载力设计值,此时考虑全部纵筋,但不考虑稳定系数 $\varphi$;

　　　$N_{ux}$,$N_{uy}$——轴向力作用于 $x$ 轴及 $y$ 轴,考虑相应的计算偏心距及偏心距增大系数后,按全部纵向钢筋计算的偏心受压承载力设计值;

　　　$N$——双向偏心纵向力设计值;

　　　$A_0$,$W_{0x}$,$W_{0y}$——考虑全部钢筋的换算截面面积和两个方向的换算截面抵抗矩。

合并式(8-61)至式(8-64)得：

$$N = \cfrac{1}{\cfrac{1}{A_0[\sigma]} + \cfrac{e_{ix}}{W_{0x}[\sigma]} + \cfrac{e_{iy}}{W_{0y}[\sigma]}}$$

$$= \cfrac{1}{\cfrac{1}{A_0[\sigma]} + \cfrac{e_{ix}}{W_{0x}[\sigma]} + \cfrac{1}{A_0[\sigma]} + \cfrac{e_{iy}}{W_{0y}[\sigma]} + \cfrac{1}{A_0[\sigma]} - \cfrac{2}{A_0[\sigma]}}$$

$$= \cfrac{1}{\cfrac{1}{N_{ux}} + \cfrac{1}{N_{uy}} - \cfrac{1}{N_{u0}}} \tag{8-65}$$

## 8.8　偏心受压构件斜截面受剪承载力分析

一般情况下,偏心受压构件的剪力设计值相对较小,可不进行斜截面承载力的验算。但对于有较大水平力作用的框架柱,有横向力作用下的桁架上弦压杆,剪力影响相对较大,必须予以考虑。

试验表明,轴向压力的存在能推迟垂直裂缝的出现,并使裂缝宽度减小,受压区高度增加,斜裂缝倾角变小,而水平投影长度基本不变,纵筋拉力降低,因而使构件斜截面承载力有所提高。但是,提高有一定的限度,当轴压比 $N/f_c bh = 0.3 \sim 0.5$ 时,斜截面承载力达到最大值,再增加轴力将会变为带有斜裂缝的小偏心受压破坏情况。

试验表明,当 $N/f_c bh < 0.3$ 时,不同剪跨比构件的轴向压力影响相差不多。通过试验资料分析和可靠度计算,对承受横向力作用的矩形截面偏心受压构件,其斜截面承载力应按下式计算：

$$V \leqslant V_u = \frac{1.75}{\lambda + 1.0} f_t bh_0 + 1.0 f_{yv} \frac{A_{sv}}{s} h_0 + 0.07N \tag{8-66}$$

式中　$\lambda$——偏压构件计算截面的剪跨比；

$N$——与剪力设计值 $V$ 相应的轴向压力设计值,当 $N > 0.3 f_c A$ 时,取 $N = 0.3 f_c A$,$A$ 为构件截面面积。

同时,对截面尺寸也有要求,具体为：

当 $h_w/b \leqslant 4$ 时：

$$V \leqslant 0.25 \beta_c f_c bh_0 \tag{8-67}$$

当 $h_w/b \geqslant 6$ 时：

$$V \leqslant 0.2 \beta_c f_c bh_0 \tag{8-68}$$

对矩形截面偏压构件,若符合式(8-69)的要求时可不进行斜截面抗剪承载力计算,只需按构造要求配置箍筋。

$$V \leqslant \frac{1.75}{\lambda + 1.0} f_t bh_0 + 0.07N \tag{8-69}$$

上列公式中剪跨比 $\lambda$ 可按下述方法取值：

① 对于框架柱,根据广义剪跨比的定义 $\lambda = M/Vh_0$,可取 $\lambda = H_n/2h_0$；当 $\lambda < 1$ 时,取 $\lambda = 1$；当 $\lambda > 3$ 时,取 $\lambda = 3$。此处,$H_n$ 为柱子净高。

② 对于其他偏心受压构件,当承受均布荷载时,取 $\lambda=1.5$;当承受集中荷载时(包括作用有多种荷载,且集中荷载对支座截面或节点边缘所产生的剪力值占总剪力值的 $75\%$ 以上的情况),取 $\lambda=a/h_0$;当 $\lambda<1.5$ 时,取 $\lambda=1.5$;当 $\lambda>3$ 时,取 $\lambda=3$。此处,$a$ 为集中荷载至支座或节点边缘的距离。

箍筋按照构造要求配置,详见《规范》相关条文。

## 8.9 偏心受拉构件正截面承载力分析

带有节间荷载的桁架下弦杆、矩形水池的池壁和底板等为常见的偏心受拉构件。

按纵向力 $N$ 的位置不同,偏心受拉构件可分为两种情况:当纵向力 $N$ 作用在两侧钢筋 $A_s$ 及 $A'_s$ 合力点之外时,属于大偏心受拉的情况;当纵向力 $N$ 作用在两侧钢筋 $A_s$ 及 $A'_s$ 合力点之间时,属于小偏心受拉的情况。

### 8.9.1 大偏心受拉构件正截面承载力

当轴心力 $N$ 作用在 $A_s$ 及 $A'_s$ 合力点以外时,截面要开裂,但必然还保留有受压区,否则轴力无法平衡。整个截面破坏时,钢筋 $A_s$ 的应力已达到其抗拉屈服强度,裂缝开展很大,受压区混凝土被压碎。若 $A'_s$ 配量合适,也可达到抗压屈服强度。这种破坏特征称为大偏心受拉破坏。

(1)破坏类别

① 适筋破坏。

$A_s$ 及 $A'_s$ 配量适当,使 $\xi<\xi_b$,且 $x \geqslant 2a'_s$。

② 超筋破坏。

$A_s$ 过多,使 $\xi>\xi_b$,$A_s$ 不能屈服,设计应避免。

③ 少筋破坏。

$A_s$ 过少或 $A'_s$ 相对过多,使 $x<2a'_s$,$A'_s$ 不能屈服,设计应避免。

(2)基本公式及适用条件

按照适筋破坏截面,其承载力极限状态下的受力简图如图 8-19 所示,据此可写出承载力计算的基本公式为:

$$N_u = A_s f_y - A'_s f'_y - \alpha_1 f_c b \xi h_0 \tag{8-70}$$

$$N_u e = A'_s f'_y (h_0 - a'_s) + \alpha_s \alpha_1 f_c b h_0^2 \tag{8-71}$$

式中,$e = e_0 - 0.5h + a_s$。

显然,基本公式的适用条件是使 $\xi \leqslant \xi_b$,且 $x \geqslant 2a'_s$。

(3)截面设计

① 非对称配筋

常见有两种情况,第一种情况是 $A_s$ 和 $A'_s$ 均未知,第二种情况是 $A'_s$ 已知而 $A_s$ 未知。

对第一种情况,两个方程,三个未知数,无法求解。为使 $(A_s+A'_s)$ 最少,可取 $\xi=\xi_b$,计算 $A'_s$,再求解 $A_s$。若计算 $A'_s<\rho'_{min}bh$,应取 $A'_s=\rho'_{min}bh$,然后按照

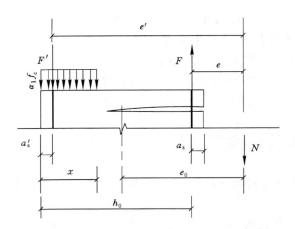

图 8-19  大偏拉构件承载力极限状态受力简图

$A'_s$ 为已知的情况计算 $A_s$。

对第二种情况,两个未知数,两个方程,可解。若 $A'_s > \rho'_{min} bh$,应先求出 $\xi$,$\xi$ 可能出现下列情况:

Ⅰ. 若 $\xi \leqslant \xi_b$ 且 $\xi \geqslant \dfrac{2a'_s}{h_0}$,则按照式(8-72)计算 $A_s$。

$$A_s = \frac{\alpha_1 f_c b \xi h_0 + f'_y A'_s + N}{f_y} \tag{8-72}$$

Ⅱ. 若 $x < 2a'_s$,则应取 $x = 2a'_s$,对 $A'_s$ 合力点取矩,计算 $A_s$ 值。

Ⅲ. 若求得的 $\xi > \xi_b$,则表明给定的 $A'_s$ 偏小,按 $A'_s$ 未知重新计算 $A'_s$ 和 $A_s$。

② 对称配筋

按照不对称配筋,若截面处于破坏状态时,$A'_s$ 和 $A_s$ 均能达到屈服,则钢筋面积 $A_s$ 远大于 $A'_s$ 的数值。而按照对称配筋的概念,由式(8-72)可解出 $x < 0$,$A'_s$ 与混凝土同压而不可能屈服;随 $A_s$ 屈服,$x$ 逐渐变小,最后可按 $x = 2a'_s$ 考虑对 $A'_s$ 合力点取矩,计算出 $A_s$ 值,再令 $A'_s = A_s$。即:

$$A'_s = A_s = \frac{N_u e'}{f_y(h_0 - a'_s)} \tag{8-73}$$

(4) 截面校核

① 非对称配筋

给轴向力作用点取矩算出 $\xi$,然后得到 $N_u$。若 $\xi > \xi_b$,则在基本公式中将 $f_y$ 改为 $\sigma_s$ 即可,其中 $\sigma_s$ 为:

$$\sigma_s = \frac{\xi - 0.8}{\xi_b - 0.8} f_y \tag{8-74}$$

② 对称配筋

直接按 $x = 2a'_s$ 考虑,于是有:

$$N_u = \frac{A_s f_y(h_0 - a'_s)}{e'} \tag{8-75}$$

## 8.9.2 小偏心受拉构件正截面承载力

（1）受力特点

如图 8-20 所示，小偏拉构件的受力特点为：

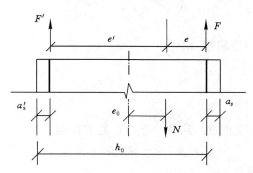

图 8-20　小偏拉构件承载力极限状态受力简图

a. 正常工作下，截面已全部裂通，拉力完全由钢筋承担。

b. 裂通后成为只受三个力的平面静定问题，无法发生内力重分布，各力的比例关系不再发生变化，一侧钢筋屈服即使结构变为机构，此状态即为极限状态。

c. 裂通后的静力平衡关系为：

$$F + F' = N \tag{8-76}$$

$$\frac{F}{F'} = \frac{e'}{e} \tag{8-77}$$

式中　$F$——受拉钢筋的合力；

　　　$F'$——受压钢筋的合力；

$e = \dfrac{h}{2} - e_0 - a_s$；

$e' = \dfrac{h}{2} + e_0 - a_s'$。

（2）截面设计

① 非对称配筋

为使 $A_s$ 及 $A_s'$ 都屈服，必须要 $A_s/A_s' = e'/e$，于是有：

$$N_u e = f_y A_s'(h_0 - a_s') \tag{8-78}$$

从中求出 $A_s'$，然后按 $A_s/A_s' = e'/e$ 求出 $A_s$。

② 对称配筋

$A_s$ 屈服，$A_s'$ 不能屈服。给 $A_s'$ 合力点处取矩得：

$$N_u e' = f_y A_s(h_0 - a_s')$$

从中求出 $A_s$，然后按 $A_s = A_s'$ 求出 $A_s'$。

（3）截面校核

① 非对称配筋

若 $\dfrac{A_s}{A_s'} = \dfrac{e'}{e}$，$A_s$ 和 $A_s'$ 都屈服，则：

$$N \leqslant A_s f_y + A'_s f_y \tag{8-80}$$

若 $\dfrac{A_s}{A'_s} < \dfrac{e'}{e}$，仅 $A_s$ 屈服，则：

$$N \leqslant A_s f_y \left(1 + \frac{e}{e'}\right) \tag{8-81}$$

若 $\dfrac{A_s}{A'_s} > \dfrac{e'}{e}$，仅 $A'_s$ 屈服，则：

$$N \leqslant A'_s f_y \left(1 + \frac{e'}{e}\right) \tag{8-82}$$

② 对称配筋

$A_s$ 屈服，$A'_s$ 不能屈服。给 $A'_s$ 合力点处取矩得：

$$N_u e' = f_y A_s (h_0 - a'_s)$$

从中求出 $N_u$ 即可。

【例 8-7】 某矩形水池，壁厚 200 mm，$a_s = a_s' = 25$ mm，池壁跨中水平向每米宽度上最大弯矩 $M = 420$ kN·m，相应的轴向拉力 $N = 350$ kN，混凝土 C30，$f_c = 14.3$ N/mm²，钢筋 HRB400，$f'_y = f_y = 360$ N/mm²，求所需钢筋。

【解】 （1）判别大小偏心

$$e_0 = \frac{M}{N} = \frac{420 \times 10^6}{350 \times 10^3} = 1\,200 \text{ mm} > \frac{h}{2} - a_s = \frac{200}{2} - 25 \text{ mm} = 75 \text{ mm}$$

属于大偏拉。

（2）求所需钢筋面积

$$e = e_0 - \frac{h}{2} + a_s = 1\,125 \text{ mm}, h_0 = 175 \text{ mm};$$

$$\xi = \xi_b = 0.518;$$

$$A'_s = \frac{Ne - \alpha_1 f_c b h_0^2 (\xi_b - 0.5\xi_b^2)}{f'_y (h_0 - a'_s)} = 4\,178.76 \text{ mm}^2$$

$$> \rho'_{min} bh = 0.002 \times 1\,000 \times 200 = 400 \text{ mm}^2;$$

$$A_s = \frac{\alpha_1 f_c b h_0 \xi_b + f'_y A'_s + N}{f_y} = 8\,752 \text{ mm}^2;$$

选用 $\Phi$ 20@70 mm，$A'_s = 4\,488$ mm²。

选用 $\Phi$ 28@70mm，$A_s = 8\,798$ mm²。

【例 8-8】 题目同上题，求按对称配筋量。

【解】 对称时按 $x = 2a'_s$ 考虑，则 $A_s = \dfrac{N_u e'}{f_y (h_0 - a'_s)} = 8\,264$ mm²，$A'_s = A_s$。

其余同上，此处略。

【例 8-9】 某混凝土偏心拉杆，$b \times h = 300 \text{ mm} \times 400 \text{ mm}$，$a_s = a_s' = 35$ mm，混凝土 C30，$f_c = 14.3$ N/mm²，钢筋 HRB400，$f_y' = f_y = 360$ N/mm²，已知截面上作用的轴向拉力 $N = 650$ kN，弯矩 $M = 65$ kN·m，求所需钢筋面积。

【解】 （1）判别大小偏心

$$e_0 = \frac{M}{N} = \frac{65 \times 10^6}{650 \times 10^3} = 100 \text{ mm} < \frac{h}{2} - a_s = 200 - 35 \text{ mm} = 165 \text{ mm}$$

轴向力作用在两侧钢筋之间,属小偏拉。

（2）求所需钢筋面积

$$e = \frac{h}{2} - e_0 - a_s = 65 \text{ mm}$$

$$e' = \frac{h}{2} + e_0 - a'_s = 265 \text{ mm}$$

$$A'_s = \frac{Ne}{f_y(h_0 - a'_s)} = 355.6 \text{ mm}^2 > \rho'_{\min}bh = 0.002 \times 300 \times 400 = 240 \text{ mm}^2$$

$$A_s = \frac{Ne'}{f_y(h'_0 - a_s)} = \frac{650 \times 10^3 \times 265}{360 \times (365 - 35)} = 1\,449.9 \text{ mm}^2$$

$A'_s$ 选用 3 $\Phi$ 14,$A'_s$ = 461 mm²；$A'_s$ 选用 3 $\Phi$ 28,$A'_s$ = 1 847 mm²。

【例 8-10】　题目同上题,求按对称配筋量。

【解】　给 $A'_s$ 处取矩,则:$A_s = \dfrac{N_u e'}{f_y(h_0 - a'_s)} = 1\,450 \text{ mm}^2$,$A'_s = A_s$。

其余同上,此处略。

## 8.10　偏心受拉构件斜截面承载力分析

（1）轴向拉力对斜截面抗剪强度的影响

当轴向拉力先作用于构件时,构件将产生贯穿截面的垂直裂缝。在施加横向荷载时,构件上部裂缝闭合而下部裂缝加宽,斜裂缝可能直接穿过初始垂直裂缝向上发展,亦可能沿初始裂缝延伸一小段向斜向发展。与无轴向力构件相比,承受轴向拉力构件的裂缝宽度一般较大;倾角较大,斜裂缝末端剪压区高度较小,甚至没有剪压区,因而其抗剪强度也较低,降低的程度和轴拉力的大小有关。

截面限制条件与偏心受压构件斜截面受剪承载力对截面尺寸的要求相同。

（2）计算公式

对于仅配有箍筋的偏心受拉构件,其抗剪强度可按下列公式计算:

$$V \leqslant \frac{1.75}{\lambda + 1.0} f_t bh_0 + f_{yv} \frac{A_{sv}}{s} h_0 - 0.2N \qquad (8\text{-}83)$$

要求 $1.5 \leqslant \lambda \leqslant 3$。

另外,式子右边的计算值不得小于 $f_{yv} \dfrac{A_{sv}}{s} h_0$,且 $f_{yv} \dfrac{A_{sv}}{s} h_0$ 不得小于 $0.36 f_t bh_0$。

$\lambda$ 的取值详见偏心受压构件斜截面受剪承载力中有关 $\lambda$ 的取值方法。

## 8.11　钢筋混凝土双筋构件正截面适筋设计中 *x* 的取值讨论

根据前面的学习知道,钢筋混凝土双筋受弯构件、偏心受压构件以及偏心受拉构件中都同时配有受拉和受压纵筋,其中对于双筋受弯构件、大偏心受压构件以及大偏心受拉构件,有条件将其设计成两侧纵筋均屈服或达到其设计强度的适筋截面。

同时也知道,在上述适筋截面设计中一般会存在纵向受拉钢筋截面面积 $A_s$、纵向受压钢筋截面面积 $A'_s$ 以及截面等效受压区高度 $x$ 三个未知量,而其基本公式却只有来自沿纵筋方向的平动平衡($\sum X = 0$)和绕截面中和轴的转动平衡($\sum M = 0$)两个独立方程,因此只能解出两个未知量。这时需要人为确定其中的一个未知量作为补充,然后从两个基本方程中解出剩下的两个未知量。此时,常见的处理是对上述三类问题都按照总配筋量($A_s + A'_s$)(记作 $S$)最少的原则将截面等效受压区高度 $x$ 确定为等于界限受压区高度 $x_b$。但是,这样的处理存在着两个问题:① 当 $x = x_b$ 时,$S$ 是否在任何情况下都最少? ② 人为设计成 $x = x_b$ 这样的界限截面是否合理? 下面予以讨论。

### 8.11.1  $S$ 与 $x$ 的关系

只有找到 $S$ 与 $x$ 的关系,才能弄明白是否在任何情况下只要 $x = x_b$ 都会使 $S$ 最少。为此,下面首先推求 $S$ 与 $x$ 之间的函数关系。

对双筋矩形截面,正截面受弯承载力极限状态下的两个独立平衡方程为:

$$0 = A_s f_y - A'_s f'_y - bx\alpha_1 f_c \tag{8-84}$$

$$M = A'_s f'_y(h_0 - a'_s) + bx(h_0 - 0.5x)\alpha_1 f_c \tag{8-85}$$

首先从式(8-85)中将 $A_s f_y$ 变换成 $x$ 的函数:

$$A'_s f'_y = \frac{M + 0.5\alpha_1 f_c bx^2 - \alpha_1 f_c bh_0 x}{h_0 - a'_s} \tag{8-86}$$

然后将式(8-86)代入式(8-84)并将 $A_s f_y$ 变换成 $x$ 的函数:

$$A_s f_y = \frac{M + 0.5\alpha_1 f_c bx^2 - \alpha_1 f_c ba'_s x}{h_0 - a'_s} \tag{8-87}$$

再将式(8-86)和式(8-87)相加,并注意到一般情况下 $f_y = f'_y$,于是得到 $S$ 与 $x$ 之间的函数关系:

$$S = \frac{2M + \alpha_1 f_c bx^2 - \alpha_1 f_c b(h_0 + a'_s)x}{(h_0 - a'_s)f_y} \tag{8-88}$$

对于大偏心受拉构件和大偏心受压构件,同理也可得到 $S$ 与 $x$ 之间的函数关系:

大偏心受拉构件:

$$S = \frac{N(2e + h_0 - a'_s) + \alpha_1 f_c bx^2 - \alpha_1 f_c b(h_0 + a'_s)x}{(h_0 - a'_s)f_y} \tag{8-89}$$

大偏心受压构件:

$$S = \frac{N(2e - h_0 + a'_s) + \alpha_1 f_c bx^2 - \alpha_1 f_c b(h_0 + a'_s)x}{(h_0 - a'_s)f_y} \tag{8-90}$$

得到上述 $S$ 与 $x$ 之间的函数关系还不能直观看出两者变化的单调性,为此,分别对式(8-88)、式(8-89)和式(8-90)三式的两边给 $x$ 求导得到如下统一结果:

$$\frac{\mathrm{d}S}{\mathrm{d}x} = \frac{\alpha_1 f_c b}{(h_0 - a'_s) f_y} (2x - h_0 - a'_s) \tag{8-91}$$

从式(8-91)可以看出，$S$ 随 $x$ 变化的极值点在 $x = 0.5(h_0 + a_s)$ 处，该值并不总是大于或等于 $x_b$，例如，当 $a_s = 35$ mm，$h_0 = 665$ mm 时，$S$ 的最小值（记作 $S_{min}$）是在 $x = 0.526 h_0$ 处，此时若选 HRB335 级钢筋作为受拉纵筋，则 $x_b = 0.550 h_0$，显然当 $x = x_b$ 时的 $S$ 并不是最少。因此，$S_{min}$ 并不总是出现在 $x = x_b$ 处。由此看来，前述"$x = x_b$ 时 $S$ 最少"的命题在有些情况下是不成立的。正确的命题应该是：当 $x = 0.5(h_0 + a_s) x_b$ 时 $S$ 最少，即当 $0.5(h_0 + a_s) < x_b$ 时，应为 $x = 0.5(h_0 + a_s)$，而不是 $x = x_b$；当 $0.5(h_0 + a_s) x_b$ 时，应为 $x = x_b$。

### 8.11.2　按界限截面设计的可靠度问题

如前所述，"$x = x_b$ 时 $S$ 最少"的命题在有些情况下是不成立的。不过一般而言，按 $x = x_b$ 设计得到的界限截面，即使 $S$ 不是最少，但也比较接近最少。因此，前述"$x = x_b$ 时 $S$ 最少"的命题在一般情况下是可以接受的。问题是：按此原则设计的截面看似经济但却是以牺牲截面延性继而降低结构的可靠度为代价换来的，因为 $x = x_b$ 的界限截面与 $x > x_b$ 的超筋截面在延性方面并无本质区别，它们在破坏状态出现之前都没有钢筋的屈服过程，因而都属于脆性破坏。脆性破坏相对于延性破坏而言，其后果的严重性是不言而喻的。我国《建筑结构可靠度设计统一标准》(GB 50068—2001)就对不同破坏类型结构构件的承载能力极限状态的目标可靠指标规定了不同的取值，脆性破坏的目标可靠指标高于相应延性破坏的。比如，对安全等级为二级的结构构件，如为延性破坏，其目标可靠指标为 3.2，如为脆性破坏，其目标可靠指标则升为 3.7。因此，设计同一个截面，在可靠度相同的前提条件下，若采用 $x = x_b$ 的界限截面，则要求其抗弯承载力应大于 $x < x_b$ 的适筋截面。从这个角度来讲，按 $x = x_b$ 进行上述三类截面的设计时其总配筋量 $S$ 并不是最少，因此并不意味着最经济。

基于上述考虑，在设计此类截面时，应该既要考虑经济因素，也要考虑延性水平。为此建议：可事先确定 $x = (0.30 \sim 0.45) h_0$ 进行设计，其中对抗震梁支座截面取 $x = (0.30 \sim 0.35) h_0$，对楼盖连续次梁支座截面取 $x = (0.35 \sim 0.40) h_0$，其他梁截面及偏心受拉或受压截面取 $x = (0.40 \sim 0.45) h_0$。

## 8.12　构造要求

（1）截面型式及尺寸

偏心受压构件一般采用矩形截面，但为了节约混凝土和减轻柱的自重，较大尺寸的柱常常采用 I 形截面。采用离心法制造的柱、桩、电杆以及烟囱、水塔支筒等常为环形截面。

圆形截面尺寸一般要求截面直径 $d \geqslant 350$ mm；矩形截面尺寸一般要求截面宽度 $b \geqslant 300$ mm，截面高度 $h \geqslant 350$ mm。工字形截面要求截面高度 $h > 500$ mm，截面宽度 $b > 400$ mm，翼缘厚度不小于 120 mm，腹板厚度不宜小于 100

腹板开孔
相关规范

mm。为了施工支模方便,柱截面尺寸宜使用整数,截面尺寸小于等于 800 mm 时以 50 mm 为模数;截面尺寸>800 mm 时以 100 mm 为模数。

(2) 材料的强度要求

柱子宜采用较高强度的混凝土(一般要求 C25 及以上)和中低强度的钢筋。

柱中配置的受压钢筋,在截面破坏时其受压钢筋位置的混凝土只能保证达到 $\varepsilon_0 = 0.002$ 的最大应变值,因此钢筋的应变也为 $\varepsilon_s = \varepsilon_0 = 0.002$,钢筋的应力则为 $\sigma_s = \varepsilon_s E_s = 0.002 \times 2 \times 10^5 = 400 \text{ N/mm}^2$,因此不管钢筋强度多高,也只能发挥 400 N/mm² 的强度,因此,对于柱子配强度等级低于 400 N/mm² 的钢筋才可充分发挥钢筋的作用。

(3) 纵筋构造

纵向受压柱主要承受压力的作用,配在柱中的钢筋如果太细,则容易失稳,从箍筋之间外凸,因此一般要求纵向钢筋直径不宜过小,《规范》要求纵向钢筋直径不宜小于 12 mm。

《规范》要求柱的全截面配筋率满足最小配筋率要求,但不宜超过 5%,以免造成浪费。对圆截面柱纵向钢筋应沿周边均匀布置,根数不宜少于 8 根,且不应少于 6 根;对矩形截面柱,当截面高度 $h \geqslant 600$ mm 时,在柱侧面应设置直径不小于 10 mm 的纵向构造钢筋,并应设置复合箍筋或拉筋;纵向受力钢筋间距不宜大于 300 mm。

纵筋的连接接头宜设置在受力较小处,可采用机械连接,也可采用焊接和搭接。对于直径大于 28 mm 的受拉钢筋和直径大于 32 mm 的受压钢筋,不宜采用绑扎的搭接接头。

(4) 箍筋构造

柱及其他受压构件中的箍筋应为封闭式;箍筋间距不应大于 400 mm 且不应大于构件短边尺寸,且不应大于 $15d$,$d$ 为纵向钢筋的最小直径;箍筋直径不应小于 $d/4$,且不应小于 6 mm,$d$ 为纵筋的最大直径。当柱中全部纵向受力钢筋的配筋率超过 3% 时,箍筋直径不应小于 8 mm,间距不应大于纵向钢筋最小直径的 10 倍,且不应大于 200 mm。

柱内纵向钢筋搭接长度范围内,偏心受压构件中箍筋间距不应大于搭接钢筋较小直径的 5 倍且不应大于 100 mm;轴心受压构件中箍筋间距不应大于搭接钢筋较小直径的 10 倍且不应大于 200 mm。当受压钢筋直径大于 25 mm 时,应在搭接接头两个端面外 50 mm 范围内各设置 2 个箍筋。

专业术语

# 思 考 题

1. 大、小偏心受压破坏类型有哪几种?其各自的破坏特征分别是什么?

2. 请阐述判断大、小偏压的判断方法。

3. 偏心受压短柱和长柱有何本质的区别?弯矩增大系数的物理意义是什么?

4. 附加偏心距 $e_a$ 的物理意义是什么?

5. 什么是二阶效应？

6. 在偏心受压构件正截面承载力分析中如何判断是否需要考虑二阶效应？

7. 怎样开展不对称配筋矩形截面偏心受压构件正截面受压承载力的设计与复核？

8. 什么是构件偏心受压正截面承载力 $N_u$—$M_u$ 的相关曲线？在工程中其发挥的作用什么？

9. 写出偏心受压构件矩形截面对称配筋界限破坏时的轴向压力设计值 $N_b$ 的计算公式。

10. 请阐述对称配筋的大、小偏心受压构件截面承受轴向压力和弯矩的规律？

11. 怎样进行对称配筋矩形截面偏心受压构件正截面的截面设计与截面复核？

12. 计算偏心受压构件的斜截面承载力需要满足哪些条件？

13. 轴心压力对偏心受压构件斜截面承载力有何影响？

14. 如何开展双向偏心受压构件正截面承载力的设计与分析？

15. 请阐述划分大偏心受拉和小偏心受拉类型的方法。

16. 大、小偏心受拉破坏的受力特点和破坏特征各有何不同？

17. 大偏心受拉构件的正截面承载力计算中，$x_b$ 的取值为何与受弯构件的取值相同？

18. 大偏心受拉构件非对称配筋中如果出现 $x < 2a'_s$ 或 $x$ 为负值，怎么处理？

19. 请分析大偏拉不对称配筋构件截面两侧配置的钢筋面积的大小关系。

20. 请分析小偏拉不对称配筋构件截面两侧配置的钢筋面积的大小关系。

21. 请阐述大偏拉对称配筋构件处于正截面承载力极限状态时截面两侧配置的钢筋的应力状态。

22. 请阐述小偏拉对称配筋构件处于正截面承载力极限状态时截面两侧配置的钢筋的应力状态。

23. 计算偏心受拉构件的斜截面承载力需要满足哪些条件？

24. 轴心拉力对偏心受压构件斜截面承载力有何影响？

# 练 习 题

练习题答案

## 一、选择题

1. 偏心受压构件计算中，通过哪个因素来考虑二阶偏心矩的影响（　　）。

A. $e_0$ 　　　　　 B. $e_a$ 　　　　　 C. $e_i$ 　　　　　 D. $\eta_{ns}$

2. 判别大偏心受压破坏的本质条件是（　　）。

A. $\eta_{ns}e_i > 0.3h_0$ 　　 B. $\eta_{ns}e_i 0.3h_0$ 　　 C. $\xi < \xi_b$ 　　 D. $\xi > \xi_b$

3. 由 $N_u$—$M_u$ 相关曲线可以看出，下面观点不正确的是（　　）。

A. 小偏心受压情况下，随着 $N$ 的增加，正截面受弯承载力随之减小

B. 大偏心受压情况下,随着 $N$ 的增加,正截面受弯承载力随之减小

C. 界限破坏时,正截面受弯承载力达到最大值

D. 对称配筋时,如果截面尺寸和形状相同,混凝土强度等级和钢筋级别也相同,但配筋数量不同,则在界限破坏时,它们的 $N_u$ 是相同的

4. 钢筋混凝土大偏压构件的破坏特征是(    )。

A. 远侧钢筋受拉屈服,随后近侧钢筋受压屈服,混凝土也压碎

B. 近侧钢筋受拉屈服,随后远侧钢筋受压屈服,混凝土也压碎

C. 近侧钢筋和混凝土应力不定,远侧钢筋受拉屈服

D. 远侧钢筋和混凝土应力不定,近侧钢筋受拉屈服

5. 一对称配筋的大偏心受压构件,承受的四组内力中,最不利的一组内力为(    )。

A. $M = 508 \text{ kN} \cdot \text{m}, N = 200 \text{ kN}$    B. $M = 499 \text{ kN} \cdot \text{m}, N = 304 \text{ kN}$

C. $M = 503 \text{ kN} \cdot \text{m}, N = 398 \text{ kN}$    D. $M = -510 \text{ kN} \cdot \text{m}, N = 506 \text{ kN}$

6. 一对称配筋的小偏心受压构件,承受的四组内力中最不利的一组内力为(    )。

A. $M = 525 \text{ kN} \cdot \text{m}, N = 2\,050 \text{ kN}$    B. $M = 520 \text{ kN} \cdot \text{m}, N = 3\,060 \text{ kN}$

C. $M = 524 \text{ kN} \cdot \text{m}, N = 3\,040 \text{ kN}$    D. $M = 525 \text{ kN} \cdot \text{m}, N = 3\,090 \text{ kN}$

7. 对称配筋偏压构件的抗弯承载力(    )。

A. 随着轴向力的增加而增加

B. 随着轴向力的减少而增加

C. 小偏压时随着轴向力的增加而增加

D. 大偏压时随着轴向力的增加而增加

8. 钢筋混凝土偏心受拉构件,判别大、小偏心受拉的根据是(    )。

A. 截面破坏时受拉钢筋是否屈服    B. 截面破坏时受压钢筋是否屈服

C. 受压一侧混凝土是否压碎    D. 纵向拉力 $N$ 的作用点的位置

9. 对于钢筋混凝土偏心受拉构件,下面说法错误的是(    )。

A. 如果 $\xi > \xi_b$,说明是小偏心受拉破坏

B. 小偏心受拉构件破坏时,混凝土完全退出工作,全部拉力由钢筋承担

C. 大偏心受拉构件混凝土存在受压区

D. 大、小偏心受拉构件的判断是依据纵向拉力 $N$ 的作用点的位置

## 二、计算题

1. 已知荷载设计值作用下的纵向压力 $N = 620 \text{ kN}$,弯矩 $M_1 = M_2 = 208 \text{ kN} \cdot \text{m}$(同曲率),柱截面尺寸 $b \times h = 300 \text{ mm} \times 600 \text{ mm}$,混凝土强度等级为 C30,钢筋用 HRB400 级,柱的计算长度 $l_0 = 3.3 \text{ m}$,已知受压钢筋 $A'_s = 402 \text{ mm}^2$(2 $\Phi$ 16),求受拉钢筋截面面积 $A_s$。

2. 一偏心受压柱的轴向力设计值 $N = 350 \text{ kN}$,弯矩 $M_1 = -168 \text{ kN} \cdot \text{m}$,$M_2 = 195 \text{ kN} \cdot \text{m}$(反曲率),截面尺寸 $b \times h = 350 \text{ mm} \times 500 \text{ mm}$,计算长度 $l_c = 6 \text{ m}$,混凝土等级为 C35,钢筋为 HRB500,采用不对称配筋,求钢筋截面面积。

3. 某偏心受压柱的截面尺寸为 $b \times h = 400$ mm$\times$400 mm，混凝土 C25，纵筋 HRB400，轴向力 N 在截面长边方向的偏心距 $e_0 = 200$ mm。距轴向力较近的一侧配置 4$\phi$16 纵向钢筋 $A'_s = 804$ mm$^2$，另一侧配置 2$\phi$20 纵向钢筋 $A_s = 628$ mm$^2$，柱的计算长度 $l_c = 5$ m。求柱的承载力 $N_u$。

4. 某一矩形截面偏心受压柱的截面尺寸 $b \times h = 500$ mm$\times$500 mm，计算长度 $l_0 = 6$ m，混凝土强度等级为 C30，用 HRB400 级钢筋，轴心压力设计值 $N = 2\ 350$ kN，弯矩设计值 $M = 105$ kN$\cdot$m，非对称配筋。试求所需钢筋截面面积。

5. 已知一矩形截面偏心受压柱的截面尺寸 $b \times h = 400$ mm$\times$400 mm，柱的计算长度 $l_c = 3.0$ m，混凝土强度等级为 C35，钢筋为 HRB400 级，轴向压力设计值 $N = 378$ kN，柱全长弯矩设计值均为 $M = 350$ kN$\cdot$m，非对称配筋。试求所需 $A_s$、$A'_s$ 钢筋截面面积。

6. 条件同题 5，但采用对称配筋。试求所需 $A_s$、$A'_s$ 钢筋截面面积。

7. 已知某偏压柱子截面尺寸 $b \times h = 200$ mm$\times$400 mm，混凝土用 C25，钢筋用 HRB400 级，钢筋采用 2$\phi$12，对称配筋，$A'_s = A_s = 226$ mm$^2$，柱子计算长度 $l_c = 3.6$ m，偏心距 $e_0 = 100$ mm，求构件截面的承载力设计值 $N_u$。

8. 条件同题 7，但是混凝土用 C35，求构件截面的承载力计算值 $N_u$。

9. 某I形柱截面尺寸如图 8-21 所示，柱的计算长度 $l_c = 5.8$ m，对称配筋。混凝土等级为 C30，钢筋为 HRB400，轴向力设计值 $N = 1\ 000$ kN，弯矩 $M = 366$ kN$\cdot$m。求钢筋截面面积。

10. 某矩形水池，壁厚 180 mm，池壁跨中水平向每米宽度上最大弯矩 $M = 420$ kN$\cdot$m，相应的轴向拉力 $N = 290$ kN，混凝土 C25，钢筋 HRB400 级，求池壁水平向所需钢筋（分别按不对称配筋和对称配筋计算）。

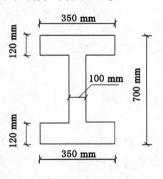

图 8-21 习题计算题 8 图

# 9 钢筋混凝土构件的使用性能

慕课平台

本章介绍

微信公众号

**本章提要:**本章讲述钢筋混凝土构件的正常使用极限状态验算,主要包括各类构件的裂缝宽度验算以及受弯构件的挠度验算。

首先阐述了混凝土结构裂缝产生的机理及控制要求。针对普通混凝土结构以验算裂缝宽度作为裂缝控制目标,分析了裂缝发生及分布的规律,给出了裂缝间距的计算方法,确定了裂缝宽度形成的依据及计算公式。

混凝土受弯构件挠度计算的关键是截面抗弯刚度的计算。考虑混凝土材料的非线性变形及开裂问题,纯弯梁段内变化着的截面抗弯刚度用平均刚度来代替并给出其计算公式。对于非纯弯梁,近似采用最大弯矩截面的刚度代替全梁段的刚度进行计算,即采用所谓的"最小刚度原则"计算。

不管是裂缝宽度计算还是挠度计算,均应考虑长期作用引起的裂缝宽度及挠度的增大问题。

## 9.1 概述

钢筋混凝土构件除了可能超过承载力极限状态之外,还有可能由于裂缝和变形过大而使结构不能正常使用,从而超过了正常使用极限状态,因此,钢筋混凝土构件还有必要进行正常使用极限状态的验算。

考虑到结构构件不满足正常使用极限状态对生命财产的危害性比不满足承载力极限状态的要小,其相应的可靠指标 $\beta$ 值要小些,我国《建筑结构可靠度设计统一标准》(GB 50068—2001)根据国际标准 ISO 2394 的建议要求正常使用极限状态的目标可靠指标可根据结构效应的可逆程度选取 0~1.5。

本章主要讲述各类钢筋混凝土构件垂直裂缝宽度及受弯构件挠度的验算方法。

## 9.2 裂缝控制验算

### 9.2.1 裂缝产生的原因及危害

(1) 混凝土结构裂缝存在的普遍性

混凝土的基本组织是以水泥浆为基体,以粗细骨料为加劲材料的,但这种组成形成的内部微观结构却是极其复杂的。从微观上来讲,混凝土在结硬成型之时,常存在内部微孔隙、微裂缝,在外载及环境因素作用下,材料原有缺陷发展的同时又出现新的微裂缝。新旧裂缝扩展并集,使材料内出现宏观裂缝,宏观裂缝失稳扩展导致材料破坏。因此,对混凝土这种材料而言,微观裂缝的存在是先天的和必然的,而宏观裂缝是在外部作用的促使下由微观裂缝发展而来的。

混凝土中微观裂缝主要有三种:

① 黏着裂缝——骨料与水泥石的黏结面上的裂缝,主要出现在骨料周围;

② 水泥石裂缝——水泥砂浆凝结体中的裂缝;

③ 骨料裂缝——骨料本身的裂缝。

这三种裂缝中前两种较多,骨料裂缝较少。混凝土的微裂主要指黏着裂缝和水泥石裂缝。

材料学的研究认为,裂缝是固体材料中的一种不连续现象,属于材料强度理论范畴。混凝土的强度理论大致可以分为四种:唯象理论、统计理论、构造理论、分子理论等。其中构造理论能较好地解释微裂的形成,即视混凝土为骨料、水泥石、气体、水分等所组成的非均质材料,在温度、湿度变化条件下,混凝土逐渐硬化,同时产生体积变形。这种变形是不均匀的:水泥石收缩较大,骨料收缩很小;水泥石的热膨胀系数大,骨料较小。它们之间的变形不是自由的,因而产生相互约束应力。在构造理论中一种极为简单的计算模型是假定圆形骨料不变形且均匀地分布于均质弹性水泥石中,当水泥石产生收缩时引起内应力,这种应力可以引起黏着微裂和水泥石变裂。

既然混凝土材料中微观裂缝不可避免地存在,那么混凝土工程结构裂缝控制的立足点应在宏观裂缝上。

从人体生理学角度来说,微观裂缝即是肉眼不可见的裂缝。而肉眼可见范围一般以0.05 mm为界(有些人最佳视力可见0.02 mm),故可称小于0.05 mm的裂缝为微观裂缝,反之则为宏观裂缝。

从建筑工程使用角度来说,宽度小于0.05 mm的裂缝对使用(防水、防腐、承重)都无危险性,故也可称小于0.05 mm的裂缝为微观裂缝,对具有这样微观裂缝的混凝土结构也可称为无裂结构;反之则称为宏观裂缝和有裂结构。

(2) 宏观裂缝产生的原因

宏观裂缝是在各种内外因素共同作用下由微观裂缝扩展、并集而成。各种内、外因素引起的裂缝可归纳为以下两种类型。

① 由外荷载的直接或间接效应引起的裂缝。

当外荷载作用于结构上时,可能会在结构上产生直接的拉应力(包括主拉应力),当该拉应力超过混凝土的抗拉强度时混凝土就会开裂;有时荷载的作用并未直接产生拉应力,而是由于结构的自约束产生了次反力和次内力,继而可能产生拉应力且超过混凝土抗拉强度时引起开裂。这种由外荷载的直接或间接效应引起的裂缝可简称为荷载裂缝。

② 由受约束的变形引起的裂缝。

变形主要包括温差变形、混凝土的自生收缩变形以及地基不均匀沉降等。

当这些变形要求受到约束而不能完全满足时,便引起约束应变,约束应变超过混凝土的极限拉应变时引起裂缝,裂缝出现后变形得到满足或部分满足,同时刚度下降,内能得以释放。某些结构,虽然材料强度不高,但有良好的韧性(较大的极限拉应变),也可适应变形要求,抗裂性能较高。这种由受到约束的变形引起的裂缝可简称为变形裂缝。

可以这样认为,荷载裂缝是由荷载传递所要求的应力得不到满足而产生的裂缝,变形裂缝则是变形所要求的应变得不到满足而产生的裂缝;前者的应力—应变关系中应力为主动要素,后者的应力—应变关系中应变为主动要素。

据文献所知,工程实践中结构物的裂缝有80%左右主要是由变形引起的,另有20%左右主要是由荷载引起的。变形裂缝问题相对更为复杂,至今没有得到一致的认识和解决办法,本章不拟讨论;本章主要讨论相对比较成熟的荷载裂缝问题。

### 9.2.2 裂缝控制的目标及要求

钢筋混凝土构件(包括预应力混凝土构件),应按所处环境类别和结构类别确定相应的裂缝控制等级及最大裂缝宽度限值,并按下列规定进行受拉边缘应力或正截面裂缝宽度验算。

(1) 一级——严格要求不出现裂缝的构件

在荷载标准组合下应符合下列规定:

$$\sigma_{ck} - \sigma_{pc} \leqslant 0 \tag{9-1}$$

(2) 二级——一般要求不出现裂缝的构件

在荷载标准组合下应符合下列规定:

$$\sigma_{ck} - \sigma_{pc} \leqslant f_{tk} \tag{9-2}$$

(3) 三级——允许出现裂缝的构件

对钢筋混凝土构件,按荷载准永久组合并考虑长期作用影响计算的最大裂缝宽度 $w_{max}$,应符合式(9-3);对预应力混凝土构件,按荷载标准组合并考虑长期作用影响计算的最大裂缝宽度 $w_{max}$,应符合式(9-3)。

$$w_{max} \leqslant w_{lim} \tag{9-3}$$

对二 $a$ 类环境的预应力混凝土构件,尚应按荷载效应的准永久组合计算并符合下列规定:

$$\sigma_{cq} - \sigma_{pc} \leqslant f_{tk} \tag{9-4}$$

式中　$\sigma_{ck}$,$\sigma_{cq}$——荷载标准组合、准永久组合下抗裂验算边缘的混凝土法向应力;

$\sigma_{pc}$——扣除全部预应力损失后在抗裂验算边缘混凝土的预压应力;

$f_{tk}$——混凝土轴心抗拉强度标准值;

$w_{max}$——按荷载标准组合或准永久组合,并考虑长期作用影响计算的最大裂缝宽度;

$w_{lim}$——最大裂缝宽度限值,按表 9-1 采用。

表 9-1　　　　　　　　钢筋混凝土构件裂缝控制等级及最大裂缝宽度限值

| 环境类别 | 钢筋混凝土结构 | | 预应力混凝土结构 | |
|---|---|---|---|---|
| | 裂缝控制等级 | $w_{lim}$/mm | 裂缝控制等级 | $w_{lim}$/mm |
| 一 | 三 | 0.3(0.4) | 三 | 0.2 |
| 二ₐ | 三 | 0.2 | 三 | 0.1 |
| 二_b | 三 | 0.2 | 二 | — |
| 三ₐ,三_b | 三 | 0.2 | 一 | — |

注:1. 对处于年平均相对湿度小于 60% 地区一类环境下的受弯构件,其最大裂缝宽度限值可采用括号内的数值。

2. 在一类环境下,对钢筋混凝土屋架、托架及需作疲劳验算的吊车梁,其最大裂缝宽度限值应取为 0.2 mm;对钢筋混凝土屋面梁和托梁,其最大裂缝宽度限值应取为 0.3 mm。

3. 在一类环境下,对预应力混凝土屋架、托架及双向板体系,应按二级裂缝控制等级进行验算;对一类环境下的预应力混凝土屋面梁、托架、单向板,应按表中二ₐ级环境的要求进行验算;在一类和二ₐ类环境下需作疲劳验算的预应力混凝土吊车梁,应按裂缝控制等级不低于二级的构件进行验算。

4. 表中规定的预应力混凝土构件的裂缝控制等级和最大裂缝宽度限值仅适用于正截面的验算;预应力混凝土构件的斜截面裂缝控制验算应符合《规范》第 7 章的有关规定。

5. 对于烟囱、筒仓和处于液体压力下的结构构件,其裂缝控制要求应符合专门标准的有关规定。

6. 对于处于四、五类环境下的结构构件,其裂缝控制要求应符合专门标准的有关规定。

7. 表中的最大裂缝宽度限值用于验算荷载作用引起的最大裂缝宽度。

## 9.2.3　裂缝宽度计算

（1）裂缝宽度的计算理论简介

荷载裂缝宽度的计算理论主要有如下四类:

① 有滑移理论。

该理论的基本假定是在短期加载之后,钢筋与混凝土之间存在相对滑移。混凝土与钢筋之间由于黏结应力的分布图式不同,沿裂缝之间可以推导出不同的理论公式。如美国 Hognestad 的公式和苏联别尔格的裂缝理论。

② 无滑移理论。

该理论认为裂面两侧混凝土与钢筋之间不存在相对滑动,因而钢筋表面处裂缝宽度为零,离开钢筋表面,裂缝逐渐增宽,形成楔形。该楔形裂缝主要是由远离钢筋的混凝土的回缩变形形成。英国水泥与混凝土协会（C&CA）的 Base 等人给出该理论的建议公式。

③ 断裂力学理论。

将断裂力学做一些修正移植到混凝土结构中,也可以解决裂缝的问题。该理论考虑一种所谓能量准则,即认为混凝土在某一范围内出现裂缝,其能量在某一局部释放,该断裂释放能近似地等于应变图形乘以断裂区域的有效宽度,由此便可获得裂缝计算公式。美国人 Z. P. Bazant 对此问题有创造性的分析。

④ 数理统计理论。

该理论由丹麦人 A. Efsen 于 1957 年首次提出。考虑到裂缝试验资料的离散性,有必要通过统计计算方法来整理试验数据,说明裂缝开展的概率。美国 ACI 318—71 的公式便属于该理论。

我国《混凝土结构设计规范》(GB 50010—2010)关于裂缝的计算理论实际是综合了滑移理论和无滑移理论以及数理统计理论之后的结果,下面的介绍就以此为依据。

(2) 裂缝的发生及其分布

荷载裂缝形式多样,下面主要讨论钢筋混凝土轴心受拉构件、偏心受拉构件、偏心受压构件以及受弯构件的垂直裂缝。由于各类构件垂直裂缝的发生及其分布机理相同,因此下文将以轴拉构件为例进行说明。

钢筋混凝土轴心受拉构件在轴向拉力的作用下,由于钢筋和混凝土之间具有良好的黏结力而使其在开裂前各截面的拉应力是均匀分布且由钢筋和混凝土共同承担。但由于混凝土的抗拉强度很低,因此在较小的轴拉力作用下,混凝土就达到极限抗拉强度 $f_t$ 而在薄弱截面出现第一批裂缝,如图 9-1 中的裂缝①。第一批裂缝出现后,裂缝截面混凝土退出工作,拉力全部由钢筋承担。开裂后的混凝土欲通过回缩释放掉全部拉应力,但却受到钢筋的阻碍而使其拉应力依然存在。钢筋对混凝土回缩的阻碍即为黏结应力 $\tau$,正是由于黏结应力 $\tau$ 的存在,混凝土应力随着离开裂缝截面距离的增大而增大,而钢筋应力则相应地逐渐减小。使混凝土应力由零增加到 $f_t$ 的必要条件是黏结应力的分布范围不小于黏结应力传递长度 $l_{min}$,因而,如果某两条相邻的第一批裂缝之间的距离 $l_1 \geqslant 2l_{min}$,则在 $l_1$ 的中部混凝土的应力可上升为 $f_t$,该部位还有可能出现第二批裂缝,如图 9-1 中的裂缝②,显然裂缝②与裂缝①之间的距离必定不小于 $l_{min}$;如果某两条相邻的第一批裂缝之间的距离 $l_1 < 2l_{min}$,则两端裂缝内侧的黏结应力 $\tau$ 不足以使混凝土应力由零变为 $f_t$,故这两条相邻第一批裂缝间就不会再发生第二批裂缝。而且,$l_1$ 一般总会大于或等于 $l_{min}$,因为第一批各裂缝并非绝对同时发生,而是总有先后之分,因而后开裂的必定要在距先开裂的 $l_{min}$ 以外发生。

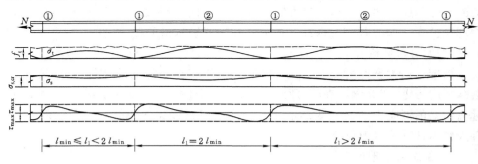

图 9-1 裂缝的发生及其分布

当荷载增加至裂缝的发生完成以后(一般为开裂荷载的 1.5～2.0 倍),裂缝的分布便趋于稳定。此时,每两条相邻裂缝之间的距离 $l_{cr}$ 在 $l_{min}$ 与 $2l_{min}$ 之间,因而一般可近似认为两条相邻裂缝之间的距离 $l_m = 1.5 l_{min}$。如果再继续增加荷载,所有截面钢筋的应力都会增大,而黏结应力和混凝土的应力则由于相对滑移过大而可能降低或至少不再增加。同时,由于混凝土的回缩和钢筋的不断伸长,裂缝宽度也就不断增大。

(3) 平均裂缝间距

上面讲过,平均裂缝间距可取 $l_m = 1.5l_{min}$。对黏结应力传递长度 $l_{min}$ 可由平衡条件求得。以轴心受拉构件为例,当达到即将出现裂缝时,截面上混凝土拉应力为 $f_t$,钢筋的拉应力为 $\sigma_{s2}$,如图 9-2 所示,当薄弱截面 a—a 出现裂缝后,混凝土拉应力降至零,钢筋应力由 $\sigma_{s2}$ 突然增加至 $\sigma_{s1}$。如前所述,通过黏结应力的传递,经过传递长度 $l_{min}$(图中简记为 $l$)后,混凝土拉应力从截面 a—a 处的零提高到截面 b—b 处的 $f_t$,钢筋应力从截面 a—a 处的 $\sigma_{s1}$ 降低到截面 b—b 处的 $\sigma_{s2}$,又回复到即将出现裂缝时的状态。

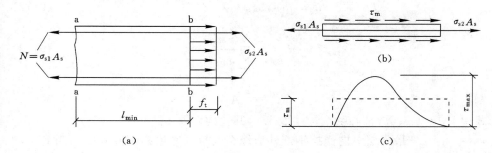

图 9-2  计算 $l_{min}$ 的受力简图

由图 9-2(a)的平衡条件有:

$$\sigma_{s1}A_s = \sigma_{s2}A_s + f_t A_{te} \qquad (9-5)$$

此处 $A_{te}$ 为轴心受拉构件的截面面积。

取 $l$ 段内钢筋的隔离体,如图 9-2(b)所示,其两端的不平衡力由黏结力平衡。黏结力为钢筋表面积上黏结应力的总和,考虑到黏结应力的不均匀分布,在此取平均黏结应力 $\tau_m$,如图 9-2(c)所示。从图 9-2(b)所示的平衡条件得:

$$\sigma_{s1}A_s = \sigma_{s2}A_s + \tau_m u l \qquad (9-6)$$

式中  $u$——钢筋总周界长度。

从式(9-6)解出 $l$ 为:

$$l = \frac{f_t}{\tau_m} \cdot \frac{A_{te}}{u} \qquad (9-7)$$

钢筋直径相同时,有:

$$\frac{A_{te}}{u} = \frac{d}{4\rho_{te}} \qquad (9-8)$$

此处 $\rho_{te}$ 为轴心受拉构件的有效配筋率,$\rho_{te} = A_s/A_{te}$。

将式(9-8)代入式(9-7),并给 $l$ 乘以 1.5 得平均裂缝间距 $l_m$ 为:

$$l_m = \frac{3}{8} \cdot \frac{f_t}{\tau_m} \cdot \frac{d}{\rho_{te}} \qquad (9-9)$$

试验表明,混凝土和钢筋间的黏结强度大致与混凝土抗拉强度成正比例关系,且可取 $f_t/\tau_m$ 为常数,于是式(9-9)可表示为:

$$l_{\mathrm{m}} = k_1 \frac{d}{\rho_{\mathrm{te}}} \qquad (9\text{-}10)$$

式(9-10)表明，$l_{\mathrm{m}}$ 与 $d/\rho_{\mathrm{te}}$ 成正比关系，这与试验结果不符。另外，试验也表明混凝土保护层厚度对裂缝间距有一定的影响，保护层厚度大时 $l_{\mathrm{m}}$ 也大些。考虑到这两种情况，改用两项表达式，即：

$$l_{\mathrm{m}} = k_2 c + k_1 \frac{d}{\rho_{\mathrm{te}}} \qquad (9\text{-}11)$$

受弯、偏心受拉和偏心受压构件裂缝的分布规律及公式推导过程与轴心受拉构件类似，它们的平均裂缝间距比轴心受拉构件小些。根据试验资料的分析，并考虑钢筋表面黏结特征的影响，平均裂缝间距的计算公式为：

$$l_{\mathrm{m}} = \beta \left( 1.9 c_s + 0.08 \frac{d_{\mathrm{eq}}}{\rho_{\mathrm{te}}} \right) \qquad (9\text{-}12)$$

$$d_{\mathrm{eq}} = \frac{\sum n_i d_i^2}{\sum n_i \nu_i d_i} \qquad (9\text{-}13)$$

$$\rho_{\mathrm{te}} = \frac{A_s}{A_{\mathrm{te}}} \qquad (9\text{-}14)$$

式中    $\beta$——系数，轴心受拉构件取 1.1，其他构件取 1。

         $c_s$——最外层纵向受拉钢筋外边缘至受拉区底边的距离，mm。当 $c_s < 20$ mm 时，取 $c_s = 20$ mm；当 $c_s > 65$ mm 时，取 $c_s = 65$ mm。

         $\rho_{\mathrm{te}}$——受拉钢筋的有效配筋率，当 $\rho_{\mathrm{te}} < 0.01$ 时取 $\rho_{\mathrm{te}} = 0.01$。

         $A_{\mathrm{te}}$——有效受拉混凝土截面面积，可按下列规定取用：对轴心受拉构件取构件截面面积；对受弯、偏心受压和偏心受拉构件，取腹板面积的 1/2 与受拉翼缘截面面积之和。

         $A_s$——纵向受拉钢筋的截面面积。

         $d_{\mathrm{eq}}$——纵向受拉钢筋的等效直径，mm。

         $d_i$——第 $i$ 种纵向受拉钢筋的直径，mm。

         $n_i$——第 $i$ 种纵向受拉钢筋的根数。

         $\nu_i$——第 $i$ 种纵向受拉钢筋的相对黏结特性系数，按表 9-2 取值。

**表 9-2**                           钢筋的相对黏结特性系数

| 钢筋类别 | 非预应力钢筋 | | 先张法预应力筋 | | | 后张法预应力筋 | | |
|---|---|---|---|---|---|---|---|---|
| | 光面钢筋 | 带肋钢筋 | 带肋钢筋 | 螺旋肋钢丝 | 钢绞线 | 带肋钢筋 | 钢绞线 | 光面钢丝 |
| $\nu_2$ | 0.7 | 1.0 | 1.0 | 0.8 | 0.6 | 0.8 | 0.5 | 0.4 |

注：对环氧涂层带肋钢筋，其相对黏结特性系数应按表中系数的 80% 取用。

（4）平均裂缝宽度

① 计算公式。

裂缝的开展是由于混凝土的回缩所造成的，亦即在裂缝出现后受拉钢筋与相同水平处的受拉混凝土的伸长差异所造成的，因此，平均裂缝宽度即为在裂缝间的一段范围内钢筋平均伸长和混凝土平均伸长之差，如图 9-3 所示，即：

$$w_\mathrm{m} = \varepsilon_\mathrm{sm} l_\mathrm{m} - \varepsilon_\mathrm{ctm} l_\mathrm{m} = \varepsilon_\mathrm{sm}\left(1 - \frac{\varepsilon_\mathrm{ctm}}{\varepsilon_\mathrm{sm}}\right) l_\mathrm{m} \qquad (9\text{-}15)$$

式中 $\varepsilon_\mathrm{sm}$——纵向受拉钢筋的平均拉应变，$\varepsilon_\mathrm{sm} = \psi \varepsilon_\mathrm{s} = \psi \sigma_\mathrm{s}/E_\mathrm{s}$，$\psi$ 为裂缝间纵向受拉钢筋的应变不均匀系数，$\sigma_\mathrm{s}$ 为按荷载效应准永久组合计算的钢筋混凝土构件纵向受拉普通钢筋应力或按标准组合计算的预应力混凝土构件纵向受拉钢筋等效应力；

$\varepsilon_\mathrm{cm}$——与纵向受拉钢筋相同水平处侧表面混凝土的平均拉应变。

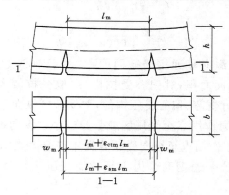

图 9-3 平均裂缝宽度计算

令 $\alpha_\mathrm{c} = 1 - \varepsilon_\mathrm{ctm}/\varepsilon_\mathrm{sm}$，$\alpha_\mathrm{c}$ 称为裂缝间混凝土自身伸长对裂缝宽度的影响系数。将 $\varepsilon_\mathrm{sm}$ 及 $\alpha_\mathrm{c}$ 代入式(9-15)可得：

$$w_\mathrm{m} = \alpha_\mathrm{c} \psi \frac{\sigma_\mathrm{s}}{E_\mathrm{s}} l_\mathrm{m} \qquad (9\text{-}16)$$

试验研究表明，系数 $\alpha_\mathrm{c}$ 虽然与配筋率、截面形状及混凝土保护层厚度等因素有关，但在一般情况下，$\alpha_\mathrm{c}$ 变化不大，且对裂缝开展宽度影响不大。为简化计算，对各类构件均可近似取 $\alpha_\mathrm{c} = 0.85$。于是，式(9-16)变为：

$$w_\mathrm{m} = 0.85 \psi \frac{\sigma_\mathrm{s}}{E_\mathrm{s}} l_\mathrm{m} \qquad (9\text{-}17)$$

② 裂缝截面处的钢筋应力 $\sigma_\mathrm{s}$。

对于轴心受拉、受弯、偏心受拉及偏心受压构件，$\sigma_\mathrm{s}$ 均可按裂缝截面处力的平衡条件求得。

对于普通钢筋混凝土构件：

a. 轴心受拉构件：

$$\sigma_\mathrm{sq} = \frac{N_\mathrm{q}}{A_\mathrm{s}} \qquad (9\text{-}18)$$

b. 受弯构件：

$$\sigma_\mathrm{sq} = \frac{M_\mathrm{q}}{0.87 h_0 A_\mathrm{s}} \qquad (9\text{-}19)$$

c. 偏心受拉构件：

$$\sigma_\mathrm{sq} = \frac{N_\mathrm{q} e'}{A_\mathrm{s}(h_0 - a'_\mathrm{s})} \qquad (9\text{-}20)$$

d. 偏心受压构件：

$$\sigma_{sq} = \frac{N_q(e-z)}{A_s z} \tag{9-21}$$

$$z = \left[0.87 - 0.12(1-\gamma'_f)\left(\frac{h_0}{e}\right)^2\right]h_0 \tag{9-22}$$

$$e = \eta_s e_0 + y_s \tag{9-23}$$

$$\gamma'_f = \frac{(b'_f - b)h'_f}{bh_0} \tag{9-24}$$

$$\eta_s = 1 + \frac{1}{4\,000e_0/h_0}\left(\frac{l_0}{h}\right)^2 \tag{9-25}$$

式中　$A_s$——受拉区纵向普通钢筋截面面积；对于轴心受拉构件，取全部纵向钢筋截面面积；对偏心受拉构件，取受拉较大边的纵向钢筋截面面积；对受弯、偏心受压构件，取受拉区纵向钢筋截面面积。

$e'$——轴向拉力作用点至受压区或受拉较小边纵向钢筋合力点的距离。

$e$——轴向压力作用点至纵向受拉普通钢筋合力点的距离。

$z$——纵向受拉普通钢筋合力点至截面受压区合力点的距离，且不大于 $0.87h_0$。

$\eta_s$——使用阶段的轴向压力偏心距增大系数，当 $l_0/h \leqslant 14$ 时，取 $\eta_s = 1.0$。

$y_s$——截面重心至纵向受拉普通钢筋合力点的距离。

$\gamma'_f$——受压翼缘截面面积与腹板有效截面面积的比值。

$b'_f, h'_f$——受压区翼缘的宽度、高度。在式(9-24)中，当 $h'_f > 0.2h_0$ 时，取 $h'_f = 0.2h_0$。

$N_q, M_q$——按荷载效应的准永久组合计算的轴向力值、弯矩值。

对于预应力混凝土构件：

a. 轴心受拉构件：

$$\sigma_{sk} = \frac{N_k - N_{p0}}{A_p + A_s} \tag{9-26}$$

b. 受弯构件：

$$\sigma_{sk} = \frac{M_k - N_{p0}(z-e_p)}{(\alpha_1 A_p + A_s)z} \tag{9-27}$$

$$e = e_p + \frac{M_k}{N_{p0}} \tag{9-28}$$

$$e_p = y_{ps} - e_{p0} \tag{9-29}$$

式中　$A_p$——受拉区纵向预应力筋截面面积；对轴心受拉构件，取全部纵向预应力筋截面面积；对受弯构件，取受拉区纵向预应力筋截面面积。

$N_{p0}$——混凝土法向预应力等于零时全部纵向预应力和非预应力筋的合力。

$N_k, M_k$——按荷载标准组合计算的轴向力值、变矩值。

$e_p$——$N_{p0}$ 的作用点至受拉区纵向预应力和非预应力筋合力点的距离。

$e_{p0}$——计算截面上混凝土法向预应力等于零时的预加力 $N_{p0}$ 的作用点的偏心距。

$y_{ps}$——受拉区纵向预应力筋和普通钢筋合力点的偏心距。

③ 裂缝间纵向受拉钢筋的应变不均匀系数 $\psi$。

在两条相邻裂缝间,钢筋应变是不均匀的,裂缝截面处最大,离开裂缝截面就逐渐减小,这主要是由于裂缝间的受拉混凝土参加工作的缘故。因此,系数 $\psi$ 的物理意义就是反映裂缝间受拉混凝土对受拉纵向钢筋应变的影响程度。

$\psi$ 的大小与以有效受拉混凝土截面面积计算的纵向受拉钢筋配筋率 $\rho_{te}$ 有关,这是因为参加工作的受拉混凝土主要是指钢筋周围的那部分有效受拉混凝土面积。当 $\rho_{te}$ 较小时,说明钢筋周围的混凝土参加受拉的有效面积相对大些,它所承担的总拉力也相对大些,对纵向受拉钢筋应变的影响程度也相应大些。

试验和研究表明,$\psi$ 可近似表达为:

$$\psi = 1.1\left(1 - \frac{M_{cr}}{M_s}\right) \tag{9-30}$$

式中　$M_{cr}$——混凝土截面的抗裂弯矩,可根据裂缝即将出现时的截面应力图形求得;

$M_s$——荷载效应标准组合下截面的弯矩。

将 $M_{cr}$ 和 $M_s$ 的表达式代入式(9-26),经整理得:

$$\psi = 1.1 - \frac{0.65 f_{tk}}{\rho_{te} \sigma_{sk}} \tag{9-31}$$

当式(9-31)算得的 $\psi < 0.2$ 时,取 $\psi = 0.2$;当 $\psi > 1.0$ 时,取 $\psi = 1.0$;对直接承受重复荷载的构件,直接取 $\psi = 1.0$。

（5）最大裂缝宽度

如前所述,由于材料质量的不均匀性,裂缝的出现是随机的,裂缝间距和裂缝宽度的离散性是比较大的,因此必须考虑裂缝分布和开展的不均匀性。

① 荷载效应标准组合下的最大裂缝宽度 $w_{smax}$。

荷载效应标准组合下的最大裂缝宽度 $w_{smax}$ 可由平均裂缝宽度乘以扩大系数 $\tau_s$ 求得。$\tau_s$ 可按裂缝宽度的概率分布规律确定。东南大学的试验数据表明,裂缝宽度的概率分布服从正态分布,若按95%的保证率考虑,可求得 $\tau_s = 1.66$,于是可得:

$$w_{smax} = 1.66 w_m \tag{9-32}$$

② 考虑荷载长期作用影响的最大裂缝宽度 $w_{max}$。

按荷载效应的标准组合并考虑长期作用影响的最大裂缝宽度 $w_{max}$ 可由荷载效应标准组合下的最大裂缝宽度 $w_{smax}$ 乘以长期作用扩大系数 $\tau_l$ 求得。根据东南大学的试验结果,对轴心受拉、偏心受拉、大偏心受压以及受弯构件,均可取 $\tau_l = 1.5$。

根据上述试验结果,《规范》规定,矩形、T形、倒 T 形和 I 形截面的钢筋混凝土受拉、受弯和偏心受压构件(以及预应力混凝土轴心受拉和受弯构件),按荷载效应的标准组合并考虑长期作用影响的最大裂缝宽度 $w_{max}$(mm)可按下列公式计算：

$$w_{max} = \alpha_{cr}\psi\frac{\sigma_s}{E_s}\left(1.9c_s + 0.08\frac{d_{eq}}{\rho_{te}}\right) \tag{9-33}$$

式中　$\alpha_{cr}$——构件受力特征系数，对钢筋混凝土轴心受拉构件取 2.7；受弯及偏心受压构件取 1.9；偏心受拉构件取 12.4；对预应力混凝土轴心受拉构件取 2.2；受弯及偏心受压构件取 1.5。

其余参数含义及计算方法同前。

（6）最大裂缝宽度验算

最大裂缝宽度按下式验算：

$$w_{max} \leqslant w_{lim} \tag{9-34}$$

式中　$w_{lim}$——《规范》规定的裂缝宽度限值，应按环境类别和结构类别由表 9-1 查取。

裂缝宽度的验算是在满足构件承载力前提下进行的，因而诸如截面尺寸，配筋率等均已确定。在验算中，可能会出现满足承载力的前提下不满足裂缝宽度要求的情况，这种情况通常是在配筋率较低而钢筋直径较大的情况下出现。因此，当计算最大裂缝宽度超过允许值不大时，常可用保持配筋率不变而减小钢筋直径的方法解决，但必要时还需要适当增加配筋率。

对于受拉及受弯构件，当承载力要求较高时，往往会出现不能同时满足裂缝宽度或变形限值要求的情况，这时增大截面尺寸或增加用钢量，显然是不经济也是不合理的。对此，有效的措施是施加预应力。

此外，《规范》规定，对直接承受轻、中级工作制吊车的受弯构件，因吊车荷载满载的可能性较小，所以可将计算求得的最大裂缝宽度乘以 0.85；对 $e_0/h_0 < 0.55$ 的偏心受压构件，可不验算裂缝宽度。

【例 9-1】　某屋架下弦杆按轴心受拉构件设计，截面尺寸为 200 mm×200 mm，混凝土强度等级为 C30，钢筋为 HRB400 级，4 $\Phi$ 18，环境类别为一类。荷载准永久组合的轴向拉力 $N_q = 160$ kN。试对其进行裂缝宽度验算。

【解】　轴心受拉构件：$\alpha_{cr} = 2.7$；$A_s = 1\ 017$ mm²；$f_{tk} = 2.01$ N/mm²。

$$\rho_{te} = \frac{A_s}{A_{te}} = \frac{1\ 017}{200 \times 200} = 0.025\ 4, d_{eq} = 18\ \text{mm};$$

$$\sigma_{sq} = \frac{N_q}{A_s} = \frac{160\ 000}{1\ 017} = 157.33\ \text{N/mm}^2;$$

$$\psi = 1.1 - 0.65\frac{f_{tk}}{\rho_{te}\sigma_{sq}}$$

$$= 1.1 - 0.65 \times \frac{2.01}{0.0254 \times 157.33} = 0.773;$$

$$w_{max} = \alpha_{cr}\psi\frac{\sigma_{sq}}{E_s}(1.9c_s + 0.08 \times \frac{d_{eq}}{\rho_{te}})$$

$$= 2.7 \times 0.773 \times \frac{157.33}{2.0 \times 10^5} \times (1.9 \times 25 + 0.08 \times \frac{18}{0.254})$$

$$= 0.171\ \text{mm} < w_{lim} = 0.2\ \text{mm}.$$

满足要求。

【例9-2】 某既有钢筋混凝土框架梁，截面尺寸 $b \times h = 200 \text{ mm} \times 500 \text{ mm}$，翼缘（现浇板）计算宽度 $b'_f = 2\,000 \text{ mm}$，厚度 $h'_f = 100 \text{ mm}$；混凝土强度等级为 C30，钢筋为 HRB335 级，其中跨中配置受拉钢筋 4 ⏀ 20，支座配置受拉钢筋 4 ⏀ 25。改变用途后，环境类别为一类；按荷载准永久组合计算的跨中弯矩 $M_{q1} = 115 \text{ kN} \cdot \text{m}$，支座弯矩 $M_{q2} = 210 \text{ kN} \cdot \text{m}$。试对其进行裂缝宽度验算，如不满足应采取什么措施。

【解】 已知参数为：$E_c = 3.0 \times 10^4 \text{ N/mm}^2$，$E_s = 2.0 \times 10^5 \text{ N/mm}^2$，$f_{tk} = 2.01 \text{ N/mm}^2$。

$A_{s1} = 1\,256 \text{ mm}^2$，$A_{s2} = 1\,964 \text{ mm}^2$，$h_0 = 500 - 35 = 465 \text{ mm}$。

（1）跨中裂缝验算

$$\sigma_{sq} = \frac{M_q}{\eta h_0 A_s} = \frac{115 \times 10^6}{0.87 \times 465 \times 1\,256} = 226.3 \text{ N/mm}^2;$$

$$\rho_{te} = \frac{A_s}{A_{te}} = \frac{1\,256}{0.5 \times 200 \times 500} = 0.025\,1;$$

$$\psi = 1.1 - 0.65 \frac{f_{tk}}{\rho_{te}\sigma_{sq}} = 1.1 - 0.65 \times \frac{2.01}{0.025\,1 \times 226.3} = 0.870;$$

$$d_{eq} = 20 \text{ mm}, c_s = 25 \text{ mm}, \alpha_{cr} = 1.9;$$

$$w_{max} = \alpha_{cr}\psi \frac{\sigma_{sq}}{E_s}\left(1.9c_s + 0.08\frac{d_{eq}}{\rho_{te}}\right) = 0.210 \text{ mm} < w_{lim} = 0.3 \text{ mm}.$$

满足要求。

（2）支座裂缝验算

$$\sigma_{sq} = \frac{M_q}{\eta h_0 A_s} = \frac{210 \times 10^6}{0.87 \times 465 \times 1\,964} = 264.3 \text{ N/mm}^2;$$

$$A_{te} = 0.5bh + (b_f - b)h_f = 0.5 \times 200 \times 500 + (2\,000 - 100) \times 100$$
$$= 230\,000 \text{ mm}^2;$$

$$\rho_{te} = \frac{A_s}{A_{te}} = \frac{1\,964}{230\,000} = 0.01;$$

$$\psi = 1.1 - 0.65 \frac{f_{tk}}{\rho_{te}\sigma_{sq}} = 1.1 - 0.65 \times \frac{2.01}{0.01 \times 264.3} = 0.606;$$

$$d_{eq} = 25, c_s = 25 \text{ mm}, \alpha_{cr} = 1.9;$$

$$w_{max} = \alpha_{cr}\psi \frac{\sigma_{sq}}{E_s}\left(1.9c_s + 0.08\frac{d_{eq}}{\rho_{te}}\right) = 0.376 \text{ mm} > w_{lim} = 0.3 \text{ mm}.$$

不满足要求。可以采取增大截面配筋率和减小受拉纵筋直径等措施。

## 9.3  受弯构件的挠度验算

由材料力学知识可知，对于弹性均质梁而言，其挠度可按下式计算：

$$f = C\frac{Ml^2}{B} \tag{9-35}$$

式中  $C$——与荷载形式、支撑条件有关的系数；

$M$——梁内挠曲方向最大弯矩；

$l$——梁的计算跨度；

$B$——梁的截面抗弯刚度。

由于材料力学范畴内的弹性均质梁的截面抗弯刚度 $B$ 沿梁长不变，因而弯矩与挠度之间成正比关系，如图 9-4 中的虚线所示。

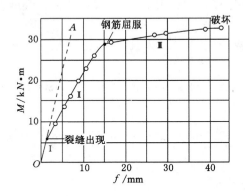

图 9-4 受弯构件挠度与弯矩的关系

对于钢筋混凝土受弯构件，上述关于弹性均质梁的力学概念仍然适用，但不同之处在于钢筋混凝土材料属于非弹性不均质的材料，且受弯构件在正常使用状态下一般都是带裂缝工作的，因而其截面抗弯刚度不是常数而是变化的，主要表现在：① 与荷载大小有关，随荷载增加而减小，如图 9-4 所示；② 与配筋率有关，随配筋率减小而减小；③ 随截面位置而变化，如图 9-5 所示；④ 与加载时间有关，随加载时间增长而减小。

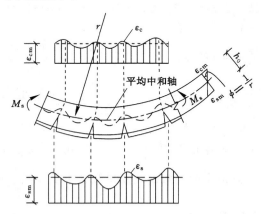

图 9-5 截面抗弯刚度沿构件长度方向的变化

因此，钢筋混凝土受弯构件挠度计算中，关键是截面抗弯刚度的问题。若依然采用材料力学范畴内弹性均质梁的力学模型计算，则需要找到能代表整个梁段截面抗弯刚度的"平均截面抗弯刚度（以下简称刚度）"。

下面分别讨论钢筋混凝土受弯构件在荷载效应标准组合下的刚度（简称短期刚度）及在荷载效应标准组合下并考虑长期作用影响的刚度（简称长期刚度）。

## 9.3.1 短期刚度计算

前已述及，钢筋混凝土受弯构件的截面抗弯刚度是整个梁段的平均截面抗弯刚度，它决定梁段上的弯矩与曲率的关系，即 $\phi = M/B$。显然，得到梁段上的弯矩 $M$ 和曲率 $\phi$ 便可求得刚度，其中关键是要获得梁段上的曲率 $\phi$，而 $\phi$ 应为梁段上的平均曲率。下面就以最简单的纯弯梁为模型求解 $\phi$。

（1）平均曲率 $\phi$

对于钢筋混凝土梁，裂缝出现后，沿梁长度方向上受拉钢筋的拉应变和受压区边缘混凝土的压应变都是不均匀分布的，裂缝截面处最大，裂缝间则为曲线变化；中和轴呈波浪式，裂缝截面处中和轴最低，如图 9-5 所示。因此，各截面的曲率也是变化的。但大量试验表明，如果两截面间距较大（大于 750 mm），则其间各水平线纤维的平均应变沿梁截面高度基本符合平截面假定。于是，根据截面应变的几何关系可得平均曲率 $\phi$ 为：

$$\phi = \frac{1}{r} = \frac{\varepsilon_{sm} + \varepsilon_{cm}}{h_0} \tag{9-36}$$

式中　$r$——与平均中和轴相应的平均曲率半径；

　　　$\varepsilon_{sm}$——纵向受拉钢筋合力处的平均拉应变；

　　　$\varepsilon_{cm}$——受压区边缘混凝土的平均压应变。

（2）纵向受拉钢筋合力处的平均拉应变 $\varepsilon_{sm}$

荷载效应标准组合或准永久组合下裂缝截面处纵向受拉钢筋的应力 $\sigma_s$ 可类比式（9-19）获得，于是该截面上的应变 $\varepsilon_s$ 为：

$$\varepsilon_s = \frac{\sigma_s}{E_s} = \frac{M_{kq}}{0.87 h_0 A_s E_s} \tag{9-37}$$

考虑钢筋应变不均匀系数 $\varphi$，得钢筋平均应变 $\varepsilon_{sm}$ 为：

$$\varepsilon_{sm} = \frac{\psi M_{kq}}{0.87 h_0 A_s E_s} = \frac{1.15 \varphi M_{kq}}{h_0 A_s E_s} \tag{9-38}$$

（3）受压区边缘混凝土的平均压应变 $\varepsilon_{cm}$

如图 9-6 所示，在正常使用极限状态下，裂缝截面处受压区混凝土中的应力分布为曲线图形。为简化计算，取等效应力图形为矩形，经分析可以得出受压区混凝土平均应变为：

$$\varepsilon_{sm} = \frac{M_{kq}}{\zeta b h_0^2 E_c} \tag{9-39}$$

式中　$\zeta$——受压区边缘混凝土平均应变综合系数。

采用一个平均应变综合系数 $\zeta$ 代替一系列参数主要是易于从试验资料直接得出，避免了一系列参数的繁琐计算和误差积累。

（4）短期刚度 $B_s$

根据材料力学公式和式（9-36）有：

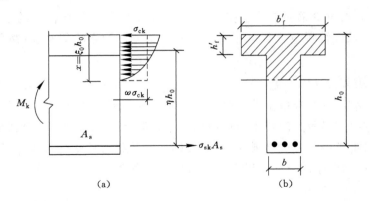

图 9-6 裂缝截面处的应力图

$$B_s = \frac{M_{kq}}{\phi} = \frac{M_{kq}}{\dfrac{\varepsilon_{cm} + \varepsilon_{sm}}{h_0}} = \frac{M_{kq}h_0}{\varepsilon_{cm} + \varepsilon_{sm}} \tag{9-40}$$

将式(9-38)和式(9-39)代入式(9-40),并令 $\alpha_E = E_s / E_c$,整理后得:

$$B_s = \frac{E_s A_s h_0^2}{1.15\psi + \dfrac{\alpha_E \rho}{\zeta}} \tag{9-41}$$

式中 $\rho$——纵向受拉钢筋的配筋率。

根据试验资料,$\alpha_E \rho / \zeta$ 为 $\alpha_E \rho$ 的线性函数为:

$$\frac{\alpha_E \rho}{\zeta} = 0.2 + \frac{6\alpha_E \rho}{1 + 3.5\gamma'_f} \tag{9-42}$$

将式(9-42)代入式(9-41)得:

$$B_s = \frac{E_s A_s h_0^2}{1.15\psi + 0.2 + \dfrac{6\alpha_E \rho}{1 + 3.5\gamma'_f}} \tag{9-43}$$

### 9.3.2 长期刚度计算

在长期荷载作用下,构件截面抗弯刚度将会降低,致使构件的挠度增大。在实际工程中,总是有部分荷载长期作用在构件上,因此计算挠度时必须采用荷载效应标准组合并考虑长期作用影响的刚度 $B$ 进行计算。

(1)荷载长期作用下刚度降低的原因

在长期荷载作用下,受压混凝土将发生徐变,即变形随时间而增大。在配筋率不高的梁中,由于裂缝间受拉混凝土的应力松弛以及和钢筋的滑移徐变,使受拉混凝土不断退出工作,因而钢筋平均应力和平均应变将随时间而增长。同时,由于裂缝不断向上发展,使其上部分原受拉的混凝土脱离工作,以及由于受压混凝土的塑性发展,压应力图形变曲使内力臂减小,这些也将引起钢筋应力(或应变)的增大。以上现象都会导致曲率增大、刚度降低。此外,由于受拉区与受压区混凝土的收缩不一样,使梁发生挠曲,亦将导致曲率的增大和刚度的降低。总之,凡引起混凝土徐变和收缩增加的因素都将使长期刚度 $B$ 降低,使构件挠度增大。

（2）长期刚度 $B$ 的计算公式

对于预应力混凝土受弯构件，《规范》要求应按荷载标准组合并考虑长期作用影响的刚度 $B$ 进行计算，并建议用荷载准永久组合对挠度增大的影响系数 $\theta$ 来考虑荷载长期效应对刚度的影响。

设荷载的标准组合弯矩值为 $M_k$，荷载准永久组合计算的弯矩值为 $M_q$，则仅需考虑对在 $M_q$ 下产生的那部分挠度增大的影响系数。因为在 $M_k$ 中包含有产生准永久效应组合值的那部分荷载，因此对于 $(M_k - M_q)$ 下产生的短期挠度部分是不必增大的。因此，预应力混凝土受弯构件的长期挠度为：

$$f = C \frac{(M_k - M_q) l_0^2}{B_s} + C \frac{M_q l_0^2}{B_s} \cdot \theta \tag{9-44}$$

将式（9-44）表示成式（9-35）的形式：

$$f = C \frac{M_k l_0^2}{B} \tag{9-45}$$

对照式（9-45）和式（9-44），可得长期刚度 $B$ 的表达式为：

$$B = \frac{M_k}{M_q(\theta - 1) + M_k} \cdot B_s \tag{9-46}$$

对于钢筋混凝土受弯构件，《规范》规定应按荷载准永久组合并考虑长期作用影响的刚度 $B$ 进行计算，即：

$$B = \frac{B_s}{\theta} \tag{9-47}$$

关于 $\theta$ 的取值，根据天津大学和东南大学准永久荷载试验结果，考虑了受压钢筋在荷载准永久值下对混凝土受压徐变及收缩所起的约束作用，从而减少刚度 $B$ 的降低，《规范》建议，对于钢筋混凝土受弯构件，当 $\rho' = 0$ 时，$\theta = 2.0$；当 $\rho' = \rho$ 时，$\theta = 1.6$；中间线性插值，即：

$$\theta = 2.0 - 0.4 \frac{\rho'}{\rho} \tag{9-48}$$

式中 $\rho, \rho'$——受拉及受压钢筋相对于有效截面的配筋率。

上述 $\theta$ 值适用于一般情况下的矩形、T 形和 I 形截面梁。对翼缘位于受拉区的倒 T 形梁，由于在荷载效应标准组合作用下受拉混凝土参加工作较多，而在荷载准永久效应组合作用下退出工作的影响较大，《规范》建议 $\theta$ 应增加 20%。

对于预应力混凝土受弯构件，取 $\theta = 2.0$。简化计算时，预应力构件中的反拱值也可以由计算短期值乘以增大系数 2.0 获得。

### 9.3.3　最小刚度原则与挠度验算

（1）最小刚度原则

在求得截面刚度后，构件的挠度可按结构力学方法进行计算。但是必须指出，即使在承受对称集中荷载的简支梁内，除两集中荷载间的纯弯曲区段外，剪跨各截面的弯矩是不相等的，越靠近支座，弯矩越小，因而其刚度越大。在支座附近的截面将不出现裂缝，其刚度将较已出现裂缝的区段大很多，如图 9-7 所示。由此可见，沿梁长各截面的平均刚度是变值，这就给挠度计算带来了一定的复杂性。为了简化计算,《规范》规定,在等截面构件中,可假设各同号弯矩区段内的刚度相等,并取用该区段内最大弯矩处的刚度,即该区段内的最小刚度(用 $B_{min}$ 表示)来计算。换句话说,也就是曲率 $\phi$ 按 $M/B_{min}$ 计算[图 9-7(c)中虚线]。这一计算原则通常称为最小刚度原则。

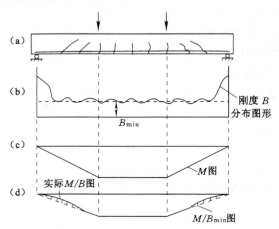

图 9-7　最小刚度原则

采用最小刚度原则计算挠度,虽然会产生一些误差,但是一般情况下其误差是不大的。一方面,采用最小刚度原则计算挠度,相当于在计算曲率 $\phi$ 时,多算了图 9-7(c)中阴影线表示的面积。由材料力学已知,支座附近的曲率对简支梁的挠度影响很小,由此可见,计算误差是不大的,且其计算值偏于安全。另一方面,按上述方法计算挠度时只考虑弯曲变形的影响,而未考虑剪切变形的影响。在匀质材料梁中,剪切变形一般很小,可以忽略。但是,在剪跨已出现些裂缝的钢筋混凝土梁中,剪切变形将较大。同时,沿斜截面受弯也将使剪跨内钢筋应力较按垂直截面受弯增大,也就是说,在计算中未考虑斜裂缝出现的影响,将使挠度计算值偏小。一般情况下,上述计算值偏大和偏小的因素大致相互抵消,因此,在计算中采用最小刚度原则是可行的,计算结果与试验结果符合较好。

必须指出,在斜裂缝出现较早、较多且延伸较长的薄腹梁中,斜裂缝的不利影响将较大,按上述方法计算的挠度值可能偏低较多。目前,由于试验数据不足,尚不能提出具体的修正方法,计算时应酌予增大。

(2) 挠度验算

当用 $B_{min}$ 代替匀质弹性材料梁截面抗弯刚度 $EI$ 后,梁的挠度计算就十分简便。按《规范》要求,挠度验算应满足:

$$f \leqslant [f] \tag{9-49}$$

式中　$f$——按荷载效应标准组合并考虑长期作用影响的钢筋混凝土梁的挠度,按式(9-45)计算;

　　　　$[f]$——允许挠度值,见表 9-3。

**表 9-3** 受弯构件的挠度限值

| 构 件 类 型 | | 挠 度 限 值 |
| --- | --- | --- |
| 吊车梁 | 手动吊车 | $l_0/500$ |
| | 电动吊车 | $l_0/600$ |
| 屋盖、楼盖及楼梯构件 | 当 $l_0 < 7$ m 时 | $l_0/200(l_0/250)$ |
| | 当 7 m$\leqslant l_0 \leqslant$ 9 m 时 | $l_0/250(l_0/300)$ |
| | 当 $l_0 > 9$ m 时 | $l_0/300(l_0/400)$ |

注:1. 表中 $l_0$ 为构件的计算跨度;计算悬臂构件的挠度限值时,其计算跨度 $l_0$ 按实际悬臂长度的 2 倍取用。

　　2. 表中括号内的数值适用于使用上对挠度有较高要求的构件。

　　3. 如果构件制作时预先起拱,且使用上也允许,则在验算挠度时可将计算所得的挠度值减去起拱值;对预应力混凝土构件,尚可减去预加力所产生的反拱值。

　　4. 构件制作时的起拱值和预加力所产生的反拱值,不宜超过构件在相应荷载组合作用下的计算挠度值。

【例 9-3】 某既有矩形简支梁,计算跨度 $l_0 = 6.0$ m,截面尺寸为 $b \times h = 200$ mm$\times 400$ mm,混凝土等级为 C25,钢筋为 HRB335 级,4 Φ 16。改变用途后,环境类别为一类。承受均布恒载标准值 $g_k = 6$ kN/m(包括梁自重),活载标准值 $q_k = 6$ kN/m,准永久系数 $\psi_q = 0.5$。试验算梁的挠度是否符合限值要求。

【解】 $M_k = \dfrac{1}{8}(g_k + q_k)l_0^2 = \dfrac{1}{8} \times (6+6) \times 6^2 = 54$ kN・m;

$M_q = \dfrac{1}{8}(g_k + 0.5q_k)l_0^2 = \dfrac{1}{8} \times (6 + 0.5 \times 6) \times 6^2 = 40.5$ kN・m;

$E_c = 2.8 \times 10^4$ N/mm$^2$; $E_s = 2.0 \times 10^5$ N/mm$^2$; $f_{tk} = 1.78$ N/mm$^2$;

$A_s = 804$ mm$^2$, $h_0 = 400 - 25 - 8 = 367$ mm$^2$;

$\alpha_E \rho = \dfrac{E_s}{E_c} \cdot \dfrac{A_s}{bh_0} = \dfrac{2.0 \times 10^5}{2.8 \times 10^4} \times \dfrac{804}{200 \times 367} = 0.078\,2$;

$\rho_{te} = \dfrac{A_s}{A_{te}} = \dfrac{804}{0.5 \times 200 \times 400} = 0.020\,1$ N/mm$^2$;

$\sigma_{sq} = \dfrac{M_q}{\eta h_0 A_s} = \dfrac{40.5 \times 10^6}{0.87 \times 367 \times 804} = 157.8$ N/mm$^2$;

$\psi = 1.1 - 0.65 \dfrac{f_{tk}}{\rho_{te} \sigma_{sq}} = 1.1 - 0.65 \times \dfrac{1.78}{0.020\,1 \times 157.8} = 0.561 \in [0.2, 1]$;

$B_s = \dfrac{E_s A_s h_0^2}{1.15\psi + 0.2 + 6\alpha_E \rho}$

$= \dfrac{200 \times 10^3 \times 804 \times 367^2}{1.15 \times 0.561 + 0.2 + 6 \times 0.078\,2} = 1.648 \times 10^{13}$ N・mm$^2$;

$B = B_s / \theta = \dfrac{1.648 \times 10^{13}}{2} = 8.24 \times 10^{12}$ N・mm$^2$;

$f = \dfrac{5}{48} \dfrac{M_k}{B} l_0^2 = \dfrac{5}{48} \times \dfrac{54 \times 10^6 \times 6\,000^2}{8.24 \times 10^{12}} = 24.6$ mm $< \dfrac{1}{200} l_0 = 30$ mm。

满足要求。

专业术语

## 思 考 题

思考题答案

1. 裂缝宽度的定义是什么？为何与保护层厚度有关？

2. 为什么说裂缝条数不会无限增加？最终将趋于稳定？

3. T 形截面、倒 T 形截面的 $A_{te}$ 有何区别？为什么？

4. 裂缝宽度与哪些因素有关？如不满足裂缝宽度限值，应如何处理？

5. 钢筋混凝土构件挠度计算与材料力学中挠度计算有何不同？

6. 简述参数 $\psi$ 的物理意义和影响因素。

7. 何谓最小刚度原则？挠度计算时为何要引入这一原则？

8. 受弯构件短期刚度 $B_s$ 与哪些因素有关？如不满足构件变形限值，应如何处理？

9. 确定构件裂缝宽度限值和变形限值时分别考虑哪些因素？

## 练 习 题

练习题答案

### 一、选择题

1. 下面的关于受弯构件截面弯曲刚度的说明错误的是（　　）。

A. 截面弯曲刚度随着荷载增大而减小

B. 截面弯曲刚度随着时间的增加而减小

C. 截面弯曲刚度随着变形的增加而减小

D. 截面弯曲刚度不变

2. 钢筋混凝土构件变形和裂缝验算中关于荷载、材料强度取值说法正确的是（　　）。

A. 荷载、材料强度都取设计值

B. 荷载、材料强度都取标准值

C. 荷载取设计值，材料强度都取标准值

D. 荷载取标准值，材料强度都取设计值

3. 钢筋混凝土受弯构件挠度计算公式正确的是（　　）。

A. $f = S\dfrac{M_k l_0^2}{B_s}$ 　　　B. $f = S\dfrac{M_k l_0^2}{B}$ 　　　C. $f = S\dfrac{M_q l_0^2}{B_s}$ 　　　D. $f = S\dfrac{M_q l_0^2}{B}$

4. 下面关于短期刚度的影响因素说法错误的是（　　）。

A. $\rho$ 增加，$B_s$ 略有增加

B. 提高混凝土强度等级对于提高 $B_s$ 的作用不大

C. 截面高度对于提高 $B_s$ 的作用最大

D. 截面配筋率如果满足承载力要求，基本上也可以满足变形的限值

5.《规范》定义的裂缝宽度是指（　　）。

A. 受拉钢筋重心水平处构件底面上混凝土的裂缝宽度

B. 受拉钢筋重心水平处构件侧表面上混凝土的裂缝宽度

C. 构件底面上混凝土的裂缝宽度

D. 构件侧表面上混凝土的裂缝宽度

6. 减少钢筋混凝土受弯构件的裂缝宽度,首先应考虑的措施是（　　）。

A. 采用直径较细的钢筋　　　　　B. 增加钢筋的面积

C. 增加截面尺寸　　　　　　　　D. 提高混凝土强度等级

7. 混凝土构件的平均裂缝间距与下列哪个因素无关（　　）。

A. 混凝土强度等级　　　　　　　B. 混凝土保护层厚度

C. 纵向受拉钢筋直径　　　　　　D. 纵向钢筋配筋率

8. 提高受弯构件截面刚度最有效的措施是（　　）。

A. 提高混凝土强度等级　　　　　B. 增加钢筋的面积

C. 改变截面形状　　　　　　　　D. 增加截面高度

9. 关于受弯构件裂缝发展的说法正确的是（　　）。

A. 受弯构件的裂缝会一直发展,直到构件的破坏

B. 钢筋混凝土受弯构件两条裂缝之间的平均裂缝间距为 1.0 倍的黏结应
力传递长度

C. 裂缝的开展是由于混凝土的回缩和钢筋的伸长,导致混凝土与钢筋之间
产生相对滑移的结果

D. 裂缝的出现不是随机的

10. 普通钢筋混凝土结构裂缝控制等级为（　　）。

A. 一级　　　　　B. 二级　　　　　C. 三级　　　　　D. 四级

## 二、计算题

1. 某门厅入口悬挑板跨度 $l_0 = 2.4$ m,板厚 $h = 180$ mm,配置 ⌀14@180 的
HRB400 钢筋,如图 9-8 所示。混凝土为 C30,板上均布荷载标准值:永久荷载
$g_k = 8$ kN/m²;可变荷载 $P_k = 0.5$ kN/m²(准永久值系数为 1.0)。试验算板的
最大挠度是否满足《规范》允许挠度值的要求?

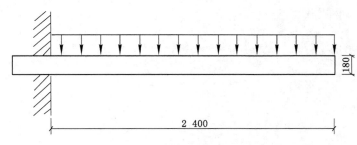

180

2 400

图 9-8　某门厅入口悬挑板结构简图

2. 计算上题中悬挑板的最大裂缝宽度。

3. 某桁架下弦为偏心受拉构件,截面为矩形,$b \times h = 300$ mm × 300 mm,混
凝土强度等级为 C30,钢筋采用 HRB400 级,按正截面承载力计算靠近轴向力一
侧配钢筋 3⌀18($A_s = 763$ mm²);已知按荷载准永久组合计算的轴向力 $N_k =$

200 kN，弯矩 $M_k=22$ kN·m；最大裂缝宽度限值 $w_{lim}=0.3$ mm，试验算其裂缝宽度是否满足要求。

4. 已知 I 形截面受弯构件，截面尺寸如图 9-9 所示。混凝土强度等级 C30，钢筋 HRB400 级，$A_s$ 为 6 Φ 20，$A_s$ 为 6 Φ 12，$M'_k=570$ kN·m，$M'_q=520$ kN·m，跨度 $l_0=10.5$ m，$[f/l]=1/300$。验算构件的挠度。

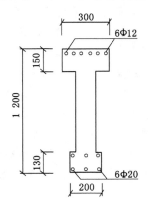

图 9-9 某 I 形截面梁

# 10　预应力混凝土构件性能分析与设计

慕课平台

本章介绍

微信公众号

> **本章提要**：本章讲述预应力混凝土构件的设计问题，主要包括常用的预应力混凝土轴心受拉构件和受弯构件的承载力、抗裂度及挠度计算。首先讲述了预应力混凝土结构的基本概念，包括预应力混凝土的基本思想、施工方法、材料要求、锚固体系以及发展过程；然后讲述了预应力混凝土构件的设计基础，包括张拉控制应力确定、预应力损失计算、先张法构件中预应力钢筋的预应力传递长度计算、后张法构件端部锚固区的局部受压验算以及预应力混凝土构件的构造要求。在此基础上，讲述了预应力混凝土轴心受拉构件和受弯构件的设计方法，包括各阶段应力计算以及承载力、抗裂度及挠度计算。

## 10.1　预应力混凝土的基本概念

　　钢筋混凝土是由钢筋和混凝土两种不同力学性能的材料组成。混凝土具有较强的抗压能力，但抗拉能力却很弱；钢材具有很强的抗拉和抗压能力，但抗压能力的充分发挥需要良好的侧向支撑来保障。为了充分利用材料的性能，将混凝土和钢筋结合在一起共同工作，使混凝土主要承受压力，钢筋主要承受拉力，便产生了钢筋混凝土，从而可以更好地满足工程结构要求。

　　图 10-1 中显示了两根截面尺寸、跨度、混凝土强度完全相同的简支梁，一根为素混凝土的梁，另一根则在梁的受拉区配有适量钢筋的钢筋混凝土梁。对于素混凝土梁，由于混凝土的抗拉能力很小，在荷载作用下，受拉区边缘混凝土一旦开裂，梁瞬时发生脆断[图 10-1(a)]，其承载能力 $P_{c,u}$ 很低。对于钢筋混凝土梁，在受拉区配置适量钢筋，混凝土和钢筋之间具有良好的黏结力，且温胀系数接近，因而能较好地共同工作；当受拉区混凝土开裂后，梁中和轴以下受拉区的拉力主要由钢筋来承受，中和轴以上受压区的压应力仍由混凝土承受，与素混凝土梁不同，此后钢筋混凝土梁可以继续承受荷载的增加，直到受拉钢筋应力达到屈服强度，受压区混凝土被压碎[图 10-1(b)]，此时梁的承载力 $P_{RC,u}$ 远高于 $P_{c,u}$。显然，在钢筋混凝土梁中，钢筋与混凝土两种材料的强度均得到了较充分的利用。

　　但是，钢筋混凝土结构也存在一些缺点：首先，这种结构本身的自重较大，对于大跨度结构是不经济的，需要用相当大比例的钢筋来抵抗结构自重所产生的内力；其次，钢筋混凝土结构的抗裂性较差，对于抗裂性能要求较高的结构，混凝土内的钢筋应力必须控制在较低的水平，不能充分发挥高强钢筋的抗拉强度。

图 10-1 素混凝土梁与钢筋混凝土梁的受力破坏对比示意图

(a) 素混凝土梁；(b) 钢筋混凝土梁

随着人们对混凝土学科研究的不断深入，对上述一些缺点已经或正在逐步加以改善，其中采用预应力混凝土就是一个非常有效的途径。

### 10.1.1 预应力混凝土的基本思想

一般来说，混凝土的抗拉强度为抗压强度的 $1/6\sim1/20$，其极限拉应变也仅为极限压应变的 $1/15\sim1/20$，在正常使用荷载作用下，钢筋应力达到 $20\sim40$ $N/mm^2$ 时混凝土就发生开裂。混凝土开裂会引起构件刚度降低，并导致钢筋锈蚀，从而影响结构的耐久性，降低使用寿命。目前，避免混凝土开裂或减小裂缝开展宽度、降低构件变形的一个重要途径是采用预应力混凝土。

预应力混凝土结构就是在承受使用荷载之前对混凝土施加预压力，以减小或消除正常使用条件下混凝土出现的拉应力，从而避免混凝土开裂或减小其裂缝开展宽度。若对混凝土构件施加偏心预压力，则还会产生一个与使用荷载挠度方向相反的反拱变形，从而减小结构在使用条件下的挠曲变形。

下面通过一个简例来阐述预应力混凝土的基本原理。

图 10-2(a)所示为一普通混凝土梁，计算跨度为 $l$，截面尺寸为 $b\times h$，承受均布荷载 $q$(含自重)。在 $q$ 的作用下，其跨中截面的上边缘受压、下边缘受拉。若混凝土的应力处在弹性范围以内，则跨中截面正应力沿截面高度呈直线分布。随着荷载 $q$ 的增加，梁底部的混凝土将很快达到极限拉应变(或抗拉强度 $f_t$)而开裂。

若在梁上施加竖向荷载前，对上述普通混凝土梁施加一个纵向轴心力 $N$，如图 10-2(b)所示，则 $N$ 在截面上产生均布的压应力，其大小为：

$$\sigma_N = \frac{N}{bh} \tag{10-1}$$

而竖向荷载 $q$ 在跨中受拉边缘产生的应力为拉应力，其大小为：

$$\sigma_q = \frac{6M}{bh^2} = \frac{6ql}{8bh^2} = \frac{3ql^2}{4bh^2} \tag{10-2}$$

式中，$M$ 为跨中最大弯矩。

由于预加力 $N$ 的大小是可调的，因此可以找到 $N$ 的合适值，使梁在 $q$ 和 $N$ 共同作用下跨中截面底边的叠加应力为零，这样就避免了梁底混凝土受拉。

若在梁上竖向荷载施加前，在距梁底 $h/3$ 处对上述普通混凝土梁施加一个预加力 $N$，如图 10-2(c)所示，则 $N$ 在梁底边缘产生的压应力为：

$$2\sigma_N = \frac{N}{bh} + \frac{N\cdot h/6}{bh/6} = 2\frac{N}{bh} \tag{10-3}$$

由此可见，如果 $N$ 的大小与前面相同，但作用于距截面形心的偏心距 $e=$

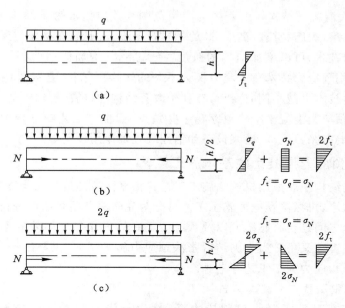

图 10-2　混凝土梁施加预应力的效果示意图

(a) 普通混凝土梁;(b) 轴心预加力混凝土梁;(c) 偏心预加力混凝土梁

$h/6$ 处,则跨中截面底部的预压应力比预加力作用于轴心时增加了 1 倍。也就是说,作用于梁上的竖向均布荷载增加到 $2q$ 时,底部的应力才为零。

　　根据上述分析,预应力混凝土的基本原理是:预先对混凝土构件施加压应力,使之处于一种人为的应力状态。这种应力的大小和分布能有利于抵消使用荷载作用下混凝土产生的拉应力,从而使结构或构件在使用荷载作用下不致开裂,或推迟开裂并减小裂缝开展宽度。同时,对图 10-2(c)所示的情形,当施加的压力偏心时,将产生一个向上的挠度,可以抵消部分或全部使用荷载产生的向下挠度,从而达到减小结构变形的目的。

　　预应力混凝土结构具有如下主要优点:

　　① 改善混凝土结构的使用性能。由于预应力的作用,克服了混凝土抗拉能力低的弱点,可控制裂缝的出现或裂缝开展宽度;能提高构件的刚度,减小受弯构件的弯曲变形。

　　② 充分发挥高强钢筋与高强混凝土的特性。在普通钢筋混凝土结构中,若采用高强钢筋,并要求充分利用材料的强度,则结构的裂缝和变形会很大而难以满足正常使用的要求。在预应力混凝土结构中,采用高强度材料则是必要条件。只有使用高强度的钢筋,才能建立起有效预应力。同时,也只有使用高强混凝土才能承受由预加力在构件内产生的较高的预压应力。从另一角度来讲,采用预应力混凝土可以减小构件的截面尺寸,节省钢材和混凝土,减小结构自重。

　　③ 提高结构的耐久性和耐疲劳性。预加应力能有效地控制混凝土的开裂或裂缝开展宽度,避免或减少有害介质对钢筋的侵蚀,延长结构或构件的使用年限;预应力混凝土结构具有较强的恢复力特性,有利于结构承受动荷载和提高结构的疲劳性能。

④ 扩大混凝土结构在工程中的应用范围。预应力混凝土结构可以广泛应用于各类大型、大跨、重载、高层、高耸的建筑工程。例如,在楼盖与屋盖结构中,采用预应力技术,可以增加结构的跨度,降低层高、增加使用面积;在高层结构中,可以采用预应力技术建造受力极为不利的转换层结构;在高耸结构中,采用竖向预应力技术可减小侧向变形,有利于改善结构的抗震、抗风性能。

当然,预应力混凝土结构也存在一些缺点:如生产工艺较复杂,对施工队伍要求高,需要有张拉机具、灌浆设备和锚固装置等专用设备等。

### 10.1.2 预应力混凝土的基本施工工艺

混凝土结构主要采用机械法施工工艺。根据张拉预应力筋与浇筑构件混凝土的先后次序,机械法预应力施工工艺可分为先张法和后张法两种;根据预应力筋与混凝土之间是否有黏结力以及预应力筋在体内还是在体外的不同,后张法预应力施工工艺又可分为有黏结后张法预应力施工工艺、无黏结预应力施工工艺以及体外预应力施工工艺等三种。

(1) 先张法预应力施工工艺

首先在施工台座上张拉预应力筋,然后再浇筑混凝土的方法称为先张法(图 10-3)。

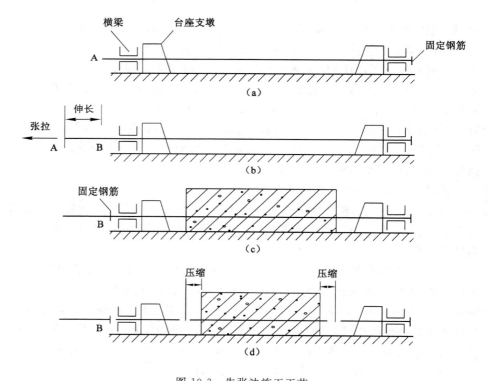

图 10-3　先张法施工工艺

(a) 钢筋就位并一端钢筋锚固;(b) 张拉钢筋;

(c) 张拉端钢筋锚固并浇混凝土;(d) 切断预应力钢筋使混凝土内产生预应力

如图 10-3 所示,先张法的主要施工工序为:首先在台座上张拉预应力筋至预定应力后,将预应力筋固定在台座的传力架上;然后在张拉好的预应力筋周围浇筑混凝土;待混凝土达到一定的强度后(一般不低于混凝土设计强度的70%)切断预应力筋。由于预应力筋的弹性回缩,使得与预应力筋黏结在一起的混凝土受到预压作用。因此,先张法是靠预应力筋与混凝土之间黏结力来传递预应力的。

先张法通常适用在长线台座(50～200 m)上成批生产配直线预应力筋的混凝土构件,如屋面板、空心楼板、吊车梁等。先张法具有生产效率高、质量好、施工工艺简单、锚夹具可多次重复使用等优点。

(2)有黏结后张法预应力施工工艺

首先浇筑混凝土构件并预留孔道,然后穿入预应力钢筋并进行张拉、锚固的预应力施工方法称为后张法。

如图10-4所示,有黏结后张法预应力的主要施工工序为:先浇筑好混凝土构件,并在构件中预留孔道(直线或曲线形);待混凝土达到预期强度后(一般不低于混凝土设计强度的75%),将预应力钢筋穿入孔道;利用构件本身作为张拉台座(一端固定、一端张拉,或两端同时张拉);在张拉预应力钢筋的同时,使混凝土受到预压。张拉完成后,在张拉端用锚具将预应力筋锚住;最后在孔道内灌注水泥浆,使预应力钢筋和混凝土之间形成黏结状态。

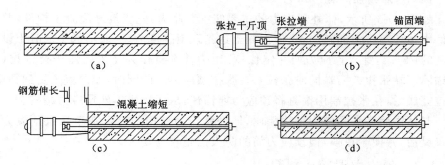

图 10-4　有黏结后张法施工工艺

(a) 浇筑混凝土并预留孔道;(b) 穿筋并安装千斤顶;
(c) 张拉钢筋;(d) 张拉端锚固钢筋并进行孔道灌浆

有黏结后张法预应力施工不需要专门的台座,便于在现场制作大型构件,适用于配直线及曲线预应力钢筋的构件。但其施工工艺较复杂、锚具消耗量大、成本较高。

(3)无黏结预应力施工工艺

如图10-5所示,无黏结预应力结构的主要施工工序为:将无黏结预应力筋准确定位,并与普通钢筋一起绑扎形成钢筋骨架,然后浇筑混凝土;待混凝土达到预期强度后(一般不低于混凝土设计强度的75%),利用构件本身作为受力台座进行张拉(一端固定、一端张拉或两端同时张拉),在张拉预应力筋的同时,使混凝土预压。张拉完成后,在张拉端用锚具将预应力筋锚住,形成无黏结预应力结构。

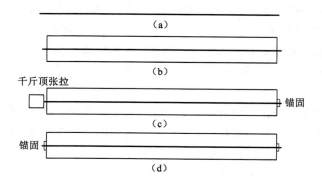

图 10-5　无黏结预应力施工工艺
（a）无黏结预应力筋定位并绑扎；（b）浇筑混凝土；
（c）张拉预应力筋并进行混凝土预压；（d）锚固预应力筋

无黏结预应力施工工艺的基本特点与有黏结后张法预应力比较相似，区别在于：① 由于避免了预留孔道、穿预应力筋以及压力灌浆等施工工序，无黏结预应力的施工过程较为简单；② 由于无黏结预应力筋通长与混凝土无黏结，其预应力的传递完全依靠构件两端的锚具，因此无黏结预应力对锚具的要求要高得多。

（4）体外预应力施工工艺

如图 10-6 所示，体外预应力的主要施工工序为：先浇筑好混凝土构件，并在构件中预埋预应力筋转向块；待混凝土达到预期强度后（一般不低于混凝土设计强度的 75%），穿入预应力筋并定位；利用构件本身作为受力台座进行张拉（一端锚固一端张拉或两端同时张拉），在张拉预应力筋的同时，使混凝土受到预压；张拉完成后，在张拉端用锚具将预应力筋锚住，从而形成体外预应力结构。

与体内后张法预应力结构相比，体外预应力结构的特点在于后张预应力筋布置灵活，并便于更换，但预应力筋的防火措施较为复杂。

## 10.1.3　预应力混凝土材料

### 10.1.3.1　预应力筋

（1）预应力筋性能的基本要求

根据预应力结构自身的要求，预应力筋的性能需要满足以下基本要求。

① 强度高。在预应力结构施工及使用过程中，不可避免地将会出现多种预应力损失，因此，为了建立较高的有效预应力，必须要求对预应力筋施加很高的张拉控制应力，这只有采用高强的预应力钢筋才可以实现。

② 较好的塑性。为实现预应力结构的延性破坏，保证预应力筋的弯曲和转折要求，预应力筋必须具有足够的塑性，即预应力筋必须满足一定的拉断延伸率和弯折次数要求。

③ 良好的黏结性能。先张法预应力结构中，混凝土的预压力是预应力钢筋回缩中通过黏结作用建立起来的；后张法预应力结构中，预应力筋与孔道灌浆之间也必须通过黏结作用共同工作。因此，预应力筋与混凝土或孔道灌浆之间必须要有良好的黏结作用。

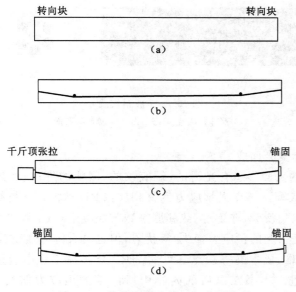

图 10-6 体外预应力施工工艺顺序

(a) 转向块定位并浇筑混凝土;(b) 穿预应力筋并安装锚具;
(c) 张拉预应力筋并预压混凝土;(d) 锚固预应力筋

④ 低松弛。长期持续的高应力下,预应力筋往往会发生较大的应力松弛,从而导致较高的预应力损失,因此,预应力筋的低松弛性能至关重要。

(2) 预应力筋的种类

按材质划分,预应力筋包括钢材类预应力筋和非钢材类预应力筋两类。常用的钢材类预应力筋可分为热处理高强钢筋、钢丝和钢绞线三类。

热处理钢筋通常使用热轧中低碳低合金钢筋经淬火和回火调质热处理而成。热处理钢筋按其外形分为带纵肋和不带纵肋两类(但都带横肋)。热处理钢筋具有强度高(1 400 MPa 左右)、线材长(直径 6～10 mm,盘条供应)、弹性模量高、黏结性能好以及松弛小等优点。

高强钢丝系采用优质碳素钢盘条经多次拉拔而成。按外形不同,高强钢丝可分为光面、三面刻痕和螺旋肋三种;有些钢丝冷拔后直接使用,有些钢丝冷拔后还进行矫直回火以消除残余应力,故又称为消除应力钢丝。另外,回火处理还可以减小钢丝的应力松弛(减为普通钢丝的 25%～33%)。

钢绞线是用冷拔钢丝绞捻而成。钢绞线有 2 股、3 股、7 股、19 股等多种形式,7 股钢绞线最为常用,其制作方法是在绞线机上以 1 根直径稍粗的钢丝为中心,其余 6 根钢丝围绕中心钢丝进行螺旋状绞合,然后再经低温回火处理即可(图 10-7)。

非钢材类预应力筋主要是指用纤维增强塑料(fiber reinforced plastics,简称 FRP)制成的预应力筋,具体包括:① 碳纤维加劲塑料(CFRP)——由碳纤维与环氧树脂复合而成;② 玻璃纤维加劲塑料(GFRP)——由玻璃纤维与环氧树脂或聚酯树脂复合而成;③ 芳纶纤维加劲塑料(AFRP)——由芳纶纤维与环氧

图 10-7　7 股钢绞线

（a）照片；（b）直束态断面；（c）捻制态断面

树脂或乙烯树脂复合而成。

　　FRP 材料的表面形态有光滑的、螺旋纹的、网状的灯；截面形状有棒状、绞线状及编织物状等。与高强预应力钢材相比，FRP 材料具有抗拉强度高、抗腐蚀性好、质量小、耐疲劳、非磁性、热膨胀系数与混凝土相近、弹性模量小（可减小混凝土收缩徐变引起的预应力损失）等优点，但也具有抗剪强度低、延伸率小、耐火性差、锚固困难、成本高等缺点。目前，FRP 材料在工程中应用较少，其性能有待进一步改进。本书在以后的内容中所涉及的预应力筋均指钢材类预应力筋。

　　（3）预应力筋的力学性能

　　① 预应力筋的强度标准值、设计值和弹性模量。

　　预应力热处理钢筋、钢丝及钢绞线的强度标准值系根据其极限抗拉强度 $f_{ptk}$ 确定，其条件屈服点为 $0.85f_{ptk}$。另外，预应力钢筋的材料分项系数为 1.2，故其抗拉强度设计值 $f_{py}=0.85f_{ptk}/1.2=0.708f_{ptk}$。

　　我国现行《混凝土结构设计规范》（GB 50010—2010）给出的预应力筋强度标准值、设计值及弹性模量分别见附表 2 和附表 3。

　　② 预应力筋的变形。

　　预应力钢丝与钢绞线无明显的屈服台阶，其应力—应变曲线如图 10-8 所示。钢材的极限变形性能常用拉断时的应变 $\delta$（即伸长率）表示。在进行预应力钢筋拉伸试验时，钢丝的标距常用 $10d$（$d$ 指钢丝的直径）或 100 mm，而钢绞线则不小于 500 mm。钢丝的伸长率一般不低于 4%；钢绞线的伸长率一般不低于 3.5%。

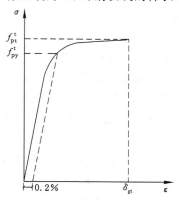

图 10-8　钢丝及钢绞线的应力—应变曲线

③ 预应力筋的应力松弛。

在持续高应力作用下，在边界条件保持不变的情况下，钢材的应力随时间增长而降低的现象称为应力松弛。应力松弛是预应力筋的重要力学性能。

预应力筋的松弛试验通常在温度 20 ℃、初始应力范围 $0.6f_{ptk} \sim 0.8f_{ptk}$ 的情况下进行。试验表明，在第 1 个小时中，应力松弛非常显著，试验持续到七八年之后松弛尚未完成，但松弛率随时间增长而明显减小。表 10-1 为 20 ℃ 常温下、1 000 小时内松弛随时间发展的大致规律。

**表 10-1　　　　　　　1 000 小时内松弛与时间的关系**

| 时间/h | 1 | 5 | 20 | 100 | 200 | 500 | 1 000 |
|---|---|---|---|---|---|---|---|
| 与 1 000 小时的松弛量之比 | 15% | 25% | 35% | 55% | 65% | 85% | 100% |

初始应力越大，松弛也越大；而当初始应力不超过 $0.5f_{ptk}$ 时，松弛损失很小，可忽略不计。

表 10-2 为两类钢材在不同初应力 $\sigma_{pi}$ 与抗拉强度 $f_{ptk}$ 比值下 1 000 h 内（20 ℃常温）的最大松弛值。表中一类钢材接近于未经消除应力处理的高强钢丝与钢绞线；二类钢材则接近于低松弛钢丝、钢绞线及其他一些钢筋。

**表 10-2　　　　　　不同初应力下预应力钢材松弛**

| $\sigma_{pi}/f_{ptk}$ | 0.6 | 0.7 | 0.8 |
|---|---|---|---|
| 一类 | 4.5% | 8% | 12% |
| 二类 | 1% | 2% | 4.5% |

温度对松弛的影响也很大，而且比初始应力的影响还要大。应力松弛值随温度的升高而增加。初始应力为 $0.75f_{ptk}$ 时，相对于温度 20 ℃，1 000 小时后由于松弛引起的应力损失的比例见表 10-3。因此，对于采用蒸汽养护或处于高温状态下工作的预应力混凝土构件，应考虑温度对预应力钢筋松弛的影响。

**表 10-3　　　　　　温度对松弛损失的影响**

| 温　　度 | 20 ℃ | 40 ℃ | 60 ℃ | 100 ℃ |
|---|---|---|---|---|
| 初始 1 000 小时 | 1 | 1.9 | 3.3 | 7.8 |
| 30 年后 1 000 小时 | 1 | 1.9 | 2.7 | 6.2 |

④ 预应力筋的疲劳。

在反复荷载作用下，预应力钢筋的应力将会出现波动，从而可能引起疲劳断裂。影响钢材抗疲劳能力的因素，除钢种的化学、物理性质外，主要是其承受的上限应力 $\sigma_{max}$ 和下限应力 $\sigma_{min}$ 以及应力循环次数 $N$。对于一定的 $N$ 值（200 万次）和某一下限应力 $\sigma_{min}$ 或疲劳应力比 $\rho_p^f$（$\rho_p^f = \sigma_{min}/\sigma_{max}$），将有基于应力幅度 $\Delta\sigma$（$\Delta\sigma = \sigma_{max} - \sigma_{min}$）或上限应力 $\sigma_{max}$ 的疲劳强度。试验表明，引起破坏的应力幅

$\Delta\sigma$ 随 $\rho_p^f$ 的增加而有一定的下降。表 10-4 给出了两类预应力钢筋的疲劳应力幅限值。

| 表 10-4 | 预应力钢筋疲劳应力幅限值 | | N/mm² |
|---|---|---|---|
| 预应力钢筋种类 | 疲劳应力比值 $\rho_p^f$ | | |
| | 0.7 | 0.8 | 0.9 |
| 消除应力钢丝($f_{ptk}=1\,570$) | 240 | 168 | 88 |
| 钢绞线($f_{ptk}=1\,570$) | 144 | 118 | 70 |

注:1. 当 $\rho_p^f$ 不小于 0.9 时,可不作钢筋疲劳验算;

2. 当有充分依据时,可对表中规定作适当调整。

### 10.1.3.2 混凝土

高强混凝土、高性能混凝土技术已在预应力混凝土结构中得到广泛应用。基于预应力混凝土结构的特点,所采用的混凝土应满足如下一些要求。

（1）高强度

首先,只有采用与高强预应力筋相匹配的高强混凝土才可以充分发挥材料强度,减小构件截面及自重,从而适应大跨要求。其次,高强混凝土具有较高的弹性模量,这可以减小变形,继而减小预应力损失。另外,高强混凝土具有更高的抗拉强度、局部承压强度以及较强的黏结性能,从而可推迟构件正截面和斜截面裂缝的出现,有利于后张和先张预应力筋的锚固。

规范要求:预应力混凝土的强度等级不宜低于 C40,且应不低于 C30。

（2）低收缩、低徐变

在预应力混凝土结构中宜采用低收缩、低徐变混凝土,一方面可以减小由此产生的预应力损失,另一方面可以有效控制预应力混凝土结构的长期变形。

混凝土收缩和徐变的影响因素类似。影响混凝土收缩和徐变的因素主要有:

① 水灰比、水泥用量和含水量——水灰比、水泥用量和含水量越大,收缩和徐变也越大。

② 骨料——骨料含量越大,收缩和徐变越小。

③ 养护条件——潮湿养护或蒸汽养护可以有效减少混凝土的收缩和徐变。

④ 掺加纤维——给混凝土中掺加钢纤维、玻璃纤维、石棉纤维、聚丙烯纤维、碳纤维等,不但可以增强混凝土的抗裂性,而且还对混凝土的收缩和徐变有一定的抑制作用。

⑤ 减水剂——常用的高效减水剂能大量减少用水量并提高水泥浆体的水化程度,从而有利于减少收缩和徐变。

⑥ 构件尺寸——构件尺寸对混凝土干燥过程中的水分转移有显著的影响,随着构件尺寸的增加,单位体积的表面积就减小,从而使混凝土的收缩和徐变减小。但当构件尺寸超过 0.9 m 时,尺寸影响可以忽略不计。

⑦ 工作应力——在工作应力低于混凝土抗压强度的 45% 时,混凝土徐变应

变与工作应力呈线性关系,当超过这一应力时,由于骨料表面与凝固水泥浆交界面上出现了细微裂缝,混凝土的徐变变形将开始出现非线性快速增加。

（3）早强

预应力结构中的混凝土应具有快硬、早强的性质,以尽早施加预应力,加快施工进度,提高设备及模板的利用率。高效减水剂能够有效改善水泥的水化程度,缩短水化时间,因此掺加高效减水剂有助于混凝土的快硬、早强。

### 10.1.3.3　成孔及灌浆材料

（1）成孔

后张法混凝土构件的预留孔道是由成孔器来形成的。常用的成孔方式有以下两类:

① 抽芯成孔——在预应力混凝土构件中根据设计要求预埋成孔器具,待混凝土初凝后再将其抽拔出,从而在混凝土中形成预留孔道。常用的橡胶抽拔管的成孔工艺为:在钢丝网加劲的胶管内穿入钢筋或钢棒、钢管(称芯棒),再将胶管(连同芯棒)放入构件模板内,待浇筑混凝土结硬到一定强度(一般为初凝期)后,抽掉芯棒再拔出胶管,从而形成预留孔道。

② 埋入式成孔——在预应力混凝土构件中,根据设计要求永久埋置成孔器(管道),从而形成预留孔道。通常可采用铁皮管或金属波纹管作为成孔器。这种预埋管道的构件,在混凝土达到设计强度后,即可直接张拉管道内的预应力筋。

塑料波纹管是近期发展起来的一种新型制孔器,采用聚丙烯或高密度聚乙烯管道,管道表面的螺旋肋与外面的混凝土和里面的水泥浆都可形成良好的黏结力,从而保证预应力筋与混凝土两者共同工作。塑料波纹管具有耐腐蚀性好以及孔道摩擦预应力损失小等优点,但目前造价尚比较高。

（2）灌浆材料

在后张法预应力混凝土结构中,为了防止预应力筋的锈蚀并使预应力筋与周围混凝土结合成一个整体,一般在预应力筋张拉完毕之后需向预留孔道内压注水泥浆并保证浆体灌注密实。

灌浆材料一般为素水泥浆,其水灰比一般取 $0.4\sim0.45$。水泥浆的强度等级不低于 M30。另外,为了减少水泥浆结硬过程中的收缩,保证孔道内水泥浆密实,可在水泥浆中加入少量的铝粉,使水泥浆在硬化过程中膨胀,但应控制其膨胀率不大于 $5\%$。

## 10.1.4　预应力锚固体系

### 10.1.4.1　锚具

（1）基本要求和分类

① 基本要求。

锚具是锚固夹持预应力钢筋的工具,通常锚固在构件端部,并与构件连成一体共同受力。锚具是保证后张预应力混凝土结构安全可靠工作的关键因素之一,在设计、制造和选用锚具必须满足以下几个要求:a. 锚具零部件选用的钢材性能要满足规定指标,加工精度要高,受力安全可靠,预应力损失小;b. 构造简单,加工方便,节约钢材,成本低;c. 施工简便,使用安全。

②分类。

现在国内外的锚具种类繁多,有许多用于单根或多根钢丝、钢绞线及钢筋的锚固系统可供选用。按锚固方式不同,锚具可分为支承式、锥塞式、夹片式以及黏结握裹式等四种。

（2）常用的几种锚具

现将目前预应力混凝土结构中常用的几种锚具介绍如下。

①螺丝端杆式锚具。

图 10-9 为螺丝端杆锚具,主要由螺丝端杆、螺母及垫板组成。其端部设有螺纹段,待预应力钢筋张拉完毕,旋紧螺帽,通过垫板传力到混凝土。螺丝杆端锚具与预应力粗钢筋之间可采用对焊连接或者用套筒式连接器连接。这种锚具适用于用先张法、后张法或电热法锚固预应力粗钢筋。

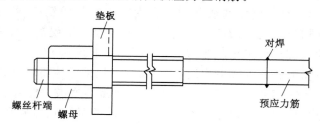

图 10-9　螺丝端杆锚具

②锥形锚具。

锥形锚具（图 10-10）由锚圈及带齿的圆锥体锚塞组成。锚塞中间有小孔作锚固后灌浆之用。它的工作原理是通过顶压锥形锚塞,将预应力钢丝卡在锚塞和锚圈间,用钢丝在锚塞与锚圈之间的摩擦力锚固钢丝。

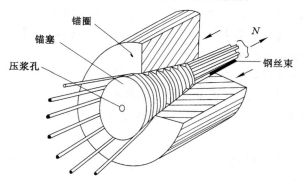

图 10-10　锥形锚具

③镦头式锚具。

常见的镦头式锚具有锚杯型、锚环型及锚板型三种,如图 10-11 所示。

锚杯型镦头锚具由锚杯与螺母组成。锚孔布置在锚杯的底部,灌浆孔或排气孔设在杯底的中部。张拉前,锚杯缩在预留孔道内;张拉时利用工具式拉杆拧

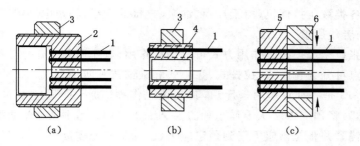

图 10-11　张拉端镦头锚具

(a) 锚杯型；(b) 锚环型；(c) 锚板型

1——钢丝；2——锚杯；3——螺母；4——锚环；

5——带螺纹的锚板；6——半圆环垫片

在锚杯的内螺纹上，然后用千斤顶通过咬拉工具式拉杆将钢丝束拉出来，最后旋进螺母加以固定。这种锚具最为常用，但构件端部要扩大留孔。

锚环型镦头锚具由锚环与螺母组成。该类锚具的锚孔布置在锚环上，且内螺纹穿通，主要用于小吨位钢丝束的锚固。

锚板型镦头锚具由带外螺纹的锚板和半圆环垫片组成。张拉前，锚板位于构件端头；张拉时，利用工具式连接头拧在锚板的外螺纹上，将钢丝束拉出来用半圆环垫片固定。这种锚具主要用于短束钢丝的锚固。

④ 夹片式锚具。

夹片锚具如 10-12 所示。夹片锚由带锥孔的锚板和夹片组成。夹持钢绞线的夹片根据楔子工作原理，在钢绞线回缩过程中将其挤紧从而达到锚固的目的。目前国内常用夹片式锚具有：OVM、HVM、OM、STM、XM、XYM、YM 等，这些锚具主要用于锚固 7 股钢绞线。

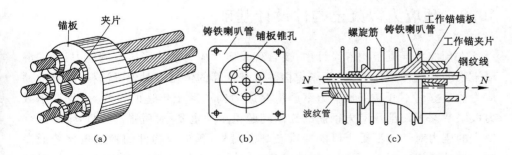

图 10-12　夹片锚具配套示意图

### 10.1.4.2　张拉设备及其他设备

预应力混凝土生产中所使用的机具设备种类较多，主要分为张拉设备、预应力筋(丝)镦头设备、刻痕及压浆设备、冷拉设备、对焊设备、灌浆设备及测力设备等。现将张拉千斤顶与压浆机作一简要介绍。

（1）张拉千斤顶

张拉机具是制作预应力混凝土构件时对预应力筋施加张拉力的专用设备。

常用的有各类液压拉伸机(由千斤顶、油泵、连接油管组成)及电动或手动张拉机等,其中前者使用最为广泛。

液压张拉千斤顶按其作用方式可分为单作用、双作用和三作用三种型式;按其构造特点可分为台座式、拉杆式、穿心式和锥锚式等四种型式。

图 10-13 是一种双作用千斤顶,其现场工作顺序是:① 固定端首先锚好预应力筋,然后将预应力筋从千斤顶前方穿入;② 正向启动油泵,A 油嘴进油,工具锚自动锚紧并张拉预应力筋到预定应力(由油泵液压表读出);③ 反向回拨油泵控制阀,进油换向,改由 B 油嘴进油,工作锚锚紧预应力筋,液压锁启动,推进工作锚紧锚在混凝土表面;④ 回油,工具锚自动放松。

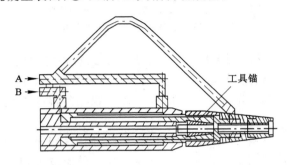

图 10-13　双作用千斤顶

(2) 压浆机

压浆机是孔道灌浆的主要设备,由灰浆搅拌桶、贮浆桶、灰浆泵和供水系统组成。压浆机的最大工作压力可达约 1.5 MPa,可压送的最大水平距离为 150 m,最大竖直高度为 40 m。

## 10.2　预应力混凝土构件设计基础

在预应力混凝土构件设计中,要合理设定预应力筋的张拉控制应力,确定混凝土中的有效预压应力,以此作为构件抗裂计算的依据。对先张法构件,有效预应力的建立离不开端部预应力钢筋将其应力向混凝土传递的过程,而且在承载力极限状态下端部预应力钢筋的锚固问题也至关重要;对后张法构件,锚下局部很大的压力对承压混凝土可能造成破坏。另外,预应力构件的构造也比普通混凝土构件的构造复杂,合理的构造措施也是预应力构件设计中要考虑的重要问题。这些问题都是预应力混凝土构件设计的基础,下面分别予以阐述。

### 10.2.1　预应力张拉控制应力

预应力张拉控制应力 $\sigma_{con}$ 是指预应力筋张拉时需要达到的应力。为了充分发挥预应力的优势,预应力张拉控制应力宜定得高一些,以便混凝土获得较高的预压应力,从而提高构件的抗裂性,减小变形。但预应力张拉控制应力定得过高也存在以下的几方面问题:① 引起预应力筋断裂。由于超张拉预应力束中的单根预应力筋应力分布不均匀,可能会引起个别钢筋(丝)先拉断的现象;② $\sigma_{con}$ 值越高,预应力筋的应力松弛也将越大;③ $\sigma_{con}$ 值越高,预应力混凝土构件开裂荷载过于接近破坏荷载。因此,预应力筋的张拉控制应力 $\sigma_{con}$ 不能定得过高,应留有适当的余地,一般宜在比例极限值之下。

我国《混凝土结构设计规范》(GB 50010—2010)考虑各种因素后确定的预应力筋张拉控制应力 $\sigma_{con}$ 的限值见表 10-5。

表 10-5　　　　　　　　　　　张拉控制应力限值

| 预应力钢筋种类 | 上　　限 | 下　　限 |
|---|---|---|
| 消除应力钢丝、钢绞线 | $0.75f_{ptk}$ | $0.4f_{ptk}$ |
| 中强度预应力钢丝 | $0.70f_{ptk}$ | $0.4f_{ptk}$ |
| 预应力螺纹钢筋 | $0.85f_{pyk}$ | $0.5f_{pyk}$ |

下列情况下,表 10-5 中的张拉控制应力限值可提高 $0.05f_{ptk}$ 或 $0.05f_{pyk}$:

① 要求提高构件在施工阶段的抗裂性而在使用阶段受压区内设置的预应力筋;

② 要求部分抵消由于应力松弛、摩擦、钢筋分批张拉以及预应力筋与台座之间的温差等因素产生的预应力损失。

## 10.2.2　预应力损失

预应力损失是指预应力钢筋的张拉应力在构件施工及使用过程中由于张拉工艺和材料特性等原因而不断降低的现象。

### 10.2.2.1　预应力损失的分类

在预应力混凝土构件中引起预应力损失的原因有很多,产生的时间先后也不一。在进行预应力筋的应力计算时,一般应考虑由下列因素引起的预应力损失,即:

① 锚具变形、预应力筋内缩和分块拼装构件接缝压密引起的应力损失 $\sigma_{l1}$;

② 预应力筋与孔道壁之间或与转向装置之间摩擦引起的应力损失 $\sigma_{l2}$;

③ 混凝土加热养护时,预应力筋和张拉台座之间温差引起的应力损失 $\sigma_{l3}$;

④ 预应力筋松弛引起的应力损失 $\sigma_{l4}$;

⑤ 混凝土收缩和徐变引起的应力损失 $\sigma_{l5}$;

⑥ 环形结构中螺旋式预应力筋对混凝土的局部挤压引起的应力损失 $\sigma_{l6}$。

### 10.2.2.2　预应力损失计算

为了便于理解预应力损失的基本原因,首先阐述第二种预应力损失的计算。

(1) 预应力筋与孔道壁之间摩擦引起的预应力损失 $\sigma_{l2}$

此项预应力损失出现在后张法预应力混凝土构件中。在张拉预应力筋时,由于孔道位置的偏差、孔壁不光滑(有混凝土灰浆碎碴之类的杂物)、预留孔道的弯曲等原因,使预应力筋与孔壁接触而引起摩擦力,从张拉端起预应力筋的预拉应力 $\sigma_p$ 逐渐减小(图 10-14)。在任意两个截面之间预应力筋的应力差值,就是这两截面间由摩擦引起的预应力损失值。一般摩擦损失是指从张拉端至某计算截面的摩擦损失值,以 $\sigma_{l2}$ 表示。

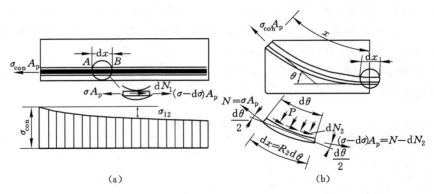

图 10-14　孔道摩擦引起的应力损失 $\sigma_{l2}$

(a) 孔道偏差；(b) 孔道弯曲

　　直线预应力筋在张拉时可能会与孔道壁接触、摩擦而引起摩擦损失，此项损失称为孔道偏差引起的摩擦损失（长度影响），其值较小；曲线预应力筋在张拉时，除了孔道偏差影响外，主要因孔道弯曲，张拉时预应力筋对孔道内壁的径向垂直挤压力所引起的摩擦损失，此项损失称为孔道弯曲引起的摩擦损失，其值较大，并随预应力筋弯曲角度之和的增加而增加。

　　① 孔道偏差引起的摩擦力 $dN_1$。

　　如图 10-14(a) 所示，设孔道具有正负偏差，其平均半径为 $R_1$。同时，假定预应力筋与平均弯曲半径为 $R_1$ 的孔道壁相贴。取微段预应力筋 $dx$ 为脱离体，并假定其相应的弯曲角为 $\sigma_p$，则预应力筋与微段孔壁间的法向压力为：

$$dP_1 \approx 2N\sin\frac{d\varphi}{2} \approx Nd\varphi \tag{10-4}$$

　　若预应力筋与孔壁间的摩擦系数为 $\mu$，于是有：

$$dN_1 = -\mu N d\varphi = -\mu N \frac{dx}{R_1} \tag{10-5}$$

　　令 $\kappa = -\mu/R_1$ 为孔道设计位置偏差系数（该系数通过试验获得），则有：

$$dN_1 = -\kappa N dx \tag{10-6}$$

　　② 孔道弯曲引起的摩擦力 $dN_2$。

　　如图 10-14(b) 所示，在曲线段内，取微段预应力筋 $dx$ 为脱离体，相应的弯曲角为 $d\theta$，弯道在此处的半径为 $R_2$，则 $dx = R_2 d\theta$。

　　预应力筋与微段孔壁间的法向压力为：

$$dP_2 \approx 2N\sin\frac{d\theta}{2} \approx Nd\theta \tag{10-7}$$

　　于是，孔道弯曲引起的摩擦力为：

$$dN_2 = -\mu N d\theta \tag{10-8}$$

　　③ 预应力筋计算截面处因摩擦力引起的预应力损失值 $\sigma_{l2}$。

　　弯曲孔道上某微段 $dx$ 内的总摩擦力为上述两部分之和，即：

$$dN = dN_1 + dN_2 \tag{10-9}$$

　　将式(10-6)和式(10-8)代入上式得：

$$dN = -\kappa N dx - \mu N d\theta = -N(\kappa dx + \mu d\theta) \tag{10-10}$$

即：

$$\frac{dN}{N} = -(\kappa dx + \mu d\theta) \tag{10-11}$$

对式(10-11)两边同时积分，并由张拉端边界条件$(x=0, \theta=0, N=N_0)$可得：

$$N = N_0 \cdot e^{-(\kappa x + \mu\theta)} \tag{10-12}$$

为方便计算，式中弧线长度$x$近似认为与其投影长度相等，如图10-15所示。

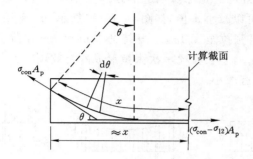

图10-15　$x$的简化计算

于是，预应力筋张拉力的下降值为：

$$\Delta N = N_0 - N = N_0[1 - e^{-(\kappa x + \mu\theta)}] \tag{10-13}$$

当$N_0$取张拉控制力$N_{con}$，再将式(10-13)两端除以预应力筋的截面积$A_p$，即可得到由于孔道摩擦所引起的预应力损失：

$$\sigma_{l2} = \sigma_{con}[1 - e^{-(\kappa x + \mu\theta)}] \tag{10-14}$$

当$(\mu\theta + \kappa x) \leqslant 0.2$时，$\sigma_{l2}$可按下面近似公式计算：

$$\sigma_{l2} = \sigma_{con}(\kappa x + \mu\theta) \tag{10-15}$$

式中　$\sigma_{con}$——预应力筋张拉控制应力；

$\kappa$——孔道每米局部偏差对摩擦的影响系数，可按表10-6采用；

$\mu$——预应力筋与孔壁的摩擦系数，一般可参考表10-6采用；

$x$——从张拉端至计算截面的孔道长度，以米计，可近似取该段孔道在纵轴上的投影长度；

$\theta$——从张拉端至计算截面曲线孔道部分的夹角之和，以rad(弧度)计。

**表 10-6　　　　　　偏差系数 $\kappa$ 和摩擦系数 $\mu$ 值**

| 孔道成型方式 | $\kappa$ | $\mu$ | |
|---|---|---|---|
| | | 钢绞线、钢丝束 | 预应力螺纹钢筋 |
| 预埋金属波纹管 | 0.0015 | 0.25 | 0.50 |
| 预埋塑料波纹管 | 0.0015 | 0.15 | — |
| 预埋钢管 | 0.0010 | 0.30 | — |

| 孔道成型方式 | $\kappa$ | $\mu$ | |
| --- | --- | --- | --- |
| | | 钢绞线、钢丝束 | 预应力螺纹钢筋 |
| 抽芯成型 | 0.001 4 | 0.55 | 0.60 |
| 无黏结预应力筋 | 0.004 0 | 0.09 | — |

注:摩擦系数也可根据实测数据确定。

④ 减小 $\sigma_{l2}$ 的措施。

为减小预应力筋与孔道摩擦引起的预应力损失 $\sigma_{l2}$,常采用以下措施:a. 采用两端张拉,这样可以减小 $x$ 值,如图 10-16(b)所示;b. 采用超张拉,如图 10-16(c)所示,其程序是:张拉至 $1.1\sigma_{con}$ ⟶ 持荷 2 min ⟶ 卸荷至 $0.85\sigma_{con}$ ⟶ 持荷 2 min ⟶ 加荷至 $\sigma_{con}$,超长拉比一次张拉形成的有效预应力分布更加均匀,各截面的预应力损失也有减小。

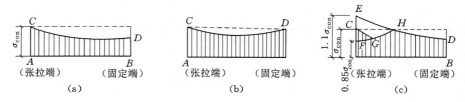

图 10-16　张拉制度对摩擦损失的影响

(a)一端张拉;(b)两端张拉;(c)超张拉

(2)锚具变形、预应力筋内缩和分块拼装构件接缝压密引起的预应力损失 $\sigma_{l1}$

在后张法预应力混凝土结构中,当张拉结束施锚时,预应力筋要通过足够的内缩位移方能被夹紧或带紧锚具,同时,锚具本身也将因受到很大的压力而变形,锚下垫板缝隙或分块拼装构件的接缝也将被压密而变形,这些因素造成的应力损失记为 $\sigma_{l1}$。

直线预应力筋和曲线预应力筋中 $\sigma_{l1}$ 的形成机制和分布有所不同,下面分别予以阐述。

① 直线预应力筋的 $\sigma_{l1}$。

在先张法构件及孔道摩擦可以忽略不计的直线孔道后张法构件(构件较短,孔壁较光滑)中,由于预应力筋内缩、锚具变形以及分块拼装构件接缝压密等引起的直线预应力筋长度缩短变形沿构件通长是均匀分布的,即由此造成的预应力损失 $\sigma_{l1}$ 沿构件通长是均匀分布的,此时 $\sigma_{l1}$ 按下式计算:

$$\sigma_{l1} = E_p \varepsilon = \frac{\sum a}{l} E_p \qquad (10\text{-}16)$$

式中　$a$——预应力筋内缩、锚具变形和构件接缝压密值,mm,按表 10-7 取用或根据试验实测数据确定;

$l$——张拉端至锚固端的距离,mm;

$E_p$——预应力筋的弹性模量,N/mm²。

表 10-7　　　　　　　　　　　　锚具变形和预应力筋内缩值 $a$

| 锚具或接缝类型 | | 变形值/mm |
|---|---|---|
| 支承式锚具(钢丝束镦头锚具等) | 螺帽缝隙 | 1 |
| | 每块后加垫板的缝隙 | 1 |
| 夹片式锚具 | 有顶压时 | 5 |
| | 无顶压时 | 6～8 |

注:1. 表中的锚具变形和预应力筋内缩值也可根据实测数据确定;
　　2. 其他类型的锚具变形和预应力筋内缩值应根据实测数据确定。

从式(10-16)可以看出,$\sigma_{l1}$ 与构件或台座的长度有关,当台座长度超过 100 m 时,常可将 $\sigma_{l1}$ 忽略。在后张法构件中,应尽可能少用垫板,因为每增加一块垫板,$a$ 值即增加 1 mm。

另外,$\sigma_{l1}$ 的锚具变形,锚固端的变形在张拉过程中已经发生。

② 曲线预应力筋的 $\sigma_{l1}$。

对于后张法曲线预应力筋(或直线筋,但孔道很长且较粗糙),由于预应力筋内缩、锚具变形以及分块拼装构件接缝压密等引起的预应力筋长度缩短变形时会受到孔道的反摩阻作用,使得所形成的预应力损失 $\sigma_{l1}$ 沿构件通长不是均匀分布的,而是集中在张拉端附近一定长度范围内。

在计算曲线预应力筋的 $\sigma_{l1}$ 时,一般作两方面的简化处理:一是将孔道摩擦预应力损失的指数曲线简化为直线[式(10-15)];二是近似认为孔道任一截面的反摩擦力等于其正摩擦力。工程实测表明,反摩擦力约小于正摩擦力 5%,上述简化处理方法偏于安全。

曲线预应力筋的 $\sigma_{l1}$ 的计算原理是:预应力筋在锚固损失影响长度(记为 $l_f$)范围内的累积变形与预应力筋内缩、锚具变形和分块拼装构件接缝压密值 $a$ 相等。

下面首先以最简单的圆弧曲线预应力为例(图 10-17),讨论锚固影响长度 $l_f$ 及 $\sigma_{l1}$ 的计算方法。

在预应力筋张拉完成后,其应力沿长度的分布如图 10-17 中的曲线 $ABN$;锚固后,由于受到预应力筋内缩、锚具变形和分块拼装构件接缝压密以及反摩阻的影响,则预应力筋应力沿长度的分布变为图中曲线 $A'B'N$,由于假定正、反摩阻力相等,因此曲线 $A'B'N$ 与 $ABN$ 以水平线 $ON$ 对称。

根据变形协调条件,在锚固损失影响长度 $l_f$ 范围内,各微段 $dx$ 上的内缩应变累积后应该等于张拉端的总内缩量 $\sum a$ ,即:

$$\sum a = \int_0^N \varepsilon \mathrm{d}x = \frac{1}{E_p} \int_0^N \sigma_{l1}(x) \mathrm{d}x \tag{10-17}$$

变换该式得:

$$\int_0^N \sigma_{l1}(x) \mathrm{d}x = E_p \sum a \tag{10-18}$$

式中,$\int_0^N \sigma_{l1}(x) \mathrm{d}x$ 为图形 $ABNB'A'$ 的面积,等于 $\frac{1}{2} \sigma_{l1}(0) l_f$,将其代入

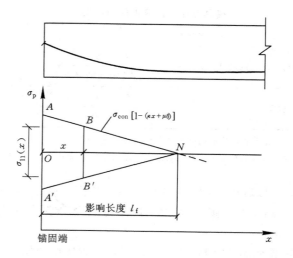

图 10-17 一段圆弧曲线孔道的反摩阻计算图式

式(10-18)得：

$$\sigma_{l1}(0) = \frac{2E_p \sum a}{l_f} \tag{10-19}$$

根据几何关系，$\sigma_{l1}(0)$ 等于 $A$ 点应力与 $N$ 点应力之差的 2 倍，即：

$$\sigma_{l1}(0) = 2\sigma_{con}[1 - 1 - (\kappa l_f + \mu\theta)] = 2\sigma_{con}(\kappa l_f + \mu l_f/r_c) \tag{10-20}$$

将式(10-20)代入式(10-19)，并取 $a$ 的单位为 mm，其余长度单位取 m，从中解出 $l_f$ 为：

$$l_f = \sqrt{\frac{E_p \sum a}{1\,000\sigma_{con}(\mu/r_c + \kappa)}} \tag{10-21}$$

根据 $\sigma_{l1}(0)$ 的表达式(10-19)和几何关系，可得 $\sigma_{l1}(x)$ 为：

$$\sigma_{l1}(x) = 2\sigma_{con}l_f(\mu/r_c + \kappa)(1 - x/l_f) \tag{10-22}$$

式中　　$r_c$——圆弧形曲线预应力钢筋的曲率半径，m；

　　　　$\mu$——预应力钢筋与孔道壁之间的摩擦系数；

　　　　$\kappa$——考虑孔道每米长度局部偏差的摩擦系数；

　　　　$x$——张拉端至计算截面的距离，m；

　　　　$\sum a$——张拉端钢筋内缩、锚具变形和和分块拼装构件接缝压密

　　　　　　　　值，mm。

下面介绍《规范》中给出的工程中常见的另外两种曲线预应力筋的 $\sigma_{l1}$ 计算方法，其他情况可参见有关参考资料。

首先介绍由两条圆弧形曲线（圆弧对应的圆心角 $\theta \leqslant 30°$）组成的端部为直线的预应力筋的情况，如图 10-18 所示。

此时的 $\sigma_{l1}$ 可按下列公式计算。

当 $x \leqslant l_0$ 时：

$$\sigma_{l1} = 2i_1(l_1 - l_0) + 2i_2(l_f - l_1) \tag{10-23}$$

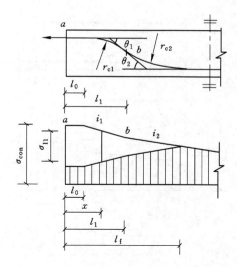

图 10-18　两条圆弧形曲线组成的预应力钢筋的预应力损失 $\sigma_{l1}$

当 $l_0 < x \leqslant l_1$ 时：

$$\sigma_{l1} = 2i_1(l_1 - x) + 2i_2(l_f - l_1) \tag{10-24}$$

当 $l_1 < x \leqslant l_f$ 时：

$$\sigma_{l1} = 2i_2(l_f - x) \tag{10-25}$$

反向摩擦影响长度 $l_f(\mathrm{m})$ 可按下列公式计算：

$$l_f = \sqrt{\frac{E_p \sum a}{1\,000 i_2} - \frac{i_1(l_1^2 - l_0^2)}{i_2} + l_1^2} \tag{10-26}$$

$$i_1 = \sigma_a(\kappa + \mu/r_{c1}) \tag{10-27}$$

$$i_2 = \sigma_b(\kappa + \mu/r_{c2}) \tag{10-28}$$

式中　$l_1$——预应力筋张拉端起点至反弯点的水平投影长度，m；

　　　$i_1, i_2$——第一、二段圆弧形曲线预应力筋中应力近似直线变化的斜率；

　　　$r_{c1}, r_{c2}$——第一、二段圆弧形曲线预应力筋的曲率半径，m；

　　　$\sigma_a, \sigma_b$——预应力筋在 $a$、$b$ 点的应力，$\mathrm{N/mm^2}$。

下面介绍锚固损失消失于折点之外的折线形预应力筋的情况，如图 10-19 所示。

此时的 $\sigma_{l1}$ 可按下列公式计算。

当 $x \leqslant l_0$ 时：

$$\sigma_{l1} = 2\sigma_1 + 2i_1(l_1 - l_0) + 2\sigma_2 + 2i_2(l_f - l_1) \tag{10-29}$$

当 $l_0 < x \leqslant l_1$ 时：

$$\sigma_{l1} = 2i_1(l_1 - x) + 2\sigma_2 + 2i_2(l_f - l_1) \tag{10-30}$$

当 $l_1 < x \leqslant l_f$ 时：

$$\sigma_{l1} = 2i_2(l_f - x) \tag{10-31}$$

反向摩擦影响长度 $l_f(\mathrm{m})$ 可按下列公式计算：

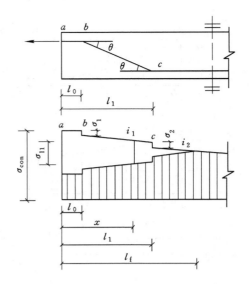

图 10-19　折线形预应力钢筋的预应力损失 $\sigma_{l1}$

$$l_{\mathrm{f}} = \sqrt{\frac{E_{\mathrm{p}}\sum a}{1\,000 i_2} - \frac{i_1(l_1-l_0)^2 + 2i_0 l_0(l_1-l_0) + 2\sigma_1 l_0 + 2\sigma_2 l_1}{i_2} + l_1^2}$$

$$\text{(10-32)}$$

$$i_1 = \sigma_{\mathrm{con}}(1-\mu\theta)\kappa \tag{10-33}$$

$$i_2 = \sigma_{\mathrm{con}}[1-\kappa(l_1-l_0)](1-\mu\theta)^2\kappa \tag{10-34}$$

$$\sigma_1 = \sigma_{\mathrm{con}}\mu\theta \tag{10-35}$$

$$\sigma_2 = \sigma_{\mathrm{con}}[1-\kappa(l_1-l_0)](1-\mu\theta)\mu\theta \tag{10-36}$$

式中　$i_1$——预应力钢筋在 $bc$ 段中应力近似直线变化的斜率；

　　　$i_2$——预应力钢筋在折点 $c$ 以外应力近似直线变化的斜率；

　　　$l_1$——张拉端起点至预应力钢筋折点 $c$ 的水平投影长度。

③ 减小 $\sigma_{l1}$ 的措施。

减小 $\sigma_{l1}$ 的主要措施有：a. 选择变形量较小的锚具；b. 尽量少用锚垫板。

（3）预应力筋和台座之间温差引起的预应力损失 $\sigma_{l3}$

此项损失仅发生在采用蒸汽或其他方法加热养护混凝土的先张法构件中。

为了缩短先张法构件的生产周期，常采用蒸汽和其他方法加热养护混凝土。在升温时，预应力筋将因受热而有伸长的倾向，但由于张拉台座未受温度影响而仍维持原相对距离，而此时混凝土与预应力筋之间尚未建立黏结力，结果导致预应力筋自由松弛而发生应力下降；但在降温时，预应力筋已与混凝土结成整体，因而两者处于同步的缩紧状态，当切断预应力筋后，两者同步放松。因此，在整个养护过程中，升温变形只影响到预应力钢筋，而降温变形同时影响预应力钢筋和混凝土，由此产生了预应力损失 $\sigma_{l3}$。

设预应力筋张拉时制造场地的自然气温为 $t_2$，蒸汽养护或其他方法加热混凝土的最高温度为 $t_1$，温度差为 $\Delta t = t_1 - t_2$，则预应力筋因温度升高而产生的变形为：

$$\Delta l = \alpha \cdot \Delta t \cdot l \tag{10-37}$$

式中  $\alpha$——预应力筋的线膨胀系数，钢材一般可取 $\alpha = 1 \times 10^{-5}$ ℃$^{-1}$；

$l$——预应力筋的有效长度，m。

于是，预应力筋的应力损失 $\sigma_{l3}$ 的计算公式为：

$$\sigma_{l3} = \frac{\Delta l}{l} E_p = \alpha \cdot \Delta t \cdot E_p = \alpha(t_1 - t_2) E_p \tag{10-38}$$

将 $\alpha = 1 \times 10^{-5}$ ℃$^{-1}$ 和 $E_p \approx 2 \times 10^5$ N/mm$^2$ 代入式(10-38)得：

$$\sigma_{l3} = 2\Delta t \tag{10-39}$$

如果台座是与预应力混凝土构件共同受热一起变形的，则不需计算此项损失。

为了减小预应力筋与台座间温差引起的应力损失，构件在养护时可采用两次升温的措施。其中，初次升温应在混凝土尚未结硬且未与预应力筋黏结时进行，初次升温的温差一般可控制在 20 ℃ 以内；第二次升温则在混凝土构件具备一定强度(例如 7.5～10 MPa)时，即混凝土与预应力筋的黏结力足以抵抗温差变形后，再将温度升到 $t_1$ 进行养护，此时，预应力筋将和混凝土一起变形，预应力筋不再引起应力损失。故在采取两次升温的措施后，计算 $\sigma_{l3}$ 公式中的 $\Delta t$ 系指混凝土构件尚无强度、预应力筋未与混凝土黏结时的初次升温温度与自然温度的温差。

（4）预应力筋松弛引起的预应力损失 $\sigma_{l4}$

根据试验资料的统计分析，《混凝土结构设计规范》(GB 50010—2010)给出的预应力筋的应力松弛损失 $\sigma_{l4}$ 的计算方法如下。

① 普通松弛消除应力钢丝及钢绞线：

$$\sigma_{l4} = 0.4\Psi\left(\frac{\sigma_{con}}{f_{ptk}} - 0.5\right) \cdot \sigma_{con} \tag{10-40}$$

式中  $\Psi$——系数，一次张拉时取为 1.0，超张拉时取为 0.9。

② 低松弛消除应力钢丝及钢绞线。

当 $\sigma_{con} \leqslant 0.7 f_{ptk}$ 时：

$$\sigma_{l4} = 0.125\left(\frac{\sigma_{con}}{f_{ptk}} - 0.5\right) \cdot \sigma_{con} \tag{10-41}$$

当 $0.7 f_{ptk} < \sigma_{con} \leqslant 0.8 f_{ptk}$ 时：

$$\sigma_{l4} = 0.20\left(\frac{\sigma_{con}}{f_{ptk}} - 0.575\right) \cdot \sigma_{con} \tag{10-42}$$

③ 中强度预应力钢丝：

$$\sigma_{l4} = 0.08\sigma_{con} \tag{10-43}$$

④ 预应力螺纹钢筋：

$$\sigma_{l4} = 0.03\sigma_{con} \tag{10-44}$$

由于预应力筋松弛引起的预应力损失与持荷时间有关，故计算时可根据构件的不同受力阶段与持荷时间分别进行。考虑时间影响的预应力钢筋应力松弛引起的预应力损失值，可由预应力损失值 $\sigma_{l4}$ 乘以相应的系数确定。工程中还常作如下处理:对于先张法构件,一般可认为在预加应力阶段完成总松弛损失的一半,另一半则在使用阶段完成;而对于后张法构件,则认为全部松弛预应力损失在使用阶段内完成。

减少预应力筋松弛引起的应力损失的措施有:a. 采用低松弛预应力筋;b. 进行超张拉。

(5) 混凝土收缩和徐变引起的应力损失 $\sigma_{l5}$

我国现行《规范》给出的计算方法如下。

① 先张法:

$$\sigma_{l5} = \frac{60 + 340 \dfrac{\sigma_{pc}}{f'_{cu}}}{1 + 15\rho} \tag{10-45}$$

$$\sigma'_{l5} = \frac{60 + 340 \dfrac{\sigma'_{pc}}{f'_{cu}}}{1 + 15\rho'} \tag{10-46}$$

② 后张法:

$$\sigma_{l5} = \frac{55 + 300 \dfrac{\sigma_{pc}}{f'_{cu}}}{1 + 15\rho} \tag{10-47}$$

$$\sigma'_{l5} = \frac{55 + 300 \dfrac{\sigma'_{pc}}{f'_{cu}}}{1 + 15\rho'} \tag{10-48}$$

式中 $\sigma_{pc}$,$\sigma'_{pc}$——受拉区、受压区预应力筋在各自合力点处混凝土的法向压应力。计算 $\sigma_{pc}$,$\sigma'_{pc}$ 时,预应力损失值仅考虑第一批损失值,非预应力筋应力值取为零,并可根据施工情况考虑构件自重的影响,$\sigma_{pc}$,$\sigma'_{pc}$ 值不得大于 $0.5f'_{cu}$。

$f'_{cu}$——张拉预应力筋时的混凝土立方体抗压强度,不宜低于设计强度的 75%。

$\rho$,$\rho'$——受拉区、受压区预应力筋和非预应力筋的配筋率,对先张法构件,$\rho = (A_p + A_s)/A_0$,$\rho' = (A'_p + A'_s)/A_0$;对后张法构件,$\rho = (A_p + A_s)/A_n$,$\rho' = (A'_p + A'_s)/A_n$。对于对称配置预应力筋和非预应力筋的构件,取 $\rho = \rho'$,此时配筋率应按钢筋总截面面积的一半计算。$A_0$ 和 $A_n$ 分别为换算截面面积和净截面面积。

配筋率中考虑非预应力筋的影响,是因为非预应力筋对混凝土收缩、徐变起到阻碍作用,从而减小预应力筋由收缩、徐变引起的预应力损失。

当结构处于年平均相对湿度低于 40% 的环境时,$\sigma_{l5}$ 及 $\sigma'_{l5}$ 值应增加 30%。

对于重要结构构件,由混凝土收缩和徐变引起的应力损失还应考虑与时间相关的收缩、徐变影响,具体计算方法见《规范》附录 K。

减少混凝土收缩和徐变引起的应力损失的措施有:a. 采用普通硅酸盐水泥,控制每立方混凝土中的水泥用量及混凝土的水灰比;b. 控制混凝土的加载龄期,避免过早让混凝土受力。

（6）环形结构中螺旋式预应力筋对混凝土的局部挤压引起的应力损失 $\sigma_{16}$

采用螺旋式预应力筋作为配筋的环形构件，由于预应力钢筋对混凝土的局部挤压，使得环形构件的直径有所减小，预应力筋中的拉应力就会降低，从而引起预应力筋的应力损失 $\sigma_{16}$。$\sigma_{16}$ 的大小与环形构件的直径 $d$ 成反比，可按下列公式计算：

① 当 $d \leqslant 3$ m 时，$\sigma_{16} = 30$ MPa；

② 当 $d > 3$ m 时，$\sigma_{16} = 0$。

### 10.2.2.3  有效预应力及预应力损失组合

预应力筋的有效预应力 $\sigma_{pe}$ 定义为：预应力筋张拉控制应力 $\sigma_{con}$ 扣除相应预应力损失（包括先张法构件中混凝土弹性压缩引起的应力减小值）后的预拉应力。有效预应力值随不同受力阶段而变，将预应力损失按各受力阶段进行组合，可计算出不同阶段的有效预应力值。

预应力损失的组合一般根据应力损失出现的先后与全部完成所需要的时间确定，对先张法、后张法分别按预加应力阶段和使用阶段来划分。对于一般布筋形式及施工方法简单的结构，可按表 10-8 进行预应力损失组合。

表 10-8                                   预应力损失值的组合

| 预应力损失值的组合 | 先张法构件 | 后张法构件 |
| --- | --- | --- |
| 混凝土预压前（第一批）损失 $\sigma_{1\text{I}}$ | $\sigma_{11} + \sigma_{12} + \sigma_{13} + \sigma_{14}$ | $\sigma_{11} + \sigma_{12}$ |
| 混凝土预压后（第二批）损失 $\sigma_{1\text{II}}$ | $\sigma_{15}$ | $\sigma_{14} + \sigma_{15} + \sigma_{16}$ |

注：先张法构件由于预应力筋应力松弛引起的损失值 $\sigma_{14}$ 在第一批和第二批损失中所占的比例，如需区分，可根据实际情况确定。

于是，预加应力阶段预应力筋中的有效预应力如下。

① 先张法：

$$\sigma_{pe} = \sigma_{con} - \sigma_{1\text{I}} - \alpha_E \sigma_{pc\text{I}} \qquad (10\text{-}49)$$

② 后张法：

$$\sigma_{pe} = \sigma_{con} - \sigma_{1\text{I}} \qquad (10\text{-}50)$$

在使用荷载阶段，预应力筋中的有效预应力为：

① 先张法：

$$\sigma_{pe} = \sigma_{con} - (\sigma_{1\text{I}} + \sigma_{1\text{II}}) - \alpha_E \sigma_{pc\text{II}} \qquad (10\text{-}51)$$

② 后张法：

$$\sigma_{pe} = \sigma_{con} - (\sigma_{1\text{I}} + \sigma_{1\text{II}}) \qquad (10\text{-}52)$$

式中  $\sigma_{pc\text{I}}$，$\sigma_{pc\text{II}}$ ——完成第一批、第二批预应力损失后预应力筋合力点处混凝土的法向预压应力。

## 10.2.3  先张法构件中预应力钢筋的预应力传递长度

先张法预应力混凝土构件制作完成后，其预应力钢筋的实际应力是随着离开端部距离的不同而变化的，一般简化认为其实际应力按线性规律增大，在构件的端部取为零，离开端部在一定长度范围内增大为 $\sigma_{pe}$，这段长度称为传递长度

$l_{tr}$,如图 10-20 所示。

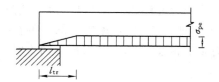

图 10-20　预应力传递长度范围内有效预应力值的变化

预应力传递长度按下式计算：

$$l_{tr} = \alpha \frac{\sigma_{pe}}{f'_{tk}} d \qquad (10\text{-}53)$$

式中　$\sigma_{pe}$——放张时预应力钢筋的有效预应力；

　　　$d$——预应力钢筋的公称直径；

　　　$f'_{tk}$——与放张时混凝土立方体抗压强度 $f'_{cu}$ 相应的轴心抗拉强度标准值；

　　　$\alpha$——预应力钢筋的外形系数，按附表 21 采用。

注意，当采用骤然放松预应力钢筋的施工工艺时，先张法预应力钢筋的预应力传递长度 $l_{tr}$ 应从距构件末端 $0.25l_{tr}$ 处开始计算。

### 10.2.4　后张法构件端部锚固区的局部受压验算

后张法预应力混凝土构件的预压力是通过构件端部锚具经垫板传递给混凝土的。后张法锚具下垫板的面积很小，从而垫板与混凝土的传力接触面积也很小，而预压力 $N_p$（局部集中力）往往很大，因此，在构件端部锚具下的混凝土将承受很大的局部压力。在局部压力作用下，可能使构件端部产生纵向裂缝，甚至发生因局部承压强度不足的破坏，所以必须对锚具下的混凝土进行局部承压验算。

（1）局压应力分布及破坏机理

如图 10-21 所示，设构件的截面积为 $A_b$，总宽为 $2R$，在构件端面中心部分的较小承压面积 $A_1$ 上作用有总预压力 $N_p$；锚具下的平均局部压应力 $p_1 = N_p/A_1$，此应力从构件端部要经过一段距离才能逐步扩散到整个截面面积上。试验结果表明，在离受荷端（横截面 $AB$）距离近似等于 $2R$ 处的横截面 $CD$ 上，压应力 $p$ 基本上已均匀分布，$p = N_p/A_b < p_1$，为全截面受压。图 10-21 中的 $ABCD$ 区就是局部受压区，对预应力混凝土构件称为锚固区。

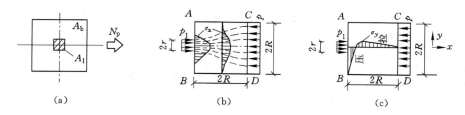

图 10-21　预应力筋锚下应力分布

在 $N_p$ 的作用下，锚固区的混凝土实际上处于较复杂的三向应力状态。与纵向法向应力 $\sigma_x$ 垂直的还有横向法向应力 $\sigma_y$ 和 $\sigma_z$。

在锚固区 $ABCD$ 范围内，绝大部分 $\sigma_x$ 都是压应力，如图 10-21(b)所示，在纵轴 $x$ 轴上其值最大，其中又以 $x$ 轴与 $AB$ 面的交点处为最大；而在 $A$、$B$ 点附近则可能为拉应力，但数值较小。$\sigma_y$ 主要分布在 $x$ 轴附近，图 10-21(c)即为沿 $x$ 轴的分布，可以看出，在靠近垫板处为压应力，且压应力很大，但随着远离垫板，压应力减小很快，出现了大范围的拉应力。

一般而言，贴近垫板下的局部受压区处于三向受压状态，这里往往并不直接发生破坏，而破坏往往发生在 $\sigma_y$ 为拉应力的区域。因此，为防止锚下局部受压破坏，常常在局部受压区配置间接钢筋。

（2）端部受压截面尺寸要求

为了满足构件端部局部受压区的抗裂要求，防止该区段混凝土由于施加预应力而出现沿构件长度方向上的裂缝，需要配置间接钢筋。但是，为了避免产生过大的局部变形使垫板下陷，对配置间接钢筋的混凝土结构构件，其局部受压区的截面尺寸首先应符合下列要求：

$$F_l \leqslant 1.35\beta_c\beta_l f_c A_{ln} \tag{10-54}$$

式中　$F_l$——局部受压面上作用的局部荷载或局部压力设计值。对后张法预应力混凝土构件的锚头局压区的压力设计值，应取 1.2 倍张拉控制力。

$f_c$——混凝土轴心抗压强度设计值。在后张法预应力混凝土构件的张拉阶段验算中，应符合相应阶段的混凝土立方体抗压强度值。

$\beta_c$——混凝土强度影响系数。当混凝土强度等级不超过 C50 时，取 $\beta_c=1.0$；当混凝土强度等级为 C80 时，取 $\beta_c=0.8$；其他按线性内插法确定。

$\beta_l$——混凝土局部受压时的强度提高系数，按下式计算：

$$\beta_l = \sqrt{\frac{A_b}{A_l}} \tag{10-55}$$

式中　$A_l$——混凝土的局部受压面积。

$A_{ln}$——混凝土局部受压净面积。对后张法构件，应在混凝土局部受压面积中扣除孔道、凹槽部分的面积。

$A_b$——混凝土局部受压的计算底面积，可由局部受压面积与计算底面积按同心、对称的原则确定。对常用情况，可按图 10-22 取用。

当不满足式(10-54)时，应加大端部锚固区的截面尺寸，调整锚具位置或提高混凝土强度等级。

（3）局部承压区的承载力计算及构造要求

当配置方格网式或螺旋式间接钢筋且其核心面积 $A_{cor} \geqslant A_l$ 时（图 10-23），局部受压承载力应符合下列规定：

$$F_l \leqslant 0.9(\beta_c\beta_l f_c + 2\alpha\rho_v\beta_{cor}f_y)A_{ln} \tag{10-56}$$

式中　$\rho$——间接钢筋体积配筋率（核心面积 $A_{cor}$ 范围内单位混凝土体积所含间接钢筋的体积），按下列要求计算。

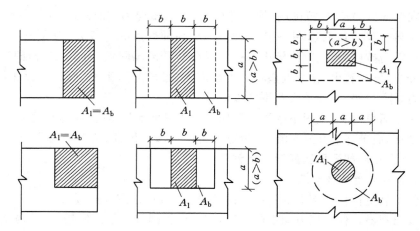

图 10-22　局部受压的计算底面积

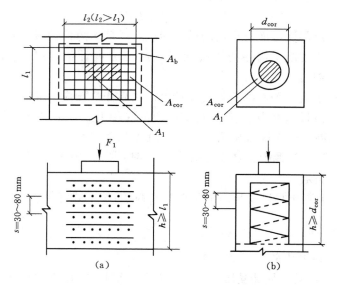

图 10-23　局部受压区的间接钢筋
（a）方格网式配筋；（b）螺旋式配筋

当为方格网式配筋时［图 10-23(a)］，其体积配筋率 $\rho_v$ 应按下式计算：

$$\rho_v = \frac{n_1 A_{s1} l_1 + n_2 A_{s2} l_2}{A_{cor} s} \tag{10-57}$$

此时钢筋网两个方向上单位长度内钢筋截面面积的比值不宜大于 1.5。

当为螺旋式配筋时［图 10-23(b)］，其体积配筋率 $\rho_v$ 应按下式计算：

$$\rho_v = \frac{4 A_{ssl}}{d_{cor} s} \tag{10-58}$$

式中　$\beta_{cor}$——配置间接钢筋的局部受压承载力提高系数，按下式计算：

$$\beta_{cor} = \sqrt{\frac{A_{cor}}{A_1}} \tag{10-59}$$

式中　α——间接钢筋对混凝土约束的折减系数,当混凝土强度等级不超过 C50
　　　　　　时,取 1.0,当混凝土强度等级为 C80 时,取 0.85,其间按线性内插
　　　　　　法确定。

　　　　$A_{cor}$——方格网式或螺旋式间接钢筋内表面范围内的混凝土核心面积
　　　　　　(不扣除孔道面积),其重心应与 $A_1$ 的重心重合,计算中仍按同
　　　　　　心对称的原则取用,但应符合 $A_1 \leqslant A_{cor} \leqslant A_b$。

　　　　$n_1, A_{s1}$——方格网沿 $l_1$ 方向的钢筋根数、单根钢筋的截面面积。

　　　　$n_2, A_{s2}$——方格网沿 $l_2$ 方向的钢筋根数、单根钢筋的截面面积。

　　　　$A_{ss1}$——单根螺旋式间接钢筋的截面面积。

　　　　$d_{cor}$——螺旋式间接钢筋内表面范围内的混凝土截面直径。

　　　　$s$——方格网式或螺旋式间接钢筋的间距,宜取 30~80 mm。

　　间接钢筋应配置在图 10-23 中所规定的 $h$ 范围内;间接钢筋直径一般为 6~8
mm;当配置方格网配筋时,其两个方向的单位长度内的钢筋截面面积相差不应大
于 1.5 倍,且网片不应少于 4 片;配置螺旋钢筋时,不应少于 4 圈。另外,间接钢筋
的体积配筋率 $\rho_v$ 不应小于 0.5%。

　　如果验算不能满足式(10-56)时,对于方格网片,应增加钢筋根数,加大钢筋
直径,减小钢筋网的间距;对于螺旋筋,应加大直径,减小螺距。

## 10.2.5　预应力混凝土构件的构造要求

　　预应力混凝土构件的构造要求,除应满足普通钢筋混凝土结构的有关规定
外,尚应根据预应力张拉工艺、锚固措施、预应力钢筋种类等的不同,相应的还要
满足其特有的构造要求。

### 10.2.5.1　一般规定

　　(1)截面形式和尺寸

　　设计任何结构构件时应选择几何特性良好的截面形式。对于预应力轴心受
拉构件,通常采用正方形或矩形截面;对于预应力受弯构件,可采用 T 形、I 形、
箱形等截面,这是因为它们有较大的受压翼缘,节省了腹部混凝土,减轻了自重。

　　为了便于布置预应力钢筋以及提高施工阶段预压区的抗压能力,可在 T 形
截面下边做一较狭的翼缘,其厚度可比上翼缘厚,这样就成为上下不对称的 I 形
截面。

　　截面形式沿构件纵轴也可以变化,如跨中为 I 形,近支座处为了承受较大的
剪力并能有足够的位置布置锚具,在两端做成矩形。

　　由于预应力构件的抗裂度和刚度较大,其截面尺寸可比普通钢筋混凝土构
件小些。对预应力受弯构件,其截面高度 $h = l/20 \sim l/14$,最小可为 $l/15$($l$ 为跨
度),大致为普通钢筋混凝土梁高的 70%;翼缘宽度一般可取 $h/3 \sim h/2$,翼缘厚
度可取 $h/10 \sim h/6$,腹板宽度尽可能薄些,可取 $h/15 \sim h/8$。

　　决定截面尺寸时,既要考虑构件承载力,又要考虑抗裂度和刚度的需要,而
且还必须考虑施工时模板制作、钢筋、锚具布置等要求。

　　(2)预应力纵向钢筋的布置

　　预应力纵向钢筋的布筋方式常有直线形、曲线形及折线形。

① 直线布筋——当荷载和跨度不大时采用直线布筋方式。直线布筋最简单，如图10-24(a)所示，施工时用先张法或后张法均可。

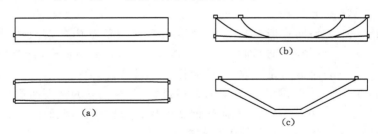

图 10-24　预应力钢筋的布置
(a) 直线布筋；(b) 曲线布筋；(c) 折线布筋

② 曲线布筋——当跨度和荷载较大时，可采用曲线布筋，如图 10-24(b)所示，一般用于后张法。如预应力混凝土屋面梁、吊车梁等构件中，为防止由于施加预应力而产生预拉区的裂缝和减少支座附近区段的主拉应力，以及防止施加预应力时，在构件端部产生沿截面中部的纵向水平裂缝，在靠近支座部分，宜将一部分预应力钢筋弯起，且预应力钢筋尽可能沿构件端部均匀布置。

③ 折线布筋——当跨度和荷载较大时，还可采用折线布筋，如图 10-24(c)所示。折线布筋可用于有倾斜受拉边的梁，一般用于先张法。

(3) 非预应力纵向钢筋的布置

预应力构件中，除配置预应力钢筋外，为了防止施工阶段因混凝土收缩和温差作用以及制作、堆放、运输、吊装时引起预拉区开裂或减小裂缝宽度，以及提高构件极限承载力增加构件延性，往往还需要在构件截面设置一定数量的非预应力钢筋，如图 10-25 所示。

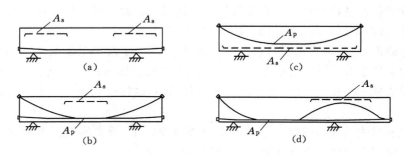

图 10-25　非预应力钢筋的布置
(a) 直线布筋；(b)(c) 曲线布筋；(d) 折线布筋

图 10-25(a)表示在吊点附近设置的非预应力钢筋；图 10-25(b)表示在跨中预拉区设置的非预应力钢筋，该非预应力钢筋还可以提高梁在使用阶段跨中截面受压区(施工阶段预拉区)的受压能力；图 10-25(c)表示跨中截面的下面受拉区同时配置预应力钢筋及非预应力钢筋；图 10-25(d)表示外伸梁支座截面上面受拉区同时配置预应力钢筋及非预应力钢筋。

由于预应力钢筋先进行张拉，所以非预应力钢筋的实际应力在使用阶段始终低于预应力钢筋。为充分发挥非预应力钢筋的作用,非预应力钢筋的强度等级宜低于预应力钢筋,一般可采用普通热轧钢筋。

在预应力钢筋弯折处应加密箍筋或沿弯折处内侧布置非预应力钢筋网片,以加强在钢筋弯折区段的混凝土。

**(4) 构件端部的构造钢筋**

在后张法预应力混凝土构件端部宜按下列规定布置构造钢筋:

① 宜将一部分预应力钢筋在靠近支座处弯起,弯起的预应力钢筋宜沿构件端部均匀布置;

② 当构件端部预应力钢筋需集中布置在上部和下部时,应在构件端部0.2h($h$ 为构件端部截面高度)范围内设置附加竖向焊接钢筋网、封闭式箍筋或其他形式的构造钢筋;

③ 附加竖向钢筋宜采用带肋钢筋,其截面面积应符合下列要求:

a. 当 $e \leqslant 0.1h$ 时:

$$A_{sv} \geqslant 0.3 \frac{N_p}{f_y} \tag{10-60}$$

b. 当 $0.1h < e \leqslant 0.2h$ 时:

$$A_{sv} \geqslant 0.15 \frac{N_p}{f_y} \tag{10-61}$$

c. 当 $e > 0.2h$ 时,可根据实际情况适当配置构造钢筋。

式中 $N_p$——作用在构件端部截面重心线上部或下部预应力钢筋的合力;

$e$——截面重心线上部或下部预应力钢筋的合力点至截面近边缘的距离;

$f_y$——附加竖向钢筋的抗拉强度设计值。

当端部截面上部或下部均有预应力钢筋时,附加竖向钢筋的总截面面积应按上部和下部预应力合力分别计算的数值叠加后采用。

对于端部锚固区,应按下列规定配置间接钢筋:

① 应按照本章10.2.4有关规定进行局部受压承载力计算,并配置间接钢筋,其体积配筋率不应小于0.5%。

② 在局部受压间接钢筋配置区以外,在构件端部长度不小于 $3e$,但不大于 $1.2h$($h$ 为构件端部截面高度)、高度为 $2e$ 的附加配筋区范围内应均匀配置附加箍筋或网片,其体积配筋率不应小于0.5%。

③ 对槽形板类构件,为防止板面端部产生纵向裂缝,宜在构件端部 100 mm 范围内沿构件板面设置附加的横向钢筋,其数量不少于 2 根。

④ 当构件在端部有局部凹进时,为防止在预加应力过程中端部转折处产生裂缝,应增设折线构造钢筋(图 10-26)。当有足够依据时,亦可采用其他的端部附加钢筋的配置方法。

**(5) 预应力钢筋的接头**

① 预应力钢筋最好用整根的,不要有接头。只有在不得已时才可考虑把钢筋接起来用,这时轴心受拉构件必须采用焊接接头,受弯构件宜优先采用焊接接头,钢筋焊接接头的类型和质量应符合国家现行《混凝土结构工程施工及验收规

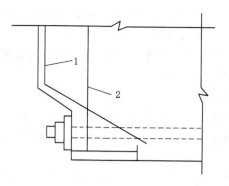

图 10-26　端部转折处构造
1——折线构造钢筋，2——竖向构造钢筋

范》(GB 50524—2002)的要求。

② 轴心受拉构件的受力钢筋不得采用非焊接的搭接接头。

③ 直接承受中、重级工作制吊车的构件，其纵向受拉钢筋不得采用绑扎搭接接头，且不得在钢筋上焊有任何附件(端头锚固除外)，也不宜采用焊接接头。如钢筋长度不够时，仅对一些符合规定的纵向受拉钢筋采用焊接接头，具体参考相关规定。

**10.2.5.2　先张法构件的构造要求**

(1) 钢筋(丝)间距

先张法预应力钢筋之间的净间距应根据浇筑混凝土、施加预应力及钢筋锚固等要求确定。预应力钢筋之间的净间距不应小于其公称直径或等效直径的2.5 倍和混凝土粗骨料最大粒径的 1.25 倍，且应符合下列规定：对热预应力钢丝，不应小于 15 mm；对 3 股钢绞线，不应小于 20 mm；对 7 股钢绞线，不应小于 25 mm。当混凝土振捣密实性具有可靠保证时，净间距可放宽为最大粗骨料粒径的 1.0 倍。

(2) 钢丝的黏结和锚固

先张法预应力混凝土构件应保证钢筋与混凝土之间有可靠的黏结力，宜采用变形钢筋、刻痕钢丝、钢绞线等。当采用光面钢丝作预应力配筋时，应根据钢丝强度、直径及构件的受力特点采取适当措施，保证钢丝在混凝土中可靠锚固，防止钢丝滑动。并应考虑在预应力传递长度范围内抗裂性较低的不利影响。

(3) 钢筋的保护层

为了保证钢筋与外围混凝土的黏结锚固，防止放松预应力钢筋时在构件端部沿预应力钢筋周围出现裂缝，必须有一定的混凝土保护层厚度。纵向预应力钢筋的最小保护层厚度取值同普通钢筋混凝土构件。

(4) 端部附加钢筋

在放松预应力钢筋时，端部有时会产生裂缝，为此，对预应力钢筋端部周围的混凝土应采取下列加强措施：

① 对单根配置的预应力钢筋，其端部宜设置长度不小于 150 mm 且不少于

4 圈的螺旋筋[图 10-27(a)];当有可靠经验时,亦可利用支座垫板上的插筋代替螺旋筋,但插筋数量不应少于 4 根,其长度不宜小于 120 mm[图 10-27(b)]。

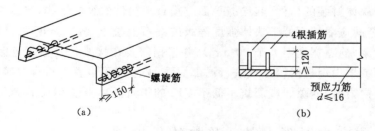

图 10-27　端部附加钢筋
(a) 螺旋筋;(b) 插筋

② 对分散布置的多根预应力钢筋,在构件端部 10d(d 为预应力钢筋的公称直径)范围内应设置 3～5 片与预应力钢筋垂直的钢筋网。

③ 对采用预应力钢丝配筋的薄板,在板端 100 mm 范围内应适当加密横向钢筋。

### 10.2.5.3　后张法构件的构造要求

（1）预留孔道

后张法预应力钢丝束、钢绞线束的预留孔道应符合下列规定:

① 对预制构件,孔道之间的水平净距不宜小于 50 mm,且不宜小于粗骨料最大粒径的 1.25 倍;孔道至构件边缘的净距,梁底不宜小于 50 mm,梁侧不宜小于 40 mm;裂缝控制等级为三级的梁,梁底、梁侧分别不宜小于 60 mm 和 50 mm。

② 预留孔道的内径应比预应力钢丝束或钢绞线束外径及需穿过孔道的连接器外径大6～15 mm,且孔道的截面积宜为穿入预应力束截面积的 3～4 倍。

③ 在构件两端及跨中应设置灌浆孔或排气孔,其孔距不宜大于 12 m。

④ 凡制作时需要预先起拱的构件,预留孔道宜随构件同时起拱。

（2）曲线预应力钢筋的曲率半径

① 钢丝束、钢绞线束以及钢筋直径 $d \leq 12$ mm 的钢筋束,不宜小于 4 m。

② 12 mm $< d \leq 25$ mm 的钢筋,不宜小于 12 m。

③ $d > 25$ mm 的钢筋,不宜小于 15 m。

对折线布筋的构件,在折线预应力钢筋弯折处的曲率半径可适当减小。

（3）锚具

后张法预应力钢筋的锚固应选用可靠的锚具,其制作方法和质量要求应符合国家现行《混凝土结构工程施工及验收规范》(GB 50524—2002)的规定。

（4）端部混凝土的局部扩大与加强

构件端部尺寸,应考虑锚具的布置、张拉设备的尺寸和局部受压的要求,在必要时应适当加大。

在预应力钢筋锚具下和张拉设备的支承处,应采用预埋钢垫板及附加横向钢筋网片或螺旋式钢筋等局部加强措施。

对外露金属锚具应采取涂刷油漆、砂浆封闭等防锈措施。

（5）对采用块体拼装构件的要求

采用块体拼装的构件，其接缝平面应垂直于构件的纵向轴线，当接头承受内力时，缝隙间应灌筑不低于块体强度等级的细石混凝土（缝隙宽度大于 20 mm）或水泥砂浆（缝隙宽度不大于 20 mm），并根据需要在接头处及其附近区段内用加大截面或增设焊接网等方式进行局部加强，必要时可设置钢板焊接接头，当接头不承受内力时，缝隙间应灌筑不低于 C15 的细石混凝土或 M15 的水泥砂浆。

## 10.3 预应力混凝土轴心受拉构件设计

由于预应力混凝土的抗裂性好，常用做建筑工程中的轴心受拉构件，如桁架的下弦杆及受拉腹杆、拱的竖向拉杆、预应力圆形水管、圆形储液池的池壁等。预应力轴心受拉构件的截面多为矩形，预应力钢筋与非预应力钢筋在截面上均呈对称布置。

预应力轴心受拉构件的设计内容包括使用阶段的承载力计算和抗裂验算以及施工阶段的受力验算和变形验算。各阶段的应力分析是上述工作的基础。

### 10.3.1 轴心受拉构件的应力分析

在预应力混凝土轴心受拉构件中，往往需要同时配置预应力钢筋（$A_p$）和非预应力钢筋（$A_s$）。两类钢筋和混凝土的应力状态以及构件的工作特点在施工阶段（包括张拉制造、运输、安装等几个阶段）和使用阶段（自承受使用荷载直至构件发生破坏）是不相同的，具有明显的阶段性。只有掌握各个阶段的应力发展特点，才能对预应力混凝土构件进行全面的设计。

不同施工方法、不同工作阶段中，截面应力分析需要采用不同的截面组合（混凝土、预应力钢筋、非预应力钢筋）方式；组合截面一般是以混凝土为基材，钢筋则被转换成等效混凝土，等效依据是：钢筋与混凝土共同工作时，两者的应变增量相同，于是，应力增量就与各自的弹性模量成正比。设钢筋与混凝土的弹性模量比为 $\alpha_{E_{s(p)}}$，则钢筋与混凝土的应力增量的关系为：$\Delta\sigma_{s(p)} = \alpha_{E_{s(p)}} \cdot \Delta\sigma_c$。因此，将面积为 $A_{s(p)}$ 的钢筋等效成混凝土，则其等效面积为 $\alpha_{E_{s(p)}} \cdot A_{s(p)}$。

于是，不同条件下预应力混凝土构件截面应力分析所需的组合截面面积有：

① 毛截面面积：

$$A = bh \tag{10-62}$$

② 混凝土截面面积：

$$A_c = A - A_s - A_p \tag{10-63}$$

③ 净截面面积：

$$A_n = A_c + \alpha_{E_s} A_s = A - A_p + (\alpha_{E_s} - 1)A_s \tag{10-64}$$

④ 换算截面面积：

$$A_0 = A_c + \alpha_{E_s} A_s + \alpha_{E_p} A_p = A + (\alpha_{E_s} - 1)A_s + (\alpha_{E_s} - 1)A_p \tag{10-65}$$

　　下面分别介绍先张法构件和后张法构件不同阶段的应力分析。

### 10.3.1.1　先张法构件

　　先张法预应力混凝土轴心受拉构件从张拉钢筋开始直至构件破坏,可分为以下 8 个应力阶段,见表 10-9 所示,下面予以分析。

　　(1) 施工阶段

　　① 张拉预应力钢筋。

　　张拉预应力筋时,预应力筋的拉应力为 $\sigma_{con}$,预应力筋的总预拉力为 $N_{con}$(即为千斤顶所示数值),其关系为:

$$N_{con} = \sigma_{con} A_p \tag{10-66}$$

式中　　$A_p$——预应力钢筋面积。

　　② 完成第一批预应力损失。

　　此阶段从锚固预应力筋、浇筑混凝土、蒸养构件开始,直到放张预应力筋挤压混凝土前。此阶段完成了第一批预应力损失 $\sigma_{lI} = \sigma_{l1} + \sigma_{l3} + \sigma_{l4}$,预应力筋的拉应力降为 $\sigma_p = \sigma_{com} - \sigma_{lI}$;由于尚未放松预应力筋,混凝土尚未受力,故 $\sigma_{pc} = 0$。

　　③ 放松预应力筋后瞬间。

　　放松预应力筋后,预应力筋回缩,通过预应力筋和混凝土间的黏结力挤压混凝土,这就使混凝土受到预压应力 $\sigma_{pcI}$,混凝土受压后产生压缩变形 $\sigma_{pcI}/E_c$;预应力钢筋因与混凝土黏结在一起也随之回缩同样数值,这就使预应力钢筋的拉应力进一步降低,其降低的数值等于 $\sigma_{pcI} \cdot E_c/E_s = a_E \sigma_{pcI}$。此时,预应力钢筋的拉应力为:

$$\sigma_{pI} = \sigma_{con} - \sigma_{lI} - \alpha_E \sigma_{pcI} \tag{10-67}$$

　　同时,非预应力钢筋随混凝土的压缩相应产生预压应力 $\sigma_{sI}$:

$$\sigma_{sI} = - a_E \sigma_{pcI} \tag{10-68}$$

　　根据截面内力平衡条件:

$$\sigma_{pcI} A_c + \sigma_{sI} A_s = \sigma_{pI} A_p \tag{10-69}$$

　　将式(10-67)和式(10-68)代入式(10-69)得:

$$\sigma_{pcI} A_c + \alpha_E \sigma_{pcI} A_s = (\sigma_{con} - \sigma_{lI} - \alpha_E \sigma_{pcI}) A_p \tag{10-70}$$

　　从中可求得完成第一批预应力损失后混凝土的预压应力为:

$$\sigma_{pcI} = \frac{(\sigma_{con} - \sigma_{lI}) A_p}{A_c + \alpha_E A_s + \alpha_E A_p} = \frac{N_{pI}}{A_n + \alpha_E A_p} = \frac{N_{pl}}{A_0} \tag{10-71}$$

式中　　$A_c$——截面中混凝土面积;

　　　　$A_n$——净截面积,见式(10-64);

　　　　$A_0$——换算截面积,见式(10-65);

　　　　$N_{pI}$——完成第一批预应力损失后,预应力钢筋的总预拉力 $N_{pI} = (\sigma_{con} - \sigma_{lI}) A_p$。

　　式(10-71)也可以理解为:当放松预应力钢使混凝土受压时,将钢筋回缩力 $N_{pI}$ 看成外力,由于预应力钢筋与混凝土黏结在一起共同变形,因此构件截面积中应包括预应力钢筋的折算截面积 $a_E A_p$ 在内,计算时应采用总的换算截面积 $A_0$,钢筋回缩力作用在换算面积 $A_0$ 上,使截面产生压力 $\sigma_{pcI}$。

④ 完成第二批预应力损失。

此阶段已完成全部预应力损失。混凝土受压后,随着时间的增长又发生收缩与徐变,并使预应力钢筋产生进一步松弛,预拉应力进一步降低,完成了第二批预应力损失 $\sigma_{lII}$。

此时,$\sigma_{lII} = \sigma_{l5}$;混凝土的预压应力由 $\sigma_{pcI}$ 降为 $\sigma_{pcII}$;预应力筋的预拉应力由 $\sigma_{pI}$ 降为 $\sigma_{pcII}$,则:

$$\sigma_{pII} = (\sigma_{con} - \sigma_{lI} - a_E\sigma_{pcI}) - \sigma_{lII} + a_E(\sigma_{pcI} - \sigma_{pcII}) = \sigma_{con} - \sigma_l - a_E\sigma_{pcII} \tag{10-72}$$

同时,非预应力钢筋随混凝土收缩、徐变继续缩短,相应预压应力 $\sigma_{sII}$ 为:

$$\sigma_{sII} = -\sigma_{l5} - a_E\sigma_{pcII} \tag{10-73}$$

$\sigma_{pcII}$ 的值可从内力平衡条件求得:

$$\sigma_{pcII}A_c + \sigma_{sII}A_s = \sigma_{pII}A_p \tag{10-74}$$

将式(10-72)和式(10-73)代入式(10-74)得:

$$\sigma_{pcII}A_c + \sigma_{l5}A_s + \alpha_E\sigma_{pcII}A_s = (\sigma_{con} - \sigma_l - \alpha_E\sigma_{pcII})A_p \tag{10-75}$$

从中可求得完成所有预应力损失后混凝土的预压应力为:

$$\sigma_{pcII} = \frac{(\sigma_{con} - \sigma_l)A_p - \sigma_{l5}A_s}{A_c + \alpha_E A_s + \alpha_E A_p} = \frac{N_{pII}}{A_0} \tag{10-76}$$

式中 $N_{pII}$——完成所有预应力损失后,预应力钢筋和非预应力钢筋的总预拉力,$N_{pII} = (\sigma_{con} - \sigma_l)A_p - \sigma_{l5}A_s$。

(2)使用阶段

① 消压状态。

对构件施加轴心受拉荷载,加载至混凝土预压应力为零(截面处于消压状态),其轴心受拉荷载记为 $N_{p0}$,此时 $\sigma_{pc} = 0$,$\sigma_{s0} = -\sigma_{l5}$,预应力钢筋的应力为:

$$\sigma_{p0} = \sigma_{pII} + a_E\sigma_{pcII} = \sigma_{con} - \sigma_l - a_E\sigma_{pcII} + a_E\sigma_{pcII} = \sigma_{con} - \sigma_l \tag{10-77}$$

另外,根据截面内力平衡条件可得到消压轴力 $N_{p0}$ 为:

$$N_{p0} = \sigma_{pcII}A_0 \tag{10-78}$$

② 即将开裂前。

继续加载,混凝土将受拉,当混凝土应力达到其抗拉强度 $f_{tk}$ 时,即将出现裂缝。此时,非预应力钢筋的应力为 $-\sigma_{l5} + \alpha_E f_{tk}$,预应力钢筋的拉应力则在 $\sigma_{p0}$ 的基础上再增加 $\alpha_E f_{tk}$,即:

$$\sigma_{pcr} = \sigma_{con} - \sigma_l + \alpha_E f_{tk} \tag{10-79}$$

另外,此时的轴向拉力称为开裂轴力,记为 $N_{cr}$,根据平衡条件有:

$$N_{cr} = (\sigma_{pcII} + f_{tk})A_0 \tag{10-80}$$

③ 开裂后。

当轴心拉力 $N > N_{cr}$ 后,截面开裂。开裂后,轴向拉力将只由预应力钢筋和非预应力钢筋承受,平衡关系为:

$$N = \sigma_p A_p + \sigma_s A_s \tag{10-81}$$

(3)破坏阶段

当预应力钢筋应力达到其抗拉强度 $f_{py}$ 时,构件到达其极限承载能力状态,

**表 10-9　先张法预应力混凝土轴心受拉构件各阶段应力分析**

| 受力阶段 | 简 图 | 力筋应力 $\sigma_p$ | 混凝土应力 $\sigma_{pc}$ | 非预应力筋应力 $\sigma_s$ | 平衡关系 | 说　明 |
|---|---|---|---|---|---|---|
| 施工阶段 a. 在台座上穿力筋 | | $0$ | — | — | — | — |
| b. 张拉力筋 | | $\sigma_{con}$ | — | — | — | 力筋被拉长,其应力等于 $\sigma_{con}$ |
| c. 完成第一批损失 | | $\sigma_{con}-\sigma_{lI}$ | $0$ | $0$ | — | 力筋拉应力减小了 $\sigma_{lI}$；混凝土尚未受力 |
| d. 放松力筋瞬间 | | $\sigma_{pI}=\sigma_{con}-\sigma_{lI}$ $-\alpha_E\sigma_{pcI}$ | $\sigma_{pcI}=\dfrac{N_{pI}}{A_0}$ | $-\alpha_E\sigma_{pcI}$ | $N_{pI}=(\sigma_{con}-\sigma_{lI})A_p$ $=\sigma_{pcI}A_0$ | 混凝土受到 $\sigma_{pcI}$ 而缩短；力筋回缩,其应力减小了 $\alpha_E\sigma_{pcI}$ |
| e. 完成第二批损失 | | $\sigma_{pII}=\sigma_{con}-\sigma_l$ $-\alpha_E\sigma_{pcII}$ | $\sigma_{pcII}=\dfrac{N_{pII}}{A_0}$ | $-\sigma_{l5}-\alpha_E\sigma_{pcII}$ | $N_{pII}=(\sigma_{con}-\sigma_l)A_p$ $-\sigma_{l5}A_s$ $=\sigma_{pcII}A_0$ | 混凝土和力筋再缩短,后者拉应力降至 $\sigma_{pcII}$ |
| 使用阶段 f. 加载至消压状态 | | $\sigma_{p0}=\sigma_{con}-\sigma_l$ | $0$ | $-\sigma_{l5}$ | $N_{p0}=N_{pII}$ | 力减小了 $\sigma_{pcII}$ 压应力减至 $0$,减小了 $\alpha_E\sigma_{pcII}$,后者拉应力增加了 $\alpha_E\sigma_{pcII}$ |
| g. 加载至将裂状态 | | $\sigma_{pcr}=\sigma_{con}-\sigma_l$ $+\alpha_E f_{tk}$ | $f_{tk}$ | $-\sigma_{l5}+\alpha_E f_{tk}$ | $N_{cr}=N_{pII}+f_{tk}A_0$ $=(\sigma_{pcII}+f_{tk})A_0$ | 混凝土和力筋再被拉长,前者受 $f_{tk}$ 的拉应力,后者拉应力增加了 $\alpha_E f_{tk}$ |
| h. 加载至破坏状态 | | $f_{py}$ | $0$ | $f_y$ | $N_u=f_{py}A_p+f_y A_s$ | 混凝土拉裂,力筋再被拉长,拉应力增至 $f_{py}$ |

注："力筋"系指预应力钢筋,下同。

此时非预应力钢筋也达到了受拉屈服强度。构件的极限承载能力为：

$$N_u = f_{py}A_p + f_yA_s \qquad (10\text{-}82)$$

图 10-28 为先张法轴心受拉构件应力发展图。

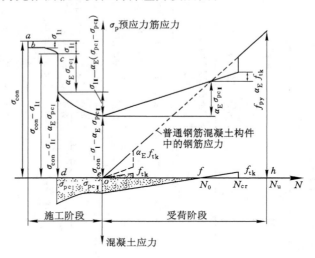

图 10-28　先张法轴心受拉构件应力发展图

### 10.3.1.2　后张法构件

后张法预应力混凝土轴心受拉构件各阶段应力状态和先张法轴心受拉构件有许多共同点。但是，由于张拉工艺不同，它又具有某些不同于先张法构件的应力特点。

与先张法一样，后张法轴心受拉构件也分为若干个应力阶段，如表 10-10 各阶段应力状态讨论如下。

（1）施工阶段

① 张拉预应力钢筋。

张拉预应力钢筋时，混凝土同时受压，并产生摩擦损失 $\sigma_{l2}$，这时预应力筋的拉应力为：

$$\sigma_p = \sigma_{con} - \sigma_{l2} \qquad (10\text{-}83)$$

根据截面内力平衡条件可得混凝土预压应力为：

$$\sigma_{pc} = (\sigma_{con} - \sigma_{l2})\frac{A_p}{A_n} \qquad (10\text{-}84)$$

同时，非预应力钢筋也受到了预压应力 $\sigma_s$：

$$\sigma_s = -a_E\sigma_{pc} \qquad (10\text{-}85)$$

② 张拉结束并锚固。

当张拉结束并将预应力钢筋锚固在构件上时，随即产生锚固损失，从而完成了第一批损失 $\sigma_{l1}$。此时预应力钢筋中应力为：

$$\sigma_{pI} = \sigma_{con} - \sigma_{l2} - \sigma_{l1} = \sigma_{con} - \sigma_{lI} \qquad (10\text{-}86)$$

根据截面内力平衡条件可得混凝土预压应力为：

表 10-10

**先张法预应力混凝土轴心受拉构件各阶段应力分析**

| 受力阶段 | 简图 | 力筋应力 $\sigma_p$ | 混凝土应力 $\sigma_{pc}$ | 非预应力筋应力 $\sigma_s$ | 平衡关系 | 说明 |
|---|---|---|---|---|---|---|
| **施工阶段** a. 在台座上穿力筋 | | 0 | 0 | 0 | — | — |
| b. 张拉力筋 | $\sigma_p$ 土；$\sigma_{pc}$（压） | $\sigma_p = \sigma_{con} - \sigma_{l2}$ | $\sigma_{pc} = \dfrac{N_p}{A_n}$ | $-\alpha_E \sigma_{pc}$ | $N_p = (\sigma_{con} - \sigma_{l2})A_p = \sigma_{pc}A_n$ | 力筋被拉长并发生摩擦损失，其应力等于 $\sigma_p = \sigma_{con} - \sigma_{l2}$；混凝土受压缩短 |
| c. 完成第一批损失 | $\sigma_{pI}$；$\sigma_{pcI}$（压） | $\sigma_{pI} = \sigma_{con} - \sigma_{lI}$ | $\sigma_{pcI} = \dfrac{N_{pI}}{A_n}$ | $-\alpha_E \sigma_{pcI}$ | $N_{pI} = (\sigma_{con} - \sigma_{lI})A_p = \sigma_{pcI}A_n$ | 力筋缩短，其拉应力减小了 $\sigma_{lI}$；混凝土压应力降至 $\sigma_{II}$ |
| d. 完成第二批损失 | $\sigma_{pII}$；$\sigma_{pcII}$（压） | $\sigma_{pII} = \sigma_{con} - \sigma_l$ | $\sigma_{pcII} = \dfrac{N_{pII}}{A_n}$ | $-\sigma_{l5} - \alpha_E \sigma_{pcII}$ | $N_{pII} = (\sigma_{con} - \sigma_l)A_p - \sigma_{l5}A_s = \sigma_{pcII}A_n$ | 混凝土和力筋再缩短，前者压应力降至 $\sigma_{pcII}$，后者拉应力减小了 $\sigma_{lII}$ |
| **使用阶段** e. 加载至消压状态 | $N_{cr}$；$\sigma_{pcr}$；$f_{tk}$（拉） | $\sigma_{p0} = \sigma_{con} - \sigma_l + \alpha_E \sigma_{pcII}$ | 0 | $-\sigma_{l5}$ | $N_{p0} = \sigma_{p0}A_0$ | 混凝土应力减至 0，减小了 $\sigma_{pcII}$，后者拉应力增加了 $\alpha_E \sigma_{pcII}$ |
| f. 加载至将裂状态 | $N_{cr}$；$\sigma_{pcr}$；$f_{tk}$（拉） | $\sigma_{pcr} = \sigma_{con} - \sigma_l + \alpha_E \sigma_{pcII} + \alpha_E f_{tk}$ | $f_{tk}$ | $-\sigma_{l5} + \alpha_E f_{tk}$ | $N_{cr} = N_{p0} + f_{tk}A_0 = (\sigma_{pcII} + f_{tk})A_0$ | 混凝土和力筋再被拉长，前者受 $f_{tk}$ 的拉应力，后者拉应力增加了 $\alpha_E f_{tk}$ |
| g. 加载至破坏状态 | $N_u$；$f_{py}$ | $f_{py}$ | 0 | $f_y$ | $N_u = f_{py}A_p + f_y A_s$ | 混凝土拉裂，力筋应力增至 $f_{py}$，拉应力增长，力筋再放长 |

$$\sigma_{pcI} = (\sigma_{con} - \sigma_{1I}) \frac{A_p}{A_n} \tag{10-87}$$

同时，非预应力钢筋也受到了预压应力 $\sigma_{sI}$：

$$\sigma_{sI} = -a_E \sigma_{pcI} \tag{10-88}$$

③ 完成第二批损失。

随着时间增长，将产生钢筋的应力松弛及混凝土的收缩徐变引起的应力损失 $\sigma_{l4}$ 和 $\sigma_{l5}$，最后完成了第Ⅱ批预应力损失 $\sigma_{1II}$；同时，非预应力钢筋的压应力也增加了 $\sigma_{l5}$。这时，预应力钢筋的应力降为：

$$\sigma_{pII} = (\sigma_{con} - \sigma_{1I}) - (\sigma_{l4} + \sigma_{l5}) = \sigma_{con} - \sigma_{1I} - \sigma_{1II} = \sigma_{con} - \sigma_1 \tag{10-89}$$

根据截面内力平衡条件可得混凝土预压应力为：

$$\sigma_{pcII} = \frac{(\sigma_{con} - \sigma_1)A_p - \sigma_{l5}A_s}{A_n} \tag{10-90}$$

非预应力钢筋的压应力变为：

$$\sigma_{sII} = -\sigma_{l5} - a_E \sigma_{pcII} \tag{10-91}$$

$\sigma_{pII}$ 即为扣除各种预应力损失后后张法构件混凝土所建立的有效预应力值。

（2）使用阶段

① 消压状态。

对构件施加轴心受拉荷载，加载至混凝土预压应力为零（截面处于消压状态），其轴心受拉荷载仍记为 $N_{p0}$，此时 $\sigma_{pc}=0$，$\sigma_{s0}=-\sigma_{l5}$，预应力钢筋的应力为：

$$\sigma_{p0} = \sigma_{pII} + a_E \sigma_{pcII} = \sigma_{con} - \sigma_1 + a_E \sigma_{pcII} \tag{10-92}$$

另外，根据截面内力平衡条件可得到消压轴力 $N_{p0}$ 为：

$$N_{p0} = \sigma_{pcII} A_0 \tag{10-93}$$

② 即将开裂前。

继续加载，混凝土将受拉，当混凝土应力达到其抗拉强度 $f_{tk}$ 时，即将出现裂缝。此时，非预应力钢筋的应力为 $-\sigma_{l5}+\alpha_E f_{tk}$，预应力钢筋的拉应力则在 $\sigma_{p0}$ 的基础上再增加 $\alpha_E f_{tk}$，即：

$$\sigma_{pcr} = \sigma_{con} - \sigma_1 + \alpha_E (\sigma_{pcII} + f_{tk}) \tag{10-94}$$

另外，截面内力平衡条件可得开裂轴力为：

$$N_{cr} = (\sigma_{pcII} + f_{tk})A_0 \tag{10-95}$$

③ 开裂后。

当轴心拉力 $N>N_{cr}$ 后，截面开裂。开裂后，轴向拉力将只由预应力钢筋和非预应力钢筋承受，平衡关系为：

$$N = \sigma_p A_p + \sigma_s A_s \tag{10-96}$$

（3）破坏阶段

当预应力钢筋应力达到其抗拉强度 $f_{py}$ 时，构件到达其极限承载能力状态，此时非预应力钢筋也达到了受拉屈服强度。构件的极限承载能力为：

$$N_u = f_{py} A_p + f_y A_s \tag{10-97}$$

图 10-29 为先张法轴心受拉构件应力发展图。

从前面的应力分析来看，不管是先张法构件还是后张法构件，预应力混凝土

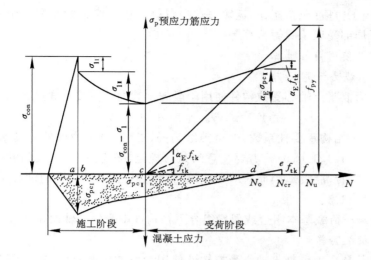

图 10-29　后张法轴心受拉构件应力发展图

轴心受拉构件有以下几个共同特点：

① 预应力钢筋始终处于高应力状态,构件承受外载之前,预应力钢筋的最大应力为张拉控制应力 $\sigma_{\text{con}}$。

② 混凝土在消压轴力 $N_0$ 以前一直处于受压状态,避免了普通钢筋混凝土受拉构件那种拉力很小时就开裂的缺点,即预应力混凝土出现裂缝比普通混凝土晚得多,裂缝出现时的荷载与破坏荷载比较接近。

③ 预应力混凝土轴心受拉构件的承载能力取决于截面上所配置的纵筋的面积和强度。对于同样截面尺寸,同样配筋和材料的预应力混凝土和普通钢筋混凝土构件,其极限承载力是相同的。当然,普通钢筋混凝土构件实际上是无法配置像预应力结构那样的高强材料的,因为那样会使混凝土裂缝过宽而超过正常使用极限状态。

进一步对比先张法和后张法构件应力计算公式,还可以看出：

① 在施工阶段,由于施工工艺不同,先张法构件预应力筋的应力比后张法构件少 $a_{\text{E}}\sigma_{\text{pc}}$。同样,在 $N_0$,$N_{\text{cr}}$ 作用下,先张法构件预应力筋的应力比后张法构件少 $a_{\text{E}}\sigma_{\text{pcII}}$。这表明,后张法构件比先张法构件的预应力效率高,即在同样的预应力效率条件下,后张法构件的张拉控制应力可以比后张法构件的低 $a_{\text{E}}\sigma_{\text{pcII}}$。

② $\sigma_{\text{pcII}}$ 的计算公式,先张法和后张法构件的形式基本相同,但在公式中先张法构件用换算截面面积 $A_0$,而后张法构件用净截面面积 $A_{\text{n}}$。如果是相同的 $\sigma_{\text{con}}$,相同的混凝土截面尺寸、相同的预应力筋及其截面面积,则后张法构件的有效预应力值 $\sigma_{\text{pcII}}$ 要高些,这也从另一个方面说明了后张法构件比先张法构件的预应力效率高。

③ 使用阶段 $N_0$、$N_{\text{cr}}$、$N_{\text{u}}$ 的计算公式,在先、后张法构件中是相同的,但两者中的 $\sigma_{\text{pcII}}$ 值并不相同。

## 10.3.2　轴心受拉构件设计

预应力混凝土轴心受拉构件的设计内容主要包括使用阶段承载力计算和抗

裂验算、施工阶段(包括制作、运输、吊装)混凝土法向应力验算和后张法构件锚具垫板下局部受压承载力验算等。

### 10.3.2.1 使用阶段计算

(1)承载力计算

预应力混凝土轴心受拉构件使用阶段的承载力计算按下式进行:

$$\gamma_0 N \leqslant N_u = f_{py}A_p + f_yA_s \qquad (10\text{-}98)$$

式中 $\gamma$——结构重要性系数,安全等级为一、二、三级结构构件时其 $\gamma_0$ 分别取 1.1、1.0、0.9;需要注意的是,《规范》规定屋架、托架的安全等级应提高一级,因此对一般建筑物的屋架、托架结构中的轴心拉杆,$\gamma_0 = 1.1$。

$N$——荷载基本组合或偶然组合下在构件中产生的轴向拉力设计值。

(2)抗裂验算

在进行预应力混凝土轴心受拉构件使用阶段抗裂验算时,首先需要根据预应力混凝土结构所处的环境类别和结构类别确定构件的裂缝控制等级及最大裂缝宽度限值,然后可从本书第 9 章第 2 节中选择相应的公式进行验算。

验算时,对于扣除全部预应力损失后在抗裂验算边缘混凝土的预压应力 $\sigma_{pc}$,按先张法和后张法分别由本章式(10-76)和式(10-90)计算;对于混凝土法向预应力等于零时全部纵向预应力和非预应力钢筋的合力 $N_{p0}$,按先张法和后张法分别由本章式(10-78)和式(10-93)计算。

### 10.3.2.2 施工阶段的验算

预应力混凝土轴心受拉构件在制作、运输、吊装等各阶段均有不同特点,从施加预应力起,构件中的预应力筋就开始处于高应力状态。在放张(先张)或张拉预应力筋结束(后张)时,截面混凝土受到的压应力值最大,而这时混凝土的强度一般尚达不到设计强度,通常为设计强度的 75%;以后由于各种预应力损失的出现,混凝土的预压应力将逐渐降低;在运输和吊装过程中,由于受到自重弯矩的影响,使其截面混凝土的压应力进一步增大。因此,对于轴心受拉构件,需进行制作、运输及吊装阶段的应力计算。另外,后张法构件在制作过程中还要验算锚具垫板下局部受压承载力。

(1)混凝土法向应力验算

预应力混凝土结构构件的施工阶段,在预加力、自重及施工荷载(必要时应考虑动力系数)作用下,其截面边缘的混凝土法向应力应符合下列规定:

$$\sigma_{ct} \leqslant f'_{tk} \text{ 或 } \sigma_{ct} \leqslant 2f'_{tk} \qquad (10\text{-}99)$$

$$\sigma_{cc} \leqslant 0.8f'_{ck} \qquad (10\text{-}100)$$

式中 $\sigma_{ct}, \sigma_{cc}$——相应施工阶段计算截面边缘纤维的混凝土拉应力、压应力,按下式计算:

$$\frac{\sigma_{cc}}{\sigma_{ct}} = \sigma_{pcI} + \frac{N_k}{A_0} \pm \frac{M_k}{W_0} \qquad (10\text{-}101)$$

式中 $f_{tk}, f'_{ck}$——与各施工阶段混凝土立方体抗压强度 $f'_{cu}$ 相应的抗拉强度标准值与抗压强度标准值;

$N_k$，$M_k$——构件自重及施工荷载的标准组合在计算截面产生的轴向力
值、弯矩值；

$W_0$——验算边缘的换算截面弹性抵抗矩；

$\sigma_{pc\,I}$——预应力钢筋放张或张拉结束时，混凝土的预压应力，按下式
计算：

先张法：

$$\sigma_{pc\,I} = \frac{(\sigma_{con} - \sigma_{l\,I})A_p}{A_0} \qquad (10\text{-}102)$$

后张法：

$$\sigma_{pc\,I} = \frac{\sigma_{con}A_p}{A_n} \qquad (10\text{-}103)$$

式(10-99)中前一式适用于无预拉区或预拉区不允许出现裂缝的构件，后一式则适用于预拉区允许出现裂缝而在预拉区不配置预应力钢筋的构件。

（2）后张法构件锚具垫板下局部受压承载力验算

详见本书第 8 章中的介绍。

## 10.3.3 轴心受拉构件设计步骤及示例

预应力混凝土轴心受拉构件的设计步骤如图 10-30 所示。

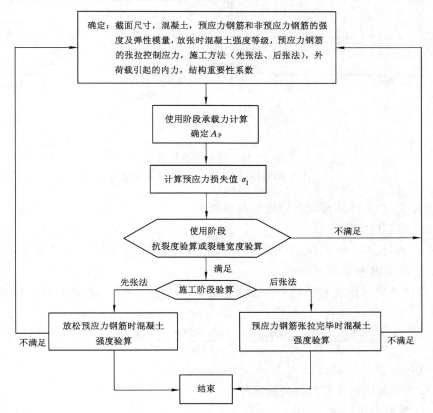

图 10-30 预应力混凝土轴心受拉构件的设计步骤

【例 10-1】　24 m 后张法预应力混凝土屋架下弦杆如图 10-31 所示,承受永久荷载标准值产生的拉力 $N_{Gk}＝380$ kN,可变荷载标准值产生的拉力 $N_{Qk}＝165$ kN,准永久值系数 $\psi_q＝0.4$;杆件自重产生的跨中弯矩标准值 $M_{Gk}＝2.1$ kN・m;下弦杆截面尺寸为 250 mm×180 mm,孔道由 $\phi55$ 波纹管形成;混凝土采用 C40,当混凝土达到设计规定的强度等级时一端张拉预应力钢筋;预应力钢筋采用 $f_{ptk}＝1\ 860$ N/mm² 的低松弛钢绞线,单根公称直径为 10.8 mm,单根公称面积为 59.3 mm²;普通钢筋采用 HRB400 级钢筋;采用夹片锚具;裂缝控制等级为二级,结构重要性系数 $\gamma_0＝1.1$。

求:(1)计算预应力钢筋的截面面积;

(2)荷载作用阶段的抗裂验算;

(3)施工阶段验算;

(4)局部受压承载力验算。

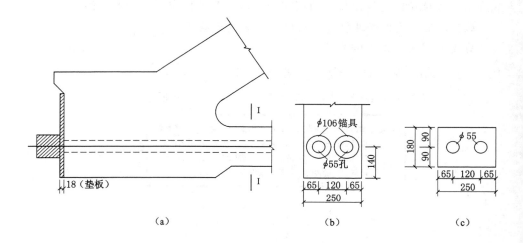

图 10-31　屋架下弦构造

(a)侧面图;(b)端面图;(c) Ⅰ—Ⅰ断面图

【解】　(1)计算预应力钢筋的截面面积

① 轴心拉力设计值。

$$N＝\gamma_0(\gamma_G N_{Gk}＋\gamma_Q N_{Qk})＝1.1×(1.2×380＋1.4×165)＝755.7\ \text{kN}$$

② 预应力钢筋截面面积。

按构造要求配置非预应力钢筋 4 ⚄ 10,$A_s＝314$ mm²,则所需预应力钢筋的面积:

$$A_p＝\frac{N－f_y A_s}{f_{py}}＝\frac{755.7×10^3－360×314}{1\ 320}＝486.86\ \text{mm}^2$$

选用 2 束 5 $\phi^s$10.8(1×3),$A_p＝593$ mm²。

(2)荷载作用阶段的抗裂验算

① 截面力学特性。

a. 低松弛钢绞线与 C40 混凝土弹性模量比:

$$\alpha_{Ep} = \frac{E_p}{E_c} = \frac{1.95 \times 10^5}{3.25 \times 10^4} = 6.0$$

b. HRB400 级钢筋与 C40 混凝土弹性模量比:

$$\alpha_{Es} = \frac{E_s}{E_c} = \frac{2.0 \times 10^5}{3.25 \times 10^4} = 6.15$$

c. 净截面面积:

$$A_n = A_c + \alpha_{Es} A_s$$

$$= \left(250 \times 180 - 2 \times \frac{\pi}{4} \times 55^2 - 314\right) + 6.15 \times 314 = 41\ 866\ mm^2$$

d. 换算截面面积(换算截面面积用于使用过程中的计算,此时孔道已灌浆封满):

$$A_0 = 250 \times 180 + (6.15 - 1) \times 314 \times (6.1 - 1) = 49\ 582.1\ mm^2$$

e. 换算截面惯性矩:

$$I_0 = \frac{1}{12} \times 150 \times 180^3 + (6.15 - 1) \times \frac{314}{4} \times 70^2 \times 4 = 1.29 \times 10^8\ mm^4$$

② 预应力钢筋的张拉控制应力。

$$\sigma_{con} = 0.75 f_{ptk} = 0.75 \times 1\ 860 = 1\ 395\ N/mm^2$$

③ 预应力损失。

a. 锚具变形和钢筋内缩引起的预应力损失:

$$\sigma_{l1} = \frac{a}{l} E_p = \frac{5}{24\ 000} \times 1.95 \times 10^5 = 40.6\ N/mm^2$$

b. 预应力钢筋与孔道壁之间的摩擦引起的预应力损失:

$$\sigma_{l2} = (\kappa x + \mu\theta)\sigma_{con} = (0.001\ 5 \times 24) \times 1\ 395 = 50.22\ N/mm^2$$

第一批预应力损失: $\sigma_{l\mathrm{I}} = \sigma_{l1} + \sigma_{l2} = 40.6 + 50.22 = 90.82\ N/mm^2$

c. 预应力钢筋松弛损失(采用超张拉):

$$\sigma_{l4} = 0.2 \left(\frac{\sigma_{con}}{f_{ptk}} - 0.575\right)\sigma_{con}$$

$$= 0.2 \times \left(\frac{1\ 395}{1\ 860} - 0.575\right) \times 1\ 395 = 48.825\ N/mm^2$$

d. 混凝土收缩和徐变引起的预应力损失:

$$\sigma_{pc\mathrm{I}} = \frac{N_{p\mathrm{I}}}{A_n} = \frac{\sigma_{con} - \sigma_{l\mathrm{I}}}{A_n} A_p = \frac{(1\ 395 - 90.82) \times 593}{41\ 866}$$

$$= \frac{773\ 378.74}{41\ 866} = 18.47\ N/mm^2$$

$\dfrac{\sigma_{pc\mathrm{I}}}{f'_{cu}} = \dfrac{18.47}{40} = 0.463 < 0.5$,满足规范要求;

$$\rho = \frac{0.5(A_p + A_s)}{A_n} = \frac{0.5 \times (593 + 314)}{41\ 866} = 0.010\ 8$$

则 $\sigma_{l5} = \dfrac{55 + 300 \times 0.463}{1 + 15 \times 0.010\ 8} = 166.9\ N/mm^2$。

第二批预应力损失：$\sigma_{l\rm{II}} = \sigma_{l4} + \sigma_{l5} = 48.825 + 166.9 = 215.725 \ \text{N/mm}^2$。

总预应力损失：$\sigma_l = \sigma_{l\rm{I}} + \sigma_{l\rm{II}} = 90.82 + 215.725 = 306.545 \ \text{N/mm}^2$。

④ 抗裂验算。

考虑屋架下弦自重的影响，按偏心受拉计算。

预应力钢筋及非预应力钢筋的合力：

$$\sigma_{pe} = \sigma_{con} - \sigma_l = 1\ 395 - 306.545 = 1\ 088.455 \ \text{N/mm}^2$$

$$N_p = \sigma_{pe}A_p - \sigma_{l5}A_s = 1\ 088.455 \times 593 - 166.9 \times 314$$
$$= 593\ 047.215 \ \text{N}$$

预应力产生的混凝土预压应力的大小：

$$\sigma_{ck} = \frac{N_p}{A_n} = \frac{593\ 047.215}{41\ 866} = 14.2 \ \text{N/mm}^2$$

按荷载效应的标准组合计算截面下边缘应力：

$$\sigma_{pc} = \frac{M_k y_0}{I_0} + \frac{N_k}{A_0} = \frac{2.1 \times 10^6 \times 90}{1.297 \times 10^8} + \frac{(380 + 165) \times 10^3}{49\ 582.1}$$
$$= 1.46 + 11.0 = 12.5 \ \text{N/mm}^2（拉应力）$$

验算：$\sigma_{ck} - \sigma_{pc} = 12.5 - 14.2 = -1.7 \ \text{N/mm}^2 < f_{tk} = 2.39 \ \text{N/mm}^2$（满足要求）

（3）施工阶段验算

施工阶段在预加力（扣除第一批预应力损失）和自重的作用下，截面边缘的混凝土压应力为：

$$\sigma_{cc} = \frac{M_k y_0}{I_0} + \frac{N_{p\rm{I}}}{A_n} = -\frac{2.1 \times 10^6 \times 90}{1.297 \times 10^8} + \frac{773378.74}{41\ 866} = 17.0 \ \text{N/mm}^2$$
$$< 0.8 f'_{ck} = 0.8 \times 26.8 = 21.4 \ \text{N/mm}^2（满足要求）$$

（4）局部受压承载力验算

局部受压承载力验算如图 10-32 所示。

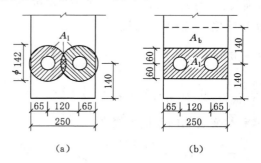

图 10-32 局部受压区

（a）局压区；（b）简化局压区

① 局部压力设计值和局部受压面积计算。

$$F_l = 1.2 A_p \sigma_{con} = 1.2 \times 593 \times 1\ 395 = 992\ 682 \ \text{N}$$

采用夹片式锚具，其直径为 106 mm，垫板厚度 18 mm，按 45°扩散后，受压面积的直径为 $106 + 2 \times 18 = 142 \ \text{mm}$，由图 10-32 可见受压面积有一部分相互重合，另一部分突出构件外侧。经计算，局部受压面积为 $A_l = 30\ 001 \ \text{mm}^2$，将此面积换算成宽 250 mm 的矩形，其长度应为 30 001/250＝120 mm［图 10-32(b)］；净局部受压面积为 $A_{ln}＝A_1－2×\pi×55^2/4＝25\ 252\ mm^2$。

在屋架端部，由预留孔中心至下边缘的距离为 140 mm，于是 $A_b＝2×140×250＝70\ 000\ mm^2$。

于是有：

$$\beta_l＝\sqrt{\frac{A_b}{A_1}}＝\sqrt{\frac{70\ 000}{30\ 001}}＝1.53$$

② 局部受压面积验算。

$1.35\beta_c\beta_l\beta_cA_{ln}＝1.35×1×1.53×19.1×25\ 252$
$\qquad\qquad\qquad＝996\ 218\ N＞F_1＝992\ 682\ N(满足要求)$

③ 局部受压承载力验算。

根据经验，屋架端部配置钢筋焊接网，钢筋为 HRB400 级 ⌀8，网片间距 $s＝50$ mm，共 5 片，$l_1＝220\ mm$，$l_2＝230\ mm$，$A_{s1}＝A_{s2}＝50.3\ mm^2$，$n_1＝n_2＝4$。下面对其进行验算：

$A_{cor}＝220×230＝50\ 600\ mm^2$；

$$\rho_v＝\frac{n_1A_{s1}l_1＋n_2A_{s2}l_2}{A_{cor}s}＝\frac{4×50.3×220＋4×50.3×230}{50\ 600×50}＝0.036；$$

$$\beta_{cor}＝\sqrt{\frac{A_{cor}}{A_1}}＝\sqrt{\frac{50\ 600}{30\ 001}}＝1.3。$$

于是有：

$0.9(\beta_c\beta_lf_c＋2\alpha\rho_v\beta_{cor}f_y)A_{ln}＝0.9×(1.0×1.53×19.1＋2×1.0×0.036×1.3×360)×25\ 252＝1\ 429\ 947\ N＞F_1＝992\ 682\ N(满足要求)$。

## 10.4　预应力混凝土受弯构件设计

预应力混凝土受弯构件广泛应用于工程结构中。在建筑工程中常见的预应力受弯构件有空心板、大型屋面板、工字型截面梁、T 形截面吊车梁、V 形折板、双 T 板、薄腹屋面梁等；在公路和铁路桥梁中常见的受弯构件有 T 形梁、槽形截面梁、工字梁以及箱形截面梁等。多层及高层建筑中的预应力混凝土楼盖结构也属于预应力混凝土受弯构件的范畴。

根据受力条件的不同，预应力混凝土受弯构件截面的配筋方式也不同。首先，一般受弯构件在使用阶段的截面受拉区必须要配置预应力钢筋 $A_p$，以及为了防止在制作、运输和吊装等施工阶段出现裂缝，或为了提高构件受力的延性，在使用阶段的截面受拉区和受压区往往还配置一些非预应力钢筋 $A_s$ 和 $A'_s$，如图 10-33(a)所示；然后，对于跨度较大、荷载较大的大型构件，由于受拉区配置了较多的预应力钢筋，这相当于在混凝土截面上施加了一个很大的偏心预压力 $N_p$，从而使构件产生过大的反拱以及顶面的严重开裂，因此，这种大型构件的梁顶部受压区往往也需配置少量的预应力钢筋 $A'_p$，如图 10-33(b)所示。

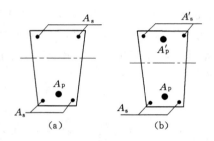

图 10-33　预应力受弯构件配筋方式

(a) 拉区配置预应力筋；(b) 拉、压区配置预应力筋

### 10.4.1　受弯构件的应力分析

由于配筋比较复杂，使得预应力混凝土受弯构件截面应力分布也比较复杂。对照预应力轴心受拉构件[图 10-34(a)]，由于其预应力钢筋 $A_p$ 和非预应力钢筋 $A_s$ 均对称布置于截面中，所以预应力钢筋的总拉力 $N_p$ 可认为作用在截面的形心轴上，混凝土受到的预压应力均匀，即全截面均匀受压。但是在预应力受弯构件中如果截面只配置 $A_p$[图 10-34(b)]，则 $N_p$ 作用在 $A_p$ 的位置上，它靠近截面的受拉边缘，远离截面的形心轴，所以混凝土受到了偏心预压，上下边缘的预应力以 $\sigma'_{pc}$ 和 $\sigma_{pc}$ 表示，并且 $\sigma'_{pc}$ 往往是拉应力，截面上混凝土所受到的预应力图呈两个三角形；如果截面同时配置 $A'_p$ 和 $A_p$（一般 $A_p > A'_p$），则预应力钢筋 $A_p$ 和 $A'_p$ 的预拉力的合力 $N_p$ 位于 $A_p$ 和 $A'_p$ 之间，这时混凝土的预压应力图形有两种可能[图 10-34(c)]：如果 $A'_p$ 配置较少，则应力图形为两个三角形，即 $\sigma'_{pc}$ 为拉应力；如果 $A'_p$ 配置较多，则应力图形为梯形，$\sigma'_{pc}$ 为压应力，其值小于 $\sigma_{pc}$。

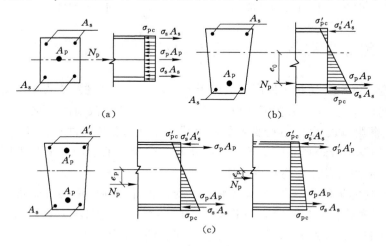

图 10-34　预应力构件截面应力分布

(a) 轴心受拉构件；(b) 拉区配置预应力筋的受弯构件；

(c) 拉、压区配置预应力筋的受弯构件

从施加预应力到构件破坏的整个受力过程中，预应力混凝土受弯构件和预应力轴心受拉构件类似，同样可以划分为施工阶段和使用阶段，并在每个阶段中包括若干受力过程。

### 10.4.1.1 施工阶段

施工各阶段构件截面应力分析可按下述思路理解：首先将混凝土净截面或换算界面看成受力体，将所有预应力钢筋和非预应力钢筋统一看成作用体，从中计算各阶段混凝土的应力，即某阶段混凝土的应力等于将假想混凝土未获得预应力但力筋却已完成相应阶段预应力损失时全部预应力钢筋和非预应力钢筋的合力值 $N_{p0}$（先张法）或 $N_{pe}$（后张法）作用于换算截面（先张法）或净截面（后张法）上后所得的混凝土应力；有了混凝土应力后，预应力钢筋和非预应力钢筋的应力则可根据截面变形协调关系求得。为此，下面首先讨论预应力钢筋与非预应力钢筋的合力大小及作用位置以及由此求得的混凝土应力表达式。

（1）预应力钢筋及非预应力钢筋的合力大小、作用位置以及混凝土应力

在施工各阶段，预应力混凝土受弯构件中预应力钢筋和非预应力钢筋的合力大小及作用位置计算如图 10-35 所示。需要说明的是，在不同的施工阶段，各类钢筋的应力均有变化，因而合力大小和作用位置也有变化，需根据具体情况确定。

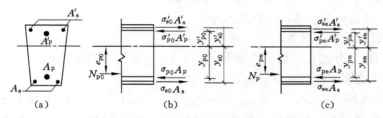

图 10-35　预应力钢筋及非预应力钢筋的合力
(a) 断面形式；(b) 先张法；(c) 后张法

① 先张法构件：

$$N_{p0} = \sigma_{p0} A_p + \sigma'_{p0} A'_p - \sigma_{s0} A_s - \sigma'_{s0} A'_s \tag{10-104}$$

$$e_{p0} = \frac{\sigma_{p0} A_p y_{p0} - \sigma'_{p0} A'_p y'_{p0} - \sigma_{s0} A_s y_{s0} + \sigma'_{s0} A'_s y'_{s0}}{N_{p0}} \tag{10-105}$$

$$\sigma_{pc}(y_0) = \frac{N_{p0}}{A_0} + \frac{N_{p0} e_{p0}}{I_0} y_0 \tag{10-106}$$

② 后张法构件：

$$N_p = \sigma_{pe} A_p + \sigma'_{pe} A'_p - \sigma_{se} A_s - \sigma'_{se} A'_s \tag{10-107}$$

$$e_{pn} = \frac{\sigma_{pe} A_p y_{pn} - \sigma'_{pe} A'_p y'_{pn} - \sigma_{se} A_s y_{sn} + \sigma'_{se} A'_s y'_{sn}}{N_p} \tag{10-108}$$

$$\sigma_{pc}(y_n) = \frac{N_p}{A_n} + \frac{N_p e_{pn}}{I_n} y_n \tag{10-109}$$

式中　$N_{p0}$，$N_p$——先张法构件、后张法构件的预应力钢筋及非预应力钢筋的合力；

$\sigma_{p0}$，$\sigma'_{p0}$——受拉区、受压区预应力钢筋合力点处混凝土法向应力等于零时的预应力钢筋应力，等于控制应力减去相应预应力损失；

$\sigma_{pe}$，$\sigma'_{pe}$——受拉区、受压区预应力钢筋的有效预应力，等于控制应力减去相应

预应力损失;

$\sigma_{s0}$, $\sigma'_{s0}$ ——受拉区、受压区预应力钢筋合力点处混凝土法向应力等于零时的非预应力钢筋应力，等于 $\sigma_{15}$;

$\sigma_{se}$, $\sigma'_{se}$ ——受拉区、受压区非预应力钢筋的非预压应力，等于 $\sigma_{15}$;

$I_0$, $I_n$ ——换算截面惯性矩、净截面惯性矩;

$y_0$ ——换算截面重心至计算位置间距离的代数值，计算位置与 $N_{p0}$ 在截面重心同侧者为正，否则为负;

$y_{p0}$, $y'_{p0}$ ——受拉区、受压区预应力钢筋合力点至换算截面重心的距离;

$y_{s0}$, $y'_{s0}$ ——受拉区、受压区非预应力钢筋重心至换算截面重心的距离;

$\sigma_{pc}(y_0)$ ——换算截面 $y_0$ 处混凝土的预应力;

$y_n$ ——净截面重心至计算位置间距离的代数值，计算位置与 $N_p$ 在截面重心同侧者为正，否则为负;

$y_{pn}$, $y'_{pn}$ ——受拉区、受压区预应力钢筋合力点至净截面重心的距离;

$y_{sn}$, $y'_{sn}$ ——受拉区、受压区非预应力钢筋重心至净截面重心的距离;

$\sigma_{pc}(y_n)$ ——净截面 $y_n$ 处混凝土的预应力。

（2）先张法构件施工阶段应力分析

① 张拉预应力钢筋。

在台座上分别张拉预应力钢筋 $A_p$ 和 $A'_p$ 至张拉控制应力 $\sigma_{con}$ 和 $\sigma'_{con}$。

② 完成第一批预应力损失。

在完成包括 $\sigma_{11}$、$\sigma_{13}$、$\sigma_{14}$ 和 $\sigma'_{11}$、$\sigma'_{13}$、$\sigma'_{14}$ 等第一批预应力损失后，混凝土尚未结硬，它和非预应力钢筋的应力均为零。根据式（10-104）和式（10-105），预应力钢筋合力 $N_{p0\text{I}}$ 及其作用点至换算截面重心的偏心距 $e_{p0\text{I}}$ 按下式计算：

$$N_{p0\text{I}} = \sigma_{p0\text{I}} A_p + \sigma'_{p0\text{I}} A'_p = (\sigma_{con} - \sigma_{1\text{I}}) A_p + (\sigma'_{con} - \sigma'_{1\text{I}}) A'_p$$

$$(10\text{-}110)$$

$$e_{p0\text{I}} = \frac{\sigma_{p0\text{I}} A_p y_{p0} - \sigma'_{p0\text{I}} A'_p y'_{p0}}{N_{p0\text{I}}} = \frac{(\sigma_{con} - \sigma_{1\text{I}}) A_p y_{p0} - (\sigma'_{con} - \sigma'_{1\text{I}}) A'_p y'_{p0}}{N_{p0\text{I}}}$$

$$(10\text{-}111)$$

③ 放松预应力钢筋、预压混凝土和非预应力钢筋。

此时，混凝土所得到的应力等于将完成第一批预应力损失后全部预应力钢筋的合力作用于换算截面上的应力，即：

$$\sigma_{pc\text{I}}(y_0) = \frac{N_{p0\text{I}}}{A_0} + \frac{N_{p0\text{I}} e_{p0\text{I}}}{I_0} y_0 \qquad (10\text{-}112)$$

各预应力钢筋及非预应力钢筋的应力为：

$$\sigma_{p\text{I}} = \sigma_{p0\text{I}} - \alpha_E \cdot \sigma_{pc\text{I}}(y_{p0}) = \sigma_{con} - \sigma_{1\text{I}} - \alpha_E \cdot \sigma_{pc\text{I}}(y_{p0}) \quad (10\text{-}113)$$

$$\sigma'_{p\text{I}} = \sigma'_{p0\text{I}} - \alpha_E \cdot \sigma_{pc\text{I}}(y'_{p0}) = \sigma'_{con} - \sigma'_{1\text{I}} - \alpha_E \cdot \sigma_{pc\text{I}}(y'_{p0}) \quad (10\text{-}114)$$

$$\sigma_{s\text{I}} = -\alpha_E \cdot \sigma_{pc\text{I}}(y_{s0}) \qquad (10\text{-}115)$$

$$\sigma'_{s\text{I}} = -\alpha_E \cdot \sigma_{pc\text{I}}(y'_{s0}) \qquad (10\text{-}116)$$

④ 完成第二批预应力损失。

混凝土预压后，由于混凝土的收缩和徐变将产生预应力损失 $\sigma_{15}$ 和 $\sigma'_{15}$，亦即预应力钢筋将完成第二批预应力损失。此时，为求得混凝土的应力，必须首先求出对应于全截面混凝土应力为零时全部完成第二批预应力损失的预应力钢筋与非预应力钢筋的合力 $N_{p0 \text{II}}$ 及其作用点至换算截面重心的偏心距 $e_{p0 \text{II}}$。根据式（10-104）和式（10-105），$N_{p0 \text{II}}$ 和 $e_{p0 \text{II}}$ 分别按下式计算：

$$N_{p0 \text{II}} = (\sigma_{con} - \sigma_1) A_p + (\sigma'_{con} - \sigma'_1) A'_p - \sigma_{15} A_s - \sigma'_{15} A'_s \tag{10-117}$$

$$e_{p0 \text{II}} = \frac{(\sigma_{con} - \sigma_1) A_p y_{p0} - (\sigma'_{con} - \sigma_{11}) A'_p y'_{p0} - \sigma_{15} A_s y_{s0} - \sigma'_{15} A'_s y'_{s0}}{N_{p0 \text{II}}} \tag{10-118}$$

于是，混凝土的应力为：

$$\sigma_{p0 \text{II}}(y_0) = \frac{N_{p0 \text{II}}}{A_0} + \frac{N_{p0 \text{II}} e_{p0 \text{II}}}{I_0} y_0 \tag{10-119}$$

各预应力钢筋及非预应力钢筋的应力为：

$$\sigma_{p \text{II}} = \sigma_{con} - \sigma_1 - \alpha_E \cdot \sigma_{pc \text{II}}(y_{p0}) \tag{10-120}$$

$$\sigma'_{p \text{II}} = \sigma'_{con} - \sigma'_1 - \alpha_E \cdot \sigma_{pc \text{II}}(y'_{p0}) \tag{10-121}$$

$$\sigma_{s \text{II}} = -\sigma_{15} - \alpha_E \cdot \sigma_{pc \text{II}}(y_{s0}) \tag{10-122}$$

$$\sigma'_{s \text{II}} = -\sigma'_{15} - \alpha_E \cdot \sigma_{pc \text{II}}(y'_{s0}) \tag{10-123}$$

（3）后张法构件施工阶段应力分析

① 张拉预应力钢筋、预压混凝土和非预应力钢筋。

在构件上分别张拉预应力钢筋 $A_p$ 和 $A'_p$ 至张拉控制应力 $\sigma_{con}$ 和 $\sigma'_{con}$。张拉过程中，产生摩擦预应力损失 $\sigma_{12}$ 和 $\sigma'_{12}$，同时，预应力钢筋的拉力由混凝土和非预应力钢筋的压力平衡。

② 完成第一批预应力损失。

张拉完毕锚固后，预应力钢筋将产生锚固预应力损失 $\sigma_{11}$ 和 $\sigma'_{11}$，至此，预应力钢筋完成了第一批预应力损失。此时，根据式（10-104）和式（10-105），预应力钢筋合力 $N_{p \text{I}}$（非预应力钢筋尚无非预压之额外应力）及其作用点至净截面重心的偏心距 $e_{pn \text{I}}$ 按下式计算：

$$N_{p \text{I}} = (\sigma_{con} - \sigma_{1 \text{I}}) A_p + (\sigma'_{con} - \sigma'_{1 \text{I}}) A'_p \tag{10-124}$$

$$e_{pn \text{I}} = \frac{(\sigma_{con} - \sigma_{1 \text{I}}) A_p y_{pn} - (\sigma'_{con} - \sigma'_{1 \text{I}}) A'_p y'_{pn}}{N_{p \text{I}}} \tag{10-125}$$

于是，混凝土的应力为：

$$\sigma_{pc \text{I}}(y_n) = \frac{N_{p \text{I}}}{A_n} + \frac{N_{p \text{I}} e_{pn \text{I}}}{I_n} y_n \tag{10-126}$$

各预应力钢筋及非预应力钢筋的应力为：

$$\sigma_{p \text{I}} = \sigma_{con} - \sigma_{1 \text{I}} \tag{10-127}$$

$$\sigma'_{p \text{I}} = \sigma'_{con} - \sigma'_{1 \text{I}} \tag{10-128}$$

$$\sigma_{s \text{I}} = -\alpha_E \cdot \sigma_{pc \text{I}}(y_{sn}) \tag{10-129}$$

$$\sigma'_{s \text{I}} = -\alpha_E \cdot \sigma_{pc \text{I}}(y'_{sn}) \tag{10-130}$$

③ 完成第二批预应力损失。

在完成包括 $\sigma_{14}$、$\sigma_{15}$ 和 $\sigma'_{14}$、$\sigma'_{15}$ 等第二批预应力损失后，根据式（10-104）和

式(10-105)，$N_{p\rm II}$ 和 $e_{pn\rm II}$ 分别按下式计算：

$$N_{p\rm II} = (\sigma_{con} - \sigma_l)A_p + (\sigma'_{con} - \sigma'_l)A'_p - \sigma_{l5}A_5 - \sigma'_{l5}A'_s \qquad (10\text{-}131)$$

$$e_{pn\rm I} = \frac{(\sigma_{con} - \sigma_{l\rm I})A_p y_{pn} - (\sigma'_{con} - \sigma'_{l\rm I})A'_p y'_{pn} - \sigma_{l5}A_s y_{sn} - \sigma'_{l5}A'_s y'_{sn}}{N_{p\rm II}}$$

$$(10\text{-}132)$$

于是，混凝土的应力为：

$$\sigma_{pc\rm II}(y_n) = \frac{N_{p\rm II}}{A_n} + \frac{N_{p\rm II} e_{pn\rm II}}{I_n} y_n \qquad (10\text{-}133)$$

各预应力钢筋及非预应力钢筋的应力为：

$$\sigma_{p\rm II} = \sigma_{con} - \sigma_l \qquad (10\text{-}134)$$

$$\sigma'_{p\rm II} = \sigma'_{con} - \sigma'_l \qquad (10\text{-}135)$$

$$\sigma_{s\rm II} = -\sigma_{l5} - \alpha_E \cdot \sigma_{pc\rm II}(y_{sn}) \qquad (10\text{-}136)$$

$$\sigma'_{s\rm II} = -\sigma'_{l5} - \alpha_E \cdot \sigma_{pc\rm II}(y'_{sn}) \qquad (10\text{-}137)$$

### 10.4.1.2 使用阶段

在使用阶段，受弯构件可以看成在预应力和荷载共同作用[图 10-36(a)、图 10-36(b)]下工作。此阶段中，预应力作用基本保持不变，因此随着荷载不断增大，构件的受力过程也可分为三个阶段，即整体工作阶段、带裂缝工作阶段和破坏阶段，下面分别予以分析。需要说明的是，在使用阶段，由于后张法构件中预应力钢筋、非预应力钢筋以及混凝土都已黏结成整体，在荷载作用下将共同变形，与先张法构件没有区别，因此，此阶段应力分析将针对两类构件同时进行。

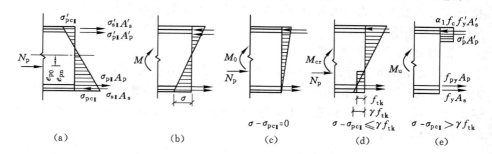

图 10-36　受弯构件截面应力变化
(a) 仅有预应力作用；(b) 仅有荷载作用；(c) 截面下边缘混凝土应力为零；
(d) 截面下边缘混凝土即将出现裂缝；(e) 承载力极限状态

（1）整体工作阶段

① 加荷至受拉边缘混凝土预压应力为零。

此状态相当于求出一个特定的外荷载 $M_0$，在该荷载作用下预应力构件截面下边缘混凝土预压应力恰好为零，此 $M_0$ 称为消压弯矩。由于是整体工作阶段，应力分析可以采用叠加的方法，因此，上述条件也等效于 $M_0$ 单独作用在截面上使截面下边缘混凝土的法向拉应力为 $\sigma_{pc\rm II}$，于是得 $M_0$ 为：

$$M_0 = \sigma_{pc\rm II} W_0 \qquad (10\text{-}138)$$

式中　$M_0$——使截面受拉边缘混凝土应力为零（全部消除该处的预压应力）时

需要施加的外载弯矩；

$W_0$——换算截面受拉边缘的弹性抵抗矩。

需要注意的是，轴心受拉构件当加载至 $N_0$ 时，整个截面的混凝土应力全部为零；而在受弯构件中，当加载至 $M_0$ 时，只有截面下边缘这一个部位混凝土应力为零，其他部位混凝土应力均不等于零，如图 10-36(c) 所示。此时，由 $M_0$ 产生的截面其他部位混凝土的应力 $\sigma_{M_0c}(y_0)$ 为：

$$\sigma_{M_0c}(y_0) = \frac{M_0}{I_0}y_0 \tag{10-139}$$

于是，在预应力和消压弯矩的共同作用下，截面（换算截面）任一位置 $y_0$ 处混凝土的应力 $\sigma_{c(c0)}(y_0)$ 及各预应力钢筋和非预应力钢筋的应力 $\sigma_{p(c0)}$、$\sigma'_{p(c0)}$、$\sigma_{s(c0)}$、$\sigma'_{s(c0)}$ 分别为：

先张法构件：

$$\sigma_{c(c0)}(y_0) = \frac{N_{p0\mathrm{II}}}{A_0} + \frac{N_{p0\mathrm{II}}e_{p0\mathrm{II}}}{I'_0}y_0 - \frac{M_0}{I_0}y_0 \tag{10-140}$$

$$\sigma_{p(c0)} = \sigma_{con} - \sigma_l - \alpha_E \cdot \sigma_{c(c0)}(y_{p0}) \tag{10-141}$$

$$\sigma'_{p(c0)} = \sigma'_{con} - \sigma'_l - \alpha_E \cdot \sigma_{c(c0)}(y'_{p0}) \tag{10-142}$$

$$\sigma_{s(c0)} = -\sigma_{l5} - \alpha_E \cdot \sigma_{c(c0)}(y_{s0}) \tag{10-143}$$

$$\sigma'_{s(c0)} = -\sigma'_{l5} - \alpha_E \cdot \sigma_{c(c0)}(y'_{s0}) \tag{10-144}$$

后张法构件：

$$\sigma_{c(c0)}(y_0) = \frac{N_{p\mathrm{II}}}{A_n} + \frac{N_{p\mathrm{II}}e_{pn\mathrm{II}}}{I_n}y_n - \frac{M_0}{I_0}y_0 \tag{10-145}$$

$$\sigma_{p(c0)} = \sigma_{con} - \sigma_l + \alpha_E \cdot \sigma_{M_0c}(y_{p0}) \tag{10-146}$$

$$\sigma'_{p(c0)} = \sigma'_{con} - \sigma'_l - \alpha_E \cdot \sigma_{M_0c}(y'_{p0}) \tag{10-147}$$

各非预应力钢筋的应力还按式(10-143)和式(10-144)计算，但其中 $\sigma_{c(c0)}$ 和 $\sigma_{c(c0)}(y'_{s0})$ 需要按式(10-145)计算。

② 加荷至受拉区裂缝即将出现。

当混凝土受拉区边缘拉应力达到抗拉强度标准值 $f_{tk}$ 时，由于混凝土的塑性变形，受拉区应力呈曲线分布，由此曲线应力图形所能抵抗的弯矩大于按下边缘应力为 $f_{tk}$ 的线性分布图形所能抵抗的弯矩，如图 10-36(d) 所示。为计算方便，可将实际的曲线分布等效成边缘应力为 $\gamma f_{tk}$ 的线性（三角形）分布计算，此处 $\gamma$ 称为受拉区混凝土塑性影响系数，其值大于 1。因此，按等效应力图形考虑，当混凝土受拉区边缘拉应力达到 $\gamma f_{tk}$ 时，截面处于即将开裂状态。此时，截面所承担的弯矩称为开裂弯矩，记为 $M_{cr}$，其值按下式计算：

$$M_{cr} = (\sigma_{pc\mathrm{II}} + \gamma f_{tk})W_0 \tag{10-148}$$

此时截面各部分的应力仍然可根据线性叠加原理及变形协调原理计算，这里不再赘述。

（2）带裂缝工作阶段

随着荷载继续增大，截面受拉区开始出现裂缝。在裂缝截面处，受拉区的拉力几乎全部由钢筋承担，且钢筋应力随荷载的增大而逐渐增大，裂缝宽度也逐渐增大。

（3）破坏阶段

随着荷载继续增大，受拉区钢筋屈服，裂缝迅速发展并向上延伸，最后受压区混凝土压碎，构件破坏，其截面应力状态与普通钢筋混凝土受弯构件相似，如图 10-36(e)所示。

表 10-11 和表 10-12 分别总结了只有受拉区预应力钢筋这种最简单情况下的先张法与后张法预应力混凝土受弯构件各阶段应力分析。

### 10.4.2 受弯构件正截面抗弯承载力计算

#### 10.4.2.1 计算简图

对于仅在受拉区配置预应力钢筋的预应力混凝土受弯构件，当达到正截面承载力极限状态时，若 $\xi < \xi_b$，则受拉区的预应力钢筋先到达屈服强度，而后受压区混凝土被压碎，截面宣告破坏。此时，其截面应力状态与普通钢筋混凝土受弯构件相同。

当受压区也配置预应力钢筋时，由于预拉应力（应变）的影响，受压区预应力钢筋的应力与钢筋混凝土受弯构件中的受压钢筋不同，既可能是拉应力，也可能是压应力，其值可按平截面假定确定，但计算十分复杂。

为了简化计算，对于 $\xi \leqslant \xi_b$ 的适筋截面且 $x \geqslant 2a'$（$a'$ 为受压区预应力钢筋与非预应力钢筋共同的重心至受压边缘的距离），受压区预应力钢筋的应力 $\sigma'_p$ 可近似按下式计算：

$$\sigma'_p = \sigma'_{p0} - f'_{py} \tag{10-149}$$

式中　　$f'_{py}$——预应力钢筋的抗压强度设计值；

$\sigma'_{p0}$——受压区预应力钢筋重心处混凝土法向应力等于零时该预应力钢筋的应力，按以下公式计算：

① 先张法：

$$\sigma'_{p0} = \sigma'_{con} - \sigma'_l \tag{10-150}$$

② 后张法：

$$\sigma'_{p0} = \sigma'_{con} - \sigma'_l + \alpha_E \sigma_{pc\,II}(y'_{pn}) \tag{10-151}$$

受压区预应力钢筋的应力 $\sigma'_p$ 确定了以后，预应力混凝土受弯构件正截面受弯承载力即可参照普通钢筋混凝土受弯构件的方法计算。图 10-37 为典型工字形截面受弯构件正截面示意图及极限状态下的受力图。

#### 10.4.2.2 基本公式

（1）矩形截面

对于矩形截面或翼缘位于受拉区的 T 形截面，参照图 10-37 所示的计算简图，根据静力平衡条件得：

$$A_s f_y + A_p f_{py} = \alpha_1 f_c bx + A'_s f'_y - A'_p(\sigma'_{p0} - f'_{py}) \tag{10-152}$$

$$M = \alpha_1 f_c bx\left(h_0 - \frac{x}{2}\right) + A'_s f'_y(h_0 - a'_s) - A'_p(\sigma'_{p0} - f'_{py})(h_0 - a'_p) \tag{10-153}$$

（2）T 形截面

① 当满足下列条件时：

表 10-11　先张法预应力混凝土受弯构件各项段应力分析

| 受力阶段 | 简图 | 力筋应力 $\sigma_p$ | 混凝土应力 $\sigma_{pc}$ | 平衡关系 | 说　明 |
|---|---|---|---|---|---|
| 施工阶段 a. 在台座上穿力筋 | | $0$ | — | — | — |
| b. 张拉力筋 | | $\sigma_{con}$ | — | — | 力筋被拉长，其应力等于 $\sigma_{con}$ |
| c. 完成第一批损失 | | $\sigma_{con} - \sigma_{lI}$ | $0$ | — | 力筋应力减小了 $\sigma_{lI}$；混凝土尚未受力 |
| d. 放松力筋瞬间 | $\sigma_{pI}$　$\sigma_{pcI}$（压） | $\sigma_{pI} = \sigma_{con} - \sigma_{lI} - \alpha_E \sigma_{pcI}$ | $\sigma_{pcI} = \dfrac{N_{p0I}}{A_0} + \dfrac{N_{p0I}\, e_{p0I}}{I_0}\, y_0$ | $N_{p0I} = (\sigma_{con} - \sigma_{lI}) A_p$ | 构件产生反拱，混凝土下边缘压应力为 $\sigma_{pcI}$；力筋回缩，其应力又减小了 $\alpha_E \sigma_{pcI}$ |
| e. 完成第二批损失 | $\sigma_{pII}$　$\sigma_{pcII}$（压） | $\sigma_{pII} = \sigma_{con} - \sigma_{lII} - \alpha_E \sigma_{pcII}$ | $\sigma_{pcII} = \dfrac{N_{p0II}}{A_0} + \dfrac{N_{p0II}\, e_{p0II}}{I_0}\, y_0$ | $N_{p0II} = (\sigma_{con} - \sigma_{lII}) A_p$ | 下边缘混凝土及力筋再缩短，前者压应力降至 $\sigma_{pcII}$，后者拉应力减小了 $\alpha_E(\sigma_{pcI} - \sigma_{pcII})$ |
| 使用阶段 f. 加载至消压状态 | $P_0$　$\sigma_{p0}$　$0$ | $\sigma_{p0} = \sigma_{con} - \sigma_l$ | $0$ | $M_0 = \sigma_{pcII} W_0$ | 下边缘混凝土应力减至 $0$，前者压应力减小了 $\sigma_{pcII}$，后者增加了 $\alpha_E \sigma_{pcII}$，构件正向挠曲 |
| g. 加载至将裂状态 | $P_{cr}$　$\sigma_{pcr}$　$f_{tk}$ | $\sigma_{pcr} = \sigma_{con} - \sigma_l + \alpha_E \gamma f_{tk}$ | $f_{tk}$ | $M_{cr} = M_0 + \gamma f_{tk} W_0 = (\sigma_{pcII} + \gamma f_{tk}) W_0$ | 下边缘混凝土将被拉裂，前者受 $f_{tk}$ 的拉应力，后者拉应力增加了 $\gamma \alpha_E f_{tk}$ |
| h. 加载至破坏状态 | $P_u$　$f_{py}$　$\alpha_1 f_c$ | $f_{py}$ | $0$ | $M_u = f_{py} A_p \gamma_{sp} h_{0p}$ | 下边缘混凝土压碎，力筋再被拉长，上边缘混凝土拉应力增至 $f_{py}$；构件破坏 |

**表 10-12** 后张法预应力混凝土受弯构件各阶段应力分析

| 受力阶段 | | 简图 | 力筋应力 $\sigma_p$ | 混凝土应力 $\sigma_{pc}$ | 平衡关系 | 说明 |
|---|---|---|---|---|---|---|
| 施工阶段 | a. 在台座上穿力筋 | | 0 | 0 | — | — |
| | b. 张拉力筋 | $\sigma_p$ $\sigma_{pc}$（压） | $\sigma_p = \sigma_{con} - \sigma_{l2}$ | 0 | $N_p = (\sigma_{con} - \sigma_I)A_p$ | 力筋被拉长并发生摩擦损失，其应力 $\sigma_p = \sigma_{con} - \sigma_{l2}$；下边缘混凝土受压缩短，构件反拱 |
| | c. 完成第一批损失 | $\sigma_{pI}$ $\sigma_{pcI}$（压） | $\sigma_{pI} = \sigma_{con} - \sigma_I$ | $\sigma_{pcI} = \dfrac{N_{pI}}{A_n} + \dfrac{N_{pI}e_{pnI}}{I_n}y_n$ | $N_{pI} = (\sigma_{con} - \sigma_I)A_p$ | 力筋缩短，其应力 $\sigma_{pI}$；下边缘混凝土压应力降至 $\sigma_{pcI}$ |
| | d. 完成第二批损失 | $\sigma_{pII}$ $\sigma_{pcII}$（压） | $\sigma_{pII} = \sigma_{con} - \sigma_l$ | $\sigma_{pcII} = \dfrac{N_{pII}}{A_n} + \dfrac{N_{pII}e_{pnII}}{I_n}y_n$ | $N_{pII} = (\sigma_{con} - \sigma_l)A_p$ | 下边缘混凝土及力筋再缩短，前者压应力降至 $\sigma_{pcII}$，后者拉应力减小了 $\sigma_{lII}$（$\sigma_{pcI} - \alpha_E\sigma_{pcII}$） |
| 使用阶段 | e. 加载至消压状态 | $P_0$ $P_0$ $\sigma_{p0}$ 0 | $\sigma_{p0} = \sigma_{con} - \sigma_l + \alpha_E\sigma_{pcII}$ | 0 | $M_0 = \sigma_{pcII}W_0$ | 下边缘混凝土减至 0，减小了 $\alpha_E\sigma_{pcII}$；构件正向挠曲 |
| | f. 加载至裂状态 | $P_{cr}$ $P_{cr}$ $\sigma_{pcr}$ $f_{tk}$（拉） | $\sigma_{pcr} = \sigma_{con} - \sigma_l + \alpha_E(\sigma_{pcII} + \gamma f_{tk})$ | $f_{tk}$ | $M_{cr} = M_0 + \gamma f_{tk}W_0 = (\sigma_{pcII} + \gamma f_{tk})W_0$ | 下边缘混凝土和力筋再被拉长，前者受 $f_{tk}$ 的拉应力，后者拉应力增加了 $\gamma\alpha_E f_{tk}$ |
| | g. 加载至破坏状态 | $P_u$ $\alpha_1 f_c$ $P_u$ $f_{py}$ $f_{py}$ | $f_{py}$ | 0 | $M_u = f_{py}A_p \cdot \gamma_{sp}h_{0p}$ | 下边缘混凝土压碎，力压应力再增至 $f_{py}$；上边缘混凝土被拉长，增加了 $f_{py}$；构件破坏 |

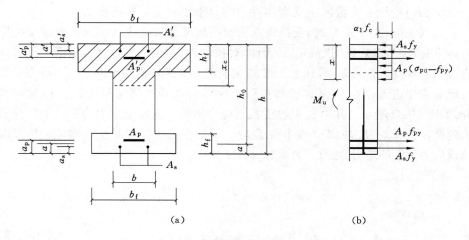

图 10-37 预应力混凝土受弯构件正截面抗弯承载力计算简图

(a) 正截面示意图；(b) 极限状态简化受力图

$$A_s f_y + A_p f_{py} \leqslant \alpha_1 f_c b'_f h'_f + A'_s f'_y - A'_p (\sigma'_{p0} - f'_{py}) \quad (10\text{-}154)$$

为第一类 T 形截面，按下两式计算：

$$A_s f_y + A_p f_{py} = \alpha_1 f_c b'_f x + A'_s f'_y - A'_p (\sigma'_{p0} - f'_{py}) \quad (10\text{-}155)$$

$$M = \alpha_1 f_c b'_f x \left( h_0 - \frac{x}{2} \right) + A'_s f'_y (h_0 - a'_s) - A'_p (\sigma'_{p0} - f'_{py})(h_0 - a'_p)$$

$$(10\text{-}156)$$

② 当不满足式(10-154)的条件时，为第二类 T 形截面，按下两式计算：

$$A_s f_y + A_p f_{py} = \alpha_1 f_c [bx + (b'_f - b)h'_f] + A'_s f'_y - A'_p (\sigma'_{p0} - f'_{py})$$

$$(10\text{-}157)$$

$$M = \alpha_1 f_c bx \left( h_0 - \frac{x}{2} \right) + \alpha_1 f_c (b'_f - b)h'_f \left( h_0 - \frac{h'_f}{2} \right)$$

$$+ A'_s f'_y (h_0 - a'_s) - A'_p (\sigma'_{p0} - f'_{py})(h_0 - a'_p) \quad (10\text{-}158)$$

### 10.4.2.3 基本公式适用条件

按基本公式(10-152)至式(10-158)计算时，截面受压区等效高度 $x$ 应满足下列条件：

$$x \leqslant \xi_b h_0 \quad (10\text{-}159)$$

$$x \geqslant 2a' \quad (10\text{-}160)$$

需要注意的是，当由构造要求或按正常使用极限状态验算要求配置的纵向受拉钢筋截面面积大于承载力要求时，则在验算式(10-159)时，可仅取承载力条件所需的纵向受拉钢筋截面面积。另外，如果受拉区内配置的钢筋种类不同或预应力不同，则 $\xi_b$ 应分别计算然后取较小值。

当不满足式(10-160)时，正截面受弯承载力可由纵向受拉钢筋及受压区预应力钢筋三者对受压区非预应力钢筋合力点取矩得到，即：

$$M_u = A_s f_y (h - a_s - a'_s) + A_p f_{py} (h - a_p - a'_s) + A'_p (\sigma'_{p0} - f'_{py})(a'_p - a'_s)$$

$$(10\text{-}161)$$

下面讨论预应力混凝土受弯构件中的界限相对受压区高度 $\xi_b$。

根据规范，在计算 $\xi_b$ 时，受拉钢筋屈服前的应变增量应从该钢筋处混凝土应力为零时算起，直到该钢筋屈服。因此，对预应力混凝土受弯构件，由于受拉区预应力钢筋预拉应变的影响，其 $\xi_b$ 与普通钢筋混凝土受弯构件不同。在预应力钢筋的绝对应变达到 $\varepsilon_{py}(\varepsilon_{py}=f_{py}/E_p)$ 时，用于计算 $\xi_b$ 的应变增量只有 $\varepsilon_{py}-\varepsilon_{p0}$ 这一部分，如图 10-38 所示。其中 $\varepsilon_{p0}$ 是在受拉预应力钢筋处混凝土应力为零之前所完成的应变，$\varepsilon_{p0}=\sigma_{p0}=E_p$，$\sigma_{p0}$ 即为受拉区预应力钢筋合力点处混凝土法向应力为零时该预应力钢筋的应力，按以下公式计算。

① 先张法：

$$\sigma_{p0} = \sigma_{con} - \sigma_l \qquad (10\text{-}162)$$

② 后张法：

$$\sigma_{p0} = \sigma_{con} - \sigma_l + \alpha_E \sigma_{pc\,II}\,(y_{pn}) \qquad (10\text{-}163)$$

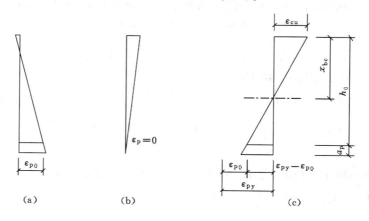

图 10-38　预应力混凝土受弯构件界限受压区高度计算

(a) 受荷前应变；(b) 受拉预应力钢筋处混凝土应力为零时应变；(c) 界限破坏时应变

因此，计算 $\xi_b$ 时受拉区预应力钢筋的应变增量为：

$$\Delta\varepsilon_p = (f_{py} - \sigma_{p0})/E_p \qquad (10\text{-}164)$$

于是，根据截面应变关系，可得到预应力混凝土受弯构件中对应于受拉预应力钢筋的界限相对受压区高度 $\xi_b$ 如下。

① 当受拉区预应力钢筋为冷拉热轧钢筋（软钢）时：

$$\xi_b = \frac{\beta_1}{1 + \dfrac{f_{py} - \sigma_{p0}}{E_p \varepsilon_{cu}}} \qquad (10\text{-}165)$$

② 当受拉区预应力钢筋为钢丝、钢绞线和热处理钢筋（硬钢）时：

$$\xi_b = \frac{\beta_1}{1 + \dfrac{0.002}{\varepsilon_{cu}} + \dfrac{f_{py} - \sigma_{p0}}{E_p \varepsilon_{cu}}} \qquad (10\text{-}166)$$

### 10.4.3　受弯构件斜截面抗剪及抗弯承载力计算

（1）预应力对抗剪承载力的提高作用

预应力混凝土受弯构件比相应的非预应力混凝土受弯构件具有更高的抗剪

承载能力,这主要是因为预应力的作用阻滞了斜裂缝的出现和发展,增加了混凝土剪压区高度,从而提高了混凝土剪压区所承担的剪力。

预应力混凝土受弯构件比非预应力混凝土受弯构件抗剪承载力提高的程度主要与预应力的大小及其作用点的位置有关。预应力程度越高,抗剪承载力提高越多。但是,预应力对抗剪承载力的提高作用也不是无限的。当换算截面重心处混凝土的预压应力与混凝土抗压强度之比超过 $0.3\sim0.4$ 后,预应力的有利作用就有下降的趋势。因此在设计中,利用预应力对抗剪承载力的有利作用时,要考虑预应力的上限问题。

预应力混凝土受弯构件的抗剪承载力的计算可在普通钢筋混凝土受弯构件计算公式的基础上加上一项施加预应力所提高的抗剪承载力 $V_p$。由于预应力钢筋合力点至换算截面重心的相对距离一般变化不大($h/2.5\sim h/3.5$),为简化计算,在确定预应力作用所提高的抗剪承载力 $V_p$ 时,忽略这一因素的影响,只考虑预应力钢筋合力大小的影响。根据矩形截面有箍筋预应力混凝土受弯构件的试验结果,$V_p$ 的计算公式偏安全的取为:

$$V_p = 0.05 N_{p0} \tag{10-167}$$

式中　$N_{p0}$——计算截面上全截面混凝土法向预应力等于零时的纵向预应力钢筋及非预应力钢筋的合力(注:此处不考虑弯起预应力筋的作用);当 $N_{p0} > 0.3 f_c A_0$ 时,取 $N_{p0} = 0.3 f_c A_0$。$N_{p0}$ 按下式计算:

$$N_{p0} = \sigma_{p0} A_p + \sigma'_{p0} A'_p - \sigma_{l5} A_s - \sigma'_{l5} A'_s \tag{10-168}$$

式中　$\sigma_{p0}$、$\sigma'_{p0}$——受拉区、受压区预应力钢筋合力点处混凝土法向应力等于零时的预应力钢筋应力,按下式计算:

① 先张法:

$$\sigma_{p0} = \sigma_{con} - \sigma_l \tag{10-169}$$

$$\sigma'_{p0} = \sigma'_{con} - \sigma'_l \tag{10-170}$$

② 后张法:

$$\sigma_{p0} = \sigma_{con} - \sigma_l + \alpha_E \cdot \sigma_{pcⅡ}(y_{pn}) \tag{10-171}$$

$$\sigma'_{p0} = \sigma'_{con} - \sigma'_l + \alpha_E \cdot \sigma'_{pcⅡ}(y'_{pn}) \tag{10-172}$$

式中　$\sigma_{pcⅡ}(y_{pn})$,$\sigma'_{pcⅡ}(y'_{pn})$——受拉区、受压区预应力钢筋合力点处混凝土的有效预压应力,按式(10-133)计算(用 $y_{pn}$ 代替式中的 $y_n$)。

由于混凝土构件抗剪承载力的离散性较大,而且超静定结构的抗剪能力低于相应简支梁的抗剪能力,因此,预应力对抗剪承载力的提高作用应从严考虑:① 对 $N_{p0}$ 引起的截面弯矩与外弯矩方向相同的情况,以及预应力混凝土连续梁和允许出现裂缝的预应力混凝土简支梁,均取 $V_p = 0$;② 对先张法预应力混凝土构件,在计算合力 $N_{p0}$ 时,应考虑预应力钢筋在其预应力传递长度内实际应力值的变化,这种变化可简化的认为呈线性规律,在构件端部取为零,在其预应力传递长度的末端取有效预应力值 $\sigma_{pe}$。

(2)抗剪承载力计算公式

对矩形、T 形和 I 形截面的预应力混凝土受弯构件,当仅配有箍筋时,其斜截面的抗剪承载力按下列公式计算：

$$V_u = V_{cs} + V_p \qquad (10\text{-}173)$$

式中，$V_{cs}$ 为计算截面混凝土和箍筋的抗剪承载力设计值，与普通钢筋混凝土构件计算方法相同，即：

$$V_{cs} = 0.7f_t b_c h_0 + f_{yv}\frac{A_{sv}}{s}h_0 \qquad (10\text{-}174)$$

对矩形、T形和I形截面的预应力混凝土受弯构件，当配有箍筋、非预应力弯起钢筋和预应力弯起钢筋时，其斜截面抗剪承载力按下列公式计算（图 10-39）：

$$V = V_{cs} + V_p + V_{sb} + V_{pb} \qquad (10\text{-}175)$$

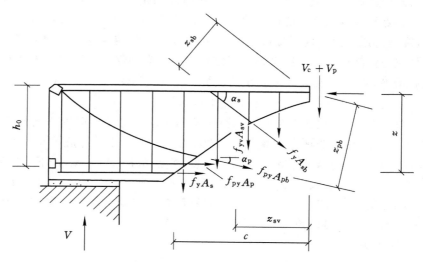

图 10-39　预应力混凝土受弯构件斜截面抗弯承载力计算简图

其中 $V_{sb}$ 和 $V_{pb}$ 分别为计算截面非预应力弯起钢筋、预应力弯起钢筋的抗剪承载力设计值，按下式计算：

$$V_{sb} + V_{pb} = 0.8f_y A_{sb}\sin\alpha_s + 0.8f_{py}A_{pb}\sin\alpha_p \qquad (10\text{-}176)$$

式中　$A_{sb}, A_{pb}$——同一弯起平面内非预应力弯起钢筋、预应力弯起钢筋的截面面积；

　　　　$\alpha_s, \alpha_p$——斜截面上非预应力弯起钢筋、预应力弯起钢筋的切线与构件纵向轴线的夹角。

对集中荷载作用下的矩形截面独立梁（包括作用有多种荷载且集中荷载对支座截面所产生的剪力值占总剪力 75% 以上的情况），同样可按式（10-173）或式（10-175）计算，但两者中的 $V_{cs}$ 应变为：

$$V_{cs} = \frac{1.75}{\lambda+1}f_t b h_0 + f_{yv}\frac{A_{sv}}{s}h_0 \qquad (10\text{-}177)$$

（3）抗剪截面最小尺寸验算

为了防止斜压破坏，应进行截面最小尺寸的验算，具体方法与普通钢筋混凝土构件相同，即：

① 当 $h_w/b \leqslant 6.0$ 时：

$$V \leqslant 0.25\beta_c f_c bh_0 \tag{10-178}$$

② 当 $h_w/b \geqslant 6.0$ 时：

$$V \leqslant 0.2\beta_c f_c bh_0 \tag{10-179}$$

③ 当 $4.0 < h_w/b < 6.0$ 时，按线性内插法取用。

（4）抗弯承载力计算

和普通钢筋混凝土受弯构件一样，预应力混凝土受弯构件一般可不进行斜截面抗弯承载力计算，而是通过对弯起钢筋起弯点位置等方面的构造要求来保证。

对于需要进行斜截面抗弯承载力计算的预应力混凝土受弯构件，其计算简图如图10-39所示，根据平衡条件有：

$$M_u = (f_y A_s + f_{py} A_p)z + \sum f_y A_{sb} z_{sb} + \sum f_{py} A_{pb} z_{pb} + \sum f_{yv} A_{sv} z_{sv} \tag{10-180}$$

此时，斜截面的水平投影长度 $c$ 可按下列条件确定：

$$V = \sum f_y A_{sb} \sin \alpha_s + \sum f_{py} A_{pb} \sin \alpha_p + \sum f_{yv} A_{sv} \tag{10-181}$$

式中　$V$——斜截面受压区末端的剪力设计值；

　　　　$z$——纵向非预应力和预应力受拉钢筋的合力至受压区合力点的距离，可近似取 $z = 0.9h_0$；

　　　　$z_{sb}, z_{pb}$——同一弯起平面内的非预应力弯起钢筋、预应力弯起钢筋的合力至斜截面受压区合力点的距离；

　　　　$z_{sv}$——同一斜截面上箍筋的合力至斜截面受压区合力点的距离。

在计算先张法预应力混凝土构件端部锚固区的斜截面抗弯承载力时，公式中的 $f_{py}$ 应按下列规定确定：锚固区内的纵向预应力钢筋抗拉强度设计值在锚固起点处应取零，在锚固终点处应取为 $f_{py}$，在两点之间可按线性内插法确定。

### 10.4.4　受弯构件使用阶段裂缝控制及挠度验算

#### 10.4.4.1　正截面裂缝控制验算

在进行预应力混凝土受弯构件使用阶段抗裂验算时，首先需要根据预应力混凝土结构所处的环境类别和结构类别确定构件的裂缝控制等级及最大裂缝宽度限值，然后可从本书第9章第2节选择相应的公式进行验算。

验算时，对于扣除全部预应力损失后在抗裂验算边缘混凝土的预压应力 $\sigma_{pc}$，按先张法和后张法分别由本章式（10-119）和式（10-133）计算，式中的 $y_0$ 和 $y_n$ 分别取预压边缘至换算截面重心的距离和至净截面重心的距离；对于混凝土法向预应力等于零时全部纵向预应力和非预应力钢筋的合力 $N_{p0}$，按本章式（10-168）计算。

对先张法预应力混凝土构件端部进行正截面抗裂验算时，应考虑预应力钢筋在其预应力传递长度 $l_{tr}$ 范围内的变化，一般可认为按线性规律变化，在构件端部为零，在其传递长度的末端取有效预应力 $\sigma_{pc}$。

#### 10.4.4.2　斜截面裂缝控制验算

预应力混凝土受弯构件斜截面的裂缝控制,主要是验算在荷载效应标准组合及预应力作用下斜截面上混凝土的主拉应力 $\sigma_{tp}$ 和主压应力 $\sigma_{cp}$ 不超过一定的限值。

(1) 裂缝控制验算要求

① 混凝土主拉应力验算要求。

对严格要求不出现裂缝的构件,应符合下列规定:

$$\sigma_{tp} \leqslant 0.85 f_{tk} \tag{10-182}$$

对一般要求不出现裂缝的构件,应符合下列规定:

$$\sigma_{tp} \leqslant 0.95 f_{tk} \tag{10-183}$$

② 混凝土主压应力验算要求。

对严格要求和一般要求不出现裂缝的构件,均应符合下列规定:

$$\sigma_{cp} \leqslant 0.6 f_{ck} \tag{10-184}$$

式中　$\sigma_{tp}, \sigma_{cp}$——荷载效应标准组合及预应力作用下受弯构件斜截面上混凝土的主拉应力和主压应力;

$f_{tk}, f_{ck}$——混凝土的抗拉强度标准值、轴心抗压强度标准值;

0.85,0.95——考虑张拉时的不准确性和构件质量变异影响的经验系数;

0.6——主要防止腹板在预应力和外荷载作用下压坏,并考虑到主压应力过大会导致斜截面抗裂能力降低的经验系数。

③ 斜截面抗裂验算位置。

验算混凝土主应力时,应选择跨内不利位置的截面进行,如弯矩和剪力较大的截面,或截面外形有突变的截面;在截面内应选择换算截面重心处和截面宽度突变处,如Ⅰ形截面上、下翼缘与腹板交界处。

对先张法预应力混凝土构件端部进行斜截面抗裂验算时,应考虑预应力钢筋在其预应力传递长度 $l_{tr}$ 范围内的变化,一般可认为按线性规律变化,在构件端部为零,在其传递长度的末端取有效预应力 $\sigma_{pe}$。

(2) 混凝土主拉应力及主压应力的计算

预应力混凝土受弯构件在斜裂缝出现以前基本上处于弹性工作状态,所以主应力可按材料力学方法计算,即:

$$\sigma_{cp}^{tp} = \frac{\sigma_x + \sigma_y}{2} + \sqrt{\left(\frac{\sigma_x - \sigma_y}{2}\right)^2 + \tau^2} \tag{10-185}$$

式中　$\sigma_x$——由预应力和荷载效应标准组合下的弯矩 $M_k$ 在计算纤维处产生的混凝土法向应力,按下式计算:

$$\sigma_x = \sigma_{pc} \pm \frac{M_k y_0}{I_0} \tag{10-186}$$

$\sigma_y$——由集中荷载标准值 $F_k$ 作用所产生的混凝土竖向压应力,对预应力吊车梁,在集中荷载作用点两侧各 $0.6h$ 的长度内,可按图 10-40 取用;

$\tau$——由荷载效应标准组合下的剪力 $V_k$ 和预应力弯起钢筋的预应力在计

算纤维处产生的混凝土剪应力,当计算截面上作用有扭矩时,尚应考虑扭矩引起的剪应力,按下式计算:

$$\tau = \frac{(V_k - \sum \sigma_{pe} A_{pb} \sin \alpha_p) S_0}{b I_0} \qquad (10\text{-}187)$$

式中　$\sigma_{pc}$——扣除全部预应力损失后,在计算纤维处由预应力产生的混凝土法向应力,先张法构件和后张法构件分别按式(10-119)和式(10-133)计算;

$y_0$——换算截面重心至所计算纤维处的距离;

$I_0$——换算截面惯性矩;

$S_0$——计算纤维以上部分的换算截面面积对构件换算截面重心的面积矩;

$\sigma_{pe}$——预应力弯起钢筋的有效预应力,先张法构件和后张法构件分别按式(10-120)和式(10-134)计算;

$A_{pb}$——计算截面上同一弯起平面内的预应力弯起钢筋的截面面积;

$\alpha_p$——计算截面上预应力弯起钢筋的切线与构件纵向轴线的夹角。

对上述公式中的 $\sigma_x$、$\sigma_y$、$\sigma_{pc}$ 和 $M_k y_0 / I_0$,当为拉应力时,以正值代入;当为压应力时,以负值代入。

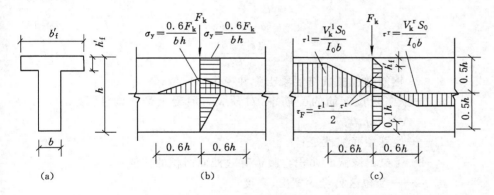

图 10-40　预应力混凝土吊车梁集中力作用点附近应力分布图
(a) 截面;(b) 竖向压应力 $\sigma_y$ 分布;(c) 剪应力 $\tau$ 分布

图 10-40 中,$\tau^l$ 和 $\tau^r$ 为位于集中荷载标准值 $F_k$ 作用点左侧、右侧 0.6$h$ 处截面上的剪应力;$\tau_F$ 为集中荷载标准值 $F_k$ 作用截面上的剪应力;$V_k^l$,$V_k^r$ 为集中荷载标准值 $F_k$ 作用点左侧、右侧截面上的剪力标准值。

### 10.4.4.3　挠度验算

预应力混凝土受弯构件在正常使用极限状态下的挠度由两部分叠加而得:一部分是由外荷载产生的挠度 $f_1$;另一部分是由预加力产生的反拱 $f_p$。

预应力混凝土受弯构件的挠度可根据构件的刚度用结构力学方法计算。

在等截面构件中,可假定各同号弯矩区段内的刚度相等,并取用该区段内最大弯矩处的刚度。当计算跨度内的支座截面刚度不大于跨中截面刚度的两倍或不小于跨中截面刚度的 1/2 时,该跨也可按等刚度构件进行计算,其构件刚度可取跨中最大弯矩截面的刚度。

预应力混凝土受弯构件的挠度应按荷载效应标准组合并考虑荷载长期作用影响的刚度 $B$ 进行计算。

(1) 荷载效应标准组合下预应力混凝土受弯构件的短期刚度 $B_s$

荷载效应标准组合下预应力混凝土受弯构件的短期刚度 $B_s$ 按下列公式计算:

① 要求不出现裂缝的构件:

$$B_s = 0.8E_c I_0 \tag{10-188}$$

式中    $E_c$——混凝土的弹性模量;

   $I_0$——换算截面惯性矩;

   0.85——刚度折减系数,考虑混凝土受拉区开裂前出现的塑性变形。

② 允许出现裂缝的构件:

$$B_s = \frac{0.85E_c I_0}{\kappa_{cr} + (1-\kappa_{cr})\omega} \tag{10-189}$$

$$\kappa_{cr} = \frac{M_{cr}}{M_k} \tag{10-190}$$

$$\omega = \left(1.0 + \frac{0.21}{\alpha_E \rho}\right)(1 + 0.45\gamma_f) - 0.7 \tag{10-191}$$

$$M_{cr} = (\sigma_{pc} + \gamma f_{tk})W_0 \tag{10-192}$$

$$\gamma_f = \frac{(b_f - b)h_f}{bh_0} \tag{10-193}$$

式中    $\alpha_E$——钢筋弹性模量与混凝土弹性模量的比值;

   $\rho$——纵向受拉钢筋的配筋率,对预应力混凝土受弯构件,取 $\rho = (A_p + A_s)/(bh_0)$;

   $I_0$——换算截面惯性矩;

   $\gamma_f$——受拉翼缘截面面积与腹板有效截面面积的比值;

   $b_f, h_f$——受拉区翼缘的宽度、高度;

   $\kappa_{cr}$——预应力混凝土受弯构件正截面的开裂弯矩 $M_{cr}$ 与弯矩 $M_k$ 的比值,当 $\kappa_{cr} > 1.0$ 时,取 $\kappa_{cr} = 1.0$;

   $\sigma_{pc}$——扣除全部预应力损失后,由预加力在抗裂验算边缘产生的混凝土预压应力,先张法构件和后张法构件分别按式(10-119)和式(10-133)计算;

   $\gamma$——混凝土构件的截面抵抗矩塑性影响系数,按下式计算:

$$\gamma = (0.7 + 120/h)\gamma_m \tag{10-194}$$

式中    $h$——截面高度,mm。当 $h < 400$ mm 时,取 $h = 400$ mm;当 $h > 1\,600$ mm 时,取 $h = 1\,600$ mm;对圆形、环形截面,取 $h = 2r$,此处 $r$ 为圆形截面半径或环形截面的外环半径。

   $\gamma_m$——混凝土构件的截面抵抗矩塑性影响系数基本值,可按正截面应变保持平面的假定,并取受拉区混凝土应力图形为梯形、受拉边缘混凝土极限拉应变为 $2f_{tk}/E_c$ 确定；对常用的截面形状，$\gamma_m$ 值可按表 10-13 取用。

表 10-13　　　　　　　截面抵抗矩塑性影响系数基本值

| 项次 | 1 | 2 | 3 | | 4 | | 5 |
|------|---|---|---|---|---|---|---|
| 截面形状 | 矩形截面 | 翼缘位于受压区的 T 形截面 | 对称 I 形截面或箱形截面 | | 翼缘位于受拉区的倒 T 形截面 | | 圆形和环形截面 |
| | | | $b_f/b\leqslant 2$ $h_f/h$ 为任意值 | $b_f/b\leqslant 2$ $h_f/h<0.2$ | $b_f/b\leqslant 2$ $h_f/h$ 为任意值 | $b_f/b\leqslant 2$ $h_f/h<0.2$ | |
| $\gamma_m$ | 1.55 | 1.50 | 1.45 | 1.35 | 1.50 | 1.40 | $1.6-0.24r_0/r$ |

注：1. 对 $b'_f>b_f$ 的 I 形截面，可按项次 2 与项次 3 之间的数值采用；对 $b'_f<b_f$ 的 I 形截面，可按项次 3 与项次 4 之间的数值采用 A。

　　2. 对于箱形截面，$b$ 系指各肋宽度的总和。

　　3. $r_1$ 为环形截面的内环半径，对圆形截面取 $r_1$ 为零。

（2）考虑长期作用影响的刚度 $B$

考虑长期作用影响的刚度 $B$ 按式（9-47）或式（9-48）计算。

（3）预加力产生的反拱 $f_p$

预应力混凝土受弯构件在偏心距为 $e_p$ 的总预压力 $N_p$ 作用下将产生反拱 $f_p$，其值可按结构力学公式计算，即：

$$f_p = \frac{N_p e_p l^2}{2B} \tag{10-195}$$

式中的 $N_p$，$e_p$，$B$ 等按下列不同的情况取用不同的数值，具体规定如下：

① 荷载效应标准组合下的反拱值。

荷载效应标准组合下的反拱值是由构件施加预应力引起的，按 $B=E_cI_0$ 计算，这时的 $N_p$ 及 $e_p$ 均按扣除第一批预应力损失值后的情况计算，即先张法构件和后张法构件分别按式（10-110）、式（10-111）、式（10-124）和式（10-125）计算。

② 考虑长期作用影响下的反拱值。

考虑长期作用影响下的反拱值是由于使用阶段预应力的长期作用使预压区混凝土发生徐变变形，从而使梁的反拱值增大。故使用阶段的反拱值可按刚度 $B=E_cI_0$ 求得的反拱值乘以增大系数 2.0。此时 $N_p$ 及 $e_p$ 应按扣除全部预应力损失后的情况计算，即先张法构件和后张法构件分别按式（10-117）、式（10-118）、式（10-131）和式（10-132）计算。

（4）挠度验算

由荷载效应标准组合作用下构件产生的挠度减去预应力产生的反拱，即为预应力受弯构件的挠度，即：

$$f = f_1 - f_p \tag{10-196}$$

该挠度应满足下式：

$$f \leqslant [f] \tag{10-197}$$

式中 $[f]$——允许挠度值,见附表24。

### 10.4.5 受弯构件施工阶段验算

受弯构件在制作、运输、堆放和吊装等施工阶段的受力状态与使用阶段是不相同的。在制作时[图10-41(a)],截面上受到了偏心压力,截面下边缘受压,上边缘受拉;而在运输、堆放、吊装时[图10-41(b)],搁置点或吊点常离梁端有一段距离,两端悬臂部分因自重引起负弯矩,与偏心预压力引起的负弯矩是相叠加的。如果截面上边缘(或称预拉区)混凝土的拉应力超过了其抗拉强度,预拉区将出现裂缝,并随时间的增长裂缝不断发展;如果截面下边缘(或称预压区)混凝土的压应力过大,也会产生纵向裂缝。试验表明,预拉区的裂缝虽可在使用荷载下闭合,对构件的影响不大,但会使构件在使用阶段的正截面抗裂度和刚度降低。因此,必须对构件进行施工阶段的抗裂验算。《规范》是采用限制边缘纤维混凝土应力值的方法来满足预拉区的抗裂要求,同时保证预压区的受压要求的。

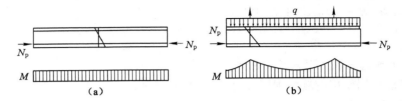

图10-41 预应力混凝土受弯构件施工阶段受力特点
(a)制作阶段;(b)吊装阶段

(1)施工阶段不允许出现裂缝的构件

对制作、运输及安装等施工阶段不允许出现裂缝的构件或预压时全截面受压的构件,在预加应力、自重及施工荷载作用下(必要时应考虑动力系数),截面边缘的混凝土法向应力(图10-42)应符合下列规定:

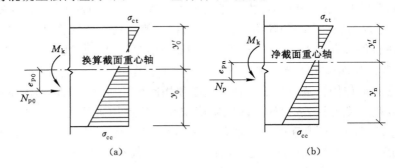

图10-42 预应力混凝土构件施工阶段验算
(a)先张法构件;(b)后张法构件

$$\sigma_{ct} \leqslant f'_{tk} \qquad (10\text{-}198)$$

$$\sigma_{cc} \leqslant 0.8f'_{ck} \qquad (10\text{-}199)$$

截面边缘的混凝土法向应力可按下列公式计算:

$$\sigma_{cc} \text{ 或 } \sigma_{ct} = \sigma_{pc} \pm \frac{M_k}{W_0} \tag{10-200}$$

式中　$\sigma_{cc}$，$\sigma_{ct}$——相应施工阶段计算截面边缘纤维的混凝土压应力、拉应力；

$f'_{tk}$，$f'_{ck}$——与各施工阶段混凝土立方体抗压强度 $f'_{cu}$ 相应的抗拉强度标准值、抗压强度标准值；

$\sigma_{pc}$——计算截面边缘纤维混凝土的预压应力或预拉应力；

$M_k$——构件自重及施工荷载的标准组合在计算截面产生的弯矩值；

$W_0$——验算边缘的换算截面弹性抵抗矩。

当符合式(10-198)的要求时，一般可满足不开裂的要求；当满足式(10-199)的要求时，一般不会引起纵向裂缝和发生混凝土受压破坏。

对于下列构件应按施工阶段不允许出现裂缝的情况考虑：

① 对在使用荷载下受拉区允许出现裂缝的构件，为了避免裂缝上下贯通，预拉区不宜再有裂缝；

② 对需作疲劳验算的吊车梁，为避免使用阶段抗裂度降低和影响构件的工作性能，预拉区宜按不允许出现裂缝的条件设计；

③ 对预拉区有较大翼缘的构件，由于翼缘部分混凝土的抗裂弯矩作用较大，一旦出现裂缝，钢筋应力迅速增长，裂缝宽度开展较大，故在一般情况下宜按预拉区不允许出现裂缝的条件设计。

（2）施工阶段允许出现裂缝的构件

对制作、运输及安装等施工阶段预拉区允许出现裂缝的构件，当预拉区不配置预应力钢筋时，截面边缘的混凝土法向应力应符合下列条件：

$$\sigma_{ct} \leqslant 2f'_{ck} \tag{10-201}$$

$$\sigma_{cc} \leqslant 0.8f'_{ck} \tag{10-202}$$

此处 $\sigma_{cc}$ 和 $\sigma_{cc}$ 仍按式(10-200)计算。

按式(10-201)限制受拉边缘混凝土拉应力的目的是限制预拉区的裂缝宽度和高度，一般情况下也可满足施工阶段对构件承载力的要求。此时裂缝宽度可控制在 0.1 mm 以下。对 Ⅰ 形、T 形截面构件裂缝高度一般也不会超过翼缘。

（3）预拉区纵向钢筋的配筋要求

预应力混凝土受弯构件预拉区纵向钢筋的配筋应符合下列要求：

① 施工阶段预拉区不允许出现裂缝的构件，预拉区纵向钢筋的配筋率 $(A'_s + A'_p)/A$ 不应小于 0.2%，对后张法构件不应计入 $A'_p$，其中 $A$ 为构件截面面积。

② 施工阶段预拉区允许出现裂缝而在预拉区不配置纵向预应力钢筋的构件，当 $\sigma_{ct} = 2f'_{tk}$ 时，预拉区纵向预应力钢筋的配筋率 $A'_s/A$ 不应小于 0.4%；当 $f'_{tk} < \sigma_{ct} < 2f'_{tk}$ 时，则在 0.2% 和 0.4% 之间按线性内插法确定。

③ 预拉区的纵向非预应力钢筋的直径不宜大于 14 mm，并应沿构件预拉区的外边缘均匀配置。

④ 施工阶段预拉区不允许出现裂缝的板类构件，预拉区纵向钢筋的配筋可根据具体情况按实践经验确定。

### 10.4.6 受弯构件设计步骤及示例

预应力混凝土轴心受拉构件的设计步骤如图 10-43 所示。

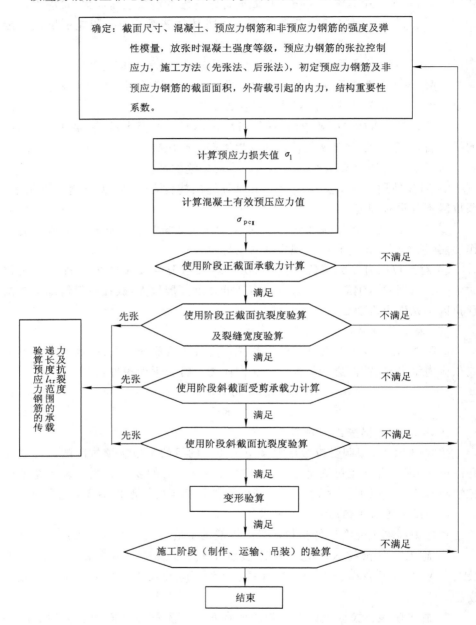

图 10-43 预应力混凝土受弯构件的设计步骤

下面举一例演示。

【例 10-2】 某后张法有黏结预应力混凝土简支梁的实际长度 16.4 m,计算跨度 16 m,梁截面尺寸如图 10-44 所示。混凝土强度等级为 C40,预应力钢筋选用 $\phi^s 15.2(1\times7)1860$ 级低松弛钢绞线,非预应力纵筋选用 HRB400 级热轧带肋钢筋,箍筋选用 HRB400 级热轧带肋钢筋,成孔材料为 $\phi50$ 金属波纹管;梁上恒荷载标准值为 $g_k=23.6$ kN/m,活荷载标准值为 $p_k=24$ kN/m;恒载分项系数为 1.2,活载分项系数为 1.3。

求:按二级抗裂要求设计该梁。

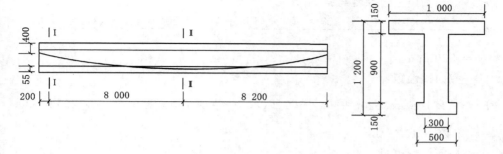

图 10-44　预应力混凝土梁

【解】　1. 材料性能参数

混凝土:$f_{cu}=40$ N/mm²,$f_c=19.1$ N/mm²,$f_t=1.71$ N/mm²,$f_{tk}=2.39$ N/mm²,$E_c=3.25\times10^4$ N/mm²;

预应力钢绞线:$f_{ptk}=1\,860$ N/mm²,$f_{py}=1\,320$ N/mm²,$E_p=1.95\times10^5$ N/mm²;

非预应力纵筋:$f_y=f'_y=360$ N/mm²,$E_s=2.0\times10^5$ N/mm²;

箍筋:$f_y=360$ N/mm²;

预应力钢筋与混凝土的弹性模量比:$\alpha_p=6.0$;

非预应力纵筋与混凝土的弹性模量比:$\alpha_s=6.15$。

2. 内力计算

(1) 跨中截面弯矩设计值及自重弯矩标准值

$$q=1.2g_k+1.3p_k=1.2\times23.625+1.3\times24=59.6 \text{ kN/m}$$

$$M=\frac{1}{8}ql^2=\frac{1}{8}\times59.6\times16^2=1\,905.6 \text{ kN}\cdot\text{m}$$

$$M_{Gk}=\frac{1}{8}\times23.6\times16^2=756 \text{ kN}\cdot\text{m}$$

(2) 支座边缘处的剪力设计值

$$V_{max}=\frac{1}{2}ql=\frac{1}{2}\times59.6\times16=476.4 \text{ kN}$$

(3) 荷载标准组合下跨中截面处的弯矩值

$$M_k=\frac{1}{8}(g_k+p_k)l^2=\frac{1}{8}\times(23.6+24)\times16^2=1\,524 \text{ kN}\cdot\text{m}$$

(4) 荷载标准组合下支座边缘处的剪力标准值

$$V_{max}=\frac{1}{2}ql=\frac{1}{2}\times59.6\times16=476.4 \text{ kN}$$

$$V_k=\frac{1}{2}(g_k+p_k)l=\frac{1}{2}\times(23.6+24)\times16=380.8 \text{ kN}\cdot\text{m}$$

3. 跨中正截面承载力计算和纵向钢筋数量确定

(1) 预应力钢筋估算及布置(根据抗裂条件)

截面积:
$$A = 1\,000 \times 150 + 300 \times 900 + 500 \times 150 = 49.5 \times 10^4 \text{ mm}^2$$

中和轴至上边缘距离:
$$y_{\text{上}} = \frac{1\,000 \times 150 \times 75 + 300 \times 900 \times (150 + 450) + 500 \times 150 \times (1\,200 - 75)}{49.5 \times 10^4}$$
$$= 520 \text{ mm}$$

截面惯性矩:
$$I = \frac{1}{3} \times 1\,000 \times 520^3 + \frac{1}{3} \times 500 \times 680^3 - \frac{1}{3} \times 700 \times 370^3 \times \frac{1}{3} \times 200 \times 530^3$$
$$= 7.26 \times 10^{10} \text{ mm}^4$$

截面抗弯模量:
$$W_{\text{下}} = \frac{I}{y_{\text{下}}} = \frac{7.26 \times 10^{10}}{680} = 1.07 \times 10^8 \text{ mm}^3$$

控制应力和预估有效应力分别为:
$$\sigma_{\text{con}} = 0.75 f_{\text{ptk}} = 0.75 \times 1\,860 = 1\,395 \text{ N/mm}^2$$
$$\sigma_{\text{pe}} = 0.75 \sigma_{\text{con}} = 0.75 \times 1\,395 = 1\,046.3 \text{ N/mm}^2$$

按二次抛物线形布筋,预应力钢筋在跨中截面处距下边缘 55 mm,在两端截面上弯至距下边缘 800 mm。故跨中截面处预应力钢筋对截面重心的偏心距 $e_p = 680 - 55 = 625$ mm。

根据二级抗裂要求估算预应力筋的用量:
$$A_{\text{p,k}} \geqslant \frac{M_k/W - f_{\text{tk}}}{\left(\dfrac{1}{A} + \dfrac{e_p}{W}\right)\sigma_{\text{pe}}} = \frac{1\,524 \times 10^6/1.07 \times 10^8 - 2.39}{\left(\dfrac{1}{49.5 \times 10^4} + \dfrac{625}{1.07 \times 10^8}\right) \times 1\,046.3} = 1\,441 \text{ mm}^2$$

取 12 根 $\phi^s 15.2(1 \times 7)$ 钢绞线,实际面积 $A_p = 139 \times 12 = 1\,668$ mm²。

对称一半预应力钢筋长度为 8.2 m,其曲线方程(以跨中为原点):
$$y = \frac{0.745}{8.2^2} x^2, \quad y' = \frac{2 \times 0.745}{8.2^2} x, \quad y'' = \frac{2 \times 0.745}{8.2^2} x$$

所以,$\theta = y'|_{x=8.2} = 0.182$ rad,$r_c = 1/|y''| = 45.13$ m。

(2) 计算截面受压区高度

取 $a_p = 55$ mm,截面有效高度 $h_0 = 1\,200 - 55 = 1\,145$ mm,则:
$$M'_f = \alpha_1 f_c b'_f h'_f \left(h_0 - \frac{h'_f}{2}\right) = 1.0 \times 19.1 \times 1\,000 \times 150 \times \left(1\,145 - \frac{150}{2}\right)$$
$$= 3\,065.6 \text{ kN} \cdot \text{m} > M = 1\,905.6 \text{ kN} \cdot \text{m}$$

故中和轴在翼缘内,计算中和轴位置:由于 $1.0 \times 19.1 \times 1\,000 x$ $\left(1\,145 - \dfrac{x}{2}\right) = 1\,905.6$,故 $x = 90.7$ mm。

(3) 非预应力钢筋计算
$$A_s = (19.1 \times 1\,000 \times 90.7 - 1\,320 \times 1\,668) \div 360 = -1\,303.9 \text{ mm}^2 < 0$$

按不考虑抗震要求考虑,受拉区和受压区非预应力钢筋按构造配置,受拉区采用 HRB400 级钢筋 4 $\Phi$ 14，$A_s$ ＝615 mm²；受压区配置 HRB400 级钢筋 6 $\Phi$ 14，$A'_s$ ＝923 mm²。

4. 截面几何特征参数

（1）截面各部分对下边缘的面积矩和惯性矩

计算过程及结果见表 10-14。

表 10-14　　　　　　　　　截面各部分对下边缘的面积矩和惯性矩

| 名称 | 单元面积 $A_i/\text{mm}^2$ | $a_i/\text{mm}$ | $S_i=A_ia_i$ $/\times10^6\ \text{mm}^3$ | $I'_i=A_ia_i^2$ $/\times10^8\ \text{mm}^3$ | $I''_i/\times10^8\ \text{mm}^4$ |
|---|---|---|---|---|---|
| 腹板 | $300\times900=$ $27\times10^4$ | 600 | 162 | 972 | $\frac{1}{12}\times300\times900^3=182.25$ |
| 上翼缘 | $1\,000\times150=$ $15\times10^4$ | 1 125 | 168.75 | 1 898.44 | $\frac{1}{12}\times1\,000\times150^3=2.81$ |
| 下翼缘 | $500\times150=$ $7.5\times10^4$ | 75 | 5.625 | 4.22 | $\frac{1}{12}\times500\times150^3=1.41$ |
| 孔洞 | $-2(\pi/4\times50^2)=$ $-3\,925$ | 55(764) | $-0.22(-3.00)$ | $-0.12(-22.91)$ | $-2\times\frac{\pi}{64}\times50^4=-0.006$ |
| $A_s$ | $(6.15-1)\times615=$ $3\,167$ | 55 | 0.17 | 0.10 | — |
| $A'$ | $(6.15-1)\times923=$ $4\,753$ | 1 140 | 5.42 | 61.78 | — |
| $A_p$ | $6.0\times1\,668=$ $10\,008$ | 55 | 0.550 4 | 0.302 7 | — |
| $\sum$ | $A_n=49.9\times10^4$ | — | $\underline{S}_n=341.75$ | $\underline{I}'_n=2\,936.41$ | $\underline{I}''_n=186.46$ |
| | $A_0=50.9\times10^4$ | — | $\underline{S}_0=342.30$ | $\underline{I}'_0=2\,936.71$ | $\underline{I}''_0=186.46$ |

注：表中括号内数据仅适用于 Ⅰ—Ⅰ 截面；$a_i$ 指各单元形心至截面下边缘的距离；$S_i$ 指各单元对截面下边缘的面积矩；$I'_i$ 指各单元对截面下边缘的距差惯性矩；$I''_i$ 指各单元对自己形心轴的惯性矩。

（2）Ⅰ—Ⅰ 截面的净截面和换算截面几何特征参数

净截面重心至下边缘的距离：

$$y_n=\frac{S_n}{A_n}=\frac{338.97\times10^6}{49.9\times10^4}=679.3\ \text{mm}$$

换算截面重心至下边缘的距离：

$$y_0=\frac{S_0}{A}=\frac{346.62\times10^6}{50.9\times10^4}=681.0\ \text{mm}$$

净截面惯性矩：

$$I_n=\underline{I}'_n+\underline{I}''_n-A_ny_n^2$$
$$=2\,913.62\times10^8+186.46\times10^8-49.9\times10^4\times679.3^2$$

$$= 797.5 \times 10^8 \ \mathrm{mm}^4$$

换算截面惯性矩：

$$\begin{aligned} I_0 &= \underline{I}'_0 + \underline{I}''_0 - A_0 y_0^2 \\ &= 2\ 972.04 \times 10^8 + 186.46 \times 10^8 - 50.9 \times 10^8 \times 681.0^2 \\ &= 798.0 \times 10^8 \ \mathrm{mm}^4 \end{aligned}$$

（3）Ⅱ—Ⅱ截面的净截面和换算截面几何特征参数

净截面重心至下边缘的距离：

$$y_\mathrm{n} = \frac{S_\mathrm{n}}{A_\mathrm{n}} = \frac{341.75 \times 10^6}{49.9 \times 10^4} = 684.9 \ \mathrm{mm}$$

换算截面重心至下边缘的距离：

$$y_0 = \frac{S_0}{A_0} = \frac{342.30 \times 10^6}{50.9 \times 10^4} = 672.5 \ \mathrm{mm}$$

净截面惯性矩：

$$\begin{aligned} I_\mathrm{n} &= \underline{I}'_\mathrm{n} + \underline{I}''_\mathrm{n} - A_\mathrm{n} \cdot y_\mathrm{n}^2 \\ &= 2\ 936.41 \times 10^8 + 186.46 \times 10^8 - 49.9 \times 10^4 \times 684.9^2 \\ &= 781.0 \times 10^8 \ \mathrm{mm}^4 \end{aligned}$$

换算截面惯性矩：

$$\begin{aligned} I_0 &= \underline{I}'_0 + \underline{I}''_0 - A_0 y_0^2 \\ &= 2\ 936.71 \times 10^8 + 186.46 \times 10^8 - 50.9 \times 10^4 \times 672.5^5 \\ &= 821.2 \times 10^8 \ \mathrm{mm}^4 \end{aligned}$$

5. 跨中正截面抗裂验算

（1）预应力损失计算

张拉控制应力取：$\sigma_\mathrm{con} = 0.75 f_\mathrm{ptk} = 0.75 \times 1\ 860 = 1\ 395 \ \mathrm{N/mm}^2$。

① 锚具变形和钢筋内缩引起的预应力损失值。

采用夹片式锚具，查得锚具变形和钢筋内缩值 $a = 5 \ \mathrm{mm}$，$\kappa = 0.001\ 5$，$\mu = 0.25$。

反摩擦影响长度 $l_\mathrm{f}$：

$$\begin{aligned} l_\mathrm{f} &= \sqrt{\frac{a E_\mathrm{p}}{1\ 000 \sigma_\mathrm{con} (\mu/r_\mathrm{c} + \kappa)}} \\ &= \sqrt{\frac{5 \times 1.95 \times 10^5}{1\ 000 \times 1\ 395 \times (0.25/45.13 + 0.001\ 5)}} = 10.0 \ \mathrm{m} \end{aligned}$$

于是：

$$\begin{aligned} \sigma_{l1} &= 2\sigma_\mathrm{con} l_\mathrm{f} \left( \frac{\mu}{r_\mathrm{c}} \right) \left( 1 - \frac{x}{l_\mathrm{f}} \right) \\ &= 2 \times 1\ 395 \times 10.09 \times \left( \frac{0.25}{45.13} + 0.001\ 5 \right) \times \left( 1 - \frac{x}{10.0} \right) \\ &= 198.17 \times \left( 1 - \frac{x}{10.0} \right) \end{aligned}$$

跨中截面：$x = 8.2 \ \mathrm{m}$，$\theta = 0.182$，代入后得 $\sigma_{l1} = 37.1 \ \mathrm{N/mm}^2$。

② 预应力钢筋与孔道壁之间的摩擦引起的预应力损失值。

由于 $\kappa x + \mu\theta = 0.001\,5 \times 8.2 + 0.25 \times 0.182 = 0.057\,8 < 0.3$，所以 $\sigma_{l2} = (\kappa x + \mu\theta)\sigma_{con} = 0.057\,8 \times 1\,395 = 80.6\ \text{N/mm}^2$。

第一批预应力损失值 $\sigma_{lI} = \sigma_{l1} + \sigma_{l2} = 37.1 + 80.6 = 117.7\ \text{N/mm}^2$。

第一批预应力损失后跨中截面处钢绞线有效预应力值 $\sigma_{pI} = 1\,395 - 117.7 = 1\,277.3\ \text{N/mm}^2$。

预应力钢筋合力及其作用点的位置：

$$N_{pI} = \sigma_{pI} A_p = 1\,277.3 \times 1\,668 = 2.130\,5 \times 10^6\ \text{N}$$

$$e_{pnI} = 684.9 - 55 = 629.9\ \text{mm}$$

③ 预应力钢筋应力松弛引起的损失值。

$$\sigma_{l4} = 0.2\left(\frac{\sigma_{con}}{f_{ptk}} - 0.575\right)\sigma_{con}$$

$$= 0.2 \times \left(\frac{1\,395}{1\,860} - 0.575\right) \times 1\,395 = 48.8\ \text{N/mm}^2$$

④ 混凝土收缩和徐变引起的预应力损失值。

预压区预应力钢筋和非预应力钢筋配筋率：

$$\rho = \frac{A_p + A_s}{A_n} = \frac{1\,668 + 615}{49.9 \times 10^4} = 0.004\,575$$

预应力钢筋合力点处由预加力产生的混凝土法向应力：

$$y_{pn} = 684.9 - 55 = 629.9\ \text{mm}$$

$$\sigma_{pcI}(y_{pn}) = \frac{N_{pI}}{A_n} \pm \frac{N_{pI} e_{pnI}}{I_n} y_{pn}$$

$$= \frac{2.130\,5 \times 10^6}{49.9 \times 10^4} + \frac{2.130\,5 \times 10^6 \times 629.9}{781.0 \times 10^8} \times 629.9$$

$$= 15.1\ \text{N/mm}^2 < 0.5 f'_{cu} = 20\ \text{N/mm}^2$$

$$\sigma_{l5} = \frac{55 + 300\dfrac{\sigma_{pc}}{f'_{cu}}}{1 + 15\rho} = \frac{55 + 300 \times \dfrac{15.1}{40}}{1 + 15 \times 0.004\,575} = 157.5\ \text{N/mm}^2$$

第二批预应力损失值：

$$\sigma_{lII} = \sigma_{l4} + \sigma_{l5} = 48.8 + 157.5 = 206.3\ \text{N/mm}^2$$

总的预应力损失值及有效预应力值：

$$\sigma_l = \sigma_{lI} + \sigma_{lII} = 117.7 + 206.3 = 324\ \text{N/mm}^2 > 80\ \text{N/mm}^2$$

$$\sigma_{pII} = 1\,395 - 324 = 1\,071\ \text{N/mm}^2$$

（2）正截面抗裂验算

所有预应力损失完成后，预应力钢筋与非预应力钢筋的合力及偏心距：

$$N_p = \sigma_{pII} A_p - \sigma_{l5} A_s = 1\,071 \times 1\,668 - 157.5 \times 615 = 1.689\,6 \times 10^6\ \text{N}$$

$$e_{pn} = \frac{\sigma_{pII} A_p y_{pn} - \sigma_{l5} A_s y_{sn}}{\sigma_{pII} A_p - \sigma_{l5} A_s}$$

$$= \frac{1\,071 \times 1\,668 \times 629.9 - 157.5 \times 615 \times 629.9}{1.689\,6 \times 10^6} = 629.9\ \text{mm}$$

受拉边缘混凝土的有效预压应力：

$$\sigma_{\text{pc}\,\text{II}} = \frac{N_{\text{p}}}{A_{\text{n}}} \pm \frac{N_{\text{p}} e_{\text{pn}}}{I_{\text{n}}} y_{\text{n}}$$

$$= \frac{1.689\ 6 \times 10^6}{49.9 \times 10^4} + \frac{1.689\ 6 \times 10^6 \times 629.9}{781.0 \times 10^8} \times 684.9$$

$$= 12.7\ \text{N/mm}^2$$

在荷载效应的标准组合下，抗裂验算边缘混凝土的法向应力：

$$\sigma_{\text{ck}} = \frac{M_{\text{k}} y_0}{I_0} = \frac{1\ 524 \times 10^6}{821.2 \times 10^8} \times 672.5 = 12.5\ \text{N/mm}^2$$

$$\sigma_{\text{ck}} - \sigma_{\text{pc}\,\text{II}} = 12.5 - 12.7 = -0.2\ \text{N/mm}^2 < f_{\text{tk}} = 2.39\ \text{N/mm}^2$$

满足要求。

6. 梁端支座处斜截面抗裂验算

$$x = 0.2\ \text{m}, \theta = \frac{2 \times 0.745}{8.2^2} \times (8.2 - 8.0) = 0.004\ 4\ \text{rad}$$

在截面上取腹板上、中、下三个点 $a$、$b$、$c$ 进行验算，其中 $b$ 点为换算截面重心。

（1）预应力损失及预应力钢筋的有效预应力计算

$$\sigma_{l1} = 198.17 \times \left(1 - \frac{0.2}{10.0}\right) = 194.2\ \text{N/mm}^2$$

$$\sigma_{l2} = (\kappa x + \mu\theta)\sigma_{\text{con}} = (0.001\ 5 \times 0.2 + 0.25 \times 0.004\ 4) \times 1\ 395 = 1.95\ \text{N/mm}^2$$

第一批预应力损失值：

$$\sigma_{l\text{I}} = \sigma_{l1} + \sigma_{l2} = 194.2 + 1.95 = 196.2\ \text{N/mm}^2$$

$$\sigma_{l4} = 48.8\ \text{N/mm}^2 (\text{同前})$$

完成第一批预应力损失后预应力钢筋合力：

$$N_{\text{p}\text{I}} = \sigma_{\text{p}\text{I}} A_{\text{p}} = (1\ 395 - 196.2) \times 1\ 668 = 2.0 \times 10^6\ \text{N}$$

此时，Ⅰ—Ⅰ截面处预应力钢筋合力点至截面下边缘距离为 764 mm，故其对净截面重心的偏心距为：

$$e_{\text{pn}\text{I}} = 764 - 679.3 = 84.7\ \text{mm}$$

相应于钢绞线处混凝土的法向应力为：

$$\sigma_{\text{pc}\text{I}}\,(y_{\text{pn}}) = \frac{N_{\text{p}\text{I}}}{A_{\text{n}}} + \frac{N_{\text{p}\text{I}} e_{\text{pn}\text{I}}}{I_{\text{n}}} y_{\text{pn}}$$

$$= \frac{2.0 \times 10^6}{49.9 \times 10^4} + \frac{2.0 \times 10^6 \times 84.7}{797.5 \times 10^8} \times 84.7 = 4.2\ \text{N/mm}^2$$

该截面预压区预应力钢筋和非预应力钢筋配筋率：

$$\rho = \frac{1\ 668 + 923}{49.9 \times 10^4} = 0.005\ 192;$$

则：

$$\sigma_{l5} = \frac{55 + 300\dfrac{\sigma_{\text{pc}}}{f'_{\text{cu}}}}{1 + 15\rho} = \frac{55 + 300 \times \dfrac{4.2}{40}}{1 + 15 \times 0.005\ 192} = 80.3\ \text{N/mm}^2$$

第二批预应力损失值：

$$\sigma_{l\mathrm{II}} = \sigma_{l4} + \sigma_{l5} = 48.8 + 80.3 = 129.1 \text{ N/mm}^2$$

所有预应力损失发生后预应力钢筋的有效预应力值：

$$\sigma_{p\mathrm{II}} = 1\,395 - (196.2 + 129.1) = 1\,069.7 \text{ N/mm}^2$$

所有钢筋合力及作用点位置（$a'_s = 37$ mm）：

$$N_p = 1\,069.7 \times 1\,668 - 80.3 \times 923 = 1.71 \times 10^6 \text{ N}$$

$$e_{pn} = \frac{1\,069.7 \times 1\,668 \times 84.7 - 80.3 \times 923 \times (1200 - 679.3 - 37)}{1.71 \times 10^6} = 67.4 \text{ mm}$$

（2）$a$ 点主应力验算

由于 I—I 截面处 $M_k$ 值很小，故其引起的混凝土法向应力忽略不计，所以有：

$$\sigma_x = -\frac{N_p}{A_n} - \frac{N_p e_{pn}}{I_n} y_{an}$$

$$= -\frac{1.71 \times 10^6}{49.9 \times 10^4} - \frac{1.71 \times 10^6 \times 67.4}{797.5 \times 10^8} \times (1\,200 - 679.3 - 150)$$

$$= -3.96 \text{ N/mm}^2 \text{（压应力）}$$

混凝土剪应力：

$a$ 点以上部分的换算面积对构件换算截面重心的面积矩：

$$y'_0 = 1\,200 - 681.0 = 519.0 \text{ mm}$$

$$S_0 = 1\,000 \times 150 \times (519.0 - 75) + (6.15 - 1) \times 923 \times (519.0 - 37)$$

$$= 6.89 \times 10^7 \text{ mm}^3$$

于是，

$$\tau = \frac{(V_k - \sum \sigma_{p\mathrm{II}} A_{pb} \sin \alpha_p) S_0}{I_0 b}$$

$$= \frac{[380.8 \times 10^3 - 1\,069.7 \times 1\,668 \times \sin(0.177\,3)] \times 6.89 \times 10^7}{798.0 \times 10^8 \times 300}$$

$$= 0.19 \text{ N/mm}^2$$

$a$ 点处混凝土主拉应力和主压应力：

$$\begin{matrix} \sigma_{tp} \\ \sigma_{cp} \end{matrix} = \frac{\sigma_x + \sigma_y}{2} \pm \sqrt{\left(\frac{\sigma_x - \sigma_y}{2}\right)^2 + \tau^2}$$

$$= -\frac{3.96}{2} \pm \sqrt{\left(\frac{-3.96}{2}\right)^2 + 0.19^2} = \begin{matrix} 0.01 \\ -3.97 \end{matrix} \text{ N/mm}^2$$

$a$ 点抗裂验算：

$$\sigma_{tp} = 0.01 \text{ N/mm}^2 < 0.95 f_{tk} = 0.95 \times 2.39 = 2.3 \text{ N/mm}^2$$

符合要求；

$$\sigma_{cp} = 3.97 \text{ N/mm}^2 < 0.6 f_{tk} = 0.6 \times 26.8 = 16.08 \text{ N/mm}^2$$

符合要求。

（3）$b$ 点主应力验算

混凝土法向应力：

$$\sigma_x = -\frac{1.71 \times 10^6}{49.9 \times 10^4} = -3.43 \text{ N/mm}^2$$

混凝土剪应力：

$b$ 点以上部分的换算面积对构件换算截面重心的面积矩：

$S_0 = 1000 \times 150 \times (519.0 - 75) + (6.15 - 1) \times 923 \times (519.0 - 37) +$

$\left(6.0 \times 1668 - \dfrac{\pi}{2} \times 50^2\right) \times (764.0 - 681.0) + \dfrac{1}{2} \times 300 \times (519.0 - 150)^2$

$= 8.98 \times 10^7 \text{ mm}^3$

$$\tau = 0.19 \times \dfrac{8.98}{6.89} = 0.25 \text{ N/mm}^2$$

$b$ 点处混凝土主拉应力和主压应力：

$$\begin{matrix} \sigma_{tp} \\ \sigma_{cp} \end{matrix} = -\dfrac{3.43}{2} \pm \sqrt{\left(-\dfrac{3.43}{2}\right)^2 + 0.25^2} = \begin{matrix} 0.02 \text{ N/mm}^2 \\ -3.45 \text{ N/mm}^2 \end{matrix}$$

$b$ 点抗裂验算：

$$\sigma_{tp} = 0.01 \text{ N/mm}^2 < 0.95 f_{tk} = 2.3 \text{ N/mm}^2$$

符合要求；

$$\sigma_{cp} = 3.45 \text{ N/mm}^2 < 0.6 f_{ck} = 16.08 \text{ N/mm}^2$$

符合要求。

（4）$c$ 点主应力验算

混凝土法向应力：

$\sigma_x = -\dfrac{1.71 \times 10^6}{49.9 \times 10^4} + \dfrac{1.71 \times 10^6 \times 67.4}{797.5 \times 10^8} \times (679.3 - 150)$

$= -2.67 \text{ N/mm}^2$

混凝土剪应力：

$c$ 点以下部分的换算面积对构件换算截面重心的面积矩：

$S_0 = 500 \times 150 \times (68.10 - 75) + (6.15 - 1) \times 615 \times (681.0 - 55)$

$= 4.74 \times 10^7 \text{ N/mm}^2$

$$\tau = 0.19 \times \dfrac{4.74}{6.89} = 0.13 \text{ N/mm}^2$$

$c$ 点处混凝土主拉应力和主压应力：

$$\begin{matrix} \sigma_{tp} \\ \sigma_{cp} \end{matrix} = -\dfrac{2.67}{2} \pm \sqrt{\left(-\dfrac{2.67}{2}\right)^2 + 0.13^2} = \begin{matrix} 0.01 \text{ N/mm}^2 \\ -2.69 \text{ N/mm}^2 \end{matrix}$$

$c$ 点抗裂验算：

$$\sigma_{cp} = 2.69 \text{ N/mm}^2 < 0.6 f_{ck} = 16.08 \text{ N/mm}^2$$

符合要求。

7. 梁端支座处斜截面受剪承载力计算

计算支座边缘截面处剪力设计值为 $V_{max} = 476.4$ kN。

由于 $\dfrac{h_w}{b} = \dfrac{900}{300} = 3 < 4$，则要求：

$V_{max} \leqslant 0.25 \beta_c f_c b h_0 = 0.25 \times 1.0 \times 19.1 \times 300 \times 1\,145 = 1\,640.2 \times 10^2 \text{ N}$

满足要求。

$N_p = 1.71 \times 10^6 \text{ N}, e_{pn} = 67.4 \text{ mm}$；

$$\sigma_{pcⅡ}(y_{pn})=\frac{N_p}{A_n}+\frac{N_p e_{pn}}{I_n}y_{pn}=-\frac{1.71×10^6}{49.9×10^4}-\frac{1.71×10^6×67.4}{797.5×10^8}×84.7$$

$$=-3.55\ \text{N/mm}^2$$

$$\sigma_{p0}=\sigma_{con}-\sigma_l+\alpha_E\sigma_{pcⅡ}=\sigma_{pⅡ}+\alpha_E\sigma_{pcⅡ}=1\,069.7+6.0×(-3.55)$$

$$=1\,048.4\ \text{N/mm}^2$$

$$N_{p0}=\sigma_{p0}A_p-\sigma'_{l5}A'_s=1\,048.4×1\,668-80.3×923=1.67×10^6\ \text{N}$$

$$<0.3f_cA_0=0.3×19.1×50.9×10^4=2.92×10^6\ \text{N}$$

$$V_p=0.05N_{p0}=0.05×1.67×10^6=83.5×10^3\ \text{N}$$

$$V=476.4\ \text{kN}<0.7f_tbh_0+0.05N_{p0}$$

$$=0.7×1.71×300×1\,145+83.5×10^3$$

$$=494.7×10^3\ \text{N}$$

故不需要按计算配置箍筋，只需按构造配置箍筋。采用Φ8@400 mm。

8. 施工阶段验算

（1）跨中截面处

由前可知：$N_{pⅠ}=2.130\,5×10^6\ \text{N}$，$e_{pnⅠ}=629.9\ \text{mm}$。

截面边缘混凝土的法向应力计算公式：

$$\sigma_{cc}\ 或\ \sigma_{ct}=\sigma_{pc}±\frac{M_G}{I_0}y_0=\frac{N_{pⅠ}}{A_n}±\frac{N_{pⅠ}e_{pnⅠ}}{I_n}y_n±\frac{M_{Gk}}{I_0}y_0$$

于是：

$$\sigma_{ct}=-\frac{2.13×10^6}{49.9×10^4}+\frac{2.13×10^6×629.9}{781.0×10^8}×(1\,200-684.9)$$

$$-\frac{756×10^6}{821.2×10^8}×672.5=-1.6\ \text{N/mm}^2(受压)<f'_{tk}$$

$$=2.39\ \text{N/mm}^2$$

满足要求；

$$\sigma_{cc}=-\left(\frac{2.13×10^6}{49.9×10^4}-\frac{2.13×10^6×629.9}{781.0×10^8}×684.9+\frac{756×10^6}{821.2×10^8}×672.5\right)$$

满足要求。

（2）梁端支座截面处

由前可知：$N_{pⅠ}=2.0×10^6\ \text{N}$，$e_{pnⅠ}=84.7\ \text{mm}$。

截面边缘混凝土的法向应力：

$$\sigma_{ct}=-\frac{2.0×10^6}{49.9×10^4}+\frac{2.0×10^6×84.7}{797.5×10^8}×(1\,200-676.3)$$

$$=-2.9\ \text{N/mm}^2(受压)<f'_{tk}=2.39\ \text{N/mm}^2$$

满足要求；

$$\sigma_{cc}=-\left(-\frac{2.0×10^6}{49.9×10^4}+\frac{2.0×10^6×84.7}{797.5×10^8}×679.3\right)$$

$$=2.6\ \text{N/mm}^2(受压)<0.8f'_{ck}=21.4\ \text{N/mm}^2$$

满足要求。

专业术语

# 思 考 题

1. 普通钢筋混凝土结构存在哪些问题？

2. 预应力混凝土结构为什么要采用高强钢筋和高强混凝土？

3. 六种预应力损失产生的原因和减少损失的相应措施是什么？

4. 预应力筋实施超张拉可减少预应力损失的原理是什么？

5. 什么叫有效预应力？在控制应力和预应力损失均相同的条件下，先张法和后张法的有效预应力值是否相同？

6. 先张法、后张法混凝土轴心受拉构件，在施工、使用和破坏阶段混凝土与钢筋的应力如何变化？两者有何区别？

7. 预应力轴心受拉构件开裂荷载如何计算，与普通混凝土构件有何区别？

8. 预应力混凝土构件换算截面面积 $A_0$ 和净截面面积 $A_n$ 各有何物理意义？为什么先张法构件用 $A_0$ 计算施工过程各阶段的混凝土预压应力 $\sigma_{pc}$ 而后张法构件又是用 $A_n$ 来计算 $\sigma_{pc}$？

9. 先张法构件中，预应力筋传递长度的概念与影响因素是什么？

10. 后张法构件中，局部受压区的应力状态以及锚具局部承压区强度设计原理是什么？

11. 预应力混凝土受弯构件消压状态下消压弯矩的表达式和涵义是什么？

12. 预应力混凝土受弯构件抗裂弯矩的表达式和涵义是什么？

13. 为什么混凝土预压应力能提高受弯构件的斜截面抗裂性能？

# 11　混凝土耐久性

**本章提要**：本章讲述混凝土耐久性问题，主要包括混凝土耐久性的概念，影响混凝土耐久性的主要因素，钢筋锈蚀机理及锈蚀发展特征，混凝土耐久性设计的基本原则及基于可靠性的混凝土结构耐久性设计的含义等问题。了解混凝土耐久性概念和工程中影响混凝土耐久性的主要因素，理解氯盐及碳化环境下钢筋锈蚀机理及钢筋锈蚀发展阶段，理解混凝土保护层的概念及其对混凝土耐久性的影响，掌握耐久性设计的基本原则。

## 11.1　混凝土耐久性概念及其劣化的主要原因

### 11.1.1　混凝土结构耐久性定义

　　自从 1880～1890 年第一批钢筋混凝土结构问世并应用于工业建筑物以来，钢筋和混凝土逐渐成为土木工程中最主要的材料之一，同时人们也一直认为混凝土是一种耐久性很好的材料。但是，随着钢筋混凝土结构使用范围的扩大以及使用年限的增长，其耐久性问题逐渐暴露了出来，尤其是在恶劣环境下服役的混凝土结构。

　　我国《混凝土结构耐久性设计规范》（GB/T 50476—2008）对混凝土结构的耐久性定义是：在设计确定的环境作用和维修、使用条件下，结构构件在设计使用年限内保持其适用性和安全性的能力。美国"Guide to Durable Concrete"（ACI 201.2R—08）对普通硅酸盐水泥混凝土这种材料的耐久性定义是：混凝土对大气侵蚀、化学侵蚀、磨耗或任何其他劣化过程的抵抗能力。由上述定义可以看出：混凝土结构耐久性问题实际上是考虑了环境作用与力学作用叠加之后结构的适用性和安全性问题，它是对传统仅考虑力学作用引起结构的适用性和安全性问题的深化。

### 11.1.2　混凝土结构耐久性问题的严峻性

　　20 世纪 70 年代美国等一些国家就发现，20 世纪 50 年代以后修建的混凝土工程设施，尤其是使用在恶劣环境条件下的混凝土桥面板结构，出现了较为严重的耐久性问题。美国标准局（NBS）1975 年的调查，美国全年各种因建筑物腐蚀造成的损失为 700 多亿美元；美国材料咨询委员会（NMAB）1987 年的年度报告中指出，有 253 000 座混凝土桥处于不同程度的损伤，且以每年 35 000 座的速度在增加；1991 年用于修复由于耐久性不足而损坏的桥梁就耗资 910 亿美元。英国每年用于修复钢筋混凝土结构的费用达 200 亿英镑,而日本目前每年仅用于房屋结构维修的费用即达 400 亿日元。在我国,混凝土结构耐久性的问题也十分严重,据 1986 年国家统计局和建设部对全国城乡 28 个省、市、自治区的 323 个城市和 5 000 个镇进行普查的结果,当时我国已有城镇房屋建筑面积 46.76 亿 $m^2$,已有工业厂房约 5 亿 $m^2$,这些建筑物中约有 23 亿 $m^2$ 需要分期分批进行评估与加固,而其中半数以上急需维修加固之后才能正常使用。

Mehta 教授在第二届混凝土耐久性国际会议主题报告《混凝土耐久性——五十年进展》中曾指出,钢筋锈蚀是造成混凝土结构耐久性失效的首要因素,例如在英国,沿海地区的钢筋混凝土结构因钢筋锈蚀需要重建或更换钢筋的占三分之一以上;在美国,1975 年全年因腐蚀造成的损失中,钢筋锈蚀造成的损失约占 40%;中国腐蚀与防护学会 2001 年公布的报告显示,我国建筑与基础设施年腐蚀损失大约为 1 000 亿元人民币,这其中大部分应为混凝土中钢筋锈蚀造成的;预应力混凝土结构曾被认为具有良好的抗钢筋锈蚀性能,然而事实却并非如此,调查表明:在 1950~1977 年的 28 年期间,世界范围内发生了 28 起著名的因后张力筋锈蚀导致整体结构破坏的工程实例;在 1978~1982 年的 5 年间,仅美国就有 50 幢结构物出现了不同程度的力筋锈蚀现象。另有调查表明,在 1951~1979 年的 29 年期间,世界范围内至少发生了 242 起预应力筋锈蚀损坏的事故。

最近几十年来,中国持续进行着大规模的基础设施建设活动,其建设规模居世界之首,每年新建建筑约 20 亿 $m^2$,其中以混凝土结构所占比重最大。据统计,中国每年混凝土用量约 10 亿 $m^3$,钢筋用量约 2 500 万 t,水泥和钢材用量占全世界总用量的 40% 左右。如此大规模的工程建设活动如果不认真考虑耐久性问题,则会带来巨大的资源浪费和环境污染,给人类社会的发展带来不可估量的损失。

因此,提高混凝土结构的耐久性和延长混凝土结构的使用寿命,将缓解修补、重建以及建筑垃圾处理对资金的巨大需求,最大限度减少经济损失;同时,提高混凝土结构的耐久性、减少对水泥及天然砂石的相对需求,还将使资源和能源的利用率得到较大提高,这将有助于保护生态环境,缓解人类对原本就紧张的资源和能源需求所形成的巨大压力。正如著名混凝土专家 Mehta 教授所指出:"如果我们能够生产出更耐久的产品,就必定能大量地节省材料;今天建造的混凝土结构物若不是现在的 50 年寿命,而是 250 年寿命,那么混凝土领域的资源利用效率就能提高 5 倍"。

### 11.1.3　混凝土结构耐久性劣化的主要原因

混凝土结构耐久性劣化的两个主要原因:一是钢筋材料的锈蚀;二是混凝土材料自身的劣化。其中引起钢筋材料锈蚀的主要原因又有混凝土碳化和氯盐侵入;而引起混凝土材料自身劣化的主要原因又有硫酸盐腐蚀、冻融循环作用、碱骨料反应等。

钢筋锈蚀给混凝土结构带来的危害主要体现在:① 钢筋平均截面积减小并形成大量局部蚀坑,从而导致钢筋的名义强度和变形能力退化;② 锈蚀产物体积膨胀引起混凝土保护层锈胀开裂,严重的将导致混凝土有效受压截面减损;③锈蚀产物充填于钢筋和混凝土之间,严重时(尤其锈胀开裂以后)引起钢筋与混凝土的黏结性能下降,从而可能引起锚固黏结破坏,其黏结滑移还可以导致受拉钢筋与受压混凝土的协同工作能力下降。这三个方面最终导致混凝土构件的承载能力和变形能力下降,并使构件的正常使用性能受到损害,从而可能引起结构耐久性失效。

混凝土材料自身劣化给混凝土结构带来的危害主要体现在:① 混凝土抗压强度和变形能力降低;② 混凝土与钢筋间的黏结强度、刚度及协同工作能力降低。这两个方面最终导致混凝土构件的承载能力和变形能力下降,并使构件的正常使用性能受到损害,从而可能引起结构耐久性失效。

概括起来,引起混凝土结构耐久性劣化的基本原因主要包括:混凝土碳化、氯盐侵蚀、混凝土硫酸盐腐蚀、混凝土冻融循环作用、混凝土碱—骨料反应等。

(1) 混凝土碳化

混凝土的碳化是气态的 $CO_2$ 溶解到混凝土孔隙液中,与孔隙液中的碱性物质发生反应产生固体碳酸钙 $CaCO_3$ 的化学反应过程。碳化对混凝土的力学性能影响不大,其主要危害是引起混凝土内钢筋锈蚀(图 11-1)。碳化降低了混凝土孔隙溶液中的 pH 值,当 pH 值下降到 11.5 时,钢筋表面的钝化膜就不再稳定,当 pH 值下降至 9 时,钝化膜的作用完全被破坏,钢筋处于活化状态,此时混凝土孔隙溶液中的氧气和水便可导致钢筋发生锈蚀。

图 11-1　意大利圣安东尼阿巴特教堂钟楼钢筋混凝土柱碳化锈胀破坏

影响混凝土碳化速率的因素主要可以分为三个方面:混凝土原材料方面的因素、混凝土结构使用的环境因素和混凝土的施工因素,如图 11-2 所示。

混凝土原材料主要通过对混凝土的气体渗透性和混凝土内可碳化物质含量产生影响,进而影响混凝土的碳化过程,主要包括混凝土水灰比(强度等级)、水泥品种和用量、活性矿物掺和料的种类和用量等因素。环境因素对混凝土碳化的影响主要为环境的相对湿度、温度和 $CO_2$ 浓度等。目前的研究表明,混凝土碳化深度的推进速率与 $CO_2$ 的浓度的平方根成正比。施工因素对混凝土碳化的影响主要指混凝土的搅拌、振捣和养护条件等方面。这些方面对混凝土碳化的影响是显而易见的,即使一种混凝土经验证其抗碳化能力很高,但是由于混凝土在

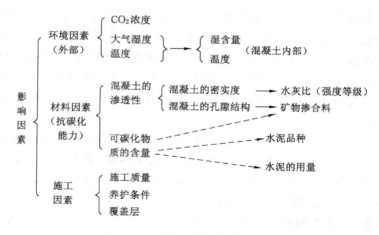

图 11-2　混凝土碳化的影响因素

制作时搅拌不匀、振捣不密实将导致混凝土的抗碳化能力大幅度下降。同样养护方式和养护时间对混凝土的碳化速率也有重要影响。实验表明：由于蒸汽养护导致了更高的混凝土孔隙率，从而大大加速了混凝土的碳化速率。与标准养护相比，蒸汽养护可使混凝土的碳化速率提高 $50\%\sim85\%$。同样混凝土的早期养护越充分其后期的碳化速率越低，反之混凝土早期养护时间越短则后期的碳化速率越高。比如只养护 1 天的混凝土试件 2 年的碳化深度是养护 7 天和养护 28 天试件碳化深度的 2 倍和 3 倍。

（2）氯盐侵蚀

氯盐侵蚀是引起混凝土内钢筋锈蚀的重要因素。一般来讲，混凝土中的氯离子的来源主要可以有两种——混入和渗入。

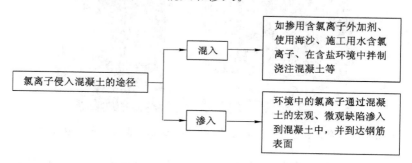

图 11-3　氯离子侵入混凝土的途径

随着现代混凝土技术的不断进步和质量控制手段的有效加强，以外加剂及海砂等原材料方式混入混凝土中的氯离子正受到越来越严格的限制，相比之下外界渗入氯离子已经成为由氯离子引起混凝土结构耐久性问题的主要途径。工程结构渗入氯离子的主要来源包括：海洋和近海环境中的海水氯化物、降雪地区为融化道路积雪而喷洒的除冰盐（雾）、内陆盐湖、盐土地区含有氯盐的地下水、土、含氯盐消毒剂等。由于在大多数场合，氯离子引起的钢筋锈蚀问题是氯离子从外界环境渗入已硬化的混凝土造成的，故对氯离子侵入混凝土机理的研究通常着眼于此。

氯离子在侵入混凝土后,其中一部分氯离子在混凝土孔隙溶液中仍保持自由,称为自由氯离子(处于游离状态,也称游离氯离子);一部分与水泥凝胶体(主要是水化铝酸盐)反应生成 Friedel 盐(费氏盐),或被水泥带正电的水化物所吸附,这部分氯离子称为固化氯离子。也就是说,氯离子在混凝土内有两种存在状态:一是以自由氯离子的形式存在;二是以固化氯离子的形式存在。表层混凝土中的自由氯离子可以通过浓度梯度,进一步传输到混凝土内部,但在输运过程中又可以不断被固化、被吸附,与水泥浆体的水化物相结合,形成新的水化物。研究表明:只有自由氯离子才会引起混凝土内钢筋的锈蚀。被固化的氯离子不再溶解时是无害的,但是碳化或硫酸盐腐蚀等都能使含氯盐的水化物(如 Friedel 盐)分解,氯离子再次游离出来,提高了游离的 $Cl^-$ 浓度,加速了向混凝土内部的传输。

氯离子引起混凝土内钢筋锈蚀的作用主要包括四个方面:① 破坏钝化膜:氯离子是极强的去钝化剂,氯离子进入混凝土到达钢筋表面并积累到一定浓度时,可以穿透钝化膜的微缺陷而在钝化膜与铁基体的界面上争夺钝化膜中的阳离子而使钝化膜溶解;② 形成腐蚀电池:由于钢筋表面钝化膜的不均质性和氯离子浓度的不均匀性,使得钝化膜的破坏也不均匀,有些部位率先破坏钝化膜而暴露出铁基体,它们与尚完好的钝化膜区产生电位差而形成腐蚀电池,暴露铁基体作为阳极而受腐蚀,大面积钝化膜区则作为阴极而受到保护。③ 去极化作用:氯离子不仅促成了钢筋表面的腐蚀电池,而且加速了电池的作用。氯离子与阳极反应产物 $Fe^{2+}$ 结合生成 $FeCl_2$,将阳极产物及时搬运走,使阳极过程顺利进行甚至加速进行。通常把阳极过程受阻称作阳极极化作用,而把加速阳极极化作用称作去极化作用,氯离子正是发挥了阳极去极化作用。氯离子起到了搬运的作用,却并不被消耗,因而会周而复始的起到破坏作用。④ 导电作用:混凝土中氯离子的存在强化了离子通路,降低了阴阳极之间的欧姆电阻,提高了腐蚀电池的效率,从而加速了电化学腐蚀过程;氯化物还提高了混凝土的吸湿性,这也能减小阴阳极之间的欧姆电阻。

氯离子侵蚀会引起混凝土内钢筋锈蚀,并进一步引起混凝土保护层锈胀开裂,从而导致结构抗力迅速降低(图 11-4)。

(3) 混凝土硫酸盐腐蚀

硫酸盐侵蚀是混凝土化学侵蚀中最广泛和最普通的形式,硫酸钠、硫酸钾、硫酸钙、硫酸镁等硫酸盐均会对混凝土产生侵蚀作用。土壤的地下水是一种硫酸盐溶液,土壤硫酸盐的浓度超过一定限值时就会对混凝土产生侵蚀作用;在污水处理厂、化纤上业、制盐、制皂业等厂房附近的地下水中,硫酸盐浓度较高,经常发现混凝土结构物的硫酸盐侵蚀破坏观象。硫酸盐侵蚀作为混凝土化学腐蚀的一种,很早就引起了人们的重视,美国学者米勒从 1923 年开始在含硫酸盐土壤中进行混凝土的腐蚀试验。现阶段的研究成果认为混凝土的硫酸盐腐蚀主要有物理腐蚀、化学腐蚀和物理化学腐蚀几种形式。

① 硫酸盐的物理腐蚀

(a)

(b)                              (c)

图 11-4  氯盐侵蚀引起混凝土结构耐久性劣化
(a) 某近海建筑物氯盐引起锈胀开裂;(b) 某煤矿井塔外柱内掺氯盐引起锈胀开裂;
(c) 某盐湖地区混凝土电线杆的锈胀开裂

物理腐蚀就是硫酸盐的结晶腐蚀,结晶腐蚀是由于硫酸盐溶液渗入混凝土孔隙中,然后蒸发呈结晶析出,产生结晶压力引起水泥石结构的崩裂。工程实践表明,盐类结晶对混凝土的破坏速度更快,破坏力更大,更应引起水泥混凝土工作者的注意。

盐类结晶是在混凝土的毛细孔中产生,但并不是一出现盐类结晶混凝土就破坏,开始的盐类结晶只是填充毛细孔,使混凝土结构致密,甚至使强度增加,以后随着盐结晶的继续生成和积聚,结晶压力超过混凝土的抗拉强度,从而使混凝土结构破坏。因此,混凝土结构破坏的速度取决于盐结晶的数量和速度,而盐结晶的数量和速度又取决于混凝土所处的环境。除了环境侵蚀溶液的浓度外,环境干湿循环是产生盐类结晶的最重要条件。

② 硫酸盐的化学腐蚀

无论是海水还是盐湖中的盐水,其化学成分中都包括硫酸镁,水泥基材料的镁硫型硫酸盐侵蚀也是一种酸性硫酸型侵蚀,在低 pH 值下发生主要腐蚀反应产物是水镁石、石膏和硅酸镁凝胶(M—S—H)。水泥基材料的镁硫型侵蚀外观变化没有钙矾石型和石膏型硫酸盐侵蚀明显,只是物理化学性能严重劣化,试件断面呈连续层状分布。这种破坏形式是潜在的和连续的,由于无明显外观变化,其后果将会更加严重,而且一旦发生,即快速发展。侵蚀介质为硫酸根离子和镁离子,侵蚀最终目标是 C—S—H 相。

$Mg^{2+}$ 的存在会加重 $SO_4^{2-}$ 对混凝土的侵蚀作用,因为生成的 $Mg(OH)_2$ 的溶解度很小,反应可以完全进行下去,所以在一定条件下硫酸镁的侵蚀作用比其他硫酸盐侵蚀更加激烈。$Mg(OH)_2$ 与硅胶体之间还可能进一步反应,也可引起破坏,主要是因为氢氧化钙转变为石膏伴有形成不溶的低碱氢氧化镁,导致 C—S—H 稳定性下降并且也易受到硫酸盐侵蚀。在硫酸镁溶液中,砂浆一直以增加的速率膨胀。抗压强度的减少,在硫酸镁环境要远大于硫酸钠环境。但如果溶液中 $SO_4^{2-}$ 浓度很低,而 $Mg^{2+}$ 的浓度很高的话,则镁盐侵蚀滞缓甚至完全停止,这是因为 $Mg(OH)_2$ 的溶解度很低,随反应的进行,它将淤塞于水泥石的孔隙显著地阻止 $Mg^{2+}$ 向水泥石内部扩散。

③ 硫酸盐的物理化学腐蚀

硫酸盐侵蚀混凝土破坏是一个复杂的物理化学过程,其实质是外界侵蚀介质中的 $SO_4^{2-}$ 进入混凝土的孔隙内部,与水泥石的某些组分发生化学反应生成膨胀性产物,而产生膨胀内应力,当膨胀内应力超过混凝土的抗拉强度时,就会使混凝土强度严重下降,导致混凝土遭受破坏。根据结晶产物和破坏型式的不同,硫酸盐侵蚀破坏可分为两种类型:

a. 钙矾石膨胀:破坏绝大多数硫酸盐对混凝土都有显著的侵蚀作用,这主要是由于硫酸钠、硫酸钾等多种硫酸盐都能与水泥石中的 $Ca(OH)_2$ 作用生成硫酸钙,硫酸钙再与水泥石中的固态水化铝酸钙反应生成三硫型水化硫铝酸钙($3CaO \cdot Al_2O_3 \cdot 3CaSO_4 \cdot 32H_2O$,即钙矾石,简写为 AFt)。钙矾石是溶解度极小的盐类矿物,在化学结构上结合了大量的结晶水,其体积约为原水化铝酸钙的 2.5 倍,使固体体积显著增大,加之它在矿物形态上是针状晶体,在原水化铝酸钙的固相表面成刺猬状析出,放射状向四方生长,互相挤压而产生极大内应力,致使混凝土结构物受到破坏。钙矾石膨胀破坏的特点是混凝土试件表面出现少数较粗大的裂缝。

b. 石膏膨胀破坏:当侵蚀溶液中 $SO_4^{2-}$ 浓度相当高(大于 1 000 mg/L)时,水泥石的毛细孔若为饱和石灰溶液所填充,不仅有钙矾石生成,而且在水泥石内部还会有二水石膏($CaSO_4 \cdot 2H_2O$)结晶析出。$Ca(OH)_2$ 转变为石膏,体积增加为原来的两倍,使混凝土因内力过大而导致膨胀破坏。

(4) 混凝土冻融循环作用

混凝土是一种多孔体系,其孔隙有凝胶孔、毛细孔、空气泡等多种形式。各种孔隙之间的孔径差异很大,凝胶孔的孔径为 15～100 Å,毛细孔的孔径一般在 0.01～10 mm 之间,凝胶孔和毛细孔往往互相连通;空气泡是混凝土搅拌与振捣时自然吸入或掺加引气剂人为引入的,一般呈封闭球状。

混凝土在饱水状态下,冻融循环使水在混凝土毛细孔中往复结冰,从而造成混凝土的膨胀破坏(图 11-5)。我国东北严寒地区的混凝土结构物以及东北、华北、西北地区的水利大坝等工程大多数都发生局部或大面积的冻融破坏;不仅如此,长江以北黄河以南的中部地区,混凝土结构物的冻融破坏现象也广泛存在。

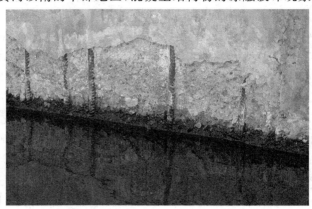

图 11-5　某桥梁混凝土冻融破坏

另外,冻融环境中的混凝土结构(例如桥梁结构)如果使用除冰盐,则使冻融破坏更为严重,形成所谓的"盐冻"破坏。除冰盐的不利影响主要在于:① 含盐混凝土的初始饱水度明显提高;② 盐的浓度差使受冻时混凝土孔隙中产生更大的渗透压;③ 盐产生的过冷水处在不稳定状态,使其在毛细孔中结冰时的结冰速度更快,产生更大的静水压;④ 含盐混凝土在水分蒸发失水干燥时,孔中盐过饱和而结晶,产生一个额外的结晶压力。

影响混凝土冻融破坏的因素主要有混凝土的孔结构、水灰比、强度、冻结温度、水饱和度等。混凝土孔结构中平均气泡间距越大,冻融过程中毛细孔中的膨胀压和渗透压就越大,混凝土的抗冻性就越低。平均气泡间距与含气量、水泥浆体含量以及平均气泡半径有关。含气量的多少取决于引气剂引入的空气泡的多少,水泥浆含量取决于水灰比和水泥用量,平均气泡半径主要取决于引气剂的质量及工艺条件(搅拌和振动时间)。

水灰比影响混凝内可冻水的含量、平均气泡间距及混凝土强度,从而影响混凝土的抗冻性。水灰比越大,混凝土中可冻水的含量越多,混凝土的结冰速度越快,气泡结构越差,平均气泡间距越大,混凝土强度越低,抵抗冻融的能力也就越差。

混凝土强度是抵抗冻融破坏的主要因素。当含气量或平均气泡间距相同时,强度高的混凝土的抗冻性高于强度低的混凝土。不过,由于对冻融破坏的抵抗作用是有限的,因此强度对混凝土抗冻性的影响远没有气泡结构的影响大。

冻结温度越低,结冰速率就越快,混凝土的冻害也越严重。一般认为,冻害主要发生在温度低于 $-10\ ^\circ\text{C}$ 的环境中,温度高于 $-10\ ^\circ\text{C}$ 的环境中冻害是十分有限的。另外,降温速度增大使混凝土抗冻性降低。

水饱和度对冻融破坏的影响显而易见：饱和度越高，冻害越明显；饱和度较低时冻害不易发生。

（5）混凝土碱—骨料反应

碱—骨料反应是混凝土中的碱与具有碱活性的骨料之间发生的破坏性膨胀反应。由于该反应可以散布于混凝土内部任何一个部位，因此其开裂破坏是整体性的（图 11-6）。世界许多国家都存在碱—骨料反应破坏问题；我国长江流域、北京地区、辽宁锦西地区、新疆塔城地区、陕西安康地区等均有碱活性骨料存在，这些地区混凝土结构发生碱—骨料反应破坏的危险性也就存在。

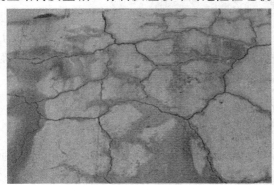

图 11-6　某建筑混凝土碱—骨料反应破坏

根据骨料中活性成分的不同，碱—骨料反应主要可分为两三种类型：碱—硅酸反应和碱—碳酸盐反应。碱—硅酸反应是指骨料中的活性二氧化硅与碱发生的膨胀反应，具体过程是：骨料表面的活性二氧化硅首先在碱溶液中溶解，然后化学反应生成硅酸盐凝胶而体积膨胀，硅酸盐凝胶进一步反应形成液态溶胶。许多岩石如花岗岩、流纹岩、安山岩、珍珠岩、玄武岩、石英岩、燧石、硅藻土中都含有活性二氧化硅；碱—碳酸盐反应是指黏土质白云石质石灰石与水泥中的碱发生的反应，该反应需要的碳酸盐组分应符合如下条件：白云石与石灰石含量大致相等，黏土含量为 $5\%\sim20\%$，白云石颗粒粒径约在 $50~\mu m$ 以下且被微晶方解石和黏土包围。碱—碳酸盐反应主要是碱与白云石之间发生去白云石化反应，由于该反应是一个固相体积减小的过程，因此反应本身并不引起膨胀，但是，该反应使菱形白云石晶体遭受破坏，这使包裹白云石的干燥黏土充分暴露出来，黏土吸水膨胀，从而造成破坏作用。

影响碱—骨料反应的因素有混凝土的碱含量、骨料中活性成分含量、骨料颗粒大小、温度、湿度等。骨料中活性成分含量与混凝土中碱含量的相对比值决定着化学反应产物的性质，从而决定着混凝土的膨胀与破坏程度，以活性 $SiO_2$ 为例，当活性 $SiO_2$ 含量相对较多而 $Na_2O$ 含量相对较少时，生成高钙低碱的硅酸盐凝胶，其吸水膨胀值较小，膨胀破坏不明显；反之，当 $Na_2O$ 含量相对较多而活性 $SiO_2$ 含量相对较少时，硅酸盐凝胶会逐渐转化为液态溶胶，容易从水泥石孔隙中流出，其膨胀破坏就不明显；碱—骨料反应膨胀与温度有很大关系，温度越高，膨胀越大；湿度是影响碱—骨料反应的一个重要因素，因为碱—骨料反应的发生需要有足够的水,只有在空气相对湿度大于80%或直接接触水的环境中碱—骨料反应破坏才会发生;骨料颗粒大小对膨胀值也有影响,当骨料颗粒很细时,虽有明显的碱—骨料反应,但膨胀甚微。

## 11.2 混凝土中钢筋的锈蚀

日常生活经验告诉我们,放在潮湿空气或水中的钢筋,过不了几天其表面就会生锈,即发生腐蚀。但处于混凝土中的钢筋,在保护层混凝土碳化前或氯离子浓度较小时,即使已经使用许多年,但在其表面上却也看不到通常的铁锈。换句话说,混凝土中的钢筋,在一般情况下是不会发生锈蚀的,因为混凝土的强碱性会使钢筋表面生成一层钝化膜。但当环境因素使混凝土强碱性丧失或氯离子侵入使钝化膜破坏,则钢筋就将开始锈蚀。

### 11.2.1 钢筋锈蚀原理

#### 11.2.1.1 钢筋的钝化

钢筋锈蚀
检测方法

混凝土是由水泥、砂石、水和其他一些外加剂等成分拌合而成的,以硅酸盐水泥为胶凝材料主体的混凝土中,其孔隙液为$Ca(OH)_2$溶液,使混凝土孔隙液具有高碱性(pH值为12.5~13)。在这种高碱性溶液中,钢筋表面会迅速生成一层非常致密的、厚$(2\sim10)\times10^{-9}$ m的尖晶石固溶体$Fe_3O_2$—$Fe_2O_3$膜,该膜牢牢地吸附于钢筋表面上,使钢筋难以发生锈蚀反应,这层膜称为钝化膜。

混凝土内钢筋钝化膜的化学成分可借助于原子吸收光谱、电子探针等仪器来确定,其晶体结构则可采用X射线衍射、电子衍射等方法测定。纯铁的钝化膜主要由$\gamma$-$Fe_2O_3$晶体结构组成,钝化膜中的$\gamma$-$Fe_2O_3$与膜中的水结合生成水合产物$Fe_2O_3\cdot H_2O$,通常简写为$FeOOH$。但是,钢筋的材质中含有碳、硅、锰、铬、镍等多种合金元素,因而其表面上的"钝化膜"成分与微结构要比纯铁的钝化膜复杂得多。根据仪器检测的结果,混凝土中钢筋表面上的"钝化膜"主要由铁的氧化物、氢氧化物和来自水泥的矿物质组成的,且其厚度远大于纯铁钝化试验的"成相膜"厚度,为$(2\sim10)\times10^{-9}$ m。

#### 11.2.1.2 钢筋的活化

如前所述,由于混凝土中的钢筋首先处于钝化状态而对钢筋的进一步锈蚀产生了良好的保护作用,但是酸性气体和氯化物对混凝土的侵入,则会导致混凝土内钢筋钝化膜破坏而进一步发生锈蚀。

(1)混凝土碳化引起的钢筋活化

在混凝土碳化过程中,混凝土孔隙水溶液pH值从12~13逐渐下降;当混凝土完全碳化时,混凝土孔隙水溶液pH值降到8.5。根据目前对钢筋锈蚀门槛值的研究结果,通常将pH值=11.5作为碳化条件下钢筋锈蚀门槛值。当钢筋处于pH值>11.5的混凝土区域,钢筋处于钝化状态,不发生锈蚀;当钢筋处于pH值≤11.5的混凝土区域,钢筋处于活化状态。钢筋活化后,在水、氧气的作用下,钢筋发生电化学反应,铁原子失去电子生成铁的氧化物,即产生锈蚀。

具体反应过程如图 11-7 所示。

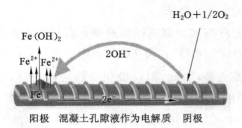

图 11-7 碳化引起的混凝土内钢筋腐蚀

（2）氯盐侵蚀引起的钢筋活化

氯离子侵入混凝土主要通过混凝土毛细孔内溶液作为载体；由于混凝土的微结构存在明显的不均匀性，在不同混凝土部位，氯离子侵入速率不同，在钢筋表面积聚的氯离子浓度也不同。所以，在钢筋表面某些部位会首先发生钝化膜破坏。关于氯离子去钝化机理，目前学术界还存在一定的争议。汪鹰[61,62]等用原子力显微镜（AFM）研究模拟混凝土孔溶液中钢筋钝化膜表面形貌，发现即使是不含 $Cl^-$，钢筋表面钝化膜表面也很不平整，存在着微缺陷；用光电化学方法研究表明，钝化膜为无定形 n 型半导体的成相膜，为双层结构，内层含 FeO 或 $Fe_3O_4$，外层以 $\gamma\text{-}Fe_eOOH$ 为主。该文献通过测试认为 $Cl^-$ 破膜机理更可能是首先 $Cl^-$ 在钝化膜表层吸附，然后通过钝比膜的表面缺陷穿透到膜中，在钝化膜内层（铁/氧化物界面）形成 $FeCl_2$，从而使钝化膜局部溶解。$FeCl_2$ 和水结合形成 $FeCl_2 \cdot 4H_2O$，它为浅绿蓝色，故俗称为"绿锈"。绿锈从钢筋阳极区向含氧量较高的混凝土孔隙液迁移，分解为 $Fe(OH)_2$，$Fe(OH)_2$ 色褐，故俗称为"褐锈"。褐锈沉积于阳极区周围，同时，放出 $H^+$ 和 $Cl^-$，它们又回到阳极区，使阳极区附近的孔隙液局部酸化，再带出更多的 $Fe^{2+}$。这样，氯离子虽然并不构成锈蚀产物，在锈蚀中也不消耗，但是作为促进锈蚀的中间产物，会给锈蚀起催化作用。反应式如下：

$$Fe^{2+} + 2Cl^- + 4H_2O \rightarrow FeCl_2 \cdot 4H_2O \tag{11-1}$$

$$FeCl_2 \cdot 4H_2O \rightarrow Fe(OH)_2 \downarrow + 2Cl^- + 2H^+ + 2H_2O \tag{11-2}$$

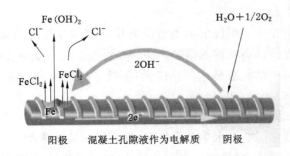

图 11-8 氯盐引起的混凝土内钢筋腐蚀

### 11.2.1.3 钢筋锈蚀进程的影响因素

（1）钢筋表面混凝土孔隙水

钢筋表面混凝土孔隙水对钢筋锈蚀速率起着极为关键的影响。当孔隙水含量增多时,孔隙液中$Fe^{2+}$、$OH^-$以及$O_2$的浓度均降低。$Fe^{2+}$浓度的降低主要会引起阳极平衡电位的负移,因此,阳极极化曲线整体负移;另一方面,$OH^-$浓度和$O_2$浓度（或分压）的降低对阴极浓差极化率和平衡电位二者均起到相反的影响,因此总体影响不大,但$O_2$浓度的降低会引起供氧控制下钢筋极限锈蚀电流$I_{lim}^{O_2}$的降低。

孔隙水含量还对钢筋的锈胀效应有重要影响。含水量较低时,锈蚀产物主要为膨胀率较高的"红锈",而较少的电解液又集中在钢筋表面附近,因此"红锈"也集中停留在钢筋表面附近,在锈蚀量一定的条件下,锈胀开裂效应较为明显;含水量较高时,锈蚀产物将同时包含"红锈"和"黑锈"乃至全为"黑锈",而较多的电解液又处在钢筋表面以外较大的范围,因此锈蚀产物也分布在一个较大的范围内,再加上"黑锈"的膨胀率较低,因而在锈蚀量一定的条件下,锈胀开裂效应相对较弱。

（2）环境温度

环境温度对混凝土内钢筋锈蚀速率的影响是多方面的。在较干燥条件（电化学极化控制）下,温度升高会提高电极反应速率。加速氧气及产物离子的扩散速率,从而提高钢筋的锈蚀速率。但在极湿条件（氧浓差极化控制）下,温度升高时,一方面会提高电极反应速率,从而提高钢筋的锈蚀速率,另一方面又使大气中氧浓度降低,孔隙液中氧的溶解度降低,从而降低钢筋的锈蚀速率。综合考虑,一般情况下还是电极反应速率的提高起到控制作用,因而此条件下钢筋的总体锈蚀速率还是增大。

（3）$Cl^-$含量

$Cl^-$对钢筋锈蚀的作用有三个方面:一是破坏钝化膜而使钢筋活化;二是对电化学反应起到催化作用;三是通过吸湿提高混凝土含水率。$Cl^-$含量越高,钢筋的活化面积就越大,对电化学反应的催化作用就越明显,混凝土含水率也越高,因而锈蚀速率也增大。

（4）钢筋应力

应力的影响在于使阳极的平衡电位负移,因此,在较干燥条件（电化学极化控制）下,应力可以提高钢筋的锈蚀速率;但在极湿条件（氧浓差极化控制）下,锈蚀速率取决于阴极供氧水平,应力引起的阳极平衡电极电位负移并不引起锈蚀速率的改变。

（5）混凝土孔隙率

混凝土孔隙率影响含水率和供氧量,继而影响锈蚀速率。当孔隙率较小时,如果环境湿度也较低,则孔隙含水率会更低,电化学极化控制下的锈蚀速率也会更低;如果环境湿度极高（引起混凝土饱水）,则氧扩散阻力会更大,氧浓差极化控制下的锈蚀速率也会更低。

（6）环境变异状况

环境温湿度恒定且无风的条件下，传质过程以扩散方式为主；但当环境温湿度剧烈变化且有大风的条件下，能斯特扩散层以外的对流传质将对整个传质过程产生较大影响，从而使两种极化控制条件下的锈蚀速率均增大。

（7）锈蚀发展时间

随锈蚀发展时间的增长，较干燥条件下混凝土内的水分将会逐渐减少；同时，锈蚀产物也将不断填充钢筋附近混凝土孔隙，使该处孔隙率减小，继而减小混凝土孔隙水含量（较干燥条件下）或供氧水平（极湿条件下），因此导致两种控制条件下的锈蚀速率均降低。

## 11.2.2　钢筋的锈蚀发展

处在混凝土中的钢筋，在长期服役过程中，其锈蚀发展过程极其复杂，一方面受到外部腐蚀环境的影响，另一方面受到混凝土内部三相介质环境的影响，尤其还受到混凝土开裂带来的影响。根据长期试验观察，混凝土中钢筋锈蚀的平均发展过程如图 11-9 所示。

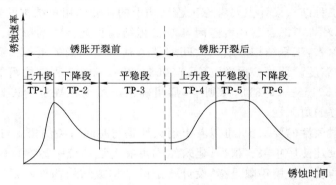

图 11-9　钢筋平均锈蚀速率发展模式

图 11-9 表明，钢筋锈蚀发展全过程可分为两个大的阶段，即锈胀开裂前阶段和锈胀开裂后阶段；在每个大的阶段内，各自又可分为三个小的阶段。

① 锈胀开裂前的初期上升阶段：该段实际为钢筋锈蚀的"萌发期"，此过程形成的主要原因是：钢筋钝化膜破坏有一个过程，即钢筋由钝化状态逐渐进入活化锈蚀状态，钢筋锈蚀电流密度逐渐增大，故钢筋锈蚀速率处于上升过程。

② 锈胀开裂前的下降阶段：随着钢筋锈蚀的发展，钢筋与混凝土界面区由多孔性的过渡区逐渐转变为密实的锈蚀层，混凝土内空气与水的传输通道被堵塞，钢筋表面氧气和湿气的供给速率下降，钢筋锈蚀的阳极反应受到抑制，从而表现为锈蚀电流密度下降。

③ 锈胀开裂前的平稳阶段：当钢筋锈蚀电流密度下降至某一水平时，钢筋表面氧气和湿气的消耗速率与供给速率将达到平衡，锈蚀速率趋于稳定。

④ 锈胀开裂后的上升阶段：在混凝土保护层锈胀开裂的初期，锈胀裂缝宽度较小（<0.2 mm），外界氧气和湿气从锈胀裂缝进入的阻力很大，此时的锈胀裂缝尚未影响到锈蚀速率的明显变化。随着锈胀裂缝宽度增大，锈胀裂缝为氧

气和湿气传输提供了新的通道,锈蚀区域氧气和湿气的供给速率大于消耗速率;钢筋锈蚀速率开始上升。

⑤ 锈胀开裂后的平稳阶段:随锈蚀程度增大,锈蚀物逐渐向锈胀裂缝内填充,氧气和湿气的传输通道再次被堵塞;钢筋锈蚀速率从加速向平稳阶段转变。

⑥ 锈胀开裂后的下降阶段:随着锈蚀的不断发展,尽管锈胀裂缝宽度已经较宽,但锈蚀产物依然能够不断充填锈胀裂缝,使得锈胀裂缝内部和过渡区不断变得更加密实,氧气和湿气向钢筋表面的传输越发变得困难,同时钢筋阳极反应生成的 $Fe^{2+}$ 向周围扩散也受阻,从而抑制了钢筋的锈蚀,锈蚀速率出现大幅度下降。

## 11.3 混凝土结构耐久性的工程设计

### 11.3.1 混凝土结构耐久性设计原则

#### 11.3.1.1 工程结构设计使用年限与设计基准期

传统的工程结构设计主要考虑工程结构上的荷载作用对结构的安全性和适用性的影响,较少考虑自然环境等因素对工程结构长期性能的影响。但随着耐久性研究的深入,工程结构的耐久性问题越来越得到人们的重视。我国现行的《建筑结构可靠度设计统一标准》(GB 50068—2001)和《工程结构可靠性设计统一标准》(GB 50153—2008)的总则中,都明确指出结构在规定的设计使用年限内应具有足够的耐久性。

耐久性模拟
试验方法

从结构耐久性的要求中,可以看出耐久性是与时间有关的概念,这一时间段就是结构的设计使用年限。根据《建筑结构可靠度设计统一标准》(GB 50068—2001),结构的设计使用年限是指"设计规定的结构或结构构件不需进行大修即可按其预定目的使用的时期",详细一点说就是结构或结构构件在正常设计、正常施工、正常使用和维护下,完成预定的功能应达到的使用年限。实际工程结构由于建造目的和重要程度不同,其所要求的使用年限也是不同的。《工程结构可靠性设计统一标准》(GB 50153—2008)根据结构的用途规定了不同结构的使用年限,就房屋建筑结构而言,其设计使用年限分为 4 类,使用年限分别为 5 年、25年、50 年和 100 年,如表 11-1 所示。对于有特殊要求的建筑,建设单位还可以在此规定的基础上提高结构设计使用年限的要求。

表 11-1　　　　　　　房屋建筑结构的设计使用年限

| 类别 | 设计使用年限(年) | 示例 |
|---|---|---|
| 1 | 5 | 临时性结构 |
| 2 | 25 | 易于替换的结构构件 |
| 3 | 50 | 普通房屋和构筑物 |
| 4 | 100 | 纪念性建筑和特别重要的建筑结构 |

对于公路桥涵和城市桥梁结构,《工程结构可靠性设计统一标准》(GB

50153—2008)和《城市桥梁设计规范》(CJJ 11—2011)都规定了其设计使用年限,如表 11-2 所示。

表 11-2 城市桥梁、公路桥涵结构的设计使用年限

| 类别 | 设计使用年限(年) | 示例 |
|---|---|---|
| 1 | 30 | 小桥、涵洞 |
| 2 | 50 | 中桥、重要小桥 |
| 3 | 100 | 特大桥、大桥、重要中桥 |

对于铁路桥涵结构,《工程结构可靠性设计统一标准》(GB 50153—2008)和《铁路混凝土结构耐久性设计规范》(TB 10005—2010)规定了其设计使用年限,如表 11-3 所示。

表 11-3 铁路桥涵结构的设计使用年限

| 类别 | 设计使用年限(年) | 示例 |
|---|---|---|
| 一 | 100 | 桥梁、涵洞、隧道等主体结构,路基支挡及承载结构,无砟轨道道床板、底座板 |
| 二 | 60 | 路基防护结构,200 km/h 及以上铁路路基排水结构,接触网支柱等 |
| 三 | 30 | 其他铁路路基排水结构,电缆沟槽、防护砌块、栏杆等可替换小型构件 |

为了保证结构达到预定的设计使用年限,在结构的设计中就要采用合理的设计方法来进行结构设计,就目前各国现行的结构设计规范来看,极限概率设计方法是较多采用的设计方法。我国现行《规范》也是采用以概率理论为基础的极限状态设计方法,设计中以可靠指标度量结构构件的可靠度,采用分项系数的设计表达式进行设计。设计中关键的环节就是确定结构上的作用和结构抗力,而这两方面也是随时间不断发生变化的,从保证结构安全和简化计算方面考虑,设计中一般采用一定时期内的作用(或抗力)的代表值来代替实际的作用(或抗力),因此设计中又引入另一个时间概念——设计基准期。设计基准期是指为确定可变作用及与时间有关的材料性能等取值而选用的时间参数。设计基准期不等同于结构的设计使用年限,当然也不等同于建筑结构的寿命。我国一般房屋建筑结构设计基准期为 50 年,一般铁路、公路桥梁结构设计基准期为 100 年,即设计时所考虑荷载和作用的统计参数均是按此基准期确定的。设计基准期是设计的一个基准参数,它的确定不仅涉及可变作用(荷载),还涉及材料性能,是在对大量实测数据进行统计的基础上提出来的,一般情况下不能随意更改。

**11.3.1.2 混凝土结构耐久性设计基本原则**

随着对混凝土结构耐久性的重视,我国于 2008 年 11 月颁布了《混凝土结构耐久性设计规范》(GB/T 50476—2008),规范针对常见环境作用下房屋建

筑、城市桥梁、隧道等市政基础设施以及一般构筑物中普通混凝土结构及其构件,制定了混凝土结构的耐久性应根据结构的设计使用年限、结构所处的环境类别及作用等级进行设计的基本原则,同时规定了混凝土结构耐久性设计的内容应包括:

(1) 结构的设计使用年限、环境类别及其作用等级;

(2) 有利于减轻环境作用的结构形式、布置和构造;

(3) 混凝土结构材料的耐久性质量要求;

(4) 钢筋的混凝土保护层厚度;

(5) 混凝土裂缝控制要求;

(6) 防水、排水等构造措施;

(7) 严重环境作用下合理采取防腐蚀附加措施或多重防护策略;

(8) 耐久性所需的施工养护制度与保护层厚度的施工质量验收要求;

(9) 结构使用阶段的维护、修理与检测要求。

从上述规定可以看出,钢筋混凝土结构耐久性设计的首要工作是在确定结构使用年限的基础上,根据结构所处实际环境确定其环境类别和作用等级,在方案设计阶段选用有利于减轻环境作用的结构类结构布置方式及构造要求。对于工程结构中的某一具体构件,应根据其所处环境类别和作用等级,对其所用混凝土及钢筋提出具体的耐久性质量要求和具体混凝土保护层厚度,同时还应具体提出混凝土裂缝的控制要求和适当的防排水构造措施。

在严重环境作用下,仅靠提高混凝土材料质量和保护层厚度仍不能保证结构有足够的耐久性,这是还应采取合理的防止结构构件腐蚀的附加措施或多重防护策略。混凝土施工质量对其耐久性影响巨大,因此耐久性设计中应明确提出保证混凝土耐久性所需的施工养护制度和混凝土保护层厚度的施工质量验收要求。

混凝土结构在使用年限内有足够的耐久性是建立在预定的使用条件和必要的维修保养条件下的,因此,耐久性设计时需明确结构使用阶段的维护、检测要求,包括设置必要的检测通道,预留检测维修空间和装置,对于重要工程,还需预先设置必要的耐久性检测和预警设备和装置。

另外,规范明确指出:该规范规定的耐久性设计要求,应为结构达到设计使用年限并具有必要保证率的最低要求。实际工程的设计中可根据工程具体特点、当地的环境条件与实践经验,以及具体的施工条件等适当提高要求。

## 11.3.2 现行规范关于混凝土结构耐久性设计的基本规定

### 11.3.2.1 环境类别及作用等级

混凝土耐久性的研究及工程实践证明,混凝土结构耐久性的退化是由其所处环境中多种因素共同作用的结果,不同环境下混凝土耐久性退化机理和退化的速率是不同的,因此针对一般混凝土结构常见的几种环境情况,《混凝土结构耐久性设计规范》(GB/T 50476—2008)划分了五种环境类别,如表11-4所示。

**表 11-4**  环境类别

| 环境类别 | 名称 | 腐蚀机理 |
|---|---|---|
| Ⅰ | 一般环境 | 保护层混凝土碳化引起钢筋锈蚀 |
| Ⅱ | 冻融环境 | 反复冻融导致混凝土损伤 |
| Ⅲ | 海洋氯化物环境 | 氯盐引起钢筋锈蚀 |
| Ⅳ | 除冰盐等其他氯化物环境 | 氯盐引起钢筋锈蚀 |
| Ⅴ | 化学腐蚀环境 | 硫酸盐等化学物质对混凝土的腐蚀 |

根据环境对混凝土结构性能影响程度的不同,环境对配筋混凝土结构的作用程度可以采用环境作用等级来表达,并符合表 11-5 的规定。

**表 11-5**  环境作用等级

| 环境作用等级<br>环境类别 | A<br>轻微 | B<br>轻度 | C<br>中度 | D<br>严重 | E<br>非常严重 | F<br>极端严重 |
|---|---|---|---|---|---|---|
| 一般环境 | Ⅰ—A | Ⅰ—B | Ⅰ—C | — | — | — |
| 冻融环境 | — | — | Ⅱ—C | Ⅱ—D | Ⅱ—E | — |
| 海洋氯化物环境 | — | — | Ⅲ—C | Ⅲ—D | Ⅲ—E | Ⅲ—F |
| 除冰盐等其他氯化物环境 | — | — | Ⅳ—C | Ⅳ—D | Ⅳ—E | — |
| 化学腐蚀环境 | — | — | Ⅴ—C | Ⅴ—D | Ⅴ—E | — |

对于每一环境作用等级的具体环境情况,规范也做了详细规定,如一般环境下,工程实际构件的环境作用等级,可按表 11-6 所示的具体情况确定。

**表 11-6**  一般环境对配筋混凝土结构的环境作用等级

| 环境作用等级 | 环境条件 | 结构构件示例 |
|---|---|---|
| Ⅰ—A | 室内干燥环境 | 常年干燥、低湿度环境中的室内构件;<br>所有表面均永久处于静水下的构件 |
| | 永久的静水浸没环境 | |
| Ⅰ—B | 非干湿交替的室内潮湿环境 | 中、高湿度环境中的室内构件;<br>不接触或偶尔接触雨水的室外构件;<br>长期与水或湿润土体接触的构件 |
| | 非干湿交替的露天环境 | |
| | 长期湿润环境 | |
| Ⅰ—C | 干湿交替环境 | 与冷凝水、露水或与蒸汽频繁接触的室内构件;<br>地下室顶板构件;<br>表面频繁淋雨或频繁与水接触的室外构件;<br>处于地下水位变动区的构件 |

在《混凝土结构耐久性设计规范》(GB/T 50476—2008)的基础上,2010 年修订《混凝土结构设计规范》(GB 50010—2010)对混凝土结构暴露的环境类别作了更详细地划分,具体内容如表 11-7 所示。

**表 11-7** 混凝土结构的环境类别

| 环境类别 | 条件 |
|---|---|
| 一 | 室内干燥环境;无侵蚀性静水浸没环境 |
| 二ₐ | 室内潮湿环境;非严寒和非寒冷地区的露天环境;<br>非严寒和非寒冷地区与无侵蚀性的水或土壤直接接触的环境;<br>严寒和寒冷地区的冰冻线以下与无侵蚀性的水或土壤直接接触的环境 |
| 二_b | 干湿交替环境;水位频繁变动环境;严寒和寒冷地区的露天环境;<br>严寒和寒冷地区冰冻线以上与无侵蚀性的水或土壤直接接触的环境 |
| 三ₐ | 严寒和寒冷地区冬季水位变动区环境;受除冰盐影响环境;海风环境 |
| 三_b | 盐渍土环境;受除冰盐作用环境;海岸环境 |
| 四 | 海水环境 |
| 五 | 受人为或自然的侵蚀性物质影响的环境 |

注:1. 室内潮湿环境是指构件表面经常处于结露或湿润状态的环境;
　　2. 严寒和寒冷地区的划分应符合现行国家标准《民用建筑热工设计规范》(GB 50176—2016)的有关规定;
　　3. 海岸环境和海风环境宜根据当地情况,考虑主导风向及结构所处迎风、背风部位等因素的影响,由调查研究和工程经验确定;
　　4. 受除冰盐影响环境是指受到除冰盐盐雾影响的环境,受除冰盐作用环境是指除冰盐溶液溅射环境以及使用除冰盐地区的洗车库、停车场等建筑;
　　5. 暴露的环境是指混凝土结构的表面所处的环境。

### 11.3.2.2 混凝土结构耐久性设计的材料使用要求

耐久性的研究成果表明,在很多情况下,混凝土强度等级并不是荷载作用控制,而是由环境作用所决定。混凝土结构设计时应根据结构所处的环境类别、作用等级和结构设计使用年限,按同时满足混凝土最低强度等级、最大水胶比和混凝土原材料组成的要求来选用混凝土材料。《混凝土结构耐久性设计规范》(GB/T 50476—2008)规定配筋混凝土结构满足耐久性要求的混凝土最低强度等级应符合表 11-8 的规定,另外,对于预应力混凝土构件的混凝土最低强度等级不应低于 C40,素混凝土结构满足耐久性要求的混凝土最低强度等级,一般环境不应低于 C15。对于重要工程或大型工程,除满足表 11-8 的要求外,还应针对具体的环境类别和作用等级,分别提出抗冻耐久性指数、氯离子在混凝土中的扩散系数等具体量化耐久性指标。

**表 11-8** 满足耐久性要求的混凝土最低强度要求

| 环境类别与作用等级 | 设计使用年限 | | |
|---|---|---|---|
| | 100 年 | 50 年 | 30 年 |
| Ⅰ—A | C30 | C25 | C25 |
| Ⅰ—B | C35 | C30 | C25 |
| Ⅰ—C | C40 | C35 | C30 |
| Ⅱ—C | $C_a35,C45$ | $C_a30,C45$ | $C_a30,C40$ |
| Ⅱ—D | $C_a40$ | $C_a35$ | $C_a35$ |

续表 11-8

| 环境类别与作用等级 | 设计使用年限 | | |
|---|---|---|---|
| | 100 年 | 50 年 | 30 年 |
| Ⅱ－E | $C_a 45$ | $C_a 40$ | $C_a 40$ |
| Ⅲ－C, Ⅳ－C, Ⅴ－C, Ⅲ－D, Ⅳ－D | C45 | C40 | C40 |
| Ⅴ－D, Ⅲ－E, Ⅳ－E | C50 | C45 | C45 |
| Ⅴ－E, Ⅲ－F | C55 | C50 | C50 |

　　《公路工程混凝土结构防腐蚀技术规范》(JTG/T B07—01—2006)规定了钢筋混凝土结构的最低混凝土强度等级、最大水胶比和单方混凝土中的胶凝材料最小用量,详见表 11-9。

表 11-9　　　　公路工程耐久性设计要求混凝土的最低强度等级、
最大水胶比和胶凝材料最小用量

| 设计基准期 | 100 年 | | | 50 年 | | |
|---|---|---|---|---|---|---|
| 环境作用等级 | 最低强度等级 | 最大水胶比 | 最小胶凝材料用量/(kg/m³) | 最低强度等级 | 最大水胶比 | 最小胶凝材料用量/(kg/m³) |
| A | C30 | 0.55 | 280 | C25 | 0.60 | 260 |
| B | C35 | 0.50 | 300 | C30 | 0.55 | 280 |
| C | C40 | 0.45 | 320 | C35 | 0.50 | 300 |
| D | C45 | 0.40 | 340 | C40 | 0.45 | 320 |
| E | C50 | 0.36 | 360 | C45 | 0.40 | 340 |
| F | C50 | 0.32 | 380 | C50 | 0.36 | 360 |

　　对于不同强度等级混凝土的胶凝材料总用量要求为:C40 以下不宜大于 400 kg/m³,C40～C50 不宜大于 450 kg/m³,C60 及以上不宜大于 500 kg/m³(非泵送混凝土)和 530 kg/m³(泵送混凝土)。

　　《铁路混凝土结构耐久性设计规范》(TB 10005—2010)对混凝土材料要求是根据不同环境类别分别来要求的,对于碳化环境下的钢筋混凝土结构和预应力混凝土结构,其混凝土配合比参数应满足表 11-10 的要求。素混凝土结构的混凝土最大水胶比不应超过 0.60,最小胶凝材料用量不应低于 260 kg/m³。

表 11-10　　　　碳化环境下钢筋混凝土结构和预应力混凝土结构的
混凝土配合比参数限值

| 环境作用等级 | 100 年 | | 50 年 | | 30 年 | |
|---|---|---|---|---|---|---|
| | 最大水胶比 | 最小胶凝材料用量/(kg/m³) | 最大水胶比 | 最小胶凝材料用量/(kg/m³) | 最大水胶比 | 最小胶凝材料用量/(kg/m³) |
| $T_1$ | 0.55 | 280 | 0.60 | 260 | 0.60 | 260 |
| $T_2$ | 0.50 | 300 | 0.55 | 280 | 0.55 | 280 |
| $T_3$ | 0.45 | 320 | 0.50 | 300 | 0.50 | 300 |

### 11.3.2.3 混凝土保护层厚度要求

《混凝土结构耐久性设计规范》(GB/T 50476—2008)规定不同环境作用下钢筋主筋、箍筋和分布筋,其混凝土保护层厚度应满足钢筋防锈、耐火以及与混凝土之间黏结力传递的要求,且混凝土保护层厚度设计值不得小于钢筋的公称直径。工厂预制的混凝土构件,其普通钢筋和预应力钢筋的混凝土保护层厚度可比现浇构件减少 5 mm。

《规范》除规定构件中受力钢筋的保护层厚度不应小于钢筋的公称直径外,还对设计使用年限为 50 年的普通钢筋及预应力筋结构,最外层钢筋的保护层厚度做出以下具体要求,如表 11-11 所示。对于设计使用年限为 100 年的混凝土结构,最外层钢筋的保护层厚度不应小于表 11-11 中数值的 1.4 倍。

**表 11-11        混凝土保护层的最小厚度**                                mm

| 环境类别 | 板、墙、壳 | 梁、柱、杆 |
|---|---|---|
| 一 | 15 | 20 |
| 二$_a$ | 20 | 25 |
| 二$_b$ | 25 | 35 |
| 三$_a$ | 30 | 40 |
| 三$_b$ | 40 | 50 |

注:1. 混凝土强度等级不大于 C25 时,表中保护层厚度数值应增加 5 mm;

    2. 钢筋混凝土基础宜设置混凝土垫层,基础中钢筋的混凝土保护层厚度应从垫层顶面算起,且不应小于 40 mm。

实际工程设计时,当有充分依据并采取下列措施时,可适当减小混凝土保护层的厚度,具体措施分为:① 构件表面有可靠的防护层;② 采用工厂化生产的预制构件;③ 在混凝土中掺加阻锈剂或采用阴极保护处理等防锈措施;④ 当对地下室墙体采取可靠的建筑防水做法或防护措施时,与土层接触一侧钢筋的保护层厚度可适当减少,但不应小于 25 mm。

当梁、柱、墙中纵向受力钢筋的保护层厚度大于 50 mm 时,宜对保护层采取有效的构造措施。当在保护层内配置防裂、防剥落的钢筋网片时,网片钢筋的保护层厚度不应小于 25 mm。

《工业建筑防腐蚀设计规范》(GB 50046—2008)规定钢筋的混凝土保护层最小厚度,应符合表 11-12 的规定。

**表 11-12        混凝土保护层的最小厚度**                                mm

| 构件类型 | 强腐蚀 | 中、弱腐蚀 |
|---|---|---|
| 板、墙等面形构件 | 35 | 30 |
| 梁、柱等条形构件 | 40 | 35 |
| 基础 | 50 | 50 |
| 地下室外墙及底板 | 50 | 50 |

《铁路混凝土结构耐久性设计规范》(TB 10005—2010)规定铁路桥涵混凝土结构的钢筋保护层厚度应符合表 11-13 的规定。

**表 11-13　　桥涵混凝土结构钢筋的混凝土保护层的最小厚度**　　mm

| 环境类型 | 作用等级 | 保护层最小厚度 |
|---|---|---|
| 碳化环境 | $T_1$ | 35 |
| | $T_2$ | 35 |
| | $T_3$ | 45 |
| 氯盐环境 | $L_1$ | 45 |
| | $L_2$ | 50 |
| | $L_3$ | 60 |
| 化学侵蚀环境 | $H_1$ | 40 |
| | $H_2$ | 45 |
| | $H_3$ | 50 |
| 盐类结晶破坏环境 | $M_1$ | 60 |
| | $Y_2$ | 45 |
| | $Y_3$ | 50 |
| | $Y_4$ | 60 |
| 冻融破坏环境 | $D_1$ | 40 |
| | $D_2$ | 45 |
| | $D_3$ | 50 |
| | $D_4$ | 60 |
| 腐蚀环境 | $M_1$ | 35 |
| | $M_2$ | 40 |
| | $M_3$ | 45 |

注:1. 设有防水层和防护层的顶面钢筋的混凝土保护层最小厚度可适当减小,但不得小于 30 mm。

2. 当条件许可时,盐类结晶破坏环境和严重腐蚀环境下,桥涵混凝土结构的混凝土保护层最小厚度应适当增加。

3. 桩基础钢筋的混凝土保护层最小厚度应在上表的基础上增加 30 mm。

4. 先张法预应力筋的混凝土保护层最小厚度应比普通钢筋至少大 10 mm。

5. 具有连续密封套管的后张预应力钢筋的混凝土保护层最小厚度应与普通钢筋相同,且不应小于孔道直径的 1/2,无密封套管(或导管、孔道管)的后张预应力钢筋的混凝土保护层最小厚度应比普通钢筋大 10 mm。

6. 后张预应力金属管外缘至混凝土表面的距离不应小于 1 倍管道直径(在结构的顶面和侧面)或 60 mm(在结构底面)。

#### 11.3.2.4　混凝土裂缝宽度要求

《混凝土结构耐久性设计规范》(GB/T 50476—2008)规定在荷载作用下配筋混凝土构件的表面裂缝最大宽度计算值不应超过表 11-14 中的限值。对裂缝宽度无特殊外观要求的,当保护层设计厚度超过 30 mm 时,可将厚度取为 30 mm 计算裂缝的最大宽度。

表 11-14　　　　　　　　　　　　表面裂缝计算宽度限值　　　　　　　　　　　　mm

| 环境作用等级 | 钢筋混凝土构件 | 有黏结预应力混凝土构件 |
|---|---|---|
| A | 0.40 | 0.20 |
| B | 0.30 | 0.20(0.15) |
| C | 0.20 | 0.10 |
| D | 0.20 | 按二级裂缝控制或按部分预应力 A 类构件控制 |
| E、F | 0.15 | 按一级裂缝控制或按全预应力类构件控制 |

注:括号中的宽度适用于采用钢丝或钢绞线的先张预应力构件。

另外,结构如果设置施工缝、伸缩缝等连接缝时,缝的设置宜避开局部环境作用不利的部位,否则应采取有效的防护措施。

《规范》将结构构件正截面的受力裂缝控制等级分为三级,等级划分及要求为:

一级——严格要求不出现裂缝的构件,按荷载标准组合计算时,构件受拉边缘混凝土不应产生拉应力。

二级——一般要求不出现裂缝的构件,按荷载标准组合计算时,构件受拉边缘混凝土拉应力不应大于混凝土抗拉强度的标准值。

三级——允许出现裂缝的构件:对钢筋混凝土构件,按荷载准永久组合并考虑长期作用影响计算时,构件的最大裂缝宽度不应超过表 11-15 规定的最大裂缝宽度限值。

表 11-15　　　　　结构构件的裂缝控制等级及最大裂缝宽度的限值　　　　　　mm

| 环境类别 | 钢筋混凝土构件 | | 预应力混凝土构件 | |
|---|---|---|---|---|
| | 裂缝控制等级 | 最大裂缝宽度限值 | 裂缝控制等级 | 最大裂缝宽度限值 |
| 一 | 三级 | 0.30(0.40) | 三级 | 0.20 |
| 二$_a$ | | 0.20 | | 0.10 |
| 二$_b$ | | | 二级 | — |
| 三$_a$、三$_b$ | | | 一级 | — |

另外,在一类环境下,对钢筋混凝土屋架、托架及需作疲劳验算的吊车梁,其最大裂缝宽度限值应取为 0.20 mm;对钢筋混凝土屋面梁和托梁,其最大裂缝宽度限值应取为 0.30 mm;对预应力混凝土屋架、托架及双向板体系,应按二级裂缝控制等级进行验算;对一类环境下的预应力混凝土屋面梁、托梁、单向板,应按表中二$_a$类环境的要求进行验算;在一类和二$_a$类环境下需作疲劳验算的预应力混凝土吊车梁,应按裂缝控制等级不低于二级的构件进行验算。表中规定的预应力混凝土构件的裂缝控制等级和最大裂缝宽度限值仅适用于正截面的验算;预应力混凝土构件的斜截面裂缝控制验算应符合本规范第 7 章的有关规定;对于处于四、五类环境下的结构构件,其裂缝控制要求应符合专门标准的有关规定。

《公路工程混凝土结构防腐蚀技术规范》(JTG/T B07—01—2006)对于混凝土构件表面裂缝宽度规定如表 11-16 所示。

**表 11-16　　　　　结构构件的混凝土表面裂缝计算宽度的允许值**　　　　mm

| 环境作用等级 | | 钢筋混凝土构件 | 有黏结预应力混凝土构件 |
|---|---|---|---|
| 一般环境,非干湿交替 | | 0.30 | 0.2 |
| 一般环境,干湿交替 | | 0.25 | 0.1 |
| 冻融、氯盐及化学腐蚀环境 | D 级 | 0.20 | 按部分预应力 A 类构件控制 |
| | E 级 | 0.15 | 按全预应力类构件控制 |
| | F 级 | 0.10 | 按全预应力类构件控制 |

注:有自防水要求的混凝土横向弯曲裂缝,表面裂缝的宽度不宜超过 0.25 mm。

《铁路混凝土结构耐久性设计规范》(TB 10005—2010)规定铁路钢筋混凝土结构表面裂缝宽度除应遵守现行铁路工程有关专业设计规范的相关要求外,还应符合表 11-17 的要求。

**表 11-17　　　　　铁路钢筋混凝土结构表面裂缝计算宽度限值**　　　　mm

| 环境类别 | 钢筋混凝土构件 | 有黏结预应力混凝土构件 |
|---|---|---|
| 碳化环境 | $T_1$ | 0.20 |
| | $T_2$ | 0.2 |
| | $T_3$ | 0.2 |
| 氯盐环境 | $L_1$ | 0.20 |
| | $L_2$ | 0.2 |
| | $L_3$ | 0.15 |
| 化学侵蚀环境 | $H_1$ | 0.20 |
| | $H_2$ | 0.20 |
| | $H_3$ | 0.15 |
| | $H_4$ | 0.15 |
| 盐类结晶破坏环境 | $Y_1$ | 0.20 |
| | $Y_2$ | 0.20 |
| | $Y_3$ | 0.15 |
| | $Y_4$ | 0.15 |
| 冻融破坏环境 | $D_1$ | 0.20 |
| | $D_2$ | 0.20 |
| | $D_3$ | 0.15 |
| | $D_4$ | 0.15 |
| 腐蚀环境 | $M_1$ | 0.20 |
| | $M_2$ | 0.20 |
| | $M_3$ | 0.15 |

注:括号中的宽度适用于采用钢丝或钢绞线的先张预应力构件。

### 11.3.2.5　混凝土施工质量的附加要求

《混凝土结构耐久性设计规范》(GB/T 50476—2008)根据结构所处的环境

类别与作用等级,混凝土耐久性所需的施工养护应符合表11-18的规定。

表 11-18　　　　　　　　　施工养护制度要求

| 环境作用等级 | 混凝土类型 | 养护制度 |
|---|---|---|
| Ⅰ－A | 一般混凝土 | 至少养护1天 |
| | 大掺量矿物掺合料混凝土 | 浇筑后立即覆盖并加湿养护,至少养护3天 |
| Ⅰ－B、Ⅰ－C、Ⅱ－C Ⅲ－C、Ⅳ－C, Ⅴ－C、Ⅱ－D、Ⅴ－D, Ⅱ－E、Ⅴ－E | 一般混凝土 | 养护至现场混凝土的强度不低于28天标准强度的50%,且不少于3天 |
| | 大掺量矿物掺合料混凝土 | 浇筑后立即覆盖并加湿养护,养护至现场混凝土的强度不低于28天标准强度的50%,且不少于7天 |
| Ⅲ－D、Ⅳ－D Ⅲ－E、Ⅳ－E Ⅲ－F | 大掺量矿物掺合料混凝土 | 浇筑后立即覆盖并加湿养护,养护至现场混凝土的强度不低于28天标准强度的50%,且不少于7天。加湿养护结束后应继续用养护喷涂或覆盖保湿、防风一段时间至现场混凝土的强度不低于28天标准强度的70% |

注:1. 表中要求适用于混凝土表面大气温度不低于10 ℃的情况,否则应延长养护时间;
　　2. 有盐的冻融环境中混凝土施工养护应按Ⅲ、Ⅳ类环境的规定执行;
　　3. 大掺量矿物掺合料混凝土在Ⅰ－A环境中用于永久浸没于水中的构件。

处于Ⅰ－A、Ⅰ－B环境下的混凝土结构构件,其保护层厚度的施工质量验收要求按照现行国家标准《混凝土结构工程施工质量验收规范》(GB 50204—2015)的规定执行。处于环境作用等级为C、D、E、F的混凝土结构构件,应按下列要求进行保护层厚度的施工质量验收:

① 对选定的每一配筋构件,选择有代表性的最外侧钢筋8～16根进行混凝土保护层厚度的无破损检测;对每根钢筋,应选取3个代表性部位测量。

② 对同一构件所有的测点,如有95%或以上的实测保护层厚度 $c_1$ 满足以下要求,则认为合格:

$$c_1 \geqslant c - \Delta$$

式中　$c$——保护层设计厚度;

　　　$\Delta$——保护层施工允许负偏差的绝对值,对梁柱等条形构件取10 mm,板墙等面形构件取5 mm。

③ 当不能满足第2款的要求时,可增加同样数量的测点进行检测,按两次测点的全部数据进行统计,如仍不能满足第2款的要求,则判定为不合格,并要求采取相应的补救措施。

《公路工程混凝土结构防腐蚀技术规范》(JTG/T B07—01—2006)所规定的混凝土养护期限如表11-19所示。

表 11-19　　　　　　　施工养护制度要求

| 混凝土类型 | 水胶比 | 大气湿度 50%＜RH＜75%，无风,无阳光直射 | | 大气湿度 RH＜50%，有风,或阳光直射 | |
|---|---|---|---|---|---|
| | | 日平均气温/℃ | 养护期限/d | 日平均气温/℃ | 养护期限/d |
| 胶凝材料中掺有粉煤灰（＞15%）或矿渣（＞30%） | ≥0.45 | 5 | 14 | 5 | 21 |
| | | 10 | 10 | 10 | 14 |
| | | ≥20 | 7 | ≥20 | 7 |
| | ＜0.45 | 5 | 10 | 5 | 14 |
| | | 10 | 7 | 10 | 10 |
| | | ≥20 | 5 | ≥20 | 7 |
| 胶凝材料主要为硅酸盐或普通硅酸盐水泥 | ≥0.45 | 5 | 10 | 5 | 14 |
| | | 10 | 7 | 10 | 10 |
| | | ≥20 | 5 | ≥20 | 7 |
| | ＜0.45 | 5 | 7 | 5 | 10 |
| | | 10 | 5 | 10 | 7 |
| | | ≥20 | 3 | ≥20 | 5 |

注：当有实测混凝土保护层温度数据时,表中气温用实测温度代替。混凝土保护层温度是指用埋设在钢筋表面的温度传感器实测的混凝土温度。

　　《铁路混凝土结构耐久性设计规范》（TB 10005—2010）规定在混凝土自然养护期间,混凝土浇筑完毕后的保温保湿养护最短时间应满足表 11-20 的要求。

表 11-20　　　　　　铁路工程混凝土保温保湿养护最短时间

| 水胶比 | 大气湿度（RH≥50%），无风,无阳光直射 | | 大气湿度（20%≤RH＜50%），有风,或阳光直射 | | 大气湿度（RH＜20%），大风,大温差 | |
|---|---|---|---|---|---|
| | 日平均气温 $T/℃$ | 养护时间 /d | 日平均气温 $T/℃$ | 养护时间 /d | 日平均气温 $T/℃$ | 养护时间 /d |
| ＞0.45 | 5≤$T$＜10 | 21 | 5≤$T$＜10 | 28 | 5≤$T$＜10 | 56 |
| | 10≤$T$＜20 | 14 | 10≤$T$＜20 | 21 | 10≤$T$＜20 | 45 |
| | $T$≥20 | 10 | $T$≥20 | 14 | $T$≥20 | 35 |
| ≤0.45 | 5≤$T$＜10 | 14 | 5≤$T$＜10 | 21 | 5≤$T$＜10 | 45 |
| | 10≤$T$＜20 | 10 | 10≤$T$＜20 | 14 | 10≤$T$＜20 | 35 |
| | $T$≥20 | 7 | $T$≥20 | 10 | $T$≥20 | 28 |

## 11.3.3　基于可靠性的混凝土结构耐久性设计

　　结构的可靠性是指结构在规定的时间（设计使用年限）内,在规定的条件下（正常设计、正常施工、正常使用）,完成预定功能的能力。建筑结构的可靠性包括安全性、适用性和耐久性三项要求。结构可靠度是结构可靠性的概率度量,其定义是：结构在规定的时间内,在规定的条件下,完成预定功能的概率,称为结构可靠度。结构可靠度是以正常设计、正常施工、正常使用为条件的,不考虑人为过失的影响。影响结构可靠度的因素主要有:荷载、荷载效应、材料强度、施工误差和抗力分析五种,这些因素一般都是随机的,因此,为了保证结构具有应有的可靠度,仅在设计上加以控制是远远不够的,必须同时加强管理,对材料和构件的生产质量进行控制和验收,保持正常的结构使用条件等都是结构可靠度的有机组成部分。为了照顾传统习惯和实用上的方便,结构设计时不直接按可靠指标 $\beta$,而是根据两种极限状态的设计要求,采用以荷载代表值、材料设计强度(设计强度等于标准强度除以材料分项系数)、几何参数标准值以及各种分项系数表达的实用表达式进行设计,其中分项系数反映了以 $\beta$ 为标志的结构可靠水平。

结构可靠度分析建立的结构可靠与不可靠的界限,称为极限状态。我国目前将极限状态分为承载能力极限状态(包括条件极限状态)和正常使用极限状态两大类,但在混凝土结构耐久性设计时,需要明确耐久性极限状态。

要进行耐久性的定量设计,首先应该确定结构耐久性极限状态,《混凝土结构耐久性设计规范》(GB/T 50476—2008)在附录中指出了耐久性极限状态应按正常使用下的适用性极限状态考虑,且不应损害到结构的承载能力和可修复性要求。对于钢筋混凝土结构构件的耐久性极限状态可分为以下三种:① 钢筋开始发生锈蚀的极限状态;② 钢筋发生适量锈蚀的极限状态;③ 混凝土表面发生轻微损伤的极限状态。

钢筋开始发生锈蚀的极限状态应为混凝土碳化发展到钢筋表面,或氯离子侵入混凝土内部并在钢筋表面积累的浓度达到临界浓度,即钢筋开始锈蚀的临界状态。对锈蚀敏感的预应力钢筋、冷加工钢筋或直径不大于 6 mm 的普通热轧钢筋作为受力主筋时,应以钢筋开始发生锈蚀状态作为极限状态。此类钢筋本身延性差,破坏呈脆性,而且一旦开始锈蚀,锈蚀发展速度很快。所以宜从偏于安全的角度出发,以钢筋开始发生锈蚀作为耐久性极限状态。

钢筋发生适量锈蚀的极限状态应为钢筋锈蚀发展导致混凝土构件表面开始出现顺筋裂缝,或钢筋截面的径向锈蚀深度达到 0.1 mm。普通热轧钢筋(直径小于或等于 6 mm 的细钢筋除外)可按发生适量锈蚀状态作为极限状态。适量锈蚀到开始出现顺筋开裂尚不会损害钢筋的承载能力,钢筋锈蚀深度达到 0.1 mm 也不至于明显影响钢筋混凝土构件的承载力。

混凝土表面发生轻微损伤的极限状态应不影响结构外观、不明显损害构件的承载力和表层混凝土对钢筋的保护。冻融环境和化学腐蚀环境中的混凝土构件可按表面轻微损伤极限状态考虑。

与一般荷载作用下结构承载力极限状态和正常使用极限状态设计一样,混凝土结构耐久性设计也必须要有相应的保证率和安全裕度。国内外已有研究资料表明:如果以适用性失效作为使用年限的终结界限,这时的寿命安全系数一般在 1.8~2,即如果设计使用年限定为 50 年,则达到适用性失效时的群体平均寿命应为 90~100 年;如果用可靠度的概念,则到达设计使用年限时的适用性失效概率为 5%~10%,或可靠指标为 1.5 左右。如果使用年限结束时处于承载力失效的极限状态,则寿命安全系数应大于 3。寿命安全系数在数值上要比构件强度设计的安全系数大得多,这是因为与耐久性有关的各种参数具有大得多的变异性。

《混凝土结构耐久性设计规范》(GB/T 50476—2008)指出:对于考虑耐久性要求的混凝土结构,与耐久性极限状态相对应的结构设计使用年限应具有规定的保证率,并应满足正常使用下适用性极限状态的可靠度要求。规范规定:根据适用性极限状态失效后果的严重程度,保证率宜为90%～95%,相应的失效概率宜为5%～10%,相应的可靠性指标应不低于1.5。

由于混凝土结构耐久性的复杂性,耐久性及现状研究已有一定的成果,部分学者也给出了耐久性计算的定量数学模型,但由于影响耐久性的因素较多,影响过程较复杂,因此就现行规范而言,大多数如前所述的环境类别划分、原材料要求、保护层厚度及施工质量等方面的定性规定,而没能形成统一公认的定量公式。今后随着耐久性研究的深入,混凝土结构耐久性的定量方法还将进一步发展。

专业术语

# 练 习 题

## 一、单选题

1. 致使商品混凝土中钢筋锈蚀的首要影响因素是(　　　)。

A. 商品混凝土中存在碱　　　　　　B. 骨料有活性硅

C. 商品混凝土中存在氯离子　　　　D. 商品混凝土中有硫酸盐

练习题答案

2. 商品混凝土受力破坏时,破坏最有可能发生在(　　　)。

A. 骨料　　　　　B. 水泥石　　　　C. 骨料与水泥石的界面

3. 保证混凝土的耐久性,应控制(　　　)。

A. 最大水灰比　　　　　　　　　　B. 最小水泥用量

C. 最小水灰比　　　　　　　　　　D. 最大水泥用量

E. 最大水灰比、最小水泥用量　　　F. 最小水灰比、最大水泥用量

4. 当环境的相对湿度为(　　　)时,混凝土碳化停止。

A. 25%～50%　　　　B. 50%～75%　　　　C. 75%～100%

D. 小于25%或大于100%

5. (　　　)作为评价硬化后商品混凝土质量的主要指标。

A. 工作性　　　　B. 强度　　　　C. 变形性　　　　D. 耐久性

## 二、简答题

1. 混凝土耐久性的概念。

2. 混凝土耐久性劣化的主要原因是什么?

3. 混凝土碳化的机理及影响因素?

4. 氯盐环境下钢筋锈蚀的机理及影响因素是什么?

5. 简述混凝土冻破坏的机理及其危害。

6. 简述钢筋锈蚀的发展阶段及其特征。

7. 简述混凝土耐久性设计的基本原则。

8. 简述《混凝土结构耐久性设计规范》(GB/T 50476—2008)中环境类别的种类及其特征。

9. 混凝土保护层厚度的定义及其确定依据是什么?

10. 基于可靠性的混凝土结构耐久性设计的含义是什么?

# 附　　表

### 附表 1　普通钢筋强度标准值、设计值

| 附表 1-1 | 普通钢筋强度标准值 | | | N/mm² |
|---|---|---|---|---|
| 牌号 | 符号 | 公称直径 $d/\text{mm}$ | 屈服强度标准值 $f_{yk}$ | 极限强度标准值 $f_{stk}$ |
| HPB300 | φ | 6～14 | 300 | 420 |
| HRB335 | $\underline{\varphi}$ | 6～14 | 335 | 455 |
| HRB400<br>HRBF400<br>RRB400 | $\underline{\varphi}$<br>$\underline{\varphi}^F$<br>$\underline{\varphi}^R$ | 6～50 | 400 | 540 |
| HRB500<br>HRBF500 | $\overline{\underline{\Phi}}$<br>$\overline{\underline{\Phi}}^F$ | 6～50 | 500 | 630 |

| 附表 1-2 | 普通钢筋强度设计值 | | N/mm² |
|---|---|---|---|
| 牌号 | 符号 | 抗拉强度设计值 $f_y$ | 抗压强度设计值 $f'_y$ |
| HPB300 | φ | 270 | 270 |
| HRB335 | $\underline{\varphi}$ | 300 | 300 |
| HRB400<br>HRB$^F$400<br>RRB400 | $\underline{\varphi}$<br>$\underline{\varphi}^F$<br>$\underline{\varphi}^R$ | 360 | 360 |
| HRB500<br>HRB$^F$500 | $\overline{\underline{\Phi}}$<br>$\overline{\underline{\Phi}}^F$ | 435（受剪、受扭、受冲切承载力计算时，取360） | 435 |

钢筋强度
数值

## 附表 2　预应力钢筋强度标准值、设计值

附表 2-1　　　　　　　　预应力筋强度标准值　　　　　　　　N/mm²

| 种　类 | | 符号 | 公称直径 $d$/mm | 屈服强度标准值 $f_{pyk}$ | 极限强度标准值 $f_{ptk}$ |
|---|---|---|---|---|---|
| 中强度预应力钢丝 | 光面螺旋肋 | $\phi^{PM}$ $\phi^{HM}$ | 5,7,9 | 620 | 800 |
| | | | | 780 | 970 |
| | | | | 980 | 1 270 |
| 预应力螺纹钢筋 | 螺纹 | $\phi^T$ | 18,25,32,40,50 | 785 | 980 |
| | | | | 930 | 1 080 |
| | | | | 1 080 | 1 230 |
| 消除应力钢丝 | 光面螺旋肋 | $\phi^P$ $\phi^H$ | 5 | — | 1 570 |
| | | | | — | 1 860 |
| | | | 7 | — | 1 570 |
| | | | 9 | — | 1 470 |
| | | | | — | 1 570 |
| 钢绞线 | 1×3 (三股) | $\phi^S$ | 8.6、10.8、12.9 | — | 1 570 |
| | | | | — | 1 860 |
| | | | | — | 1 960 |
| | 1×7 (七股) | | 9.5,12.7,15.2,17.8 | — | 1 720 |
| | | | | — | 1 860 |
| | | | | — | 1 960 |
| | | | 21.6 | — | 1 860 |

注:极限强度标准值为 1 960 N/mm² 的钢绞线做后张预应力钢筋配筋时,应有可靠的工程经验。

附表 2-2　　　　　　　　预应力筋强度设计值　　　　　　　　N/mm²

| 种　类 | 极限强度标准值 $f_{ptk}$ | 抗拉强度设计值 $f_{py}$ | 抗压强度设计值 $f'_{py}$ |
|---|---|---|---|
| 中强度预应力钢丝 | 800 | 510 | 410 |
| | 970 | 650 | |
| | 1 270 | 810 | |
| 消除应力钢丝 | 1 470 | 1 040 | 410 |
| | 1 570 | 1 110 | |
| | 1 860 | 1 320 | |
| 钢绞线 | 1 570 | 1 110 | 390 |
| | 1 720 | 1 220 | |
| | 1 860 | 1 320 | |
| | 1 960 | 1 390 | |
| 预应力螺纹钢筋 | 980 | 650 | 400 |
| | 1 080 | 770 | |
| | 1 230 | 900 | |

注:当预应力筋的强度标准值不符合《混凝土结构设计规范》表 4.2.3-2 的规定时,其强度设计值应进行相应的比例换算。

附表 3　　　　　　　　　　钢筋弹性模量 $E_s$　　　　　　　　　　$\times 10^5 \text{N/mm}^2$

| 牌号或种类 | 弹性模量 $E_s$ |
|---|---|
| HPB300 钢筋 | 2.10 |
| HRB335、HRB400、HRB500 钢筋<br>HRBF400、HRBF500、RRB400 钢筋<br>预应力螺纹钢筋 | 2.00 |
| 消除应力钢丝、中强度预应力钢丝 | 2.05 |
| 钢绞线 | 1.95 |

注:必要时可采用实测的弹性模量。

附表 4　　　　普通钢筋及预应力筋在最大力下的总伸长率 $\delta_{gt}$ 限值　　　　%

| 钢筋品种 | 普通钢筋 | | | 预应力筋 |
|---|---|---|---|---|
| | HPB300 | HRB335、HRB400、<br>HRBF400、HRB500、HRBF500 | RRB400 | |
| $\delta_{gt}$ | 10.0 | 7.5 | 5.0 | 3.5 |

附表 5　　　　　　　　普通钢筋疲劳应力幅限值　　　　　　　　$\text{N/mm}^2$

| 疲劳应力比值 $\rho_s^f$ | 疲劳应力幅限值 $\Delta f_y^f$ | |
|---|---|---|
| | HRB335 | HRB400 |
| 0 | 175 | 175 |
| 0.1 | 162 | 162 |
| 0.2 | 154 | 156 |
| 0.3 | 144 | 149 |
| 0.4 | 131 | 137 |
| 0.5 | 115 | 123 |
| 0.6 | 97 | 106 |
| 0.7 | 77 | 85 |
| 0.8 | 54 | 60 |
| 0.9 | 28 | 31 |

注:当纵向受拉钢筋采用闪光灯接触对焊连接时,其接头处的钢筋疲劳应力幅限值应按表中数值乘
　以系数 0.80 取用。

附表 6　　　　　　　　　　预应力钢筋疲劳应力幅限值 $\Delta f_{py}^f$　　　　　　　　　　N/mm²

| 疲劳应力比值 $\rho_p^f$ | 疲劳应力幅限值 $\Delta f_{py}^f$ | |
|---|---|---|
| | 钢绞线 $f_{ptk}=1\ 570$ | 消除应力钢丝 $f_{ptk}=1\ 570$ |
| 0.7 | 144 | 240 |
| 0.8 | 118 | 168 |
| 0.9 | 70 | 88 |

注:1. 当 $\rho_{pv}^f$ 不小于 0.9 时,可不作预应力筋疲劳验算;

　　2. 当有充分依据时,可对表中规定的疲劳应力幅限值作适当调整。

## 附表 7　混凝土强度标准值、设计值

附表 7-1　　　　　　　　　混凝土轴心抗压、抗拉强度标准值　　　　　　　　　N/mm²

| 强度 | 混凝土强度等级 | | | | | | | | | | | | | |
|---|---|---|---|---|---|---|---|---|---|---|---|---|---|---|
| | C15 | C20 | C25 | C30 | C35 | C40 | C45 | C50 | C55 | C60 | C65 | C70 | C75 | C80 |
| $f_{ck}$ | 10.0 | 13.4 | 16.7 | 20.1 | 23.4 | 26.8 | 29.6 | 32.4 | 35.5 | 38.5 | 41.5 | 44.5 | 47.5 | 50.2 |
| $f_{tk}$ | 1.27 | 1.54 | 1.78 | 2.01 | 2.20 | 2.39 | 2.51 | 2.64 | 2.74 | 2.85 | 2.93 | 2.99 | 3.05 | 3.11 |

附表 7-2　　　　　　　　　混凝土轴心抗压、抗拉强度设计值　　　　　　　　　N/mm²

| 强度 | 混凝土强度等级 | | | | | | | | | | | | | |
|---|---|---|---|---|---|---|---|---|---|---|---|---|---|---|
| | C15 | C20 | C25 | C30 | C35 | C40 | C45 | C50 | C55 | C60 | C65 | C70 | C75 | C80 |
| $f_c$ | 7.2 | 9.6 | 11.9 | 14.3 | 16.7 | 19.1 | 21.1 | 23.1 | 25.3 | 27.5 | 29.7 | 31.8 | 33.8 | 35.9 |
| $f_t$ | 0.91 | 1.10 | 1.27 | 1.43 | 1.57 | 1.71 | 1.80 | 1.89 | 1.96 | 2.04 | 2.09 | 2.14 | 2.18 | 2.20 |

附表 8　　　　　　　　　　　　　　混凝土弹性模量　　　　　　　　　　　×10⁴N/mm²

| 混凝土强度等级 | C15 | C20 | C25 | C30 | C35 | C40 | C45 | C50 | C55 | C60 | C65 | C70 | C75 | C80 |
|---|---|---|---|---|---|---|---|---|---|---|---|---|---|---|
| $E_c$ | 2.20 | 2.55 | 2.80 | 3.00 | 3.15 | 3.25 | 3.35 | 3.45 | 3.55 | 3.60 | 3.65 | 3.70 | 3.75 | 3.80 |

注:1. 当有可靠试验依据时,弹性模量值也可根据实测数据确定;

　　2. 当混凝土中掺有大量矿物掺合料时,弹性模量可按规定龄期根据实测值确定。

附表 9　　　　　　　　　　混凝土受压疲劳强度修正系数 $\gamma_\rho$

| $\rho'_c$ | $0 \leqslant \rho_c^f < 0.1$ | $0.1 \leqslant \rho_c^f < 0.2$ | $0.2 \leqslant \rho_c^f < 0.3$ | $0.3 \leqslant \rho_c^f < 0.4$ | $0.4 \leqslant \rho_c^f < 0.5$ | $\rho_c^f \geqslant 0.5$ |
|---|---|---|---|---|---|---|
| $\gamma_\rho$ | 0.68 | 0.74 | 0.80 | 0.86 | 0.93 | 1.00 |

附表 10　　　　　　　　　混凝土的疲劳变形模量　　　　　×10⁴ N/mm²

| 强度等级 | C30 | C35 | C40 | C45 | C50 | C55 | C60 | C65 | C70 | C75 | C80 |
|---|---|---|---|---|---|---|---|---|---|---|---|
| $E_c^f$ | 1.30 | 1.40 | 1.50 | 1.55 | 1.60 | 1.65 | 1.70 | 1.75 | 1.80 | 1.85 | 1.90 |

附表 11　　　　　　　　　混凝土的热工参数

| 热工参数 | 线膨胀系数 $\alpha_c$/℃ | 导热系数 $\lambda$/[kJ/(m·h·℃)] | 比热容 $C$/[kJ/(kg·℃)] |
|---|---|---|---|
| 数值 | $1×10^{-5}$ | 10.6 | 0.96 |

附表 12　　　　　　　　　混凝土结构的环境类别

| 环境类别 | 条　　件 |
|---|---|
| 一 | 室内干燥环境；<br>无侵蚀性静水浸没环境 |
| 二 a | 室内潮湿环境；<br>非严寒和非寒冷地区的露天环境；<br>非严寒和非寒冷地区与无侵蚀性的水或土壤直接接触的环境；<br>严寒和寒冷地区的冰冻线以下与无侵蚀性的水或土壤直接接触的环境 |
| 二 b | 干湿交替环境；<br>水位频繁变动环境；<br>严寒和寒冷地区的露天环境；<br>严寒和寒冷地区冰冻线以上与无侵蚀性的水或土壤直接接触的环境 |
| 三 a | 严寒和寒冷地区冬季水位变动区环境；<br>受除冰盐影响环境；<br>海风环境 |
| 三 b | 盐渍土环境；<br>受除冰盐作用环境；<br>海岸环境 |
| 四 | 海水环境 |
| 五 | 受人为或自然地侵蚀性物质影响的环境 |

注：1. 室内潮湿环境是指构件表面经常处于结露或湿润状态的环境；

　　2. 严寒和寒冷地区的划分应符合现行国家标准《民用建筑热工设计规范》(GB 50176—937)的有关规定；

　　3. 海岸环境和海风环境宜根据当地情况，考虑主导风向及结构所处迎风、背风部位等因素的影响，由调查研究和工程经验确定；

　　4. 受除冰盐影响环境是指受到除冰盐盐雾影响的环境；受除冰盐作用环境是指被除冰盐溶液溅射的环境以及使用除冰盐地区的洗车房、停车楼等建筑；

　　5. 暴露的环境是指混凝土结构表面所处的环境。

**附表 13**　　　　　　　　　　**结构混凝土材料耐久性的基本要求**

| 环境等级 | 最大水胶比 | 最低强度等级 | 最大氯离子含量/% | 最大碱含量/(kg/m³) |
|---|---|---|---|---|
| 一 | 0.60 | C20 | 0.30 | 不限制 |
| 二 a | 0.55 | C25 | 0.20 | |
| 二 b | 0.50(0.55) | C30 (C25) | 0.15 | |
| 三 a | 0.45(0.50) | C35 (C30) | 0.15 | 3.0 |
| 三 b | 0.40 | C40 | 0.10 | |

注:1. 氯离子含量是指其占胶凝材料总质量的百分比;

2. 预应力构件混凝土中的最大氯离子含量为 0.06%,其最低混凝土强度等级宜按表中的规定提高两个等级;

3. 素混凝土构件的水胶比及最低强度等级的要求可适当放松;

4. 有可靠工程经验时,二类环境中的最低混凝土强度等级可降低一个等级;

5. 处于严寒和寒冷地区二 b、三 a 类环境中的混凝土应使用引气剂,并可采用括号中的有关参数;

6. 当使用非碱活性骨料时,对混凝土中的碱含量可不作限制。

**附表 14**　　　　　　　　　　**混凝土保护层的最小厚度 c**　　　　　　　　　mm

| 环境类别 | 板、墙、壳 | 梁、柱、杆 |
|---|---|---|
| 一 | 15 | 20 |
| 二 a | 20 | 25 |
| 二 b | 25 | 35 |
| 三 a | 30 | 40 |
| 三 b | 40 | 50 |

注:1. 构件中受力钢筋的保护层厚度不小于钢筋的公称直径 $d$。

2. 混凝土强度等级不大于 C25 时,表中保护层厚度数值应增加 5 mm。

3. 钢筋混凝土基础宜设置混凝土垫层,基础中钢筋的混凝土保护层厚度应从垫层顶面算起,且不应小于 40 mm。

4. 当有充分依据并采取下列措施时,可适当减小混凝土保护层的厚度。

(1) 构件表面有可靠的保护层;

(2) 采用工厂化生产的预制构件;

(3) 在混凝土中掺加阻锈剂或采用阴极保护处理等防锈措施;

(4) 当对地下室墙体采取可靠的建筑防水做法或防护措施时,与土层接触一侧钢筋的保护层厚度可适当减少,但不应小于 25 mm。

5. 设计使用年限为 50 年的混凝土构件,其最外层钢筋的保护层厚度应符合表中的规定;设计使用年限为 100 年的混凝土结构,其最外层钢筋的保护层厚度不应小于表中数值的 1.4 倍。

**附表 15　　钢筋混凝土结构构件中纵向受力钢筋的最小配筋百分率 $\rho_{min}$　　%**

| 受力分析 | | | 最小配筋百分率 |
|---|---|---|---|
| 受压构件 | 全部纵向钢筋 | 强度等级 500 MPa | 0.5 |
| | | 强度等级 400 MPa | 0.55 |
| | | 强度等级 300 MPa、335 MPa | 0.60 |
| | 一侧纵向钢筋 | | 0.20 |
| 受弯构件、偏心受拉、轴心受拉构件一侧的受拉钢筋 | | | 0.20 和 $45f_t/f_y$ 中的较大值 |

注：1. 受压构件全部纵向钢筋最小配筋百分率，当采用 C60 以上强度等级的混凝土时，应按表中规定增加 0.10；

2. 板类受弯构件（不包含悬臂板）的受拉钢筋，当采用强度等级 400 MPa、500 MPa 的钢筋时，其最小配筋百分率应允许采用 0.15 和 $45f_t/f_y$ 中的较大值；

3. 偏心受拉构件中受压钢筋，应按受压构件一侧纵向钢筋考虑；

4. 受压构件的全部纵向钢筋和一侧纵向钢筋的配筋率以及轴心受拉构件和小偏心受拉构件一侧受拉钢筋的配筋率均应按构件的全截面面积计算；

5. 受弯构件、大偏心受拉构件一侧受拉钢筋的配筋率应按全截面面积扣除受压翼缘面积 $(b'_f-b)h'_f$ 后的截面面积计算；

6. 当钢筋沿构件截面周边布置时，"一侧纵向钢筋"系指沿受力方向两个对边中一边布置的纵向钢筋。

**附表 16　　钢筋混凝土矩形和 T 形截面受弯构件正截面承载力计算系数 $\xi$、$\gamma_s$、$\alpha_s$**

| $\xi$ | $\gamma_s$ | $\alpha_s$ | $\xi$ | $\gamma_s$ | $\alpha_s$ |
|---|---|---|---|---|---|
| 0.01 | 0.995 | 0.010 | 0.31 | 0.845 | 0.262 |
| 0.02 | 0.990 | 0.020 | 0.32 | 0.840 | 0.269 |
| 0.03 | 0.985 | 0.030 | 0.33 | 0.835 | 0.275 |
| 0.04 | 0.980 | 0.039 | 0.34 | 0.830 | 0.282 |
| 0.05 | 0.975 | 0.048 | 0.35 | 0.825 | 0.289 |
| 0.06 | 0.970 | 0.053 | 0.36 | 0.820 | 0.295 |
| 0.07 | 0.965 | 0.067 | 0.37 | 0.815 | 0.301 |
| 0.08 | 0.960 | 0.077 | 0.38 | 0.810 | 0.309 |
| 0.09 | 0.955 | 0.085 | 0.39 | 0.805 | 0.314 |
| 0.10 | 0.950 | 0.095 | 0.40 | 0.800 | 0.320 |
| 0.11 | 0.945 | 0.104 | 0.41 | 0.795 | 0.326 |
| 0.12 | 0.940 | 0.113 | 0.42 | 0.790 | 0.332 |
| 0.13 | 0.935 | 0.121 | 0.43 | 0.785 | 0.337 |
| 0.14 | 0.930 | 0.130 | 0.44 | 0.780 | 0.343 |
| 0.15 | 0.925 | 0.139 | 0.45 | 0.775 | 0.349 |
| 0.16 | 0.920 | 0.147 | 0.46 | 0.770 | 0.354 |
| 0.17 | 0.915 | 0.155 | 0.47 | 0.765 | 0.359 |
| 0.18 | 0.910 | 0.164 | 0.48 | 0.760 | 0.365 |

| $\xi$ | $\gamma_s$ | $\alpha_s$ | $\xi$ | $\gamma_s$ | $\alpha_s$ |
|------|------|------|------|------|------|
| 0.19 | 0.905 | 0.172 | 0.482 | 0.759 | 0.364 |
| 0.20 | 0.900 | 0.180 | 0.49 | 0.755 | 0.370 |
| 0.21 | 0.895 | 0.188 | 0.50 | 0.750 | 0.375 |
| 0.22 | 0.890 | 0.196 | 0.51 | 0.745 | 0.380 |
| 0.23 | 0.885 | 0.203 | 0.518 | 0.741 | 0.384 |
| 0.24 | 0.880 | 0.211 | 0.52 | 0.740 | 0.385 |
| 0.25 | 0.875 | 0.219 | 0.53 | 0.735 | 0.390 |
| 0.26 | 0.870 | 0.226 | 0.54 | 0.730 | 0.394 |
| 0.27 | 0.865 | 0.234 | 0.55 | 0.725 | 0.400 |
| 0.28 | 0.860 | 0.241 | 0.56 | 0.720 | 0.404 |
| 0.29 | 0.855 | 0.243 | 0.57 | 0.715 | 0.403 |
| 0.30 | 0.850 | 0.255 | 0.576 | 0.712 | 0.408 |

注:1. 表中 $M = \alpha_s \alpha_1 f_c b h_0^2$，$\xi = \dfrac{x}{h_0} = \dfrac{f_y A_s}{\alpha_1 f_c b h_0}$，$A_s = \dfrac{M}{f_y \gamma_s h_0}$ 或 $A_s = \xi \dfrac{\alpha_1 f_c}{f_y} b h_0$；

2. 表中 $\xi > 0.482$ 的数值不适用于 HRB500 级钢筋，表中 $\xi > 0.518$ 的数值不适用于 HRB400 级钢筋，表中 $\xi > 0.55$ 的数值不适用于 HRB335 级钢筋。

**附表 17    现浇钢筋混凝土板的最小厚度**    mm

| 板的类别 | | 最小厚度 |
|---|---|---|
| 单向板 | 屋面板 | 60 |
| | 民用建筑楼板 | 60 |
| | 工业建筑楼板 | 70 |
| | 行车道下的楼板 | 80 |
| 双向板 | | 80 |
| 密肋楼盖 | 面板 | 50 |
| | 肋高 | 250 |
| 悬臂板(根部) | 悬臂长度不大于 500 mm | 60 |
| | 悬臂长度 1 200 mm | 100 |
| 无梁楼板 | | 150 |
| 现浇空心楼盖 | | 200 |

**附表 18    钢丝的公称直径、截面面积及理论重量**

| 公称直径/mm | 公称截面面积/mm² | 理论重量/(kg/m) |
|---|---|---|
| 5.0 | 19.63 | 0.154 |
| 7.0 | 38.48 | 0.302 |
| 9.0 | 63.62 | 0.499 |

**附表 19　　　　钢筋的公称直径、公称截面面积及理论重量**

| 公称直径/mm | 不同根数钢筋的公称截面面积/mm² | | | | | | | | | 单根钢筋理论重量/(kg/m) |
|---|---|---|---|---|---|---|---|---|---|---|
| | 1 | 2 | 3 | 4 | 5 | 6 | 7 | 8 | 9 | |
| 6 | 28.3 | 57 | 85 | 113 | 142 | 170 | 198 | 226 | 255 | 0.222 |
| 8 | 50.3 | 101 | 151 | 201 | 252 | 302 | 352 | 402 | 453 | 0.395 |
| 10 | 78.5 | 157 | 236 | 314 | 393 | 471 | 550 | 628 | 707 | 0.617 |
| 12 | 113.1 | 226 | 339 | 452 | 565 | 678 | 791 | 904 | 1 017 | 0.888 |
| 14 | 153.9 | 308 | 461 | 615 | 769 | 923 | 1 077 | 1 231 | 1 385 | 1.21 |
| 16 | 201.1 | 402 | 603 | 804 | 1 005 | 1 206 | 1 407 | 1 608 | 1 809 | 1.58 |
| 18 | 254.5 | 509 | 763 | 1 017 | 1 272 | 1 527 | 1 781 | 2 036 | 2 290 | 2.00(2.11) |
| 20 | 314.2 | 628 | 942 | 1 256 | 1 570 | 1 884 | 2 199 | 2 513 | 2 827 | 2.47 |
| 22 | 380.1 | 760 | 1 140 | 1 520 | 1 900 | 2 281 | 2 661 | 3 041 | 3 421 | 2.98 |
| 25 | 490.9 | 982 | 1 473 | 1 964 | 2 454 | 2 945 | 3 436 | 3 927 | 4 418 | 3.85(4.10) |
| 28 | 615.8 | 1 232 | 1 847 | 2 463 | 3 079 | 3 695 | 4 310 | 4 926 | 5 542 | 4.83 |
| 32 | 804.2 | 1 609 | 2 413 | 3 217 | 4 021 | 4 826 | 5 630 | 6 434 | 7 238 | 6.31(6.65) |
| 36 | 1 017.9 | 2 036 | 3 054 | 4 072 | 5 089 | 6 107 | 7 125 | 8 143 | 9 161 | 7.99 |
| 40 | 1 256.6 | 2 513 | 3 770 | 5 027 | 6 283 | 7 540 | 8 796 | 10 053 | 11 310 | 9.87(10.34) |
| 50 | 1 963.5 | 3 928 | 5 892 | 7 856 | 9 820 | 11 784 | 13 748 | 15 712 | 17 676 | 15.42(16.28) |

注:括号内为预应力螺纹钢筋的数值。

**附表 20　　　　钢绞线的公称直径、公称截面面积及理论重量**

| 种类 | 公称直径/mm | 公称截面面积/mm² | 理论重量/(kg/m) |
|---|---|---|---|
| 1×3 | 8.6 | 37.4 | 0.296 |
| | 10.8 | 59.3 | 0.462 |
| | 12.9 | 85.4 | 0.666 |
| 1×7 标准型 | 9.5 | 54.8 | 0.430 |
| | 12.7 | 98.7 | 0.775 |
| | 15.2 | 139 | 1.101 |
| | 17.8 | 191 | 1.500 |
| | 21.6 | 285 | 2.237 |

**附表 21　　　　钢筋混凝土板每米宽的钢筋截面面积**

| 钢筋间距/mm | 当钢筋直径(mm)为下列数值时的钢筋截面面积(mm²) | | | | | | | | | | | | | |
|---|---|---|---|---|---|---|---|---|---|---|---|---|---|---|
| | 3 | 4 | 5 | 6 | 6/8 | 8 | 8/10 | 10 | 10/12 | 12 | 12/14 | 14 | 14/16 | 16 |
| 70 | 101 | 179 | 281 | 404 | 561 | 719 | 920 | 1121 | 1 369 | 1 616 | 1 908 | 2 199 | 2 536 | 2 872 |
| 75 | 94.3 | 167 | 262 | 377 | 524 | 671 | 859 | 1047 | 1 277 | 1 508 | 1 780 | 2 053 | 2 367 | 2 681 |
| 80 | 88.4 | 157 | 245 | 354 | 491 | 629 | 805 | 981 | 1 198 | 1 414 | 1 669 | 1 924 | 2 218 | 2 513 |
| 85 | 83.2 | 148 | 231 | 333 | 462 | 592 | 758 | 924 | 1 127 | 1 331 | 1 571 | 1 811 | 2 088 | 2 365 |
| 90 | 78.5 | 140 | 218 | 314 | 437 | 559 | 716 | 872 | 1 064 | 1 257 | 1 484 | 1 710 | 1 972 | 2 234 |
| 95 | 74.5 | 132 | 207 | 298 | 414 | 529 | 678 | 826 | 1 008 | 1 190 | 1 405 | 1 620 | 1 868 | 2 116 |
| 100 | 70.6 | 126 | 196 | 283 | 393 | 503 | 644 | 785 | 958 | 1 131 | 1 335 | 1 539 | 1 775 | 2 011 |

| 钢筋间距/mm | 当钢筋直径(mm)为下列数值时的钢筋截面面积(mm²) | | | | | | | | | | | | | |
|---|---|---|---|---|---|---|---|---|---|---|---|---|---|---|
| | 3 | 4 | 5 | 6 | 6/8 | 8 | 8/10 | 10 | 10/12 | 12 | 12/14 | 14 | 14/16 | 16 |
| 110 | 64.2 | 114 | 178 | 257 | 357 | 457 | 585 | 714 | 871 | 1028 | 1 214 | 1 399 | 1614 | 1 828 |
| 120 | 58.9 | 105 | 163 | 236 | 327 | 419 | 537 | 654 | 798 | 942 | 1 112 | 1 283 | 1 480 | 1 676 |
| 125 | 56.5 | 100 | 157 | 226 | 314 | 402 | 515 | 628 | 766 | 905 | 1 068 | 1 232 | 1 420 | 1 608 |
| 130 | 54.4 | 96.6 | 151 | 218 | 302 | 387 | 495 | 604 | 737 | 870 | 1 027 | 1 184 | 1 366 | 1 547 |
| 140 | 50.5 | 89.7 | 140 | 202 | 281 | 359 | 460 | 541 | 684 | 808 | 954 | 1 100 | 1 268 | 1 436 |
| 150 | 47.1 | 83.8 | 131 | 189 | 262 | 335 | 429 | 523 | 639 | 754 | 890 | 1 026 | 1 183 | 1 340 |
| 160 | 44.1 | 78.5 | 123 | 177 | 246 | 314 | 403 | 491 | 599 | 707 | 834 | 962 | 1 110 | 1 257 |
| 170 | 41.5 | 73.9 | 115 | 166 | 231 | 296 | 379 | 462 | 564 | 665 | 786 | 906 | 1 044 | 1 183 |
| 180 | 39.2 | 69.8 | 109 | 157 | 218 | 279 | 358 | 436 | 532 | 628 | 742 | 855 | 985 | 1 117 |
| 190 | 37.2 | 66.1 | 103 | 149 | 207 | 265 | 339 | 413 | 504 | 595 | 702 | 810 | 934 | 1 058 |
| 200 | 35.3 | 62.8 | 98.2 | 141 | 196 | 251 | 322 | 393 | 479 | 565 | 668 | 770 | 888 | 1 005 |
| 220 | 32.1 | 57.1 | 89.3 | 129 | 178 | 228 | 292 | 357 | 436 | 514 | 607 | 700 | 807 | 914 |
| 240 | 29.4 | 52.4 | 81.9 | 118 | 164 | 209 | 268 | 327 | 399 | 471 | 556 | 641 | 740 | 838 |
| 250 | 28.3 | 50.2 | 78.5 | 113 | 157 | 201 | 258 | 314 | 383 | 452 | 534 | 616 | 710 | 804 |
| 260 | 27.2 | 48.3 | 75.5 | 109 | 151 | 193 | 248 | 302 | 368 | 435 | 514 | 592 | 682 | 773 |
| 280 | 25.2 | 44.9 | 70.1 | 101 | 140 | 180 | 230 | 281 | 342 | 404 | 477 | 550 | 634 | 718 |
| 300 | 23.6 | 41.9 | 66.5 | 94 | 131 | 168 | 215 | 262 | 320 | 377 | 445 | 513 | 592 | 670 |
| 320 | 22.1 | 39.2 | 61.4 | 88 | 123 | 157 | 201 | 245 | 299 | 353 | 417 | 481 | 554 | 628 |

注：表中钢筋直径中的 6/8、8/10…，系指两种直径的钢筋间隔放置。

**附表 22  纵向受拉钢筋搭接长度修正系数 ζ**

| 纵向搭接钢筋接头面积百分率(%) | ≤25 | 50 | 100 |
|---|---|---|---|
| ζ | 1.2 | 1.4 | 1.6 |

**附表 23  锚固钢筋的外形系数 α**

| 钢筋类型 | 光圆钢筋 | 带肋钢筋 | 螺旋肋钢丝 | 三股钢绞线 | 七股钢绞线 |
|---|---|---|---|---|---|
| α | 0.16 | 0.14 | 0.13 | 0.16 | 0.17 |

注：1. 光圆钢筋末端应做180°弯钩，弯后平直段长度不应小于 $3d$，但作受压钢筋时可不做弯钩。

2. 带肋钢筋指除光圆钢筋以外的热轧 HRB、HRBF、RRB 系列钢筋。

**附表 24  受拉钢筋的最小锚固长度**

| 钢筋类型 | 光圆钢筋 | 带肋钢筋 | 螺旋肋钢丝 | 三股钢绞线 | 七股钢绞线 |
|---|---|---|---|---|---|
| 最小锚固长度 | $20d$ | $25d$ | $80d$ | $90d$ | $100d$ |

**附表 25**　　　　　钢筋混凝土轴心受压构件的稳定系数

| $l_0/b$ | ≤8 | 10 | 12 | 14 | 16 | 18 | 20 | 22 | 24 | 26 | 28 |
|---|---|---|---|---|---|---|---|---|---|---|---|
| $l_0/d$ | ≤7 | 8.5 | 10.5 | 12 | 14 | 15.5 | 17 | 19 | 21 | 22.5 | 24 |
| $l_0/i$ | ≤28 | 35 | 42 | 48 | 55 | 62 | 69 | 76 | 83 | 90 | 97 |
| $\phi$ | 1.00 | 0.98 | 0.95 | 0.92 | 0.87 | 0.81 | 0.75 | 0.70 | 0.65 | 0.60 | 0.56 |
| $l_0/b$ | 30 | 32 | 34 | 36 | 38 | 40 | 42 | 44 | 46 | 48 | 50 |
| $l_0/d$ | 26 | 28 | 29.5 | 31 | 33 | 34.5 | 36.5 | 38 | 40 | 41.5 | 43 |
| $l_0/i$ | 104 | 111 | 118 | 125 | 132 | 139 | 146 | 153 | 160 | 167 | 174 |
| $\phi$ | 0.52 | 0.48 | 0.44 | 0.40 | 0.36 | 0.32 | 0.29 | 0.26 | 0.23 | 0.21 | 0.19 |

注:1. $l_0$ 为构件的计算长度,对钢筋混凝土柱可按《混凝土结构设计规范》第 6.2.20 条的规定取用;

　　2. $b$ 为矩形截面短边尺寸,$d$ 为圆形截面的直径,$i$ 为截面的最小回转半径。

**附表 26**　　　　　　　　受弯构件的挠度限值

| 构件类型 | | 挠度限值 |
|---|---|---|
| 吊车梁 | 手动吊车 | $l_0/500$ |
| | 电动吊车 | $l_0/600$ |
| 屋盖、楼盖及楼梯构件 | 当 $l_0<7$ m 时 | $l_0/200(l_0/250)$ |
| | 当 7 m≤$l_0$≤9 m 时 | $l_0/250(l_0/300)$ |
| | 当 $l_0>9$ m 时 | $l_0/300(l_0/400)$ |

注:1. 表中 $l_0$ 为构件的计算跨度;计算悬臂构件的挠度限值时,其计算跨度 $l_0$ 按实际悬臂长度的 2 倍取用。

　　2. 表中括号内的数值适用于使用上对挠度有较高要求的构件。

　　3. 如果构件制作时预先起拱,且使用上也允许,则在验算挠度时,可将计算所得的挠度值减去起拱值;对预应力混凝土构件,尚可减去预加应力所产生的反拱值。

　　4. 构件制作时的起拱值和预加力所产生的反拱值,不宜超过构件在相应荷载组合作用下的计算挠度值。

# 参 考 文 献

[1] 中华人民共和国住房和城乡建设部.混凝土结构设计规范(GB 50010—2010)(2015 年版)[M].北京:中国建筑工业出版社,2015.

[2] 中华人民共和国住房和城乡建设部.混凝土结构耐久性设计规范(GB/T 50476—2008)[M].北京:中国建筑工业出版社,2008.

[3] 中华人民共和国住房和城乡建设部.建筑结构荷载规范(GB 50009—2012)[M].北京:中国建筑工业出版社,2012.

[4] 中华人民共和国住房和城乡建设部.工程结构可靠度设计统一标准(GB 50153—2008)[M].北京:中国建筑工业出版社,2008.

[5] 中华人民共和国住房和城乡建设部.建筑结构可靠度设计统一标准(GB 50068—2001)[M].北京:中国建筑工业出版社,2001.